V

EXPOSITION

DES PRODUITS DE L'INDUSTRIE FRANÇAISE.

RAPPORT

DU JURY CENTRAL

EN 1839.

Imprimerie de L. BOUCHARD-HUZARD,
rue de l'Éperon, 7.

EXPOSITION
DES PRODUITS DE L'INDUSTRIE FRANÇAISE EN 1839.

RAPPORT
DU JURY CENTRAL.

—

TOME PREMIER.

PARIS,
CHEZ L. BOUCHARD-HUZARD,
rue de l'Éperon, 7.

—

M DCCC XXXIX.

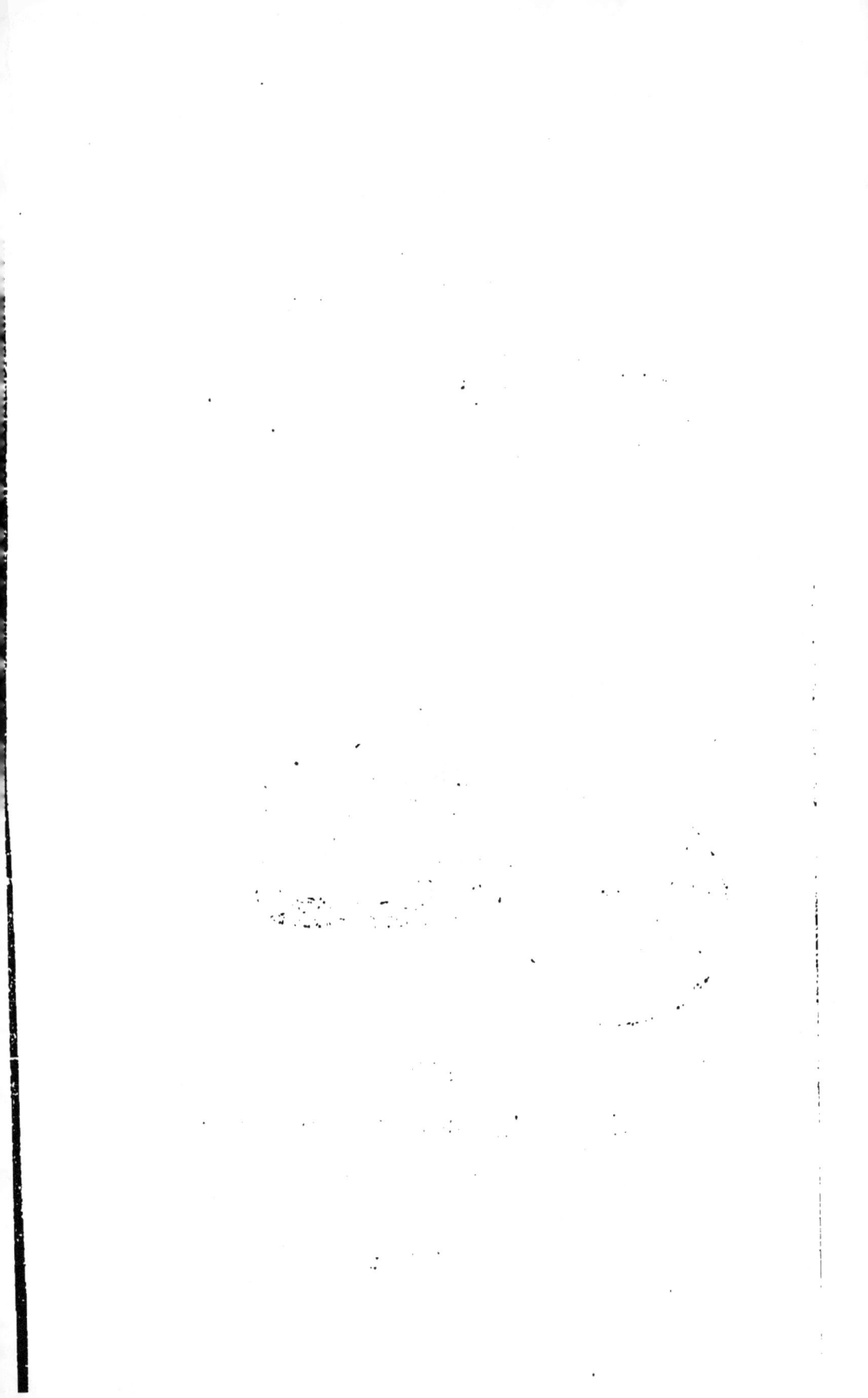

EXPOSÉ SOMMAIRE

DES FAITS

RELATIFS A L'EXPOSITION DES PRODUITS

DE L'INDUSTRIE FRANÇAISE

EN 1839.

—

La neuvième exposition de l'industrie française, ouverte le 1er mai 1839, s'est terminée le 31 juillet suivant ; aucune autre n'avait donné lieu à la réunion d'un aussi grand nombre d'exposants ; et, ce qui doit être remarqué, c'est que ce nombre toujours croissant à chaque exposition nouvelle, une seule exceptée, est devenu, dans l'intervalle de 40 ans, trente fois plus considérable qu'il n'était d'abord.

En effet, la première exposition, qui date de 1798, ne compta que 110 exposants.

La 2e réunit   220 exposants en 1801,
La 3e. . . .   540. 1802,
La 4e. . . . 1422. 1806,
La 5e. . . . 1662. 1819,
La 6e. . . . 1648. 1823,
La 7e. . . . 1795. 1827,
La 8e. . . . 2447. 1834,
La 9e. . . . 3381. . . . . 1839.

Durant cet intervalle, de grands progrès ont été réalisés en France : on pourra s'en faire une idée en lisant le discours du président, la réponse du roi et les rapports spéciaux, qui renferment des considérations générales sur nos principales industries, ainsi que les motifs à l'appui des décisions du jury central.

Nous présenterons d'abord, suivant l'ordre chronologique, les faits relatifs à ce grand concours, le plus brillant de tous.

ORDONNANCE DU ROI.

Le 27 septembre 1823.

LOUIS-PHILIPPE, Roi des Français,

A tous présents et à venir, SALUT :

Vu notre ordonnance du 4 octobre 1833 ;

Sur le rapport de notre ministre secrétaire d'État au département des travaux publics, de l'agriculture et du commerce,

NOUS AVONS ORDONNÉ ET ORDONNONS ce qui suit :

ARTICLE PREMIER.

Une exposition des produits de l'industrie française sera ouverte à Paris le 1er mai 1839, dans le grand carré des Champs-Élysées.

ART. 2.

Aucun produit ne sera exposé qu'il n'ait été admis par un jury nommé à cet effet, par les préfets, dans chaque département.

ART. 3.

Un jury central sera nommé, à Paris, par notre ministre des travaux publics, de l'agriculture et du commerce. Ce jury jugera du mérite des objets exposés. Après son rapport, nous nous réservons de décerner, à titre de récompenses, des médailles d'or, d'argent et de bronze.

ART. 4.

Les préfets, sur l'avis des jurys départementaux, feront connaître les artistes qui, par des inventions ou procédés non susceptibles d'être exposés séparément, auraient contribué aux progrès des manufactures depuis l'exposition de 1834. Ces artistes pourront avoir part aux récompenses.

ART. 5.

Notre ministre secrétaire d'État au département des travaux publics, de l'agriculture et du commerce est chargé de l'exécution de la présente ordonnance.

Fait au palais des Tuileries, le vingt-sept septembre mil huit cent trente-huit.

Signé LOUIS-PHILIPPE.

Par le Roi :

Le ministre secrétaire d'État au département des travaux publics, de l'agriculture et du commerce,

Signé MARTIN (du Nord).

CIRCULAIRES DE M. LE MINISTRE DES TRAVAUX PUBLICS, DE L'AGRICULTURE ET DU COMMERCE.

PREMIÈRE CIRCULAIRE.

Paris, le 9 octobre 1838.

M. le préfet, l'ordonnance royale du 4 octobre 1833 statue que l'exposition publique des produits de l'industrie aura lieu périodiquement de cinq en cinq ans. Conformément aux dispositions de cette ordonnance, le gouvernement du Roi a obtenu des chambres un crédit destiné au renouvellement de cette solennité, et une ordonnance du 27 septembre dernier en a fixé l'ouverture au 1er mai prochain. Je vous invite, M. le préfet, à donner sans retard à cette ordonnance, dont je vous transmets plusieurs exemplaires, la plus grande publicité.

Cet appel à tous les industriels sera d'autant mieux compris que, dans l'intervalle qui vient de s'écouler depuis la dernière exposition, plusieurs départements ont cru devoir provoquer l'émulation des fabricants par des expositions partielles, qui n'ont été ni sans éclat ni sans importance. Partout l'opinion publique les a accueillies avec intérêt, et les conseils généraux les ont souvent encouragées.

A aucune époque, peut-être, les circonstances n'ont été plus favorables à la solennité qui se prépare. Le calme dont nous jouissons, depuis la dernière exposition, a donné à la France manufacturière une activité qui lui a permis d'entreprendre et d'exécuter de beaux et d'importants travaux, et de porter à un grand degré de développement et de perfection ses moyens de fabrication. Il n'y a donc pas de doute que l'exposition de 1839 sera beaucoup plus remarquable encore que celles qui l'ont précédée.

Vous vous empresserez, M. le préfet, dès que vous aurez reçu cette circulaire, de former le jury départemental chargé de prononcer sur l'admission des objets destinés à l'exposition. Vous devrez appeler pour le composer les hommes qui, par leur position, leurs études, leurs lumières et leur expérience, seraient considérés comme les plus capables d'accomplir la mission que vous leur confierez.

Ce jury ne saurait trop sérieusement se pénétrer de l'importance des devoirs qui lui seront imposés.

L'ordonnance du Roi lui laisse la faculté d'admettre ou de rejeter les produits qui lui seront présentés. Il est à désirer qu'il ne se laisse point entraî-

ner par trop de bienveillance, ou par des considérations particulières, à accueillir des objets qui,
sous le rapport de l'art, de la nouveauté, de la fabrication ou de la matière employée, n'offriraient
aucun intérêt. Les salles de l'exposition ne doivent
s'ouvrir qu'aux produits qui, par leur importance,
méritent d'être placés sous les yeux du public. Le
jury devra donc s'attacher à rejeter tous les objets
qui ne présenteraient pas un véritable caractère
d'utilité réelle, et à ne recevoir que ceux qui se recommandent sous le rapport de la bonne confection
ou du bon marché, ceux qui, par leur nouveauté
ou leur perfectionnement, peuvent le mieux faire
connaître, comparativement, l'industrie de chaque
département, ses procédés de fabrication et les degrés
où elle est parvenue.

Il est une autre disposition de l'ordonnance du
Roi, dont je vous recommande particulièrement
l'exécution comme méritant de fixer l'attention spéciale du jury : l'article 4 l'invite à faire connaître
les artistes qui, par des inventions ou procédés non
susceptibles d'être exposés séparément, auraient
contribué au progrès des manufactures, et mérité
par là de prendre part aux récompenses qui seront
décernées.

Le gouvernement du Roi a voulu que l'artiste,
que l'ouvrier modeste qui, chez lui ou dans l'atelier,
aurait imaginé des procédés de nature à simplifier le

travail ou à perfectionner les produits, participât aux encouragements que recevrait le chef de l'établissement à la fortune et à la réputation duquel cet humble artisan aura souvent contribué. Les membres du jury comprendront, je n'en doute pas, la pensée qui a inspiré cette sage disposition de l'ordonnance.

Pour se conformer à ses prescriptions, ils devront s'empresser de se mettre en rapport avec les industriels; visiter les fabriques, les manufactures, les ateliers; s'enquérir de l'importance des établissements et de l'étendue de leurs débouchés; examiner par eux-mêmes les produits, et se rendre compte des prix auxquels ils sont fabriqués. Ces renseignements deviendront des éléments de statistique utiles à consulter : en les recueillant, le jury s'assurera que les objets qui lui seront présentés proviennent d'une fabrication journalière, et n'ont pas été exécutés en vue seule de l'exposition; par là aussi, il pourra découvrir les artistes et les ouvriers recommandés à son attention par l'article 4 de l'ordonnance, et transmettre au jury central les détails propres à l'éclairer sur le mérite des industriels qu'il est appelé à signaler à la bienveillance du Roi.

Les objets admis par le jury seront transportés du chef-lieu du département à Paris, aux frais de l'État, qui se chargera également de leur retour.

Vous veillerez, M. le préfet, à ce que chaque exposant na multiplie pas sans nécessité le nombre des mêmes articles. Des instructions nouvelles vous seront d'ailleurs adressées pour vous prescrire toutes les mesures à prendre concernant la direction à donner aux envois, et la forme des procès-verbaux à dresser. Vous pouvez toutefois, dès à présent, prévenir, avec toute la publicité possible, les fabricants et les industriels de votre département que les objets qui ne seraient pas rendus à Paris, le 1er avril, ne seraient pas reçus à l'exposition. Ce terme est de rigueur.

Je ne crois pas avoir besoin, M. le préfet, d'insister davantage auprès de vous sur l'importance que vous devez attacher aux dispositions contenues dans cette circulaire ; je compte sur votre zèle pour exciter l'émulation de tous les industriels de votre département qui ont leur réputation à soutenir ou un nom à faire connaître et proclamer.

Recevez, M. le préfet, l'assurance de ma considération très-distinguée.

Le ministre des travaux publics, de l'agriculture et du commerce,

MARTIN (DU NORD).

DEUXIÈME CIRCULAIRE.

Paris, le 18 janvier 1839.

M. le préfet, vous avez dû, en exécution de ma circulaire du 9 octobre dernier, relative à l'exposition des produits de l'industrie nationale, convoquer le jury chargé par vous, aux termes de ces instructions, de prononcer le rejet ou l'admission des objets destinés à cette exposition. Vous avez dû également user de tous les moyens de publicité dont vous disposez pour mettre les industriels de votre département à même de prendre part à cette grande solennité.

Il me reste à vous transmettre aujourd'hui des instructions nouvelles sur l'envoi des produits qui auraient été ou seraient reçus par le jury : vous y donnerez toute votre attention. Le nombre de ceux qui parviendront à Paris, de tous les points de la France, presque en même temps, sera considérable, tout porte à le croire; c'est pourquoi il importe, afin de prévenir la confusion et de faciliter le classement et la reconnaissance de tant d'objets divers, de ne procéder à leur transmission qu'avec le plus grand soin et après avoir, pour ainsi dire, écrit sur chaque objet le nom de son propriétaire.

Aucun envoi ne sera fait, aucun article ne sera reçu s'il ne m'est transmis par vous et accompagné d'un bordereau en triple expédition, conforme au modèle ci-annexé.

Vous verrez, M. le préfet, en vous reportant à ce bordereau, qu'il est destiné à contenir tous les renseignements qui intéressent les fabricants. Vous vous conformerez donc à toutes ses dispositions : c'est le seul moyen pour l'administration de mettre sa responsabilité à couvert, en prévenant des réclamations qui ne seraient pas fondées.

La 1re colonne contiendra le nom du fabricant ou le nom de la raison sociale ;

La 2e, le lieu où l'industrie est exercée ;

La 3e, le nombre des articles fournis par chaque fabricant ; et afin de rendre plus facile la vérification et la reconnaissance qui en sera faite à Paris, au moment de leur arrivée, vous aurez eu soin, M. le préfet, si un ou plusieurs articles forment un ou plusieurs paquets, de faire inscrire non-seulement en caractères lisibles, et sur une étiquette fortement attachée, le nom du département, celui du fabricant, mais encore de porter ce nom sur chaque article en leur donnant un numéro de série, afin qu'à l'ouverture des caisses l'inspecteur de l'exposition procède au récolement des objets, et constate immédiatement, par un procès-verbal à la suite dudit bordereau, si les articles qui y étaient par vous portés ont été trouvés ou non en nombre, et dans quel état.

Si le même fabricant a plusieurs colis sous son nom, la quantité en sera indiquée dans la 4ᵉ colonne, et le résultat déterminera le total des colis de votre département.

On indiquera dans la 5ᵉ colonne *la nature* et *le nombre* des produits industriels admis par le jury départemental, et vous veillerez, M. le préfet, à ce que tout objet sur lequel le jury n'aurait pas prononcé soit rigoureusement rejeté ; vous veillerez également à ce que les fabricants se renferment dans le nombre qui aura été limité par le jury, afin qu'on ne fasse pas supporter inutilement des frais de transport à des masses de mêmes produits, qui sembleraient n'avoir été soumis à l'examen du jury que pour procurer un droit de franchise aux transports de marchandises destinées souvent à la capitale. Ces abus sont rares, j'aime à le reconnaître, mais il est bon de vous les signaler, et de rappeler au jury départemental que la religion de ses membres, sur ce point, pourrait être surprise ; ma circulaire du 9 octobre dernier leur prescrivait de se montrer très-réservés à cet égard.

Il peut arriver, M. le préfet, que tous les industriels de votre département ne soient pas en mesure de vous envoyer leurs produits en même temps, et que, par ce motif, vous vous trouviez dans l'obligation de me transmettre un ou plusieurs bordereaux supplémentaires. Dans ce cas, le nom de ce fabricant devra toujours figurer sur le premier bordereau; il y sera porté pour mémoire, et la colonne réservée aux observations me fera connaître les motifs qui auront retardé l'envoi des produits. Du reste, les procès-verbaux du jury d'examen que vous aurez entre les mains vous fournissant toutes les indications qui concernent le retardataire, vous les consignerez sur le premier bordereau, afin que l'inspecteur de l'exposition puisse, le plus exactement possible et à l'avance, apprécier le nombre et la nature des objets à classer.

J'insiste, au surplus, pour que les produits de votre département ne forment, s'il est possible, qu'un seul et même envoi, et que vous ne recouriez à des envois supplémentaires que dans des cas très-rares, et pour des motifs dont vous et le jury aurez reconnu toute l'importance. S'il était des objets, parmi ces produits en retard, qui fussent d'un poids très-minime, vous pourriez, si le temps manquait pour qu'ils me parvinssent en temps utile, me les adresser par la voie des messageries. Mais, je le répète, on ne pourrait, on ne devrait recourir à cette voie qu'autant que le poids serait très-minime.

Tous les objets devront être expédiés de votre département pour être rendus à Paris le 1er avril prochain au plus tard; vous les enverrez directement à l'adresse de *M. C. Ledieu, inspecteur de l'exposition, au Grand-Carré-des-Jeux, aux Champs-Élysées, en entrant par le quai de Billy.* Ils seront accompagnés d'une lettre de voiture timbrée en double expédition. Elle spécifiera les objets de l'envoi par nombre de colis. Le transport devra s'effectuer soit par le roulage, soit par eau.

Vous donnerez les ordres nécessaires pour que les emballages soient faits avec soin.

Il est quelques produits qui, par leur nature, doivent être l'objet d'instructions particulières ; ainsi les marbres, les granits et autres semblables, qui par leur poids occasionneraient des frais trop considérables, seront fournis par échantillons, afin de prévenir les abus qui ont eu lieu lors de la dernière exposition. Vous veillerez à ce que cette disposition soit portée à la connaissance du jury et de ceux qu'elle pourrait intéresser. Tous les produits qui se rattachent à l'exploitation des mines sont dans ce cas ; il suffit d'un ou plusieurs échantillons pour en apprécier la valeur.

Les produits chimiques qui seraient susceptibles de combustion spontanée ne pourront être envoyés sous aucun prétexte.

Les autres colonnes du bordereau que vous avez à remplir n'ont pas besoin, pour être comprises, d'explications particulières. Je dois dire cependant ici que la 8e colonne ne servira, le plus souvent, qu'à inscrire le nom des artistes qui auraient contribué aux progrès de l'industrie, et qui à ce titre, d'après l'article 4 de l'ordonnance du 27 septembre dernier, peuvent avoir droit aux récompenses. Vous serez le plus souvent dans l'obligation, quand la colonne des observations n'offrira pas d'espace suffisant, d'annexer à l'appui du bordereau le rapport spécial du jury, dans lequel les titres et les droits de ces artistes auront été exposés. Il faut que ces notices, ainsi que toutes celles qui feront connaître l'importance des établissements exploités par les exposants, soient détaillées le plus possible, sans diffusion, afin que le jury central soit à même de juger et de rendre compte des faits qu'il n'aura pu, comme le jury départemental, connaître sur les lieux mêmes.

Je vous transmets 12 exemplaires de ces bordereaux, et vous recommande encore une fois de ne rien négliger pour appeler toutes les grandes industries de votre département à prendre part à l'exposition qui doit s'ouvrir le 1er mai prochain.

Veuillez m'accuser réception de cette circulaire sans le moindre retard.

Recevez, M. le préfet, l'assurance de ma considération très-distinguée.

Le ministre secrétaire d'État des travaux publics,
de l'agriculture et du commerce,

Signé N. Martin (du Nord).

TROISIÈME CIRCULAIRE.

———

Paris, le 20 février 1839.

Monsieur le préfet, aux termes de ma circulaire du 9 octobre dernier, le jury d'examen de votre département a dû prononcer sur l'admission des objets qui doivent figurer à l'exposition des produits de l'industrie; j'aime à croire que ce jury s'est conformé aux instructions qui lui ont été transmises, et qui avaient pour objet de n'admettre que les produits qui se recommandent sous le rapport de la bonne confection, de la nouveauté, du perfectionnement, et particulièrement par le bon marché.

L'exposition des produits de l'industrie est, comme on sait, un concours ouvert à tous les fabricants de France; c'est là que leurs produits doivent être comparés et examinés avec soin, par un jury central chargé seul de décerner les récompenses : or, pour qu'il soit possible de bien apprécier le mérite de chaque fabrication et les progrès qui ont été faits depuis 1834, il est nécessaire de faire connaître le prix de chaque objet exposé.

En conséquence, je ne saurais trop vous recommander, M. le préfet, d'exiger, autant que possible, des fabricants de votre département qu'ils joignent l'indication exacte du prix de chaque produit envoyé à l'exposition. Cette instruction a été constamment donnée lors des précédentes expositions : je ne fais que vous le rappeler; mais en y ajoutant *que le prix qu'il est important de pouvoir indiquer à côté de chaque produit, c'est le prix auquel il peut être livré au consommateur.* Les fabricants sentiront, je n'en doute pas, de quelle importance il est pour eux de faire connaître le bon marché qu'ils peuvent atteindre dans leur fabrication; car, je le répète, il ne suffit pas d'envoyer des chefs-d'œuvre exécutés en vue de l'exposition, mais des objets d'une fabrication journalière, recommandables par le bas prix auquel on peut les vendre, et qui, étant susceptibles de s'adresser à un grand nombre de consommateurs, augmentent véritablement la richesse et le bien-être du pays.

Recevez, M. le préfet, l'assurance de ma considération distinguée.

Le ministre secrétaire d'État des travaux publics, de l'agriculture et du commerce,

Signé N. MARTIN (DU NORD).

Par suite de l'ordonnance royale et de l'arrêté ministériel, ont fait partie du jury central en 1839 :

MM. *d'Arcet*, membre de l'Institut, de la Société royale d'agriculture et du Conseil de la Société d'encouragement.

Barbet, député, membre du Conseil général du commerce.

Berthier, membre de l'Institut, professeur à l'École des mines.

Beudin, membre de la Chambre des députés.

Blanqui, membre de l'Institut, professeur au Conservatoire des arts et métiers.

Bosquillon, manufacturier.

Brongniart, membre de l'Institut et de la Société d'encouragement, directeur de la Manufacture royale de Sèvres.

Carez, négociant, juge au Tribunal de commerce de Paris.

Chevreul, membre de l'Institut, directeur des teintures à la Manufacture royale des Gobelins.

Clément·Desormes, professeur au Conservatoire des arts et métiers, membre de la Société d'encouragement.

Combes, professeur à l'École des mines, membre du Conseil de la Société d'encouragement.

Cunin-Gridaine, député et membre du Conseil supérieur du commerce (1).

De Bonnard, membre de l'Institut, inspecteur divisionnaire des Mines.

Delaroche (Paul), membre de l'Institut.

Dufaud, membre du Conseil général des manufactures et de la Société d'encouragement.

Dumas, membre de l'Institut, professeur à l'École centrale, membre du Conseil de la Société d'encouragement.

Dupin (le baron *Charles*), membre de l'Institut, pair de France, membre du Conseil de la Société d'encouragement.

Durand (Amédée), ingénieur-mécanicien, membre du Conseil de la Société d'encouragement.

Fontaine, architecte, membre de l'Institut.

Gay-Lussac, membre de l'Institut, pair de France.

Girod de l'Ain (Félix), membre de la Chambre des députés.

Griolet, manufacturier, membre du Conseil général des manufactures.

Héricart de Thury (le vicomte), membre de l'Institut, inspecteur des Mines, président de la So-

---

(1) Pendant la durée de l'exposition, M. Cunin-Gridaine, nommé ministre de l'agriculture et du commerce, cessa, dès lors, de faire partie du jury central ; il fut remplacé par M. Legros.

ciété royale d'agriculture et membre du Conseil de la Société d'encouragement.

Kœchlin, membre de la Chambre des députés et du Conseil des manufactures.

Laborde (Léon de), membre du Comité des monuments historiques et des arts.

Legentil, membre de la Chambre des députés, du Conseil général du commerce et du Conseil de la Société d'encouragement.

Legros, négociant.

Mathieu, membre de l'Institut et de la Chambre des députés.

Michel Chevalier, conseiller d'État, ingénieur des Mines.

Meynard, membre de la Chambre des députés et du Conseil général des manufactures.

Mouchel de Laigle, manufacturier, membre du Conseil général des manufactures et de la Société d'encouragement.

Payen, professeur de chimie appliquée à l'École centrale, membre de la Société royale d'agriculture et du Conseil de la Société d'encouragement.

Petit, ancien manufacturier.

Pouillet, membre de l'Institut, de la Chambre des députés, professeur-administrateur du Conservatoire des arts et métiers, et membre du Conseil de la Société d'encouragement.

Renouard (Jules), libraire, juge au Tribunal du commerce de la Seine.

Sallandrouze, manufacturier, membre du Conseil général des manufactures et de la Société d'encouragement.

Savart, membre de l'Institut, professeur au Collége de France.

Savary, membre de l'Institut.

Saint-Cricq, membre du Conseil général des manufactures.

Séguier (baron *Armand*), conseiller à la Cour royale de Paris, membre de l'Institut, du Comité consultatif, de la Société royale d'agriculture et de la Société d'encouragement.

Schlumberger, secrétaire du Comité consultatif des arts et manufactures.

Tarbé de Vauxclairs, pair de France, conseiller d'État, inspecteur général des Ponts et chaussées, membre du Conseil de la Société d'encouragement.

Thénard (le baron), membre de l'Institut, pair de France, président de la Société d'encouragement.

Yvart, inspecteur général des Écoles vétérinaires, membre de la Société royale d'agriculture.

●•●•●•●•●•●•●•●•●•●•●•●•●•●I●•●•●•●•●•●•●•●•●•●•●•●•●•●•●I●

CONSTITUTION DU JURY CENTRAL.

TRAVAUX PRÉPARATOIRES,

DÉLIBÉRATIONS ET RÉVISIONS DES RÉCOMPENSES.

Monsieur le ministre des travaux publics, de l'agriculture et du commerce, après avoir affecté aux séances du jury central, à chacune de ses huit commissions et aux bureaux de son secrétariat, un local dans les bâtiments du palais Bourbon, convoqua la première assemblée générale le 25 avril 1839; la séance fut ouverte par M. Fontaine, président d'âge, et l'on procéda immédiatement à la formation du bureau.

Au premier tour de scrutin furent élus :

M. le baron *Thénard*, président;

M. *Ch. Dupin*, vice-président ;

M. *Payen*, secrétaire.

L'ordonnance du roi et les autres pièces officielles relatives à l'exposition des produits de l'industrie française, en 1839, furent communiquées (*voir* pages vij à xxij).

Le jury se divisa en huit commissions spéciales composées de la manière suivante :

1re COMMISSION DES TISSUS : MM. *Legentil*, président, *Barbet*, *Blanqui*, *Bosquillon*, *Carez*, *Girod de l'Ain*, *Griolet*, *Kœchlin*, *Legros*, *Meynard*, *Petit*, *Sallandrouze*, *Schlumberger* et *Yvart*.

2e COMMISSION DES MÉTAUX ET SUBSTANCES MINÉRALES : MM. *Dufaud*, président, *Berthier*, *de Bonnard*, *Combes*, *d'Arcet*, *Dumas*, *Durand* (*Amédée*), vicomte *Héricart de Thury*, *Michel Chevalier* et *Mouchel de Laigle*.

3e COMMISSION DES MACHINES ET USTENSILES AGRICOLES : MM. le baron *Ch. Dupin*, président, *Combes*, *Durand* (*Amédée*), *Griolet*, vicomte *Héricart de Thury*, *Kœchlin*, *Michel Chevalier*, *Payen*, *Pouillet*, baron *Séguier*, *Tarbé de Vauxclairs* et *Yvart*.

4e COMMISSION DES INSTRUMENTS DE PRÉCISION ET DES INSTRUMENTS DE MUSIQUE : MM. *Mathieu*, président, *Pouillet*, *Savart*, *Savary*, et le baron *Séguier*.

5e COMMISSION DES ARTS CHIMIQUES : MM. le baron *Thénard*, président, *Berthier*, *Brongniart*, *Clément Desormes*, *Chevreul*, *d'Arcet*, *Dumas*, *Gay-Lussac* et *Payen*.

6e COMMISSION DES BEAUX-ARTS : MM. *Fontaine*,

président, *Beudin*, *Blanqui*, *Brongniart*, *Delaroche (Paul)*, *Laborde (Léon de)*, *Renouard* et *Sallandrouze*.

7ᵉ Commission des arts céramiques : MM. *Brongniart*, président, *Beudin*, *d'Arcet*, *Dumas*, *Gay-Lussac*, *Saint-Cricq*, et le baron *Thénard*.

8ᵉ Commission des arts divers : MM. *Chevreul*, président, *Barbet*, *Bosquillon*, *Carez*, *Clément Desormes*, *Dumas*, *Laborde (Léon de)*, *Legentil*, *Meynard*, *Payen*, *Petit*, *Renouard* et *Schlumberger*.

Le jury central s'occupa ensuite des mesures utiles pour soumettre à des examens approfondis tous les objets admis au concours : l'accroissement en importance et en nombre des industries représentées rendait la tâche plus difficile que dans les expositions précédentes. Ces motifs portèrent le jury central à nommer plusieurs rapporteurs dans chaque commission; il décida, en outre, que la rédaction ainsi que les conclusions des rapports seraient discutées et adoptées dans les commissions, présentées ensuite, aux délibérations du jury, en assemblée générale; qu'enfin les votes ainsi émis provisoirement seraient soumis à une révision définitive dans des séances spéciales. Dans la vue de rendre aussi rapides et complets que possible ces travaux, le jury adopta la proposition de faire imprimer tous les rapports, précédés des noms des membres des commissions et portant la signature du rapporteur : il en résultait en même temps plus de garantie pour les appréciations des produits, et pour les jugements à porter.

Le 30 avril eut lieu la visite inaugurale du Roi, accompagné de la Reine, des princes et des princesses de la famille royale.

L'auguste famille, reçue et conduite par le ministre du commerce et de l'agriculture, par le président et les membres du jury, parcourut successivement toutes les salles.

Après cette première visite, qui avait pour but une revue générale, les huit grandes salles, renfermant les objets correspondant aux huit sections du jury, reçurent, chacune à son tour, et à des jours différents, les visites royales.

Sa Majesté examina tous les produits avec le plus vif intérêt, recueillant de chaque exposant les données relatives aux progrès réalisés et à l'avenir de son industrie, expliquant souvent elle-même, aux membres de sa famille et aux manufacturiers qui l'entouraient, certaines particularités importantes pour les succès de notre industrie et les développements de nos relations commerciales.

Le prince royal fit en outre, avec madame la duchesse d'Orléans, de nombreuses visites à l'exposition, et s'empressa, dans des entretiens avec les rapporteurs du jury et les exposants, de bien apprécier les résultats acquis depuis 1834.

Leurs Majestés, les princes, les princesses offrirent un nouvel encouragement, une sorte de récompense anticipée, en achetant un grand nombre des produits les plus remarquables parmi ceux qui étaient applicables à leur usage, à l'ameublement et au décor de leurs résidences.

Chaque visite fut une véritable fête pour les manufacturiers qui avaient pris part au grand concours de 1839 : malgré leur immense étendue, toutes les salles étaient encombrées d'une foule de notabilités industrielles, et le plaisir, évident pour tous, que Sa Majesté prenait à ces entretiens multipliés, témoignait hautement combien elle savait apprécier une occasion aussi favorable de réunir l'élite des travailleurs, créateurs de la richesse publique, autour du chef de la nation. Les cris de *vive le roi, vive la reine, vive la famille royale*, se faisaient souvent entendre.

Les travaux du jury prirent, dès leur origine, une activité très-grande : outre les réunions journalières des commissions, les visites dans les salles et les nombreux examens des produits, les membres du jury se réunirent, pour leurs délibérations, dans trente et une séances générales, qui durèrent de quatre à six heures chacune. Les procès-verbaux transcrits sur un registre occupèrent cent vingt pages in-folio.

Les bases principales sur lesquelles le jury central fonda l'appréciation des récompenses furent :

1° L'invention et les perfectionnements utiles classés d'après l'importance manufacturière de leurs résultats;

2° L'étendue des fabriques et leur situation topographique;

3° La qualité réelle et commerciale des produits;

4° Le bon marché acquis par les progrès de la fabrication.

On comprend que le jury ne pouvait récompenser les efforts du génie lorsque leurs résultats étaient purement scientifiques, et qu'il dut souvent même se tenir en garde contre une sympathie entraînante en faveur des inventions appliquées, toutes les fois qu'une expérience suffisamment prolongée ou étendue n'avait pas définitivement prononcé sur leur mérite manufacturier; car il eût été beaucoup plus dangereux d'inspirer trop tôt une grande sécurité aux inventeurs et au public que d'ajourner une récompense définitive. Les huit commissions désignèrent comme rapporteurs les membres dont les noms suivent :

LISTE DES RAPPORTEURS.

PREMIÈRE COMMISSION.
Des tissus.

MM.	
Girod de l'Ain,	1° Améliorations des laines.
Griolet,	2° Filature de la laine.
Legentil,	3° Tissus de laine.
Griolet,	4° Couvertures.
Bosquillon,	5° Châles-cachemires et imitations.
Meynard,	6° Soies.
Carez,	7° Soieries, rubans, tissus de crin, etc.
Schlumberger,	8° Filage et tissage du lin.
Kœchlin,	9° Filage du coton.
Barbet,	10° Tissus de coton, de couleur et blancs.
Petit,	11° Bonneterie, canevas, passementerie.
Blanqui.	12° Tapis, tissus de verre, dentelle, etc.

2ᵉ COMMISSION.
Des métaux et autres substances minérales.

MM.	
Amédée Durand,	Outils et objets divers.
Berthier,	} Métaux divers et alliages.
Mouchel,	
Dufaud,	Fers, fontes, aciers, tôles, fer-blanc, etc.
Héricart de Thury.	Objets minéralogiques et bitumes.

3ᵉ COMMISSION.
Des machines.

MM.	
Combes,	Machines hydrauliques.
Séguier,	{ Machines à vapeur.
	{ Grands mécanismes.
Pouillet,	{ Machines à fabriquer les tissus et le papier.
	{ Machines à imprimer.
	{ Peignes, cardes.
Ch. Dupin,	{ Constructions hydrauliques.
	{ —navales et civiles.
	{ Construction.
Amédée Durand,	Outils.
Héricart de Thury,	{ Instruments aratoires et
Payen.	{ Industries agricoles.

4ᵉ COMMISSION.

Instruments de précision et de musique.

MM. Mathieu,   Horlogerie.
Savary,   Instruments de précision relatifs à l'optique, à la géodésie, à l'horlogerie.
Séguier,   Lampes.
  Armes diverses.
Savart.   Instruments de musique.

5ᵉ COMMISSION.

Chimie.

MM. d'Arcet,   Produits divers.
  Produits chimiques.
  Conservation des substances alimentaires.
  Savons, colle forte.
  Gélatine, cire à cacheter.
Dumas,   Sucres.
  Fabrication des couleurs.
  Produits appliqués à l'éclairage.
Payen.   Chauffage.
  Distillation.

6ᵉ COMMISSION.

Des beaux-arts.

MM. Brongniart,   Vitraux peints.
Sallandrouze,   Bronzes.
Héricart de Thury,   Bijouterie.
  Ciselure.
Beudin,   Orfévrerie.
  Plaqué.
  Constructions.
  Imprimerie.
Laborde (Léon de),   Lithographie.
  Ouvrages imprimés reliés.
  Stores, peinture.
Blanqui.   Ameublement.

7ᵉ COMMISSION.

Poteries.

MM. Brongniart,   Terre cuite.
  Faïence, porcelaine.
  Poterie en grès.
  Décors sur porcelaine.

T. I.

| Dumas. | Émaux.
Glaces et strass.
Verrerie, cristallerie.
Pierres artificielles. |

8ᵉ COMMISSION.

Arts divers.

MM. Chevreul,	Teinture. Blanchiment. Impression et papiers peints.
Dumas,	Cuirs. Papiers. Maroquin. Buffles.
Schlumberger,	Literie. Sellerie. Objets divers. Chapellerie. Bonneterie. Papeterie. Chaussures.
Carez,	Ganterie.
Laborde (Léon de).	Instruments de chirurgie. Objets orthopédiques. Fleurs artificielles. Imitations de la nature.

Sur la demande de la commission des instruments de précision et de musique, le jury central exprima le désir que MM. Auber, Baillot, Berton et Gallay fussent adjoints à cette commission, afin que le jugement le plus éclairé, capable d'inspirer la plus entière confiance aux exposants, pût être porté sur les instruments de musique.

L'adjonction de M. Jules Cloquet fut également demandée pour concourir aux examens des produits qui intéressent la chirurgie.

MM. Auber, Baillot, Berton, Gallay et Jules Cloquet se sont empressés de déférer à ce vœu; ils rendirent plus précieux encore leur utile concours en se livrant sans retard et sans réserve à l'accomplissement de ces difficiles et honorables fonctions.

Les récompenses décernées par le jury central aux exposants ont été suivant l'ordre de mérite :

1° La médaille d'or.

2° La médaille d'argent.

3° La médaille de bronze.

4° La mention honorable.

5° La citation favorable.

Le rappel de chacune d'elles fut accordé aux manufacturiers qui avaient développé leurs progrès ou soutenu leur industrie au rang qu'elle avait acquis à l'époque des précédentes expositions.

Les mentions honorables et les citations, outre leur importance réelle qui motive des discussions parfois longues et approfondies dans les commissions, sont souvent une prise de date pour réserver des droits aux récompenses de premier ordre, lorsque l'extension des industries déjà dignes d'attention, ou le contrôle de l'expérience auront justifié les prévisions du jury.

On sait que des récompenses de tous les ordres ont été décernées aux personnes qui avaient rendu à l'industrie des services non susceptibles d'être représentés par des produits exposés en leur nom.

Le jury est parvenu au terme de ses travaux dans

un délai qui paraîtra bien court si l'on considère le grand nombre et la diversité des produits admis à l'exposition.

On sait, en effet, qu'il y eut, cette année, 3381 exposants admis, tandis qu'en 1834 on n'en comptait que 2447, et, en 1827, seulement 1631.

Les produits furent exposés à grande peine dans une galerie et huit longues salles occupant ensemble une superficie de 16,500 mètres carrés ; en 1834, l'espace occupé par les bâtiments de l'exposition fut seulement de 14,288 mètres.

Le vaste emplacement destiné à l'exposition de 1839 fut insuffisant encore ; il fallut construire une salle entière pour développer convenablement la grande industrie dont le foyer central est à Mulhausen.

Voulant essayer de rendre la tâche moins difficile à l'époque d'une exposition prochaine, le jury chargea une commission spéciale de rédiger d'avance, pour être soumis au ministre, un projet relatif à des améliorations dans les mesures à prendre pour l'admission des exposants, la réception et la classification des produits, les notes descriptives accompagnant les objets exposés, etc., etc.

Cette commission est composée de MM. le baron Thénard, président, de Bonnard, Brongniart, Chevreul, Dumas, Ch. Dupin, Fontaine, Legentil, Payen, Pouillet et Savart.

Quelques-uns des membres du jury central étaient au nombre des exposants; ils se sont trouvés, par ce fait, exclus du concours. Le jury, s'abstenant de les juger sous ce point de vue, s'est empressé de déclarer, cependant, qu'ils continuent à se montrer très-dignes des hautes récompenses qu'ils ont obtenues dans les précédentes expositions.

M. le ministre de l'agriculture, du commerce et des travaux publics fut prévenu, le 24 juillet, que tous les travaux du jury central étaient terminés, et le jour de la séance royale pour la distribution des récompenses fut fixé au 28 juillet, l'un des anniversaires des grandes journées de 1830.

MM. les exposants, ainsi que les personnes auxquelles l'industrie doit des progrès, qui avaient obtenu des médailles ou des rappels de médailles, furent convoqués au palais des Tuileries.

Le 28 juillet, à une heure, le Roi, entouré de la Famille royale, a distribué, dans la salle des Maréchaux, les récompenses accordées à l'industrie par suite de l'exposition de 1839. M. Cunin-Gridaine, ministre du commerce et de l'agriculture, accompagné de M. Boulay (de la Meurthe), secrétaire général du ministère, et de M. Vincens, directeur du commerce intérieur et des manufactures, était auprès de Sa Majesté.

Ceux de MM. les exposants qui devaient être nommés ont été introduits au nombre de plus de huit cents, précédés de MM. les membres du jury.

M. le baron Thénard, président du jury central, adressa au Roi le discours suivant :

« SIRE,

« Ce fut une heureuse et belle idée que celle d'exposer à tous les regards les produits les plus remarquables de l'industrie d'un grand peuple, et d'en perpétuer le souvenir par des récompenses solennelles données de la main même du chef de l'État.

« Cette idée, qui devait être si féconde, appartient à la France ; et ce qui la rend plus digne d'admiration, c'est qu'elle se soit accomplie au milieu du fracas des armes, lorsque la France avait à combattre toutes les puissances de l'Europe conjurées contre son indépendance.

« Plus de quarante ans se sont écoulés depuis la fondation de ces mémorables concours ; ils ont donc subi tout à la fois et l'épreuve du temps et l'épreuve plus difficile encore des révolutions politiques.

« Le consulat les reçut du Directoire pour les léguer à l'Empire, qui les transmit à la Restauration. Le gouvernement de juillet les adopta comme une institution nationale.

« Les premiers ne pouvaient manquer de se ressentir des calamités que la guerre entraîne toujours avec elle ; mais la paix n'est pas plutôt rétablie et consolidée, que l'industrie, qui était comme enchaînée, prend un libre essor ; elle s'éclaire de toutes parts au flambeau de l'expérience ; elle pénètre aux lieux où elle était inconnue ; les ateliers se multiplient, la fabrication s'améliore, les relations s'étendent, de nouveaux procédés se découvrent, et les concours de 1819 à 1827 viennent révéler à l'Angleterre qu'elle aura bientôt une rivale dans les arts. De si hautes espérances sont justifiées par le concours de 1834 : celui de 1839 les réalise.

« Oui, Sire, de grands progrès ont été faits dans les cinq dernières années qui viennent de s'écouler.

« La filature de la laine à la mécanique nous est complétement acquise ; celle du lin ne tardera pas à l'être : industries importantes qui entreront pour des sommes considérables dans la balance de notre commerce.

« Plus de cinquante usines construisent des machines à feu d'une force ordinaire : que l'État les seconde, et bientôt elles fourniront les puissants moteurs que réclame notre navigation maritime. La France, au commencement du siècle, possédait à peine quelques machines à feu ; on les compte aujourd'hui par milliers ; un jour, les villes manufacturières en seront couvertes.

« Les machines à papier continu ont été portées à un si haut degré de perfection, qu'elles s'exportent au loin.

« Le métier à la *Jacquart*, si utile, a reçu de nouveaux perfectionnements.

« Un ingénieux mécanisme façonne le bois en meubles, en ornements, en bois de fusil, etc., avec autant de rapidité que de précision.

« D'excellents chronomètres, des chronomètres éprouvés, se payent moitié moins qu'en 1834 : tous nos bâtiments en seront pourvus et ne courront plus le risque de se jeter sur la côte par des temps brumeux.

« Les puits forés, qui promettent de rendre de si éminents services à l'agriculture, ont été l'objet de nouveaux essais dignes d'encouragement.

« C'est d'Angleterre que nous venaient les meilleures aiguilles nécessaires à notre consommation : la France en produit aujourd'hui qui ne laissent rien à désirer.

« Deux nouveaux produits ont pris rang dans l'industrie : la bougie stéarique, qui a tant d'avenir; la teinture en bleu de Prusse, qui, avec le temps, remplacera presque entièrement celle de l'indigo.

« Nos cristaux sont aussi limpides et d'une taille aussi parfaite que les cristaux étrangers; ils l'emportent par l'élégance des formes, par la variété des couleurs et la solidité des décors métalliques.

« Rien de plus beau, de plus éclatant que nos vitraux; ils surpassent ceux des anciens, si vantés à juste titre.

« Depuis longtemps on cherchait à fabriquer le flint-glass et le crown-glass par un procédé régulier qui permit de les obtenir d'une parfaite qualité et de dimensions convenables pour tous les usages de l'optique : ce problème est résolu.

« Un grand pas a été fait dans les moyens de décorer la porcelaine et d'ajouter à sa valeur.

« Des pierres lithographiques, d'une qualité supérieure, ont été découvertes dans plusieurs contrées du royaume.

« La lithographie est parvenue à opérer facilement le report de toutes les impressions : les ouvrages les plus rares pourront donc être reproduits avec tous les caractères qui les distinguent.

« Les belles carrières de marbre de nos Pyrénées, dont l'exploitation compte à peine quinze ans, ne fournissent pas seulement à nos besoins, elles font des exportations considérables.

« Le plomb, si fusible, se soude sur lui-même et sans soudure, au feu le plus fort.

« Le fer est préservé de la rouille par des moyens simples dont l'efficacité paraît certaine.

« Le bronze laminé double nos vaisseaux et leur assure bien plus de durée que le cuivre.

« Le nitre, par un procédé perfectionné, se prépare en concurrence avec celui qui nous vient de l'Inde.

« Nos indiennes, nos soieries, nos châles flottent toujours dans les magasins de Londres.

« Nos mousselines unies et brodées ont repoussé du marché français les mousselines suisses et anglaises.

« La laine rivalise avec le coton pour recevoir les couleurs variées de l'impression, et se vend partout, même aux lieux où le coton croît en abondance.

« La classe ouvrière trouve, dans le commerce, des indiennes, des châles, des mouchoirs, des étoffes de laine, des draps, dont le bas prix excite l'étonnement (1).

« L'éducation des vers à soie, surtout l'assainissement des magnaneries, a fait de grands progrès. Beaucoup de mûriers ont été plantés. Tout porte à croire que, d'ici à dix ans, la France sera délivrée du tribut qu'elle paye à l'étranger, et qui ne s'élève pas à moins de 40 millions de francs chaque année.

« La fécule se transforme, au gré du fabricant, soit en un sucre à bas prix, qui sert à l'amélioration des vins et de la bière, soit en dextrine, qui remplace

---

(1) Indienne foncée à 50 centimes le mètre; des mouchoirs de couleur à 85 centimes la douzaine; des châles imprimés de 120 à 140 centimètres carrés, à 22 fr. la douzaine; des étoffes de laine, de 75 à 80 centimètres de large à 1 fr. 25 et 1 fr. 70 cent. le mètre; des draps teints en laine à 5 fr. le mètre.

la gomme du Sénégal dans l'impression des tissus, dans le gommage des couleurs et dans les apprêts. Leur fabrication annuelle s'élève à 6 millions de kilogrammes.

« Huit ans se sont à peine écoulés depuis l'époque où nous tirions de l'Angleterre tous les cuirs vernis de notre consommation : aujourd'hui l'Angleterre vient les acheter à la France.

« Des améliorations remarquables ont été apportées à l'art de tanner les peaux.

« Nos maroquins continuent à obtenir la préférence sur tous les marchés.

« Enfin presque toutes les branches d'industrie se sont perfectionnées, presque toutes ont baissé leur prix.

« Tel est, Sire, le résumé rapide de ce qu'a produit l'industrie depuis la dernière exposition.

« Que serait-ce si nous remontions jusqu'à la première, jusqu'à l'an VI! Que de sources de richesses découvertes dans cet intervalle! on croirait voir l'œuvre de plusieurs siècles : ce n'est que le fruit de quarante ans de travaux. Tout a changé de face; il n'est pas un art qui n'ait été inventé, ou qui ne soit devenu un nouvel art par les perfectionnements qu'il a reçus. Quelques-uns occupent un rang bien élevé dans l'échelle industrielle; mais, au-dessus de tous, domine de très-haut l'art d'employer la vapeur comme force motrice. C'est la plus belle conquête qu'il ait été donné à l'homme de faire; avec du fer, de l'eau et du charbon, il a rendu sa puissance presque infinie : la machine à feu a été créée.

« Avec elle, les plus lourds fardeaux sont soulevés et transportés rapidement; les distances disparaissent; l'ancien et le nouveau monde se touchent pour ainsi dire; les mers les plus lointaines et les plus périlleuses n'opposent plus que des barrières qu'il est possible de franchir.

« OEuvre du génie d'un Français, cette immortelle création de l'intelligence humaine a été perfectionnée, fécondée par le génie d'un Anglais : que les noms de Papin et de Watt soient à jamais unis et honorés! ces grands hommes sont la gloire de leurs patries et les bienfaiteurs de l'humanité : le monde reconnaissant leur doit élever des statues.

« Quelles sont donc les causes qui ont produit de si merveilleux résultats ? la paix, qui est l'âme de l'industrie; les sciences, qui jettent la plus vive lumière sur les arts et les préservent des erreurs d'une routine toujours aveugle et mensongère ; les efforts des Sociétés savantes, surtout de la Société d'encouragement, qui, par ses nombreux et brillants concours, est parvenue à faire résoudre les questions les plus importantes et les plus difficiles (1).

_____

(1) La Société d'encouragement a toujours pour 150 à 160,000 fr. de prix au concours.

« Mais, indépendamment de ces causes puissantes, il en est une qui ne l'est pas moins : c'est l'impulsion donnée par les expositions publiques. Comment en méconnaître les effets ? Cette affluence de citoyens qui se pressent et se renouvellent sans cesse sous les portiques où se déploient les richesses nationales; ces récompenses, ces médailles d'ordres divers, noble héritage à transmettre à ses enfants; le signe de l'honneur donné aux plus dignes parmi les dignes; les noms des vainqueurs hautement pro-

---

Maintenant, elle en a même pour 217,400 fr., qui doivent être décernés dans les années 1839, 1840, 1841, 1842.

Lorsqu'un prix est remporté, il est ordinairement remplacé par un autre.

La Société décerne, en outre, tous les ans, au mois de juin, des médailles d'encouragement aux inventeurs et à ceux qui perfectionnent les procédés. Cette année, elle a décerné 43 médailles, savoir : 9 médailles d'or, 6 de platine, 18 d'argent, 10 de bronze.

Tous les quatre ans, elle décerne aussi à chaque contremaître, à chaque ouvrier qui s'est distingué par sa moralité et par des services rendus à l'établissement où il travaille, une médaille de bronze, à laquelle elle joint des livres pour une somme de 50 fr.

Enfin elle a créé des bourses qu'elle donne au concours, à l'école d'agriculture de Grignon, aux écoles vétérinaires et à l'école centrale des arts et manufactures.

clamés dans le palais des rois et signalés à la confiance et à la reconnaissance publiques, ne sont-ce pas des motifs qui doivent exciter la plus vive émulation? et même, lorsqu'on succombe dans une lutte si solennelle, où se trouvent, au milieu de la foule des spectateurs, les hommes les plus éclairés, les sommités sociales, les princes, le souverain de la nation, des étrangers de haut mérite, qui, en redisant bientôt à leurs concitoyens ce qu'ils auront vu, feront encore grandir le nom français, n'est-on pas fier de le porter, et ne se relève-t-on pas avec la ferme volonté de rentrer de nouveau dans la lice et de triompher à son tour? Aussi le nombre de ceux qui aspirent à l'honneur de concourir s'accroît-il sans cesse, et la France, depuis quarante ans, s'est-elle bien plus avancée dans la voie du progrès, proportionnellement au point de départ, que l'Angleterre elle-même : encore quelques années, et nous n'aurons plus rien à lui envier.

« Vous-même, Sire, et à votre exemple le prince royal, vous en avez acquis l'heureuse conviction, lorsque, entourés de vos augustes familles, vous avez consacré des jours entiers à visiter l'exposition avec un si vif intérêt. Une visite nouvelle était toujours pour vous un nouveau bonheur : elle vous permettait d'adresser des félicitations aux fabricants avec qui vous aimez à vous entretenir, et l'éloge était d'autant plus touchant qu'empreint d'une bonté paternelle il était fait avec ce discernement que peut seule donner l'intime connaissance des arts.

« Pour nous, Sire, à qui la mission d'assigner les rangs a été confiée, nous nous sommes efforcés de la remplir dignement. Souvent nous avons consulté les lumières d'hommes habiles, dont le savoir égalait l'intégrité. Tous les titres ont été soumis au plus scrupuleux examen. Les inventions et les perfectionnements utiles, les qualités et les prix des produits, l'importance des fabriques et leur situation topographique, tels sont les élements qui ont servi de base à nos décisions.

« Nous avons été soutenus, dans l'accomplissement d'une mission si difficile et si délicate, par l'idée sainte du devoir, comme aussi par le brillant avenir de notre industrie.

« Lorsqu'on considère, en effet, ce qu'elle était à la fin de l'Empire et ce qu'elle est aujourd'hui, qui pourrait dire où elle s'arrêtera, si la guerre ne vient suspendre sa marche rapide? Ses destinées seront immenses; éclairée par les sciences qui lui servent de guide, elle imprimera son caractère, son génie au siècle : il y aura désormais des siècles industriels comme il y a eu des siècles guerriers, des siècles littéraires et artistiques.

« Sire, vous avez su maintenir la paix au milieu d'une révolution qui devait produire une conflagration générale. Votre haute sagesse saura la conserver : ce sera votre œuvre, ce sera votre gloire. Une ère nouvelle, une ère pacifique datera de la fondation de votre dynastie. Au lieu de détruire, vous édifierez. Déjà vous avez sauvé d'une ruine certaine le palais du grand roi, en y fondant ce monument, ce musée historique, qui, seul, suffirait à l'illustration d'un règne. Vous ferez fleurir les lettres, les sciences, tous les arts ; vous vivifierez l'agriculture ; vous porterez le commerce jusque dans les contrées les plus éloignées ; vous répandrez partout les bienfaits de la civilisation.

« L'histoire n'inscrira pas votre nom parmi ceux des conquérants ; mais la postérité, la juste postérité vous placera, Sire, au nombre des rois, pères des peuples, pour qui la bonté est un impérieux besoin ; de ces princes trop rares qui dévouent leur vie au salut du pays, et n'usent du pouvoir que pour donner une plus utile direction aux véritables sources de la prospérité publique. »

Le Roi a répondu.

« Accomplir cette tâche est mon premier devoir ;
« entendre de vous que je marche vers cet accom-
« plissement est la plus douce récompense que je
« puisse recevoir de mes travaux et de mes efforts
« pour assurer le bonheur, la grandeur et la pros-
« périté de la France. Messieurs, j'étais impatient de
« me trouver au milieu de vous, pour vous remer-
« cier, au nom de ma famille et au mien, de toutes
« les sensations que vous m'avez fait éprouver,
« toutes les fois que j'ai visité cette magnifique ex-
« position que vous venez de donner à la France ;
« pour vous dire combien je m'associais à vos tra-
« vaux, et combien je me plais à croire que leurs
« résultats toujours croissants justifieront les hautes
« espérances que votre digne président vient de me
« donner. Je reconnais avec lui que c'est à l'époque
« de cette crise terrible où tant de sacrifices étaient
« faits par la nation, où tous les cœurs français
« quittaient leurs foyers pour voler à la défense de
« la patrie, où chacun abandonnait sa profession,
« sa famille, ses plus chers intérêts, pour préserver
« la France de l'envahissement de l'étranger, que
« commença cette longue série d'expositions indus-
« trielles que la vôtre vient de couronner d'une ma-

« nière si brillante et si splendide. Plus ces pre-
« miers essais laissaient à désirer, et plus on aurait
« dû y voir une expression du vœu de la France
« pour déterminer son gouvernement, ceux qui
« présidaient alors à ses destinées, à mettre un
« terme au fléau de la guerre, aussitôt que l'hon-
« neur de la patrie serait satisfait et son indépen-
« dance assurée. En effet, le vœu de la France et
« son premier besoin étaient de rentrer dans l'état
« de paix, seul moyen de faire retrouver à tous la
« sécurité et le repos nécessaires pour se livrer aux
« inspirations de leur génie et au développement
« de leurs facultés. C'était donc, en quelque sorte,
« un avertissement salutaire qu'il était temps que les
« ressources de la France fussent appliquées à ses
« véritables besoins, et qu'elles ne fussent plus ab-
« sorbées dans la poursuite de conquêtes chimé-
« riques, d'asservissement des peuples voisins, et
« d'une extension de domination que nous n'avions
« ni intérêt, ni désir de conserver. Mais ces temps
« d'épreuve sont déjà loin de nous; le vœu na-
« tional a prévalu. Tranquilles à l'intérieur, nous
« sommes en paix avec tous nos voisins, et rien ne
« vous inquiète, ni ne vous gêne, pour suivre cette
« voie d'amélioration et de progrès dans laquelle
« vous êtes si heureusement engagés. C'est par un
« sage et utile emploi de toutes nos ressources que

« les fortunes individuelles continueront à s'ac-
« croître, et que l'aisance et le bonheur se répan-
« dront de plus en plus dans les familles. Déjà vous
« êtes parvenus à fournir aux classes les plus pau-
« vres et les plus nécessiteuses ces étoffes à bas
« prix avec lesquelles vous les vêtez, ces produits
« destinés à satisfaire à leurs besoins, et aussi à
« leur procurer des conforts jusqu'à présent in-
« connus parmi elles, par la réduction de vos prix
« aux taux que leurs moyens pécuniaires peuvent
« atteindre. Que grâces vous en soient rendues !
« C'est ainsi que vous protégez et que vous assistez
« réellement l'humanité; c'est ainsi que vous con-
« tribuez, par vos travaux, par vos talents, par vos
« succès, à améliorer la condition de toutes les
« classes de la société, et que vous accomplissez le
« vœu le plus cher de mon cœur.

« Il faut continuer cette noble tâche avec persé-
« vérance. L'exposition a présenté des produits qui
« démontrent que vous êtes dans la bonne voie,
« c'est-à-dire que vous préférez le solide et l'utile
« au brillant et au clinquant des séductions. C'est
« en mettant de la bonne foi dans la composition
« de vos produits que vous inspirerez la confiance,
« qui peut seule faciliter le commerce et détourner
« les peuples de cette déplorable manie de thésau-
« riser, qui, en absorbant une portion des res-

« sources de la société, paralyse les moyens d'aug-
« menter la richesse nationale et la prospérité
« publique. Il faut leur donner confiance dans votre
« bonne foi et dans la modération de vos prix. Il
« faut que la nature de vos produits soit telle que
« leur usage puisse calmer les défiances, et con-
« vaincre les acheteurs qu'ils n'ont pas été trom-
« pés dans leurs achats. Il faut aussi que les peuples
« apprennent qu'ils n'ont plus besoin de thésauriser
« et d'enfouir leurs valeurs pour les mettre en sû-
« reté. L'état actuel de la civilisation doit les con-
« vaincre que de telles craintes ne peuvent plus
« exister que parmi ces peuplades barbares qui ne
« connaissent d'autre loi que la force, et dont les
« chefs ne songent qu'à s'approprier les biens et les
« richesses de leurs sujets.

« Pour nous, nous avons, grâces à Dieu, une
« autre mission à remplir, c'est de protéger les
« droits de tous, c'est de faire respecter la propriété
« de tous, c'est d'empêcher que personne n'y tou-
« che sans le consentement du propriétaire. Les
« impôts votés régulièrement par la nation sont
« employés dans son intérêt, et consacrés aux be-
« soins publics sous la surveillance de ses man-
« dataires. Aujourd'hui que nous sommes affran-
« chis des grandes nécessités de la guerre, notre
« crédit public s'est élevé à un degré que nous

« n'avions jamais atteint, et rien ne nous gêne dans
« l'application de nos immenses ressources à tout ce
« qui peut accroître la richesse nationale, et assurer
« le bonheur et la prospérité de la France.

« L'exposé qui vient d'être fait par votre prési-
« dent, et que j'ai entendu avec tant de plaisir, est
« une preuve de plus de la confiance que nous pou-
« vons placer dans notre avenir; il ne sera point
« stationnaire. Nos progrès, quelque grands qu'ils
« soient, ne s'arrêteront pas au point où ils sont
« parvenus. Jusqu'où iront-ils? Je l'ignore, et je
« crois que nul ne peut prévoir ou calculer l'élan que
« notre génie national imprime aux conquêtes de
« l'industrie et de la richesse publique, ces con-
« quêtes qui ne dépouillent personne, qui ne vio-
« lent les droits de personne, qui ne coûtent de
« larmes à personne. Voilà celles que nous voulons;
« voilà celles que nous poursuivons. Nous conti-
« nuerons à respecter l'indépendance de nos voisins,
« comme ils respecteront la nôtre. Les victoires que
« la France a tant de fois attachées à ses drapeaux
« sont des gages aussi certains que glorieux de
« notre repos et de notre sécurité. C'est en persis-
« tant dans cette voie salutaire que nous verrons
« notre commerce et notre industrie s'accroître par
« la stabilité de la paix et par la confiance que les
« nations étrangères accorderont à nos produits,

« lorsque nous les leur donnerons franchement et
« loyalement, en nous contentant toujours d'un bé-
« néfice modéré. Elles ont pu voir dans nos exposi-
« tions quelle est la manière dont nos manufactu-
« riers français dirigent leurs travaux. Pour elles,
« c'est un exemple; pour moi, c'est un bonheur.
« J'étais impatient de me trouver encore une fois au
« milieu de vous, pour vous répéter combien j'ai
« été sensible aux témoignages d'affection dont vous
« m'avez entouré dans les nombreuses visites que
« j'ai faites à l'exposition. Je regrette qu'elle soit
« finie, puisque je serai privé désormais des occa-
« sions que j'y trouvais de vous voir, de vous en-
« tendre et de m'entretenir avec vous. »

L'enthousiasme qu'ont excité les paroles de Sa Majesté s'est manifesté par de vives acclamations.

M. le ministre du commerce fit l'appel de ceux de MM. les exposants qui étaient désignés pour recevoir des récompenses : Sa Majesté les leur a remises de sa main.

Il était près de cinq heures lorsque s'est terminée cette séance, digne en tout de son but, et qui couronnait avec éclat l'exposition de 1839.

Les représentants de l'industrie nationale reporteront dans leurs départements le souvenir durable de tous les encouragements qu'ils ont trouvés dans la bienveillance royale.

LISTE

des

EXPOSANTS, DES ARTISTES ET DES SAVANTS

auxquels

LE ROI A DÉCERNÉ LA DÉCORATION DE LA LÉGION D'HONNEUR,

dans la séance solennelle du 28 juillet 1839.

MM.

BERTÈCHE, fabricant de draps à Sedan.

BIETRY, filateur à Villepreux (Seine-et-Oise).

CHEFDRUE, fabricant de draps à Elbeuf.

CURNIER, fabricant de soieries à Nimes.

DANF., fabricant de draps à Louviers.

DENEIROUSSE, fabricant de châles à Paris.

DOLLFUS (Jean), manufacturier à Mulhouse.

FOURNEYRON, mécanicien à Paris.

GRIMPÉ, mécanicien à Paris.

GRIOLET, filateur à Paris.

GUÉRIN (Adolphe), directeur des établissements d'Imphy.

GUIBAL (Louis), fabricant d'étoffes imperméables à Paris.

HACHE-BOURGEOIS, fabricant de cardes à Louviers.

JACKSON (William), fabricant d'acier à Saint-Paul-en-Jarrêt (Loire).

JAPPUIS (Jean-Baptiste), manufacturier à Claye.

JOURDAN (Théophile), fabricant à Trois-Villes (Nord).

MEILLARD-BOIGUES (Bertrand), maître de forges à Fourchambault (Nièvre).

MICHEL, teinturier à Lyon.

NYS, fabricant de cuirs vernis à Paris.

OLLAT, fabricant de soieries à Lyon.

PAPE, facteur de pianos à Paris.

PERROT, mécanicien à Rouen.

PONS DE PAUL, horloger à Paris.

SABRAN, fabricant de soieries à Lyon.

SAULNIER aîné, mécanicien à Paris.

SOYER, fondeur de bronzes à Paris.

TALABOT (Léon), fabricant d'acier à Toulouse.

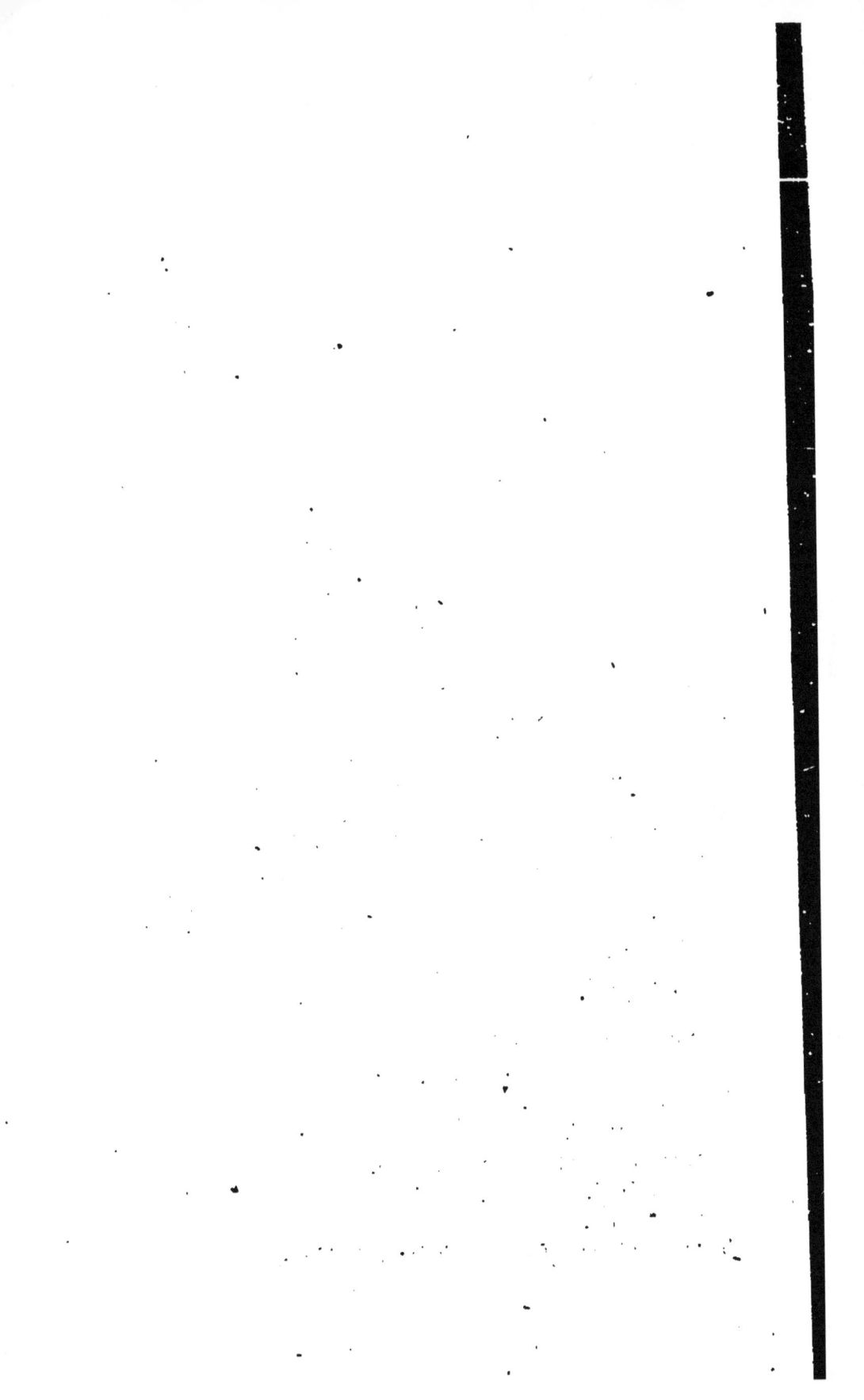

RAPPORT

DU JURY CENTRAL

SUR LES PRODUITS

DE L'INDUSTRIE FRANÇAISE

EN 1839.

●•

PREMIÈRE COMMISSION.

TISSUS.

Membres de la Commission :

MM. LEGENTIL, président, BARBET, BLANQUI, BOSQUILLON, CAREZ, GIROD (de l'Ain), GRIOLET, KOECHLIN (Nicolas), LEGROS, MEYNARD, PETIT, SALLANDROUZE, SCHLUMBERGER, YVART.

———————

Les matières textiles employées le plus généralement en fabrication sont la laine, la soie, le coton, le chanvre et le lin.

Elles seront divisées en quatre parties seulement, en réunissant dans la même le chanvre et le lin, dont le travail et les usages présentent la plus grande analogie.

Il sera nécessaire, toutefois, d'en consacrer une cinquième aux articles manufacturés par d'autres procédés que ceux du tissage ordinaire, tels que les blondes et dentelles, la bonneterie, les tapis, etc. : elle comprendra donc les tissus confectionnés en tout ou en partie, soit avec les matières qui viennent d'être indiquées, soit avec des matières d'une nature différente, comme le crin, le poil de chèvre, le caoutchouc, et autres.

PREMIÈRE PARTIE.

LAINES ET LAINAGES.

∽∞∾

PREMIÈRE SECTION.

AMÉLIORATION DES LAINES.

M. Girod (de l'Ain), rapporteur.

Considérations générales.

La laine, considérée comme matière première, peut se diviser en trois espèces très-distinctes : 1° la *laine commune* ou *laine indigène*, qui ne sert qu'à la confection des matelas, des tapis, couvertures et objets de bonneterie et de passementerie ; 2° la laine dite *de carde*, plus ou moins affinée et améliorée par l'effet de l'introduction et de la multiplication des mérinos en France, et spécialement destinée à la fabrication des étoffes foulées, c'est-à-dire de la draperie proprement dite ; 3° enfin, la laine qui, aussi plus ou moins améliorée, est plus particulièrement destinée, comme propre au peigne, à la fabrication des étoffes rases, c'est-à-dire non foulées ; nous désignerons cette dernière sous le nom de *laine de peigne*.

La laine indigène ou laine à matelas, quoique présentant différentes nuances de qualité et, par

conséquent, de prix , n'exige pas que nous la sub-
divisions en sortes distinctes; c'est un produit indispensable, qui ne saurait être remplacé par aucun
autre, et dont l'emploi est d'une très-grande importance. La France n'en produit pas, à beaucoup près,
autant qu'elle en consomme, et les manufacturiers
qui l'emploient demandent qu'on en encourage la
production; mais, de toutes les espèces de lainages,
c'est celle que l'agriculture a le moins de profit à
produire, quoique le prix en soit comparativement élevé, et qu'il soit, beaucoup moins que celui
des autres sortes, soumis à de grandes fluctuations
de cours : les moutons qui produisent cette laine
grossière coûtent, il est vrai, moins à nourrir et à
entretenir que les animaux plus fins; mais ils ne
donnent ni plus de viande, ni plus de suif, ni plus
de fumier, et, cependant, leurs toisons légères et peu
fournies ne valent que 3 ou 4 francs, tandis que les
toisons mérinos ou métis pèsent et valent trois ou
quatre fois autant. On ne peut donc disconvenir
que, dans toutes les localités favorables à l'entretien
des races améliorées, il n'y ait pour l'agriculture
un avantage réel à les substituer aux races indi-
gènes, et les fabricants qui ont besoin de ces
laines grossières ne peuvent raisonnablement en
demander à la France que les quantités produites
par les localités, où, en raison de la nature du sol
ou de tout autre obstacle, on ne peut faire autre

chose que de la laine commune; pour tout le surplus de leurs approvisionnements, il faut bien qu'ils consentent à le recevoir de l'étranger; mais il semble, dès lors, qu'ils seraient fondés à réclamer un abaissement du droit d'entrée, sur cette qualité de laine, que la France ne peut leur fournir en quantité suffisante, et qu'ils sont forcés de tirer du dehors.

Pour toute la quantité de ces laines employées exclusivement à la confection des matelas et à la fabrication des tapis et des articles de bonneterie et passementerie, le commerce ne parait solliciter aucune amélioration proprement dite; il ne demande que le *bon conditionnement;* si on lui faisait cette sorte de laine moins grossière, plus douce, plus soyeuse, elle ne serait plus propre à la plupart des emplois auxquels il la destine : la laine superfine ferait, en effet, de très-mauvais matelas. Mais il n'en est pas de même de la laine employée à la confection des tissus dont l'homme a besoin pour se vêtir; c'est ici que le champ de l'amélioration est vaste : depuis l'étoffe grossière que porte le pauvre, jusqu'aux draps les plus fins et les plus moelleux dont se pare l'opulence, les mêmes qualités sont désirables dans la matière première; plus cette matière première, destinée à la draperie, et que nous avons appelée *laine de carde,* sera *fine, soyeuse, douce* et *élastique,* et *meilleure* sera l'étoffe qu'elle aura servi à fabriquer; le problème à résoudre, le but à atteindre, c'est d'obtenir, au meilleur marché possible, la réunion de toutes ces qualités désirables pour satisfaire non-seulement aux exigences de la classe riche, mais encore au bien-être des classes pauvres. Ce serait une grande erreur que de croire qu'il faut créer de la *laine de carde* grossière pour les indigents, des deuxième et troisième qualités pour les fortunes médiocres, et de la laine superfine seulement pour les riches ; il faut, au contraire, s'efforcer d'améliorer *même les plus basses qualités*. Si le pauvre, qui est forcé de se contenter d'étoffes grossières, les seules au prix desquelles il puisse atteindre ; si le consommateur qui ne peut s'habiller que de draps des deuxième et troisième qualités, obtenait, sans plus de dépenses, des étoffes plus fines, c'est-à-dire plus chaudes et plus durables, ce serait un véritable progrès, un bienfait réel. Sans doute qu'on n'arrivera jamais complétement à ce résultat, et qu'il y aura toujours une échelle de prix correspondant à une échelle de qualités différentes ; mais il n'en reste pas moins incontestable qu'il n'existe aucune raison de limiter la production de la laine fine dite *de carde* (qui, il ne faut pas l'oublier, est en même temps la *meilleure* pour l'emploi auquel elle est destinée), et que c'est sans crainte, comme sans hésitation, qu'on doit encourager l'amélioration de cette sorte, indépendamment des motifs de haute prévoyance qui nous imposent l'obligation de nous préparer à soutenir, avec avantage, la concurrence des étrangers, dont les rapides progrès nous menacent sur notre propre marché de l'intérieur : déjà nos fabriques commencent à goûter les laines d'Allemagne, qu'elles employaient, il y a peu de temps encore, en très-petite quantité, parce qu'elles ne savaient pas encore les traiter ; déjà l'importation en est considérable...; elle tendra à augmenter indéfiniment, si notre agriculture ne se défend pas par la qualité de ses propres produits... : la meilleure des barrières pour elle, c'est l'*amélioration*. Que le sort de l'Espagne soit toujours devant nos yeux.... Autrefois, elle avait le privilége de fournir seule au monde les plus beaux comme les meilleurs lainages...; aujourd'hui, pour s'être endormie et n'avoir fait aucun effort d'amélioration, elle voit les produits de ses nombreux troupeaux dépréciés, classés en ordre inférieur et repoussés, malgré leur bas prix, tandis que ceux de France, d'Allemagne, de Hongrie, de Crimée et de cent autres lieux leur sont de beaucoup préférés. Quelle source de richesse perdue pour elle !

De grands obstacles s'opposent, il est vrai, à l'amélioration, mais ils ne sont pas tous insurmontables; il dépend du gouvernement d'en détruire une partie, et c'est ici, pour le jury central, l'occasion et le devoir d'appeler, particulièrement, son attention sur les changements qu'il est indispensable d'apporter au mode de perception des droits de douane à la frontière, et d'octroi aux portes de nos villes et surtout de la capitale, mode d'après lequel le droit se perçoit par *chaque tête d'animal*, de telle sorte que le petit mouton de *Sologne* paye autant que celui de *Souabe*, qui pèse trois fois autant; d'où il suit nécessairement que l'éleveur vise plutôt à augmenter la taille et le poids de ses animaux qu'à améliorer leurs toisons.

La laine de *peigne*, destinée à la fabrication des étoffes rases ou non foulées, voit son emploi prendre, chaque jour plus d'importance. Cette laine se mêle maintenant, de mille façons diverses, à la soie, au cachemire et au coton; elle s'emploie pure dans la confection d'une foule d'articles nouveaux. Pour posséder toutes les qualités désirables, cette laine doit être *lisse, lustrée, fine, soyeuse* et *à longue mèche*. Les moutons anglais à longue laine produisent un lainage doué de ces qualités, qui les font particulièrement rechercher. On s'est efforcé, depuis plusieurs années, de multiplier ces animaux en France; mais un petit nombre d'essais ont réussi jusqu'à ce jour : la plupart, probablement, mal conçus et mal dirigés, ont complétement échoué. Il est à regretter que, du moins, les éleveurs qui se sont particulièrement occupés de cette introduction, et qui ont vu le succès couronner leurs efforts, n'aient pas exposé quelques échantillons de leurs produits. (Le jury de 1834 exprimait déjà le même regret dans son rapport.) La laine de peigne proprement dite n'est représentée à l'exposition que par les toisons d'un seul propriétaire, M. Graux de Mauchamps, qui fait les plus louables efforts pour propager et fixer le type d'une variété que le hasard, dit-il, a fait naître dans son troupeau, laquelle offre, à un point remarquable, la réunion des qualités énumérées ci-dessus. Faute de recevoir, de l'agriculture ou du commerce, une assez grande quantité de laines lisses et lustrées, nos fabricants d'étoffes rases ont employé et emploient encore les laines mérinos ou métisses, plus ou moins fines, que nous avons rangées dans la seconde classe, et les beaux tissus qu'ils exposent montrent assez qu'ils savent en tirer parti ; mais il est à croire qu'ils préféreraient des laines moins élastiques, moins feutrantes, et donnant, conséquemment, moins de déchets au peignage; et il est permis de penser que l'entretien des races qui les fournissent conviendrait, en France, à beaucoup de localités, et précisément à celles qui ne peuvent, sans désavantage, nourrir la race mérinos. De nouveaux essais sont tentés aujourd'hui, par ordre du gouvernement, et sous la direction éclairée de M. Yvart; si l'on ne peut pas encore présenter leurs résultats comme complets, on a, du moins, l'espoir fondé qu'ils ne resteront pas sans succès.

Le jury central a remarqué, avec satisfaction, les progrès notables qu'offrent les échantillons de laine mérinos provenant de plusieurs troupeaux fins ; mais il regrette que le nombre n'en soit pas plus considérable et plus en rapport avec l'immense importance de cette branche d'industrie agricole. En 1823, on compta parmi les exposants huit propriétaires de troupeaux ; en 1827, quinze ; en 1834, dix-huit : l'exposition de 1839 en offre dix-neuf.... C'est trop peu ; on s'étonne, notamment, que le midi de la France, et particulièrement le Languedoc, où existent des troupeaux très-distingués, n'ait rien envoyé. Quoi qu'il en soit, les progrès que le jury central se plaît à signaler sont incontestables et dus, en très-grande partie, à l'impulsion donnée, depuis quelques années, à l'amélioration, par les bergeries de *Naz*, qui comptent près de quarante-cinq ans d'existence, et dont, cependant, les produits ne commencèrent à être mis en lumière qu'en 1823, époque à laquelle leur fut décernée la première médaille d'or. Avant cette époque, l'opinion générale était que la France ne pouvait pas produire des laines comparables à celles de Saxe dites électorales ; le troupeau de Naz et ses nombreuses colonies ont prouvé le contraire, et il est maintenant incontestable que non-seulement au pied du Jura, mais encore en Bourgogne, en Champagne, en Picardie, dans le Dauphiné, le Berri et la Touraine, comme dans le Languedoc et le Béarn, on peut créer d'aussi belles laines que sur les bords de l'Elbe ou du Danube.

L'administration manque absolument de documents statistiques sur l'état actuel de la production des diverses sortes de laines en France. Ceux qui furent recueillis, en 1812, par les soins de l'illustre Chaptal, et qui sont les seuls qu'elle ait aujourd'hui en sa possession, datent de près de trente ans, durant lesquels une véritable révolution s'est opérée dans l'état agricole de la France, par suite de la multiplication des mérinos, en même temps que des prairies artificielles; ils ne peuvent donc rien nous apprendre sur l'état actuel de cette importante industrie; et, cependant, il serait d'un grand intérêt d'avoir des notions, au moins approximatives, sur le nombre de troupeaux existant actuellement en France, sur celui des bêtes qui les composent; sur la nature du sol qui les nourrit; sur l'origine, l'espèce et l'ancienneté de chacun d'eux; sur l'origine des étalons qui servent à leur reproduction; sur la nature de laine qu'ils produisent, et les débouchés qui leur sont habituellement ouverts; sur leur mode de vente, soit en *suint*, soit après *lavage à dos*, soit par l'intermédiaire du *lavoir à façon*, etc., etc. Une foule d'indications précieuses pour les éleveurs, comme pour les marchands de laine et les fabricants, naîtraient de ces documents. Le jury central ne saurait donc trop insister auprès de M. le ministre du commerce, pour que des instructions assez détaillées soient adressées, à cet égard, à MM. les préfets des départements; pour ce qui concerne particulièrement l'accomplissement de la tâche difficile et souvent très-délicate qui lui est confiée, de classer entre eux, par ordre de mérite, les produits des troupeaux admis au concours, on sent combien il doit regretter de ne pas même trouver, dans les procès-verbaux des jurys départementaux, les renseignements les plus indispensables sur les principaux points qu'on vient d'indiquer.

Un autre besoin se fait également sentir, c'est celui d'ouvrages élémentaires et manuels à mettre entre les mains des bergers, des fermiers et des propriétaires eux-mêmes, et qui puissent éclairer leur pratique par de justes notions sur l'éducation des diverses espèces de bêtes à laine, l'étude de la toison dans toutes ses parties, sur les qualités à rechercher, les défauts à éviter; sur les conditions du meilleur choix de l'étalon, suivant le but qu'on se propose, eu égard aux circonstances de localités; sur l'étude de ces mêmes circonstances de localités, et sur la marche à suivre, d'après les indications qu'elles fournissent, etc., etc. L'enseignement mis à la portée de tous est presque nul aujourd'hui : les éleveurs flottent incertains entre les systèmes et les doctrines les plus opposés; beaucoup ne savent ni le but à atteindre, ni les moyens d'en approcher; n'attachant aucune importance à l'étude de la laine, ils ne savent point distinguer dans leurs troupeaux les bêtes qui rendent de celles qui coûtent; de là, le choix de l'étalon fait sans discernement; ils ne tiennent, également, que peu de compte de la pureté et de la constance du sang, et vont ainsi d'un type à un autre sans règle ni fixité : de bons catéchismes, sur ces matières, convenablement appropriés aux diverses provinces de notre territoire, seraient donc d'une grande utilité et pourraient être enseignés avec fruit dans nos écoles d'agriculture, d'où sortiraient, alors, des bergers instruits; mais il faut convenir que les éleveurs les plus éclairés ne sont point encore assez d'accord, entre eux, sur les avantages et les inconvénients des divers systèmes d'éducation pour qu'on puisse, de longtemps encore, essayer de rédiger des instructions complètes et ayant autorité suffisante; les fabricants eux-mêmes doivent nécessairement varier dans leurs indications et leurs désirs, suivant la nature si changeante de leurs besoins, c'est-à-dire de leurs procédés; toutefois il est un bon nombre de principes généraux sur lesquels tout le monde est d'accord, et l'on doit souhaiter qu'ils soient recueillis et joints à la plus grande masse possible de faits incontestables et d'observations impartiales, afin que leur étude pratique puisse éclairer, peu à peu, la marche de l'amélioration vers les différents buts qu'elle doit se proposer.

A l'étranger, et particulièrement en Autriche et en Hongrie, les troupeaux les plus nombreux appartiennent à de grands seigneurs qui ne dédaignent pas de s'en occuper personnellement, comme de leurs haras et autres établissements agricoles ; les princes, les souverains eux-mêmes, ont leurs troupeaux particuliers dont ils dirigent l'éducation avec un grand intérêt : faisons des vœux pour qu'en France le goût de nos plus riches propriétaires se tourne vers la vie des champs, et pour qu'ils apportent, plus qu'ils ne l'ont fait jusqu'ici, le tribut de leurs lumières et de leurs plus grands moyens d'action en aide aux progrès de l'amélioration de nos diverses races de bêtes à laine. Une assez belle prime d'encouragement est offerte à leur zèle ; car il existe une grande différence de prix de vente entre les dépouilles des troupeaux purs mérinos ou métis plus ou moins fins, l'échelle de ces prix de vente s'étendant, chaque année, pour le kilogramme de laine en suint, depuis 1 franc 50 centimes jusqu'à 6 fr., et, pour le kilogramme de laine lavée, depuis 5 fr. jusqu'à 25 fr. et plus. Un même troupeau, une même toison produisent, *au même prix de revient*, presque toutes ces nuances de qualités dont chacune a son prix : on peut, dès lors, calculer quel avantage aurait le propriétaire éclairé qui parviendrait à produire la plus forte proportion possible de première qualité ; lors même qu'il vendrait *en suint*, le prix de ses toisons ne pourrait être comparativement que très-élevé ; et s'il pouvait, soit par ses propres soins, soit par l'intermédiaire du lavoir à façon, ne vendre qu'après triage et lavage, il serait alors assuré de recueillir tout le fruit de ses efforts.

Avant de terminer ces considérations générales, le jury central croit utile de faire connaître à MM. les propriétaires de troupeaux admis au concours les principes qui l'ont guidé dans l'équitable appréciation du mérite comparatif de leurs produits. On a vu que plusieurs systèmes différents partagent l'opinion des éleveurs, quant à la marche la plus profitable à suivre, sous le point de vue purement agricole : les uns pensent qu'il y a plus de bénéfice à ne produire que les qualités intermédiaires, dont l'emploi est plus général, et sont partisans des gros animaux à lourdes toisons ; d'autres préfèrent les races de plus petite taille, et, tout en recherchant la quantité, s'attachent plus particulièrement à la qualité.... Ce sont là surtout des questions de localités et de convenances individuelles ; les calculs, à cet égard, peuvent être aussi basés sur des circonstances d'actualité, ou sur des vues d'avenir plus ou moins éloigné. Quoi qu'il en soit, le jury central ne prétend point trancher ces questions d'une manière absolue ;

il laisse aux lumières de chacun le soin de modifier, dans la pratique, les principes généraux qu'il a indiqués. Se plaçant au point de vue du gouvernement, qui doit surtout encourager l'amélioration, dans un but d'avenir, pour ménager au pays, en général, les moyens de lutter avec avantage contre la concurrence des produits étrangers, et dans l'intérêt de la masse des consommateurs, dont il doit sans cesse travailler à augmenter le bien-être, le jury central ne saurait récompenser, dans les efforts du producteur, que ce qui contribue au progrès réel et durable de l'industrie en général, et non ce qui n'est basé que sur des calculs de bénéfices actuels et individuels : ainsi le propriétaire qui obtient à la fois la *qualité* supérieure et la *quantité* a, sans nul doute, résolu le problème, et mérite la plus haute récompense ; mais celui qui ne vise qu'à la *quantité*, en laissant à d'autres la tâche du perfectionnement de la *qualité*, ne peut avoir droit aux mêmes éloges.

La question de la qualité est, d'ailleurs, la seule que le jury puisse décider en connaissance de cause, parce que rien ne s'oppose à ce qu'il apprécie le degré de finesse, de douceur, d'élasticité et d'égalité d'une toison ; mais, pour ce qui concerne la *quantité* de laine produite et l'économie relative de la production, la difficulté serait énorme. On doit, il est vrai, faire entrer le *tassé* dans les éléments de la qualité, bien qu'il ne soit pas, à vrai dire, une propriété de la laine, bien qu'il n'offre seulement qu'un indice de quantité, bien que son appréciation n'entre pour rien dans l'examen du brin en lui-même et ne puisse donner lieu à aucune des expériences comparatives auxquelles ce brin peut être soumis, bien, enfin, qu'il perde son importance au triage, au lavage et à la fabrication : malgré tout cela, il faut, sans doute, en tenir compte, et le jury doit certainement, à qualité égale, donner la préférence à la mèche la plus fournie; mais, pour arriver à estimer comparativement la quantité de laine produite par tel ou tel éleveur et son prix de revient, il faut autre chose que l'appréciation du *tassé*, et l'on ne pourrait, sans risquer de tomber dans les plus graves erreurs, comparer *toison* à *toison*. La quantité de laine fournie par une toison est en raison directe de la taille et du poids de l'animal, et, par conséquent, de sa consommation; c'est donc cette consommation relative qui doit être la mesure de la véritable quantité de laine produite : pour asseoir un jugement équitable, il faudrait donc pouvoir comparer la quantité de laine produite par tel poids d'animal, au moyen de telle quantité de nourriture, à la quantité de laine produite par le même poids d'animal et au moyen de la même consommation, soit que ce même poids d'animal fût représenté par un plus grand nombre de plus petits individus, soit qu'il le fût par un plus petit nombre de plus gros individus.

On conçoit, en effet, que, pour faire un quintal de laine, il suffise, par exemple, de 15 toisons d'environ 7 livres, tandis qu'il en faudrait 25 de 4 livres ; mais ce n'est toujours qu'un quintal de laine, et si les 25 petites toisons n'ont pas coûté à produire plus que les 15 grosses, c'est-à-dire si les 15 grosses bêtes ont consommé autant que les 25 autres, et si, en outre, ces mêmes 15 grosses bêtes, prises en masse, n'ont pas pesé davantage que les 25 petites également réunies, et n'ont donné ni plus de chair, ni plus de suif, ni plus de fumier, il ne reste plus qu'à comparer le produit en argent des 25 petites toisons à celui des 15 grosses toisons, c'est-à-dire du quintal de laine provenant des premières, au quintal de laine provenant des secondes ; en d'autres termes, si un quintal d'animal de petite race produit la même quantité de laine qu'un quintal d'animal de grosse race sans consommer davantage, mais qu'il ait fallu, dans le premier cas, *deux bêtes* pour faire ce quintal d'animal, tandis qu'il ait suffi d'une seule dans le second cas, il faudra, pour être juste, comparer deux toisons à une seule. C'est ici que la qualité peut reprendre tout son avantage, et que le rendement *en argent* peut être tout au profit de la petite taille, qui, au premier coup d'œil, pouvait paraître inférieure en produit.

Il reste donc bien démontré que le jury s'exposerait à de graves erreurs, et manquerait le but essentiel qu'il doit se proposer dans l'intérêt de l'amélioration, s'il se livrait à d'autres appréciations que celles du mérite comparatif des échantillons soumis à son examen, sous le rapport seulement des qualités les plus désirables dans la vue d'une belle et bonne fabrication.

Il n'en restera pas moins vrai que chaque propriétaire doit prendre conseil des circonstances de localité et des conditions de culture dans lesquelles il se trouve placé : on sait, par exemple, qu'il est beaucoup de localités en France où l'on s'efforcerait en vain d'élever la taille des animaux et de produire de lourdes toisons ; eh bien, il est tout naturel que dans ces localités on préfère les mérinos de petite taille, qui sont, en général, les plus fins en laine. Dans d'autres contrées, comme dans un rayon de 40 à 50 lieues autour de la capitale, la nourriture est plus abondante et les animaux tendent, conséquemment, à prendre un grand développement : là on comprend que les éleveurs soient, même malgré eux, portés à entretenir plutôt les grandes que les petites races, et, si l'on ajoute à cette tendance l'influence du mode de perception du droit d'octroi, par tête et non au poids, à la porte d'un grand foyer de consommation, on ne devra pas s'étonner de la faveur dont jouit, dans cette partie de la France, le système des grandes races à lourdes toisons ; mais, on le répète, le jury central ne prétend en aucune façon se prononcer entre ces différents systèmes, et il se borne à apprécier, dans les échantillons qui lui sont soumis, le degré comparatif de perfectionnement qu'offre la matière première considérée en elle-même.

EXPOSANTS HORS DE CONCOURS.

MM. PERRAULT DE JOTEMPS et GIROD (de l'Ain).

Troupeau de Naz, arrondissement de Gex (Ain).
Médaille d'or en 1823 ; rappel en 1827 ; hors de concours en 1834 et en 1839, M. Félix Girod (de l'Ain) étant membre du jury central.

RAPPEL DE MÉDAILLE D'OR.

M. le comte HÉRODE DE POLIGNAC, à Outré-loise (Calvados).

Il reçut la médaille d'or en 1823, et elle lui fut rappelée en 1827 et 1834.

Bien que le troupeau de M. le comte de Polignac ne soit plus aussi nombreux que dans l'origine, il compte encore, suivant la déclaration de ce propriétaire, 7,000 bêtes, et peut ainsi être cité comme un des plus considérables qui soit en France. M. le comte de Polignac continue à lui donner les mêmes soins que par le passé et à obtenir les mêmes résultats ; ses primes n'ont pas cessé d'être recherchées dans le commerce, en raison de leur finesse et de leur bonne qualité, et le jury central ne peut que voter, de nouveau et pour la troisième fois, le rappel de la médaille d'or en faveur de ce propriétaire.

MÉDAILLE D'OR.

M. DUPREUIL DE POUY (Aube).

Il obtint, en 1834, la médaille d'argent. Son beau et nombreux troupeau, qui compte 3,200 bêtes, se distingue de plus en plus par la finesse et la bonne qualité de ses produits; les belles primes qu'il livre, chaque année, au commerce attestent, en effet, les soins qu'il a pris pour l'amélioration de ses toisons et les succès qu'il a obtenus par l'emploi du bélier de Naz. Ses vastes bergeries de Pouy méritent d'être visitées par les propriétaires jaloux de s'éclairer et de suivre les meilleurs exemples. En 1834, le jury central, dans son rapport, se plaisait à reconnaître que les titres de M. Dupreuil lui méritaient une récompense du premier ordre; mais, sentant qu'il fallait être avare de cette première distinction pour en relever le prix, il se contenta de décerner la médaille d'argent à ce propriétaire éclairé, qui se présentait, d'ailleurs, pour la première fois au concours. Le jury central de 1839 lui décerne la médaille d'or.

RAPPELS DE MÉDAILLES D'ARGENT.

M. MASSIN, troupeau de Vandeport (Aube).

Les produits de M. Massin figuraient déjà avec distinction à l'exposition de 1834. Son troupeau, amélioré par la race de Naz, avait dès lors atteint un haut degré de finesse et d'égalité dans les différentes parties de la toison ; les dépouilles qu'il expose en 1839 ont attiré l'attention des connaisseurs et mérité leurs éloges ; elles rivalisent avec ce que l'exposition offre de plus remarquable en laine superfine. Le jury central n'hésite point à confirmer, à ce propriétaire aussi zélé qu'éclairé, la médaille d'argent qu'il obtint en 1834.

M. Monnot le Roy, troupeau de Pontru (Aisne).

Il obtint, en 1834, la médaille d'argent, que lui méritait la beauté de ses produits. Les toisons qu'il expose, cette année, attestent de nouveaux progrès ; elles se distinguent par leur grande finesse autant que par leur bonne qualité. Le troupeau de Pontru, amélioré par l'emploi du bélier de Naz, peut être aujourd'hui cité comme l'un des plus fins qui soient en France. M. Monnot le Roy a acquis de nouveaux titres à la médaille d'argent que le jury central lui confirme.

M. Joseph Maitre, troupeau de la Villotte (Côte-d'Or).

Il expose quatre toisons très-remarquables par leur superfinesse. En 1834, ce propriétaire parut pour la première fois au concours, pour y montrer les produits du troupeau que, conjointement avec M. Godin aîné, son associé, il avait tiré de Saxe. Le jury central de cette époque apprécia la beauté de ces produits et se plut à reconnaître le service qu'avaient rendu à l'agriculture MM. Maître et Godin par cette nouvelle importation, dont avant eux MM. Durbach et Ternaux avaient donné l'exemple; une médaille d'argent fut décernée à chacun d'eux. Les toisons qu'expose aujourd'hui M. Joseph Maitre montrent que, loin de dégénérer sur le sol français, le type de race saxonne qu'il avait acquis s'est plutôt perfectionné par les soins éclairés qu'il a su apporter à l'éducation de son troupeau. M. Joseph Maître mérite de plus en plus la distinction qui lui fut décernée en 1834 et que le jury lui confirme.

M. Godin aîné, à Châtillon (Côte-d'Or).

Le troupeau de M. Godin et celui de M. Maître n'en formaient qu'un seul avant que ces deux propriétaires eussent séparé leurs intérêts, et le jury central de 1834, bien que le partage eût déjà eu lieu, ne fit qu'un seul et même rapport pour tous les deux. Les toisons de M. Godin sont remarquables par leur grande finesse et leur égalité dans les différentes parties. Ce propriétaire, qui se livre depuis longtemps au commerce de la laine, et a fait conséquemment une étude particulière de cette précieuse matière première, continue à mériter la médaille d'argent, dont le jury n'hésite pas à voter le rappel en sa faveur.

M. Ganneron, troupeau de Bussy-Saint-Georges (Seine-et-Marne).

Il obtint en 1827 la médaille d'argent, qui lui fut rappelée en 1834; depuis, son troupeau, porté au nombre de 2,000 bêtes, a continué à se distinguer parmi les plus beaux et les mieux tenus des départements voisins de la capitale; les toisons qu'il expose en 1839 se font remarquer par leur finesse, leur tassé et leur bonne nature : ce propriétaire éclairé se montre de plus en plus digne de la médaille d'argent que le jury lui confirme.

MÉDAILLES D'ARGENT.

M. MAURICE BASILE, à Châtillon (Côte-d'Or).

Il expose sept toisons, dont plusieurs, bien que n'atteignant pas le plus haut degré de finesse, réunissent les qualités de douceur et d'élasticité qui distinguent les plus belles laines; elles sont très-tassées, et leur propreté atteste les soins que donne M. Basile à la tenue de son troupeau, dont il porte le dénombrement à 3,200 bêtes. Les succès qu'il obtient et l'importance de son établissement lui méritent la distinction de la médaille d'argent que le jury lui décerne.

M. CAILLE, à Varastre, près de Lieusaint (Seine-et-Marne).

Il expose des toisons qui, sans avoir encore atteint la haute finesse de celles qu'on admire le plus à l'exposition, offrent la réunion de précieuses qualités: la douceur et le nerf en sont remarquables; la mèche est très-fournie, le brin de bonne nature, et la propreté de la toison montre que M. Caille ne néglige rien pour la bonne tenue de son troupeau, qui est de 800 bêtes. Les succès qu'il obtient le rendent digne de la médaille d'argent que le jury lui décerne. Il avait, en 1834, obtenu la médaille de bronze.

M. AUBERGER, à Malassis (Seine-et-Marne).

Il expose quatre toisons très-tassées, de belle et bonne qualité. L'examen que le jury central a fait de ces toisons lui a fait apprécier le zèle et les soins éclairés que M. Auberger apporte à l'éducation de son troupeau, qui mérite toute la réputation dont il jouit. Le jury lui décerne la médaille d'argent.

M. Houteville, troupeau de Saint-Denis, près de Dieppe (Seine-Inférieure).

Ce propriétaire, dont le zèle mérite beaucoup d'éloges, possède un troupeau de 700 bêtes, qui passe pour le plus beau de sa contrée. Son exemple et les succès qu'il obtient ne peuvent que porter les meilleurs fruits, dans un pays où l'amélioration des troupeaux a fait jusqu'ici trop peu de progrès; bien que les toisons qu'il expose n'atteignent pas encore le degré de finesse et d'égalité désirable, ses louables efforts, qui lui méritèrent en 1834 la médaille de bronze, le rendent, cette année, digne de la médaille d'argent que le jury lui décerne.

M. Graux, à Mauchamps, arrondissement de Laon (Aisne).

Cet estimable cultivateur obtint en 1834 une mention honorable pour le zèle avec lequel il cherchait à propager dans son troupeau une variété de type très-remarquable, et dont il attribue l'origine à un jeu de nature. Aujourd'hui il possède environ 200 bêtes offrant ce même caractère, et il a pu faire confectionner avec leur dépouille des châles et tissus unis d'une finesse et d'une souplesse qui ne laissent rien à désirer; il n'est pas douteux que cette espèce de laine, éminemment propre au peigne et à la confection des étoffes rases, ne fût d'un grand emploi dans nos fabriques, si elle était créée en quantité suffisante; on ne peut donc qu'applaudir aux encouragements pécuniaires dont M. Graux est l'objet de la part du gouvernement, et faire des vœux pour que le type qu'il poursuit acquière cette fixité de race, cette constance de sang nécessaires pour qu'il puisse, dans le croisement avec d'autres espèces, se reproduire semblable à lui-même. Déjà ces mêmes vœux se trouvent exprimés dans le rapport du jury central de 1834; les succès obtenus depuis lors par M. Graux sont assez remarquables pour que le jury se détermine à lui décerner la médaille d'argent.

MÉDAILLE DE BRONZE.

M. BERNIER père, à May (Seine-et-Marne).

Il expose six toisons très-fournies en laine de bonne nature, et présentant assez de finesse et de douceur: le troupeau de M. Bernier est de 1000 bêtes; il paraît bien tenu. Le jury décerne à M. Bernier la médaille de bronze.

MENTIONS HONORABLES.

M. DAUBLAINE, à Moncets (Marne).
M. le comte de DESOFFY, à Val-d'Essais (Marne).
M. le docteur PONSART, à Omey (Marne).

Ces trois propriétaires, habitant le même département, se présentent pour la première fois au concours, et le jury départemental, dans son procès-verbal d'admission, ne contient, pour tous les trois, qu'une seule et même observation, par laquelle il attire l'attention du jury central sur la finesse, l'égalité, la douceur et l'élasticité de leurs produits. Une même mention les comprendra également tous les trois: MM. Daublaine, Desoffy et Ponsart, qui ont tiré leurs béliers, race de Naz, de chez

M. le vicomte de Jessaint, ont obtenu les mêmes succès, en adoptant les mêmes principes et puisant à la même source d'amélioration; ils n'ont entretenu, jusqu'ici, qu'un petit nombre de bêtes; mais, dès le début, leurs produits rivalisent avec ce que l'exposition offre de plus remarquable en laine superfine. Tout annonce que, lorsqu'ils auront pu donner à leurs établissements plus d'importance, ils se placeront au premier rang parmi nos éleveurs les plus distingués. Le jury central se borne aujourd'hui à leur accorder, avec tous les éloges qu'ils méritent, une mention honorable.

M. BEAUVAIS, à Gastins (Seine-et-Marne).

Il n'expose qu'une portion de toison qui offre une bonne nature de laine, assez de tassé et de propreté, mais qui laisse à désirer sous le rapport de la finesse. Le troupeau de M. Beauvais est de *mille bêtes*. Ce propriétaire mérite une mention honorable.

SECTION II.

FILAGE DE LA LAINE.

M. Griolet, rapporteur.

Deux divisions sont naturellement indiquées par la différence qui existe dans les procédés que chacune d'elles emploie pour confectionner le fil.

La première comprendra la filature de la laine peignée;

La deuxième, celle de la laine cardée.

LAINE PEIGNÉE.

Filage de la laine peignée pure ou mélangée de soie dite tibet.

C'est en France qu'a pris naissance, il y a à peu près vingt-huit ans, le filage à sec, par moyens mécaniques, des laines peignées manuellement. Depuis cette origine, cette industrie a fait des progrès tellement rapides, qu'elle se trouve placée à un degré éminent dans la production nationale, tant par la quantité que par la variété des produits auxquels elle donne naissance.

Le système français de filage à sec a tellement été apprécié, que, depuis 1825, plusieurs établissements ont été formés en Saxe, en Prusse, en Autriche, en Espagne, avec des machines françaises et des contre-maîtres français. Il n'est pas même jusqu'à l'Angleterre qui n'ait payé ce tribut à la France, et si M. Charles Cochrane a pu établir, de concert avec M. Oldworth, une filature à sec de laine peignée à Glascow, c'est au moyen des plans et de la coopération de M. Flint fils, constructeur et filateur à Gouvieux (Oise).

Ce ne sont pas seulement les mérinos, les alépines, les bombasines, que l'on tisse avec les fils de laine peignée ; bien d'autres étoffes de laine légère ont pris naissance depuis quelques années, par exemple la mousseline toute laine, ou laine et coton, dont la production est si importante. Ces articles absorbent une quantité immense de matières premières, et donnent de l'occupation à de nombreux ouvriers.

C'est aux progrès faits dans le filage à sec de la laine peignée, ainsi qu'à la diminution toujours croissante dans les frais de production, évaluée à 15 ou 20 pour 100 depuis 1834, que la France est redevable de la supériorité qu'elle conserve sur tous les marchés pour ses étoffes légères, tissées soit en laine pure, soit en laine combinée avec d'autres matières.

Pour se faire une idée de l'accroissement qu'a pris l'industrie du filage de la laine peignée, il suffit de comparer la situation de cette branche d'industrie à Paris seulement.

En 1827, il y avait sept établissements ayant ensemble dix mille broches environ.

En 1834, on n'en comptait encore que sept; mais ils faisaient déjà tourner ensemble vingt mille broches.

En 1839, leur nombre est de dix, et ils font marcher soixante mille broches environ, pouvant produire 700,000 kilogr. de fil par an, d'une valeur moyenne de 14 à 15 millions de francs.

Pour simplifier l'emploi de la laine, éviter des pertes de matières et de coût de main-d'œuvre, on a commencé à confectionner, soit par le renvidage ordinaire, soit par les renvideurs mécaniques, des bobines appelées *canettes*, qui peuvent, au sortir du métier mull-jenny, se placer de suite dans la navette du tisserand.

Le tisseur n'a pas besoin de remplacer aussi fréquemment sa canette que par l'ancienne méthode; il y gagne donc du temps. La main-d'œuvre ou le déchet économisé ne peuvent pas être évalués à moins de 5 pour 100 du prix de la matière.

Quand ce genre de bobine sera apprécié à sa juste valeur, on n'en voudra pas d'autre pour les étoffes que l'on confectionne en écru.

Les filatures des mélanges de laine peignée avec la fantaisie en rame, vulgairement appelés *tibet*, ont aussi pris un grand accroissement. Les établissements du département de l'Ain et autres à proximité de la ville de Lyon sont à peu près doublés depuis 1834.

A l'exposition qui eut lieu à cette époque se présentèrent les deux mêmes filateurs qui avaient déjà paru en 1827. Nous en voyons quatre en 1839. Leur présence atteste que les débouchés qu'a offerts la fabrication d'une multitude d'étoffes leur ont permis de développer et de faire prospérer leur industrie.

Dans ce genre de fil mélangé, la supériorité de la France est incontestable, soit comme bonne confection, soit comme bon marché.

On peut évaluer à 15 ou 20 pour 100 la baisse qui a eu lieu sur le prix de ces fils depuis 1834.

On file aussi la laine peignée par le système anglais; ce système est particulièrement et exclusivement affecté au travail des laines longues et des laines communes propres à la consommation des fils pour broderie, bonneterie, passementerie, etc. Au lieu de peigner, quelques établissements, pour confectionner des gros numéros, se servent d'un cardage particulier qui fournit un ruban continu, que l'on passe aux mêmes machines préparatoires de la laine peignée, ainsi qu'aux métiers qui achèvent de réduire la matière en fil. Ce produit n'est pas aussi beau que le fil provenant de la laine peignée; mais l'économie qui en résulte le rend propre à beaucoup d'emplois.

LAINE CARDÉE.

Filage de la laine cardée.

Les premières machines à carder la laine et à la filer, établies par les Douglas et les Cockerill, semblaient destinées à produire seulement les fils de chaîne et de trame nécessaires à la confection des draps et casimirs que l'on fait plus ou moins fortement draper. Pendant longtemps ces machines n'ont eu que cet emploi.

Depuis plusieurs années, on a employé les fils de laine cardée à des étoffes légères. A mesure que la perfection dans le filage arrivait, on a vu paraître de nouvelles étoffes : les circassiennes, les napolitaines surtout, sont venues fournir un aliment inépuisable aux établissements de filature qui se montaient successivement ; les châles tartans, kabyles, etc., etc., sont arrivés, depuis quelques années, ajouter à cet aliment. La fabrication des châles de Paris a pu aussi employer, pour le broché, des fils de laine cardée, pour remplacer, dans certains cas, le cachemire. Le coton dont on se servait dans beaucoup de genres de fabrication a été aussi remplacé avec avantage par la laine cardée.

La perfection où est parvenu le filage des laines cardées a été suivie par de nombreuses économies, évaluées à 10 pour 100 dans la production, par l'adoption de nouveaux métiers dits *mull-jennys*, de cent vingt jusqu'à deux cent soixante broches et plus, en remplacement de ceux à chasse de soixante broches seulement.

Quelques nouveaux systèmes en ce genre de filage viennent de paraître et prétendent produire plus économiquement. L'avenir nous apprendra ce que la science de la mécanique aura obtenu d'améliorations par leur emploi.

EXPOSANT HORS DE CONCOURS.

M. GRIOLET, filateur à Paris.

Honoré de la médaille d'or en 1834, M. Griolet, comme faisant partie du jury, n'a pu concourir cette année.

MÉDAILLE D'OR.

M. PRÉVOST, avenue Parmentier, 9, à Paris.

Ce filateur, qui obtint, en 1834, la médaille d'argent pour les progrès qu'il avait faits depuis 1827, vient d'acquérir, à l'exposition de 1839, de nouveaux titres à la récompense du jury.

Il a présenté des fils laine peignée d'une finesse d'autant plus remarquable qu'ils proviennent d'une matière qui n'a pas été préparée en vue de l'exposition, et que ce qu'il a fait il le produit tous les jours à des prix que la consommation peut atteindre. Ses chaînes n° 80 et ses trames jusqu'au n° 140 sont très-régulières.

Il avait mille broches en 1827, quatre mille broches en 1834. L'établissement qu'il termine en ce moment sera de quinze mille broches.

En raison de la perfection de ses produits, des progrès qu'il a faits, et de l'importance toujours croissante de son établissement, le jury lui décerne la médaille d'or.

MM. CAMU fils et CROUTELLE neveu, à Pont-Givart, près Reims (Marne),

Exposent une grande variété de fils en laine cardée, depuis le numéro 30 au kil. jusqu'au numéro 165 au kil., qu'ils confectionnent avec une régularité et une netteté remarquables. Les numéros élevés qu'ils livrent journellement à la consommation sont d'une supériorité incontestable.

Si la perfection de la filature de la laine cardée a permis au tissage de produire bon nombre d'étoffes nouvelles, ces filateurs peuvent revendiquer une partie de ces progrès.

Leur établissement, situé à Pont-Givart, est le plus considérable du département et l'un des plus importants de France.

MM. Camu fils et Croutelle neveu se sont aussi occupés, avec une sollicitude toute paternelle, du bien-être de leurs nombreux ouvriers.

Ils ont appelé et encouragé à s'établir dans cette localité, en leur garantissant le payement de leurs avances, des fournisseurs de toute espèce de denrées de première nécessité. Ils surveillent avec soin les qualités et les prix des fournitures faites aux ouvriers, de manière à les faire jouir des prix les plus modérés.

Ils ont fait construire de petites maisons avec un jardin y attenant pour le logement d'une famille. Ils ont vendu à des prix modérés ces petites propriétés à leurs ouvriers, qui s'acquittent au moyen d'une retenue hebdomadaire sur leur salaire. Cette espèce de caisse d'épargne territoriale exerce la plus heureuse influence sur la moralité des ouvriers, qui se trouvent ainsi excités et encouragés à l'ordre et à l'économie par la perspective de devenir propriétaires fonciers dans un délai assez rapproché.

Un pareil exemple ne saurait être trop publié et encouragé.

Le hameau de Pont-Givart, qui, en 1824, était composé de cinq maisons et d'une vingtaine d'habitants, grâce à la formation de ce bel établissement hydraulique, compte aujourd'hui quatre-vingts maisons et environ six cents habitants.

MM. Camu fils et Croutelle neveu avaient obtenu, en 1834, la médaille d'argent, pour la bonne confection et la perfection de leurs produits. En raison des nombreux progrès qu'ils ont faits depuis cette époque, le jury leur décerne la médaille d'or.

MM. Lucas frères, à Bazancourt, près Reims.

Propriétaires d'un des plus anciens établissements de filature de laine peignée à Bazancourt, fondé en 1811 par l'illustre M. Ternaux, associé, pour cette opération, à M. Jobert et à M. Lucas, père des exposants, ils ont su conserver le premier rang parmi les nombreux filateurs de Reims et de ses environs. Leurs produits sont toujours recherchés. Ils occupent à ce genre de filature 3,600 broches.

A la filature de la laine peignée, ils joignent celle de la laine cardée, qu'ils exploitent avec une grande habileté, et ne le cèdent à personne pour la bonne confection de cette sorte de fils. Le nombre de broches qu'ils y emploient est de 7,500.

On remarque à leur exposition des fils laine peignée chaîne, depuis le numéro 43 jusqu'à 63 ; 2° des fils trame, depuis le numéro 64 jusqu'à 109 ; 3° des fils en laine cardée, d'une grande série de numéros ; 4° des fils en blousses cachemire, du numéro 51 à 58, dégraissés au kil.

En raison de la bonté et de la variété de leurs fils, qui sont tous d'une netteté, d'une régularité et d'une perfection remarquables, le jury leur décerne la médaille d'or.

RAPPEL DE LA MÉDAILLE D'ARGENT.

MM. Dobler et fils, à Tenay (Ain),

Ont obtenu, en 1827, la médaille d'argent pour la bonté de leur fabrication et l'importance de leur établissement.

Ces filateurs continuent d'établir, avec facilité et économie, des fils dits *tibets* (laine et soie), qui alimentent la fabrique de Lyon et des environs.

Ils ont envoyé, cette année, des fils de laine peignée dans diverses qualités.

Comme celui de 1834, le jury de 1839 leur confirme la médaille d'argent qu'ils ont reçue en 1827.

MM. Lardin frères, à St-Rambert (Ain),

Ont exposé des fils dits *tibets* (laine et soie) bien fins et bien réguliers. A leur exposition se trouve un nouveau genre de fabrication : ce sont divers échantillons de laine peignée.

Le jury de 1839, comme celui de 1834, confirme la médaille d'argent qu'ils avaient obtenue en 1827.

MÉDAILLE D'ARGENT.

M. Carlos Florin, à Roubaix (Nord),

A joint à sa belle filature de coton environ 3,000 broches à filer la laine peignée ; il augmente journellement ce nombre. Il présente des fils n° 50 de laine longue peignée, et des fils de laine mérinos peignée, n° 80, tous confectionnés avec une régularité et une perfection remarquables.

En raison de la bonté de ses produits, le jury lui décerne la médaille d'argent.

MM. LACHAPELLE et LEVARLET (Reims)

Exposent des fils en laine peignée d'une série de numéros et de qualités qu'ils livrent journellement à la consommation. La régularité de leurs produits et leur bonne confection attestent le soin que ces filateurs ont apporté dans le choix des systèmes les plus nouveaux et les plus perfectionnés pour former le bel établissement qu'ils possèdent dans la ville de Reims. Ils filent aussi la laine cardée avec succès, et occupent à ce genre de produit plus de la moitié de leur usine, qui est ainsi divisée : 3,000 broches pour le peigné, et environ 8,000 pour le cardé.

Ils ont, de plus, exposé des laines peignées à la mécanique, qui, quoique laissant à désirer, sont confectionnées avec quelques améliorations obtenues par leurs soins sur la machine-Collier.

L'industrie du filage de la laine peignée réclame vivement que le peignage mécanique puisse être perfectionné de manière à pouvoir satisfaire ses grands besoins. Tous ceux qui, par leurs soins, pourront faire faire quelques progrès à cette production encore imparfaite ont des droits à la reconnaissance publique.

En raison de la bonne confection de leurs produits, le jury leur décerne la médaille d'argent.

MM. SOURD père et fils, à Tenay (Ain).

Leur usine, d'environ 4,000 broches, est montée avec de bonnes machines. Avec ces moyens d'exécution, ces filateurs ont su, par leur intelligence et leur activité, arriver bientôt à produire des fils-*tibets* (laine et fantaisie) qui sont remarquables par leur netteté et leur brillant, ainsi que par la modération de leurs prix.

On reconnaît dans toute cette production l'intelligence
et les soins les plus entendus, qui les font placer au premier rang dans leur industrie.

Par ces motifs le jury leur décerne la médaille d'argent.

MM. Vachon et cie, à Nantua (Ain).

Ces filateurs exposent des fils dits *tibets*, d'une grande
régularité et d'une netteté remarquable. Leur établissement, monté depuis quelques années, est arrivé à produire aussi bien que ses rivaux. Ils luttent avec avantage,
sur la place de Lyon, pour la vente de leurs produits. Leur
usine se compose d'environ 3,000 broches.

Ils sont, de plus, inventeurs d'une machine ingénieuse
qui constate la force et l'élasticité du fil qu'on y soumet, et
dont ils ont fait, avec désintéressement, l'abandon à l'industrie et au commerce, en communiquant leurs procédés
à la Société d'encouragement, à qui ils ont fait don d'un
modèle de leur machine.

En raison de la perfection de leurs produits en fils-tibets, le jury leur décerne la médaille d'argent.

M. Wulliamy, à Nonancourt (Eure).

Ses fils simples en chaîne, d'une grande solidité et bien
réguliers, servent à confectionner des étoffes genre anglais.

Ses fils doublés et retordus en deux ou trois brins, pour la
confection de la broderie, passementerie, bonneterie, etc.,
sont d'une grande netteté et d'une régularité remarquable.
Ces produits sont des plus estimés dans le commerce. Il a
doublé sa production depuis 1834, et il confectionne actuellement de 750 à 900 kil. de fil par semaine, en occupant plus de 100 ouvriers.

Ce filateur reçu, en 1834, la médaille de bronze. En

raison des progrès qu'il a faits depuis cette époque, le jury lui décerne la médaille d'argent.

MM. GAIGNEAU frères, rue Saint-Denis, 208, à Paris,

Exposent des laines dites peignées par un système qu'ils prétendent leur être particulier, avec lesquelles ils confectionnent des fils dans tous les numéros et qualités propres à la bonneterie, broderie, passementerie, etc.

Leur exposition se fait remarquer par une grande variété de produit. On y voit des fils d'alpaga en diverses couleurs naturelles, à 20 fr. le kil.;

Des fils doublés, retordus et grillés dits cordonnets pour lisses de peigne et étoffes chaîne soie, dont ils sont les seuls producteurs;

Des fils poils de chèvre qui nous arrivaient autrefois du Levant tout filés, et que l'on avait de la peine à doubler par la difficulté du dévidage. Ces fabricants reçoivent actuellement la matière à l'état brut, qu'ils peignent et filent à leurs machines : c'est donc une conquête de faite sur l'industrie étrangère.

Par l'addition de la teinture à leur établissement, ils ont pu faire des économies dont la consommation a profité d'environ 15 0/0 : ils avaient 800 broches en 1834, ils en ont 1,500 en 1839.

En raison de la variété de leurs produits et des progrès qu'ils ont faits depuis l'exposition de 1834, qui leur valut la médaille de bronze, le jury de 1839 leur décerne la médaille d'argent.

MM. DUBOIS et cie, à Louviers,

Présentent des fils en laine cardée dégraissés, de divers numéros et qualités, ainsi que des fils de diverses couleurs dont la laine a été teinte en rame. La régularité, la netteté de ces fils sont remarquables. On voit aussi à leur exposition des fils doublés et retordus, soit en laine d'une seule ou de plusieurs couleurs. Quelques fabricants d'étoffes de fantaisie d'Elbeuf, dont on admire les produits à l'exposition, se sont adressés à cet habile filateur pour obtenir les fils unis ou mélangés, comme ils en avaient besoin pour confectionner leurs tissus.

Ce n'est pas seulement comme filateur qu'on reconnaît l'intelligence de cet industriel, il s'occupe aussi de la construction des machines. Celle à lainer les draps, qu'il exposa en 1834, lui valut la médaille d'argent. Les fils qu'il confectionne si bien méritent qu'on lui décerne une médaille du même ordre. En conséquence, le jury lui décerne la médaille d'argent.

MÉDAILLE DE BRONZE.

MM. Lejeune et Cie, à Roubaix (Nord).

Ce filateur, dont l'établissement est d'environ 2,500 broches et susceptible de recevoir un grand accroissement, s'occupe, avec succès et facilité, de la filature des laines peignées teintes. Son procédé de teinture n'a rien de nouveau ; depuis longues années, plusieurs filateurs de Paris s'étaient occupés de cette production : ce qui n'enlève pas le mérite de cet industriel, dont les produits en fil teint ou peigné de diverses couleurs sont très-bien confectionnés.

Le jury lui décerne la médaille de bronze.

M. Petit, rue de la Roquette, 67, à Paris.

Ce filateur, qui a débuté il y a quelques années, a établi

sa production sur des bases économiques. Son établissement est d'environ 2,000 broches. Ses produits sont bons, ses fils sont nets et réguliers.

Le jury, appréciant la bonté de ses produits et leur perfection, lui décerne la médaille de bronze.

M. Prosper COSNIER, à Angers (Maine-et-Loire).

Expose, 1° des laines peignées, les unes blanches, les autres teintes avant le peignage;

2° Des fils de laine peignée, dans diverses qualités, du n° 50 jusqu'au n° 120, en trame et en chaîne, jusqu'au n° 40 à 65;

3° Des fils doublés et moulinés en diverses couleurs;

4° Des bobines de fil de laine peignée, teinte avant le filage en diverses couleurs, soit unies, soit mélangées.

En raison de l'habileté que ce filateur a montrée par les produits qu'il fabrique, le jury lui décer : la médaille de bronze.

MM. CHEGUILLAUME et cⁱᵉ, à Cugand (Vendée).

Ces fabricants, indépendamment de leurs étoffes de laine, exposent des fils de laine cardée de diverses couleurs, simples et doublés, bien confectionnés en raison de leurs prix, qui sont très-modérés. *Cette belle fabrique*, dit le jury départemental, *a été fondée en 1829; elle a prospéré, et peut prendre place parmi les plus beaux établissements en ce genre: 400 ouvriers y sont occupés.* Pour l'ensemble de sa fabrication, le jury lui décerne la médaille de bronze.

Mˡˡᵉ CHARPENTIER, à Saint-Souplet (Marne).

Expose une petite chaîne ourdie de fil de laine peignée,

qui réunit une régularité et une netteté parfaites à une force remarquable, pour la finesse du numéro, qui est de 98,000 mètres au demi-kilogr., correspondant au n° 140 usuel. Ce fil, confectionné à la main, est le travail habituel de Mlle Charpentier, qui en livre journellement de pareil au commerce ; elle est imitée par quelques autres fileuses d'élite, seul reste des anciennes fileuses de la Champagne.

Les machines mécaniques n'ont encore rien produit d'aussi beau, sous tous les rapports ; on doit faire des vœux pour que les filateurs de laine peignée puissent parvenir à confectionner des fils avec la même perfection : ils ont ceux de Mlle Charpentier pour modèle.

Le jury lui décerne la médaille de bronze.

MENTIONS HONORABLES.

M. Billiet, à Paris.

Les fils simples en chaine et trame que cet exposant présente sont bien réguliers et bien nets ; ses fils doublés et retordus pour chaine, en diverses qualités et numéros, se ressentent des soins qui ont été apportés à leur confection.

MM. Léon Valès et Bouchard, à Paris,

Présentent des fils simples en chaine et trame pour la fabrication des tissus, ainsi que des fils retordus en deux, trois et quatre brins, en plusieurs qualités propres à la bonneterie, ganterie, broderie, etc. Tous ces produits sont bien confectionnés.

M. Pequin, à Cugand (Vendée).

Cet exposant a envoyé quelques écheveaux de laine teinte, bien filés. Il avait été cité favorablement en 1834 ; le jury de 1839 lui décerne la mention honorable.

CITATIONS FAVORABLES.

M. Aubanel-Delpon, à Sommières (Gard),

Occupe beaucoup d'ouvriers à Sommières et les environs pour le peignage manuel de la laine. Cette industrie existait dans ce pays depuis plusieurs années ; l'essor qu'il a donné au placement de cet article, dans les diverses filatures où il vend ses laines peignées, lui mérite la citation favorable.

M. Revel aîné, à Loge-Fougereuse (Vendée).

Les écheveaux de laine cardée de cet exposant, dans les prix de 5 fr. 40 c. le kil. jusqu'à 8 fr. 50 c., ont droit à être cités favorablement pour leurs prix modérés.

TROISIÈME SECTION.

TISSUS DE LAINE.

M. Legentil, rapporteur.

L'opération du foulonnage change si profondément l'aspect et la contexture d'un tissu, qu'elle établit une distinction bien marquée entre les étoffes foulées et celles qui ne le sont pas. Les premières sont confectionnées avec la laine cardée, les secondes, sauf quelques exceptions, avec la laine peignée : cependant, la fabrication étant très-variée dans ses moyens d'exécution, le foulonnage n'arrive pas, pour plusieurs articles, à ce degré de feutrage qui caractérise la draperie. Nous établirons donc trois divisions dans cette partie : la première comprendra les étoffes foulées et drapées, c'est-à-dire la draperie fine moyenne, et commune, catie, ou à poil, et les couvertures;

La seconde, les tissus légèrement foulés sans être drapés ;

La troisième, les tissus non foulés, en laine douce ou sèche, cardée ou peignée, pure ou mélangée de coton, laine et soie, servant à l'ameublement ou à l'habillement.

Les châles se fabriquant, pour la plus grande partie, avec la laine, se rattachent naturellement à cette section. Toutefois, comme cette fabrication présente, dans son ensemble, dans ses moyens de travail et dans la diversité des matières employées, une industrie à part et bien distincte, il a paru convenable de lui consacrer une division particulière, qui comprendra, en conséquence, non-seulement les châles de laine, mais aussi, en première ligne, les châles de cachemire, puis les châles en bourre de soie.

PREMIÈRE DIVISION.

ÉTOFFES DRAPÉES ET FOULÉES.

La fabrication du drap, en France, remonte à une époque déjà fort ancienne : exploitée généralement par des hommes que leurs grands capitaux et leur éducation placent à la tête du mouvement industriel, il n'est pas une découverte intéressante, pas un procédé mécanique ingénieux inventé chez nous ou chez nos rivaux, qu'elle ne se soit empressée de s'approprier ; aussi peut-on signaler cette industrie au nombre de celles qui ont marché le plus en avant dans la vaste carrière ouverte au travail depuis la paix. Mais, en même temps qu'une industrie se perfectionne de plus en plus, il devient moins facile de reconnaître et de constater ses progrès : c'est ce qui nous arrive pour celle dont nous nous occupons en ce moment.

Certainement la draperie s'est montrée, à l'exposition de 1839, plus nombreuse et plus brillante qu'à aucune autre exposition antérieure ; nous l'avons tous admirée avec un juste sentiment d'orgueil national : nous a-t-il fallu analyser la cause du progrès qui nous frappait, l'embarras a commencé ; c'est que cette cause n'est pas unique, plusieurs ont cocouru à cet heureux résultat :

1° La filature, qui a beaucoup gagné en finesse

et en régularité, et a offert plus de nerf et de prise au garnissage ; 2° une plus grande intelligence des apprêts, et surtout l'emploi plus général de l'apprêt à la vapeur ; 3° l'usage qui se répand de plus en plus d'avoir ses foulons dans l'intérieur de ses ateliers, et de pouvoir ainsi surveiller soi-même l'une des plus difficiles et des plus influentes opérations de la fabrication ; 4° enfin une entente et une expérience plus approfondies des moyens et agents mécaniques.

Ces perfectionnements ne se sont point bornés aux manufactures du Nord ; ils se sont étendus aux fabriques excentriques, et notamment à celles du Midi. Le dégraissage des draps s'y faisait jadis très-incomplétement, aujourd'hui il ne laisse presque rien à désirer.

Les apprêts sont moins rudes, accusent moins la carte, et sont généralement bien appropriés au genre de draperie forte et commune sur laquelle ils s'appliquent.

Si nous étions obligés d'apprécier en chiffre le résultat des améliorations que nous venons de constater, nous croirions, de l'avis des hommes les plus experts, être dans le vrai en l'évaluant au moins à 15 pour 100 de diminution, à qualités égales, comparativement au cours de 1834, bien qu'alors les laines, dans les prix moyens surtout, fussent à un cours moins élevé que celui de l'année courante.

En considérant les fabriques sous le rapport de l'importance, Elbeuf a droit au premier rang. On compte, dans son intérieur, cinquante-six machines à vapeur, équivalant à six cents chevaux de force environ. Chaque jour en voit monter de nouvelles. Cette puissance n'est employée qu'aux façons qui demandent le moins de force, telles que les apprêts, la filature et le foulage s'exécutant extérieurement. La consommation en laine est de 28,000,000 kilog. de laine lavée, représentant 10 millions de kilog. en suint, dont un cinquième environ se tire d'Allemagne, pour les besoins de la draperie fine. Il en est peu demandé à l'Espagne. Sa production annuelle en draps peut être évaluée à 45 millions de francs ; 5 millions s'exportent, et le reste se consomme dans l'intérieur. Toutes les laines qu'Elbeuf emploie sont, presque sans exception, teintes dans son intérieur ; mais elles sont filées pour les sept huitièmes au dehors, et notamment à Louviers.

Ce n'est pas seulement par la quantité, c'est surtout par la variété et la perfection de ses produits qu'Elbeuf se recommande. On y fabrique le drap depuis la qualité la plus ordinaire jusqu'à la plus grande finesse, de 10 à 45 fr., et bon nombre de fabricants, forts de leur réputation, ont cru pouvoir abandonner l'habitude de mettre sur les chefs de leurs draps superfins le nom de Louviers, pour y faire figurer fièrement le nom d'Elbeuf.

Tout en louant ce juste sentiment de leurs forces chez quelques habiles fabricants, nous n'en devons pas moins reconnaître que, dans l'ensemble de sa fabrication, Louviers maintient toujours sa supériorité pour le drap fin. La beauté de sa filature, la grande réduction de son tissu, les soins et le fini de ses apprêts, donnent à ses premières qualités un coup d'œil et un toucher qui les mettent hors ligne. Mais la consommation qui peut atteindre à des prix très-élevés est nécessairement fort limitée, et Elbeuf s'étant emparé des qualités intermédiaires, Louviers a dû, pour conserver du travail à sa population ouvrière, soutenir son activité et sa position manufacturières, et profiter des ressources de son heureuse situation, se livrer à la fabrication des draps de qualités ordinaires ; c'est ce qu'ont entrepris avec succès plusieurs de ses manufacturiers. Cette résolution leur fait honneur, et devra leur être utile. Le pays ne peut voir qu'avec intérêt ces luttes honorables qui tournent, en définitive, au profit de l'industrie et de la consommation.

Sedan est toujours en possession presque exclusive de la fabrication des draps fins noirs, lisses et croisés, des casimirs noirs et blancs, des draps teints en pièces en couleurs fines. Qui n'a pas été frappé des nuances écarlate, jonquille, violet d'évêque, etc., qui brillent dans la salle de l'exposition?

Les fabriques excentriques, et notamment celle

du Midi, qui sont les plus importantes, ne travaillent, à peu d'exceptions près, que pour la consommation moyenne ou pauvre : aussi font-elles peu de draps lisses, et presque tous draps croisés. Pour le genre de consommateurs auxquels elles s'adressent, elles sont contraintes de rechercher plutôt l'épaisseur et la solidité du tissu que sa finesse et la perfection de l'apprêt ; elles sont bien secondées dans leur but économique par le bas prix des salaires et le bon marché des laines du pays. C'est à ce double avantage qu'elles doivent d'avoir conservé et même perfectionné la fabrication de la draperie à poil ; quelques fabriques, et spécialement Darnetal, avaient jadis une production assez abondante d'espagnolettes blanches et de couleur, et de draps à poil cinq quarts ; aujourd'hui elles y ont presque entièrement renoncé, et le Midi, surtout Mazamet, a recueilli leur héritage.

Il nous reste à signaler une innovation fort heureuse, qui est venue tirer la fabrique tout entière de l'état de langueur dans lequel elle était tombée il y a trois ou quatre ans, et qui lui a fait trouver des jours prospères. Nous voulons parler des draps, nouveautés et fantaisies pour redingotes ou paletots et pour pantalons.

Le Midi, ainsi que nous venons de le dire, fabriquait de temps immémorial le drap croisé ; mais, en général, ce genre de tissu n'était destiné qu'à la consommation moyenne ou pauvre : quelques maisons, et en première ligne MM. Guibal, Anne Veaute et Julien Guibal de Castres se proposèrent d'en élever l'emploi à la hauteur de l'aisance et de la richesse. Leurs draps croisés, lancés dans le commerce sous le nom de cuirs-laines, furent très-bien accueillis. Les succès qu'ils obtinrent leur créèrent bien vite des imitateurs et des rivaux. Elbeuf s'empara de l'article et l'exploita largement.

Le cuir-laine eut d'abord les honneurs de la vogue, mais il ne put résister à son inconstance, et il dut, au bout de quelques années, se contenter du modeste rôle d'article de fond. Sedan avait eu l'heureuse idée de modifier la croisure de son casimir et d'en faire un satin. Ce satin, d'abord noir, avait pris ensuite plusieurs couleurs unies ou mélangées. Quelques fabricants s'étaient procuré des échantillons de fantaisies anglaises qui leur avaient fourni des modèles ou des idées. L'impulsion était donnée : chacun se mit en frais pour varier de mille manières le tissu; on épuisa toutes les combinaisons de rayures et de quadrilles que le métier à la marche pouvait fournir, et on s'adressa ensuite au métier à la Jacquart. Dans le même temps, les fabriques de drap, occupées jusqu'alors exclusivement de l'habillement des hommes, avaient étendu leur domaine en tissant des étoffes à poil dites tartans à carreaux ou à mouches, passées à l'aiguille ou brochées au métier, pour manteaux et robes de dames ; elles avaient fait aussi quelques châles de la même étoffe. Toutes les fabriques se sont à l'envi livrées au travail des fantaisies et nouveautés ; Elbeuf s'est fait distinguer, dans cette nouvelle voie, par la variété de ses produits non moins que par leur abondance. Sur cinq mille métiers environ battant pour la draperie, on en compte deux mille huit cents employés à la nouveauté. Le Midi et toutes les autres fabriques de la France ne sont point restés en arrière ; et il est résulté, de cette nouvelle direction du travail, que le cours de la laine, sur presque tous les marchés, s'est trouvé déterminé par la demande des articles de nouveauté, et non plus par la vente plus ou moins active du drap.

Parmi les étoffes drapées, la fabrication des couvertures est une des plus simples et des moins difficiles dans ses moyens d'exécution. Son prix est essentiellement déterminé par le taux de la main-d'œuvre et de la matière première ; aussi le Midi, qui jouit d'avantages incontestables sous ce double rapport, a-t-il pris la plus large part dans cette fabrication, tant pour l'intérieur que pour l'exportation. Les usines du nord et du centre ont eu beaucoup de peine à soutenir sa concurrence, et ont restreint leurs travaux ; Paris, toutefois, a pu continuer à fabriquer les couvertures fines et de luxe.

DEUXIÈME DIVISION.

TISSUS DE LAINE LÉGÈREMENT FOULÉS ET NON DRAPÉS.

On soumet à l'opération du foulon les flanelles, les petits draps pour impression, les étoffes à gilets en laine cardée et quelquefois les napolitaines, suivant les exigences de certaines consommations. Mais cette opération ne change pas sensiblement la largeur, ni l'aspect du tissu; c'est en cela qu'elle diffère de la même façon donnée au drap, qui en transforme radicalement la toile et entraîne après elle une multiplicité d'autres façons. Reims est le principal foyer de la fabrication de ces étoffes. Cette ville manufacturière se place, par la somme de ses affaires, à la tête de toutes les fabriques qui mettent la laine en œuvre.

Ses filatures de laine cardée se composent de 360 assortiments qui produisent les fils nécessaires pour la fabrication annuelle des articles dont suit le détail :

100,000 pièces napolitaines, 4/4 et 6/4, de 90 aunes chaque, de 2 à 5 f. l'aune de 20 centimètres, ci. 30,000,000 f.

20,000 pièces flanelles diverses, de 80 aunes, de 2 f. 50 c. à 7 f. 5,000,000

A reporter. . . 35,000,000 f.

Report. .	35,000,000 f.
6,000 pièces-Bolivar, de 50 aunes, de 2 à 5 f.	1,000,000
4,000 pièces petits draps lisses ou croisés, de 60 aunes, de 2 à 4 f. .	750,000
1,500 pièces tartans à manteaux, de 30 aunes, de 5 à 8 f. . . .	250,000
20,000 pièces gilets, de 30 aunes, de 3 à 9 f.	3,000,000
10,000 pièces casimir, circassienne, satin, de 40 aunes, de 2 f. 50 c. à 9 f.	1,250,000
300,000 châles tartans et kabyles, de 4 f. à 30 f.	3,000,000
25,000 couvertures de laine de 20 f., terme moyen.	500,000
Pour expédition de filature cardée dans plusieurs départements. . .	1,500,000
Total. . . .	46,250,000 f.

La filature en laine peignée occupe 66 assortiments et produit annuellement de 13 à 14,000,000 de fr.

On expédie environ, en laine peignée, pour les départements voisins, pour. . . . . 5,000,000 f.

A reporter. . .	51,250,000 f.

Report. . . 51,250,000 f.

Les 9,000,000 de fr. de surplus servent à la fabrication de :

20,000 pièces mérinos, de 45 aunes, au prix de 4 f. 50 c. à 12 f. et représentant. 5,500,000

5,000 pièces de mousseline-laine, de toute largeur, 5/8, 3/4, 4/4 et 5/4, de 40 aunes, estimées. 500,000

Et de divers articles, en grand nombre, dans lesquels la laine peignée joue un rôle important, et qui peuvent être évalués à. 8,750,000

Total de la production, tant dans l'intérieur de Reims qu'au dehors, et dans une partie des Ardennes. 66,000,000 f.

Cette fabrication occupe environ cent mille ouvriers et fait battre seize cents métiers, dont mille à la Jacquart, ces derniers n'ont été introduits à Reims que depuis deux ans environ; elle met en œuvre une valeur de trente-deux millions de francs, en laine de toutes qualités, depuis la plus fine jusqu'à la plus commune.

Le grand perfectionnement de la filature en cardé ou en peigné a puissamment contribué à l'amélioration de tous les produits que nous venons d'énumérer. Une préparation nouvelle donnée aux flanelles, et surtout le soin de ne pas les tirer sur la longueur en les ramant, ont diminué sensiblement l'inconvénient qu'on pouvait leur reprocher de rentrer au porter, et en ont rendu, au grand avantage de la santé publique, l'usage plus commode et plus populaire.

Le mérinos, dont la vogue bien méritée se soutenait depuis longues années et paraissait devoir résister aux caprices de la mode, a trouvé une concurrence redoutable dans les napolitaines teintes ou imprimées, dans les mousselines-laine et dans les tissus de laine rase. Cependant une reprise a paru se manifester l'hiver dernier et lui fait espérer de retrouver ses consommateurs, anciennement si fidèles.

La circassienne et les satins laine et coton ont dû également céder à des concurrents plus heureux : les articles à pantalon, en laine pure, rase ou douce, leur ont enlevé une grande partie de leur consommation habituelle, et Roubaix a eu une large part dans le succès de cette lutte ; mais bientôt l'introduction des châles tartans et kabyles et des étoffes à poil, pour manteaux de dames, a donné à Reims une heureuse compensation et lui a ouvert un nouvel avenir. Cette fabrique, en voie de progrès, paraît avoir souffert, moins que les autres fabriques de lainage, de la stagnation des affaires qui a pesé sur elles de 1836 à 1838. C'est sans doute à ses heureux efforts pour varier son industrie qu'elle a dû cet heureux privilége.

TROISIÈME DIVISION.

TISSUS DE LAINE NON FOULÉS PURS OU MÉLANGÉS.

L'accroissement qu'ont pris les tissus de cette catégorie a été très-considérable depuis 1834. Les
mousselines de laine pure ou sur chaîne coton ont
offert un aliment abondant aux nombreuses usines
d'impression qui se sont établies dans les environs de
Paris et dans quelques départements voisins. L'Alsace et la Normandie commencent à appliquer leur
vieille expérience de l'art de l'impression sur ce tissu,
que l'on peut appeler le calicot de la laine. On évalue
à deux cent mille le nombre des pièces mousselines-
laine imprimées l'année dernière. La plus grande
partie a été tissée dans la Picardie et a donné bien
heureusement du travail aux ouvriers, que la détresse de l'industrie cotonnière réduisait à l'inaction
ou à des salaires insuffisants. Ce genre de tissu n'a
rien perdu de sa vogue : il se mélange heureusement
avec la soie et le coton pour produire, soit à la teinture, soit à l'impression, des effets que la mode et le
luxe recherchent.

Le stoff d'importation anglaise, que la France a
su s'approprier en le perfectionnant, a pris, en peu de
temps, un des premiers rangs dans la consommation ; il occupe environ cinq mille métiers à la Jacquart, à Roubaix et à Turcoing.

Il a créé, à son imitation, des genres plus riches

sur fond satin, pour robes et pour manteaux, que la mode a vivement adoptés.

En parlant de la fabrique de Reims, nous avons fait connaître les vicissitudes qu'a éprouvées le mérinos.

Le goût des ameublements de luxe, qui se répand de plus en plus, a donné l'impulsion à la fabrication des damas en laine pure ou mélangée de coton et de soie, ainsi qu'aux satins-laine unis sur lesquels on a imprimé les dessins les plus éclatants. M. Henry aîné, de Paris, a été le premier à enrichir notre industrie de ce nouveau produit; bientôt après, la maison L. Auber, de Rouen, s'en empara et le traita avec le goût et l'habileté qui la caractérisent; aujourd'hui ils comptent des imitateurs et des émules dans plusieurs fabricants de Roubaix. De nouveaux essais de tissus en grande largeur, exposés par MM. Fortier et Tiret, où la laine et la soie sont mariées et nuancées avec un vif éclat, en reproduisant, sur une grande proportion, les dessins consacrés par le goût du jour, ont paru tentés avec autant de hardiesse que de bonheur.

L'alépine de couleur, après avoir fait pendant quelque temps la prospérité de la fabrique d'Amiens, a éprouvé en France l'inconstance de la mode en même temps que la crise américaine lui cernait ses débouchés ordinaires. La société industrielle qui venait de se former dans cette ville y appela un homme qui connaissait à fond le mécanisme du métier à la Jacquart; il forma des ouvriers dont il dirigea les premiers essais; l'alépine prit bientôt une nouvelle vie, qu'elle dut aux dessins de goût dont elle reparut brochée; avec cette parure, elle fut bien accueillie, notamment de l'étranger; aujourd'hui, elle occupe douze cents métiers. Les autres articles d'Amiens, tels que les escots, les tamises, les serges, ont conservé leurs placements habituels.

Les fabriques de Paris et de Lyon ont continué à fournir à la mode ses moyens les plus sûrs de séduction par leur habileté à combiner des armures variées dans les tissus de laine et de soie et à les orner des plus heureuses dispositions, soit pour robes, soit pour manteaux de dame.

Nous avons aussi à constater des progrès marqués dans la fabrication des étoffes à gilets : qu'elles soient confectionnées en poil de chèvre ou en laine douce, nous n'avons rien à envier aux Anglais pour le goût aussi bien que pour la perfection du tissu.

Nous retrouvons encore Roubaix comme excellant dans ce genre ; c'est que cette ville fort industrieuse embrasse beaucoup d'articles et les réussit tous. Aussi sa prospérité va-t-elle toujours croissant, et il est difficile de dire où elle s'arrêtera, si elle n'a d'autres limites que celle de l'intelligence de sa population ouvrière, de l'activité et de l'habileté de ses fabricants.

MM. Cunin-Gridaine père et fils, à Sedan.

Le poste éminent où la confiance royale a appelé l'honorable M. Cunin-Gridaine, en l'excluant du concours, laisse au jury le regret de ne pouvoir lui donner un témoignage éclatant de la haute estime qu'il professe pour son industrie si variée et si parfaite. Il a la confiance que MM. Cunin-Gridaine fils, marchant sur les traces de leur père, et puisant dans son exemple une louable émulation, se présenteront à la prochaine exposition avec des titres personnels à recueillir l'héritage paternel.

RAPPELS DE MÉDAILLES D'OR.

MM. Jourdain frères et fils, à Louviers.

Depuis 1819, M. Jourdain s'est fait remarquer à chaque exposition, d'abord comme associé avec M. Ribouleau son beau-père, ensuite comme chef et successeur de la maison à laquelle il avait associé ses deux beaux-frères, MM. Ribouleau fils. Chaque concours a été pour lui l'occasion d'un nouveau triomphe, et la médaille d'or qu'il avait obtenue en commun avec son beau-père, en 1819, lui a été confirmée trois fois en 1823, 1827 et 1834. C'est souvent un lourd fardeau qu'une grande réputation à soutenir ; M. Jourdain n'est pas resté au-dessous de cette tâche. Les connaisseurs ont remarqué ses beaux draps bleus en laine électorale de Saxe à 46 francs, et ses draps de couleur en laine de Naz, des prix de 44 à 45 francs. Ces produits ne se distinguent pas moins par le fini du travail que par le choix des laines. Un éloge tout particulier est dû à un cuir garance à 28 francs, qu'on peut citer comme un chef-d'œuvre de fabrication.

M. Jourdain ne se borne pas à exceller dans le drap fin, ses draps à 28 et à 17 fr. 50 c. prouvent qu'il peut avec succès attaquer le bon ordinaire et le bon marché.

Il a été aussi l'un des premiers à introduire à Louviers la fabrication des fantaisies pour pantalons et redingotes. Les articles de son exposition se font distinguer par leur bon goût, leur parfaite exécution et leur variété. Le drap piqué, matelassé pour paletot, a été généralement goûté. M. Jourdain père le présente avec un orgueil tout paternel comme une création de son fils, qu'il s'est donné pour associé depuis quatre ans, et qui prouve déjà tout ce qu'à une aussi bonne école on peut attendre de lui dans l'avenir.

Le jury central ne peut que proclamer M. Jourdain de plus en plus digne de la médaille d'or, et lui en voter le rappel.

MM. Dannet frères et cᶦᵉ, à Louviers.

M. Dannet a donné un exemple éclatant de tout ce que peut le courage dans le malheur, l'énergie de la volonté, l'intelligence instinctive de la fabrication. Frappé de cécité depuis quinze ans, il a continué à diriger lui-même ses ateliers et tous les détails de son commerce. Il a fait plus, aidé de ses deux enfants, il a formé un nouvel établissement à Louviers, dans le local de l'ancienne fabrique Decretot, qui avait été occupé ensuite par MM. Ternaux et fils; il l'a pourvu de toutes les machines les plus ingénieuses qui soient connues en France ou en Angleterre. Il a été lui-même l'âme de toute cette organisation, et il n'a cessé de conduire ses affaires d'achat, de fabrication et de vente. Le succès n'a point failli à tant de courage. Les produits de cette fabrique ont continué de jouir, dans le commerce, de la première réputation.

Tous les connaisseurs ont admiré la belle exposition de MM. Dannet : les draps à 18, 26, 30, 32, 35, 42 et 45 francs ont été, sans exception, l'objet des plus justes éloges ; on a surtout remarqué un drap à 35 francs, non apprêté, qui peut disputer la palme à tout ce que le concours offre de plus parfait dans son genre.

Depuis longtemps M. Dannet a épuisé la série des récompenses nationales ; il a obtenu la médaille d'or en 1819, son rappel en 1823 et en 1834. Le jury le proclame de nouveau digne de cette distinction, et lui en vote le rappel.

MM. Chayaux frères, à Sedan.

Cette maison, l'une des plus anciennes de Sedan, a obtenu successivement, en 1819, la médaille d'argent, en 1823 la médaille d'or, en 1827 et en 1834 le rappel de la même médaille. Elle prouve de nouveau, par les produits qu'elle expose, qu'elle sait garder la position qu'elle s'est acquise. Ses draps noirs à 24, 28 et 42 francs, ses écarlates à 19 et 25 francs, ses casimirs de 11 à 12 francs, n'ont laissé que le choix des éloges au jury, qui s'empresse de voter à ces honorables exposants le rappel de la médaille d'or.

MM. Chefdruc et Chauvreulx, à Elbeuf (Seine-Inférieure).

C'est pour la quatrième fois, depuis 1823, que ces habiles fabricants se présentent au concours, et chaque exposition leur a valu une nouvelle et plus haute récompense. Honorés, en 1834, de la médaille d'or, ils n'ont vu dans cette distinction éclatante qu'un nouveau motif d'émulation, et la collection des beaux produits qu'ils exposent atteste à la fois la constance de leurs efforts, la variété de leur industrie et leur science de fabrication. Ils unissent au mérite de l'invention celui du perfectionnement. Ils ont été des premiers à introduire à Elbeuf la fabrication des articles fantaisie pour pantalon, et ils ont exploité ce genre avec autant d'habileté que de goût.

Le jury a distingué des draps 5/4 jaspés, un tricot 5/8 dont le tissu élastique se prête parfaitement à l'emploi auquel il est destiné, un cuir-laine garance en 5/4, un satin de la même couleur en 5/8, plusieurs draps superfins, notamment un bleu sous le n° 1315. Tous ces articles, qui sont d'ailleurs des types réels de la fabrication ordinaire des exposants, ont paru au jury au-dessus de tout éloge, et il n'a pas hésité à proclamer que MM. Chefdruc et Chauvreulx sont de plus en plus dignes de la médaille d'or qu'ils ont obtenue à la dernière exposition.

M. Victor GRANDIN, à Elbeuf,

Il a fondé, dès 1814, le plus important des établissements qui existe dans cette ville pour la fabrication du drap. Il est desservi par trois machines à vapeur de la force totale de soixante chevaux. Lavage et dégraissage de la laine, teinturerie, filature, tissage, foulonnerie, apprêts de toute espèce, chauffage à la vapeur, tout est réuni dans son enceinte. M. Grandin n'a rien négligé pour introduire dans son usine l'emploi des procédés les plus économiques et les plus ingénieux qui soient usités à l'étranger.

Ce fabricant ne se recommande pas moins par l'étendue et la hardiesse de ses entreprises commerciales que par l'importance de sa fabrication. Son exposition offre un ensemble de produits variés habilement travaillés dont les prix sont bien en harmonie avec les qualités.

Le jury vote en faveur de M. Grandin le rappel de la médaille d'or qu'il a obtenue en 1834, sous la raison Victor-Auguste Grandin.

M. Flavigny aîné (Louis-Robert), M. Flavigny jeune (Charles-Robert), à Elbeuf.

M. Louis-Robert Flavigny, père des deux exposants, a fondé à Elbeuf l'une des plus anciennes et des plus respectables manufactures. On le voit déjà, à l'exposition de 1801, obtenir la première médaille de bronze, en 1827 la médaille d'or, et sa confirmation en 1834.

Depuis longtemps il s'était associé ses deux fils sur lesquels il se reposait du soin de diriger sa fabrication.

M. Flavigny père s'étant retiré des affaires, ses deux fils ont fondé chacun une maison.

Héritiers des traditions paternelles, ils ont continué cette belle et bonne publication qui fit la réputation de la maison primitive. Leur draperie est constamment suivie; la qualité, les nuances, les apprêts, tout est parfaitement soigné et réussi. Comme leur père, ils excellent dans les mélanges de goût; leurs deux expositions n'ont reçu que des éloges mérités.

Formant des établissements séparés, ils les ont créés avec tous les développements que réclament aujourd'hui les progrès de l'industrie, et ils ont doublé le nombre d'ouvriers qu'ils employaient quand ils étaient associés.

Le jury ne peut voir qu'avec intérêt ces industriels qui, sachant résister aux séductions de la fortune, se font un devoir de perpétuer par l'industrie le nom de leur père.

Cet exemple ne saurait être trop encouragé; et, comme, d'ailleurs, à ce sentiment si louable se joignent un talent véritable pour la fabrication et des succès incontestés, le jury s'empresse de voter à chacun des deux fils Flavigny la confirmation de la médaille d'or qu'ils avaient conquise en commun lorsqu'ils travaillaient avec leur père.

M. GUIBAL (Jean-Pierre-Julien), à Castres.

Après avoir obtenu quatre fois la médaille d'argent de 1801 à 1819, cette fabrique s'éleva enfin à la médaille d'or en 1834; elle devait cette haute distinction à la supériorité avec laquelle elle traitait les draps-amazone et les cuirs-laine de 22 à 24 francs. La consommation des draps croisés ayant sensiblement diminué et fait place à une grande variété de fantaisies et nouveautés, M. Guibal, pour donner de l'ouvrage à ses nombreux ouvriers, a consacré une partie de ses ateliers à la fabrication des draps de troupe et des cuirs de laine communs : il en expose quelques pièces qu'on peut louer comme bien réussies dans leur genre. Heureusement que ce n'est pas le seul éloge que nous puissions donner à cet exposant, car il a prouvé par quelques pièces, et notamment par un cuir superfin à 22 francs, dont la perfection ne laisse rien à désirer, qu'il a toujours les mêmes droits à la médaille d'or que le jury lui rappelle.

M. FAGÈS (Jean-Louis), à Carcassonne (Aude).

Fabrique recommandable, travaillant presque exclusivement pour l'exportation dans le levant; ses draps d'un tissu léger et serré, teints en couleurs éclatantes et parfaitement unies, et en même temps d'un prix fort modéré, conviennent très-bien à cette destination. Deux pièces de drap d'Émir nous ont paru réunir à un haut degré toutes les qualités propres à ce genre.

M. Fagès sait varier sa fabrication ; les draps lisses et croisés pour la consommation intérieure sont bien traités.

Il fabrique aussi des flanelles de santé à l'instar de Reims, et, en introduisant cette nouvelle fabrication à Carcassonne, il acquiert de nouveaux droits à la reconnaissance de cette ville.

Cette maison soutient dignement le haut rang qu'elle a su prendre il y a longtemps dans son genre d'exploitation, le jury lui rappelle la médaille d'or qui lui fut donnée en 1827.

MÉDAILLES D'OR.

M. POITEVIN fils, à Louviers.

Il est un de ceux qui contribuent le mieux à soutenir l'ancienne et bonne réputation de Louviers pour le drap fin. Ses produits sont fort recherchés par le commerce pour leur perfection constante et régulière. Son établissement est des plus complets et des mieux montés ; il donne toutes les façons à la laine depuis son état brut jusqu'à sa complète transformation en drap. Cette facilité de pouvoir surveiller par lui-même la succession de tous les apprêts procure au fabricant un grand avantage pour finir et parfaire ses produits.

Les produits exposés par M. Poitevin sont une image fidèle de sa fabrication ordinaire, et il a déjà vendu sur les pièces exposées, les teints entiers.

Ses draps de couleur, de 19 fr. 50 c. à 25 fr., ses draps

bleus de 27 à 40 francs, justifient complètement nos éloges et l'empressement des acheteurs.

A l'exposition de 1834, M. Poitevin avait obtenu la médaille d'argent; depuis cette époque, il a considérablement augmenté sa fabrication, en même temps qu'il l'améliorait. Le jury lui décerne la médaille d'or.

MM. Bertèche, Bonjean jeune et Chesnon, à Sedan.

C'est la maison la plus importante de toutes les fabriques de draps pour son mouvement industriel et commercial.

Leur fabrique de Sedan met en activité 350 à 400 métiers qui produisent annuellement de 200 à 250,000 aunes de draps, casimirs et nouveautés, s'élevant à la somme de 2 millions et demi à 3 millions.

Leur maison de Paris, qui s'approvisionne dans toutes les fabriques de France, fait un chiffre d'affaires au moins égal.

Ils viennent de fonder, tout récemment, une succursale à Elbeuf.

Leurs relations embrassent les deux Amériques, la Russie, la Belgique, la Hollande, l'Espagne, l'Italie, les échelles du Levant et toutes les parties de la France.

Leurs produits s'adressent à tous les rangs de consommateurs, et offrent toutes les variétés de prix et de qualités, depuis le drap le plus commun qui se fabrique à Sedan, jusqu'au drap le plus fin; depuis l'étoffe modeste qui sert de vêtement aux humbles filles de la charité jusqu'aux nouveautés les plus rares et les plus recherchées du monde fashionable.

Leur belle et brillante exposition a offert des modèles de tous ces genres; nous signalerons deux draps superfins, l'un à 42 francs, fait en laine de Naz, et l'autre à 45 fr., en laine électorale de Saxe, qui ont partagé les suffrages des connaisseurs; des draps jonquille écarlate et violet d'évêque, d'une teinte parfaitement unie et du plus bel éclat : un assortiment de casimirs noirs et blancs, de satins et nouveautés pour pantalon, parmi lesquelles le roi a fait choix d'une pièce bleue d'un goût et d'une exécution parfaite.

En 1834, la médaille d'or a été décernée à la maison Bertèche, Lambquin et fils. Depuis cette époque, M. Bonjean a formé une société nouvelle avec cette maison et lui a apporté une industrie dans laquelle il s'est acquis, depuis longtemps, la première réputation, celle des casimirs et des articles de fantaisie.

Perfection, variété, importance, tout se réunit pour placer ces exposants en première ligne; et, en considérant l'accession de M. Bonjean à l'ancienne société et la nouvelle industrie qu'il y a apportée ou développée avec tant de supériorité, le jury leur décerne une nouvelle médaille d'or.

M. Labrosse-Bechet, à Sedan.

En lui décernant, en 1834, la médaille d'argent, le jury central faisait valoir avec éloge les titres nombreux que cet habile industriel s'était acquis à l'estime générale, et lui présageait de nouveaux succès. M. Labrosse n'est point resté au-dessous de ces espérances; il a perfectionné sa fabrication, il en fournit la preuve la plus manifeste par la belle collection des produits qu'il a envoyés au concours; ses castorines de 17 à 32 f. l'aune, ses sibériennes et laponiennes à 26, ses draps vigontins à 22, façon vigogne à 28, vigogne pure à 50 : tout cet ensemble de fabrication ne laisse rien à désirer. Nous avons remarqué un drap à long poil, fait en laine de lama, imitant la fourrure, comme une nouveauté fort ingénieuse.

La fabrication des draps à poil demande, en général, un mérite industriel moins grand que celle du drap cati, car elle exige moins impérieusement la science des apprêts, qui est la plus difficile et la plus importante des façons que reçoivent les étoffes de laine foulée. Toutefois, lorsque, comme M. Labrosse, on possède au plus haut degré le talent d'employer toutes les matières, laine, cachemire, vigogne, etc.; lorsqu'à l'aide de ces combinaisons on produit des étoffes d'une heureuse réussite, d'un porter fort agréable, et qui donnent un nouvel excitant à la consommation; lorsque enfin on jouit dans son genre d'une supériorité incontestée, il a paru au jury qu'on avait droit à la première des récompenses: il vote donc à M. Labrosse-Bechet la médaille d'or.

M. Th. CHENNEVIÈRES, à Elbeuf.

Ce manufacturier, doué d'un esprit actif et novateur, se livre spécialement à la fabrication des articles de fantaisie: il excelle dans ce genre, qu'il exploite très en grand; il emploie annuellement 958 ouvriers: son exemple a donné une grande impulsion à la production des nouveautés; il a rendu, sous ce rapport, un service signalé à la fabrique d'Elbeuf, en lui ouvrant de nouveaux débouchés, lorsque la vente du drap était sensiblement ralentie.

Il expose une nombreuse collection d'étoffes pour manteaux et robes de dames, robes de chambre, châles tissés en cachemire, châles chinés, écharpes, étoffes à deux faces, étoffes variées pour redingote et pantalon. Tous ces produits se distinguent par la perfection et le goût. Dans l'embarras du choix, le jury signale un drap-satin, un piqué à losanges pour paletot, un piqué serpentine, un tissu chiné sur cachemire, dont la souplesse est un mérite réel assez difficile à obtenir.

M. Chennevières a reçu, en 1834, la médaille d'argent. Depuis cette époque, il est impossible de méconnaître les notables progrès qu'il a faits et qu'il a fait faire à la fabrique d'Elbeuf dans les différents genres qu'il exploite.

Le jury lui décerne donc la médaille d'or.

M. Muret de Bord, à Châteauroux (Indre).

De toutes les fabriques excentriques, aucune ne rivalise mieux avec celles du Nord que la manufacture de cet exposant. Le choix judicieux de la laine, la beauté des nuances, la souplesse et le nerf du tissu, le fini des apprêts distinguent d'une manière tout à fait remarquable les produits qu'elle a envoyés au concours : nous citerons comme un modèle, à l'appui de nos éloges, son cuir-laine bleu céleste à 22 francs.

Ce fabricant travaille spécialement pour les officiers de l'armée et les employés des douanes : sans négliger cependant la consommation courante ; c'est à elle qu'il adresse ses cuirs-laine couleur fantaisie, ses cuirs zébrés que le bon goût approuve et que le connaisseur apprécie pour la difficulté de la fabrication : ses draps noirs croisés, pour habillement de prêtre, offrent, à un prix modéré, un vêtement à la fois solide et décent, très-propre à sa destination.

Cette usine présente un ensemble complet de toutes les machines propres au travail de la laine, dans toutes ses transformations, et toutes les opérations en sont dirigées d'après les procédés et les systèmes reconnus les meilleurs.

M. Muret de Bord avait obtenu, en 1823, la médaille

d'argent, et son rappel en 1827, en considération des progrès incontestables de son industrie et du haut rang qu'il a su prendre parmi les plus habiles fabricants de drap.

Le jury lui décerne la médaille d'or.

MM. Badin père et fils et Lambert, à Vienne (Isère).

On voit souvent d'anciennes maisons s'éteindre pour ne pas vouloir suivre le mouvement qui entraîne l'industrie vers un perfectionnement incessant. En voici une existant depuis plus de quatre-vingts ans de père en fils, qui, loin de se laisser devancer par des concurrents plus hardis, a toujours donné l'exemple des améliorations, n'employant sa vieille expérience qu'à choisir les meilleurs systèmes pour les mettre en pratique. Les deux établissements qu'elle possède, mus à la fois par une pompe à feu et par une roue hydraulique, sont pourvus de toutes les machines nécessaires pour faire passer, par tous les degrés de travail, la laine de l'état brut à l'état d'étoffe prête à entrer dans la consommation. Le métier à la Jacquart y est mis en usage pour les fantaisies à pantalon.

Le genre dans lequel elle excelle, c'est le cuir-laine, de 10 à 15 francs, très-corsé, que sa solidité fait rechercher du consommateur des départements du centre de la France, et surtout de ceux du nord.

Elle exploite aussi avec succès les nouveautés pour redingotes et pantalons : elle imite à peu près tous les genres d'Elbeuf ; si elle n'atteint pas tout à fait la souplesse et le fini des apprêts de cette fabrique, elle donne, en compensation, plus de solidité et de matière. Les produits exposés par MM. Badin père et fils et Lambert justifient nos éloges : leur exemple a exercé la plus heureuse influence sur la fabrique de Vienne.

Ces exposants ont obtenu la médaille d'argent en 1819, et trois rappels successifs en 1823, 1827 et 1834. La constance et le succès de leurs efforts pour perfectionner leur fabrication déterminent le jury à leur décerner la médaille d'or.

RAPPELS DE MÉDAILLES D'ARGENT.

M. Aroux (Félix), à Elbeuf.

Ce manufacturier a exposé un grand nombre et une grande variété de produits, draps et cuirs-laine, nouveautés pour pantalon, étoffes à poil pour manteaux de dame, tissus légers en laine cardée pour robes ou robes de chambre. S'il est parmi ces articles quelques-uns que l'expérience a besoin de sanctionner, tous au moins prouvent beaucoup d'habileté et de mouvement dans les idées, et le jury proclame M. Aroux de plus en plus digne de la médaille d'argent qu'il a obtenue en 1834.

M. Desfresches fils, à Elbeuf.

Ce fabricant se consacre principalement à la fabrication des draps pour l'habillement des officiers de l'armée. Ses cuirs de laine se font remarquer par leur bonne confection, leur force et l'exactitude des nuances exigées. Le jury a particulièrement distingué deux cuirs-garance, l'un à 16-60 et l'autre à 23-70 le mètre, un bleu mélangé à 18-35 bien fondu et un gris du train à 17-50.

M. Desfresches fils se maintient bien à la hauteur de l'ancienne et bonne réputation de son père, auquel le jury central avait accordé une médaille d'argent, en 1823, rappelée en 1834.

Le jury lui en vote la confirmation.

M. CHARVET, à Elbeuf.

Ce fabricant exploite spécialement le genre nouveautés pour pantalon et manteaux de dame. Les articles qu'il expose dans ces deux genres sont de bon goût et d'une bonne fabrication, et attestent qu'il mérite de plus en plus la médaille d'argent qu'il a obtenue en 1834, et dont le jury lui vote le rappel.

MM. Augustin DELARUE frères, à Elbeuf.

S'occupent spécialement des draps de billard et y obtiennent des succès mérités par leur exécution soignée, et par le bon marché auquel ils ont fait descendre ces draps. Ce double mérite se fait également reconnaître dans les cuirs-laine qu'ils ont exposés.

Ils avaient obtenu la médaille d'argent en 1834; le jury leur en vote le rappel.

MÉDAILLES D'ARGENT.

M. CHENNEVIÈRE (Delphis), à Louviers,

A l'exemple de son frère d'Elbeuf, M. Chennevière s'est spécialement livré à la fabrication des étoffes nouveautés pour pantalon, qu'il établit dans les prix de 15 à 16 francs l'aune, et des tartans pour manteaux de dame de 7 à 8 francs; il n'a pas pourtant tout à fait abandonné le drap fin, et il en a continué la fabrication pour alimenter sa clientèle; les deux pièces bleue et vert dragon, à

38 fr., qu'il expose, prouvent qu'il a conservé les bonnes traditions.

L'établissement de cet industriel est l'un des plus importants de Louviers. Toutes les opérations de la fabrication, compris le foulonnage et la teinture, s'exécutent dans son enceinte; et il a pris un grand développement depuis la dernière exposition. Le jury central d'alors avait voté à cet exposant le rappel de la médaille d'argent qu'il avait obtenue, en 1827, en commun avec M. Desfresches. Cette année, le jury, en considération de la nouvelle direction donnée par M. Chennevière à son industrie et de son extension progressive, lui décerne une nouvelle médaille d'argent.

MM. RIBOULEAU frères, à Louviers.

Ces fabricants, associés d'abord avec M. Jourdain leur beau-frère, ont mis avec succès en pratique, dans l'établissement qu'ils ont créé, l'expérience qu'ils avaient acquise dans leur première société. Les draps qu'ils exposent dans les qualités fines de 40 à 45 fr. l'aune de 120 centimètres réunissent à un haut degré les mérites propres à ce genre de draperie si difficile à bien réussir. Ils ne sont pas moins heureux dans leurs draps de 20 à 24 fr. Tous ces produits attestent que ces exposants sont déjà profondément initiés à tous les secrets de la fabrication, et leur présagent un bel avenir.

Le jury leur vote la médaille d'argent.

M. ODIOT, à Louviers.

Gendre et ancien associé de M. Dannet, ce fabricant a fait, depuis la dernière exposition, des efforts heureux pour atteindre l'habile maître sous lequel il a débuté. Il a envoyé au concours des draps assortis de prix et de nuances, depuis 19 jusqu'à 40 fr., des fantaisies de 20 à 23, qui tous dénotent un fabricant des plus distingués, et qui a de l'avenir.

Une mention honorable avait été décernée à M. Odiot en 1834. Le jury, en reconnaissant les grands progrès qu'il a faits depuis cette époque, lui décerne la médaille d'argent.

M. MARCEL (Louis), Louviers.

Louviers a été longtemps en possession de livrer au commerce les seuls draps fins que réclamait la consommation, mais Elbeuf est venu lui faire une dangereuse concurrence, et l'importance manufacturière de Louviers en a été sensiblement atteinte. Pour conserver la fabrication dans son enceinte, force a été à plusieurs fabricants de s'attacher à alimenter la grande consommation en baissant leurs qualités et leurs prix : aucun paraît n'avoir mieux réussi dans cette voie que M. Marcel, qui a exposé des draps de 12-40 à 12-80 le mètre. Ces draps ont paru au jury fort bien confectionnés et à bon marché, et il a acquis la certitude qu'ils n'étaient que des types vrais de la fabrication ordinaire de l'exposant.

Le jury lui décerne une médaille d'argent.

M. A. ROUSSELET, à Sedan.

Ce fabricant exploite exclusivement la fabrication des draps et casimirs d'un prix moyen ; et il a souvent étonné les acheteurs par le bon marché auquel il les établit. Ses draps noirs de 16 à 18 fr., son drap-velours à 21, son drap croisé à 22, ses satins de 9-60 à 11-50, ses casimirs de 8-50 à 11, justifient parfaitement cet éloge. Il s'est élevé par son propre travail, et il possède aujourd'hui une usine importante ; il avait obtenu la médaille de bronze en 1834 ; ses efforts et ses progrès constants ont déterminé le jury à lui décerner la médaille d'argent.

M. Le Roi Picard, à Sedan.

Bonne et consciencieuse fabrication dans les qualités ordinaires de 20 à 30 fr. l'aune de 120 centimètres pour les draps, de 10 à 12 fr. pour les casimirs. Son exposition, dans laquelle nous avons distingué, indépendamment des qualités ci-dessus citées, un drap écarlate en laine électorale à 36 fr. et un cachemire croisé à 28 fr., atteste les efforts assidus de ce fabricant pour améliorer ses produits. Il avait obtenu la médaille de bronze en 1834, le jury lui décerne aujourd'hui la médaille d'argent.

M. Marius Paret, à Sedan.

Il y a du mouvement et une grande activité chez ce fabricant, qui réussit bien dans plusieurs genres ; ses casimirs noir et blanc, son satin zéphyr noir, ses draps noirs et écarlates ont fixé notre attention ; nous avons surtout remarqué un drap noir à 27 fr., qui est, pour son prix et sa qualité, un des meilleurs de l'exposition.

Le jury reconnaît que cet exposant est digne de la médaille d'argent.

M. F. Gariel fils, à Elbeuf,

Est propriétaire et créateur d'un des établissements les plus considérables et les plus complets de toute la fabrique. C'est à vingt-deux ans d'un travail constant et intelligent qu'il doit la haute position qu'il occupe, car ses débuts ont été des plus modestes. Passionné pour son industrie, il a fait plusieurs voyages en Angleterre, en Prusse, en Belgique, pour s'approprier les procédés les plus ingénieux et introduire les machines les plus nouvelles. Aussi ardent à innover qu'habile à exécuter, il s'est essayé avec succès dans plusieurs genres. Son exposition présente des articles à poils pour manteaux et robes de chambre de dames, des étoffes à long poil dans lesquelles la bourre-cachemire est mélangée avec la laine; un assortiment de draps, variés de nuances et de prix : le jury a particulièrement distingué un drap bleu flore de 15 fr. 50 c. le mètre; un bleu de roi, à 21 fr. 50; un alpaga bleu foncé. Il pourrait mentionner plusieurs autres produits qui tous justifient la haute réputation que s'est acquise cet exposant. Le jury aime à récompenser ces mérites industriels, qui ne doivent leur élévation qu'à leur travail ; c'est un exemple utile à présenter aux ambitions qui font si souvent fausse route. C'est pour la première fois que M. Gariel se présente à l'exposition, et, par un scrupule un peu exagéré, il n'a envoyé au concours que les produits les plus ordinaires de sa fabrication. Le jury, tout en rendant justice à son mérite, persuadé que d'ici à la prochaine exposition il saura prendre le premier rang auquel il est appelé, lui vote, quant à présent, la médaille d'argent.

M. Victor Barbier, à Elbeuf.

L'ensemble de cette exposition est remarquable par la variété des articles et leur excellente exécution. Il n'y a que des éloges à donner aux draps dont les prix sont gradués depuis 12 fr. 50 c. jusqu'à 30 fr. le mètre; nous devons surtout signaler un drap bleu sans apprêt, qui, par la fermeté de sa toile, la finesse de son grain, son velouté, peut être cité comme l'un des draps les mieux réussis de toute l'exposition. Les nouveautés pour pantalon et pour redingote, caties ou à poil, qui figurent dans son exposition, ne sont pas moins remarquables : elles attestent que ce fabricant réunit à l'esprit d'invention la science de l'exécution. En présence de ces beaux produits, reconnus d'ailleurs pour être consciencieusement cotés, le jury ne peut méconnaître les progrès qu'a faits M. Victor Barbier depuis la dernière exposition, où il avait obtenu la médaille de bronze; il lui décerne donc aujourd'hui la médaille d'argent.

MM. Ch. FOURÉ et cⁱᵉ, à Elbeuf.

Fabrication très-soignée et bien suivie, et d'une grande perfection; son exposition, toute remarquable qu'elle est, donne une idée réelle de la production habituelle de ce manufacturier, et la cote exacte de ses prix. Le jury a distingué deux draps bleu de Nemours, un bleu vif et particulièrement un ourika.

Cet industriel était associé de la maison Legrand-Duruflé lorsqu'elle obtint la médaille d'argent, en 1823; il en a pris, depuis, la succession; et il a soutenu dignement la réputation dont elle jouissait. Le jury lui décerne la médaille d'argent.

M. DUMOR-MASSON, à Elbeuf.

Fabrication fort estimée pour le drap fin, et dont la réputation est bien justifiée par l'ensemble de son exposition. L'attention du jury a particulièrement été attirée par un cuir-garance à 22 fr. le mètre, deux draps bleus et un vert russe de 25 à 27 fr. 50 c. Tout en reconnaissant que les draps exposés étaient, sans exception, parfaitement bien traités et bien réussis, il a pu se convaincre qu'ils présentaient fidèlement les types des produits que ce fabricant livre habituellement au commerce.

Le jury croit devoir récompenser le mérite réel et très-distingué de ce fabricant par l'allocation de la médaille d'argent.

M. Alphonse Delarue, à Elbeuf,

A exposé une collection de draps de billard de différents prix et d'excellentes qualités. Leur examen a constaté les progrès qu'a faits cette fabrication sous le double rapport du bon marché et du bon confectionnement : elle présente d'assez grandes difficultés dans son exécution pour mériter, à l'exposant qui y excelle, la médaille d'argent que le jury lui décerne.

MM. Aubé frères, à Beaumont-le-Roger (Eure).

Cet établissement, isolé, à la distance de plusieurs lieues des grands centres de fabrication, embrasse dans son ensemble toutes les opérations qui amènent la laine à l'état de tissu.

En 1827 et 1834, MM. Aubé frères avaient obtenu la médaille d'or et son rappel pour la fabrication des draps fins. Ils ont depuis modifié leur fabrication en s'appliquant à la confection des draps et nouveautés pour hommes dans les prix ordinaires, et surtout des tartans pour manteaux de dame. Les différents articles qu'ils ont envoyés au concours, dans ces genres, ont paru réunir les mérites qui leur sont propres pour le goût, la qualité et le bon marché. Les exposants ont appelé notre attention sur un drap dans la confection duquel ils ont essayé un nouveau procédé de graissage et de dégraissage, inventé par MM. Péligot, professeur de chimie, et Alcan, ingénieur, qui ont pris un brevet, et en ont confié l'exploitation aux exposants.

Le jury ne peut se prononcer sur le mérite de ce procédé avant que l'expérience ne l'ait consacré; quant à présent, il lui a semblé qu'en se présentant au concours avec les produits de leur fabrication actuelle et entièrement modifiée, c'était sur ces seuls articles que les exposants appelaient son appréciation, et que, tout en se réservant le mérite des premières récompenses obtenues, ils demandaient un jugement nouveau pour des produits nouveaux. C'est donc en se plaçant à ce point de vue que le jury décerne à MM. Aubé frères une médaille d'argent.

M. Mouisse (Jean-François), à Limoux (Aude).

Cette usine peut compter au nombre des plus importantes du Midi : elle est pourvue, sur une grande échelle, de toutes les machines propres à la fabrication du drap; elle emploie dans ses ateliers 400 ouvriers, sans comprendre un nombre assez grand qu'elle occupe au dehors; elle livre annuellement à la consommation 3,000 pièces de 18 à 20 mètres, dont 2,000 pièces en cuir de laine et 1,000 en nouveautés. Ses produits sont connus et goûtés dans toute la France; à Paris même, où ils rencontrent des concurrents venus de tous les points du royaume, ils sont bien appréciés et trouvent un grand débouché.

M. Mouisse, en habile fabricant, a su se conformer aux exigences de la consommation, qui demandait des genres fantaisie, et il a introduit cette fabrication le premier dans son pays. C'était un grand service rendu à la classe ouvrière, que l'abandon des draps et cuirs-laine ordinaires laissait sans travail.

Les 2 pièces de drap de 14 fr. l'aune de 120 cent., et les

7 pièces nouveautés de 14 à 16 fr., qu'il a envoyées à l'exposition, ont mérité les suffrages du jury sous le triple rapport du prix, de la bonne fabrication et du bon goût.

M. Mouisse a obtenu, en 1834, la médaille de bronze; le grand développement et le perfectionnement de son industrie lui méritent aujourd'hui la médaille d'argent.

MM. Gabert fils aîné et Genin, à Vienne (Isère).

Ces manufacturiers ne se bornant pas à fabriquer le cuir-laine de 12 à 15 fr., qui est l'article fondamental de leur fabrique, y ont des premiers introduit les draps de fantaisie, tels que cuirs-satin, hybérine, alpaga : leur exposition prouve qu'ils traitent aussi bien le façonné que l'uni. Leurs articles sont fort goûtés, et la production en est importante.

Ils avaient obtenu la médaille de bronze en 1834; leurs progrès leur méritent la médaille d'argent que leur vote le jury central.

MM. Morin et c^{ie}, à Dieu-le-Fit (Drôme).

L'ancienne famille Morin est connue depuis 150 ans dans le commerce des laines et de la draperie.

En 1799, elle fondait une manufacture de draps; dès 1803, elle y introduisait les cardes de Douglas, et depuis, à chaque nouveau progrès de l'industrie, elle s'est empressée d'adopter les machines les plus ingénieuses pour les préparations et les apprêts.

Elle a construit, en 1833, une usine pour la filature de la laine peignée.

Elle fait mouvoir, par des roues hydrauliques, sept établissements, dans lesquels s'exécutent toutes les opérations du cardage, de la filature, du tissage, de la teinture, des apprêts, du foulage. Elle met en œuvre annuellement 200,000 kil. de laine en suint, représentant 90,000 kil. de laine lavée, qu'elle tire partie des départements du Midi et partie du Levant par Marseille. Elle emploie 470 ouvriers dans ses ateliers.

Ses produits habituels sont les cuirs-laine, les draps-amazone, les castorines, les espagnolettes, les flanelles, les molletons; elle en trouve les débouchés dans le midi et dans le nord de la France, à Paris; elle en exporte beaucoup en Suisse.

Les deux pièces amazone à 8 fr. 75 c. le mètre, les molletons de 2 fr. 10 c. à 3 fr. 60 c. qu'elle a exposés, donnent l'idée la plus avantageuse de sa fabrication, soit sous le rapport de la bonne exécution, soit sous le rapport des prix.

Elle expose également des échantillons de sa filature.

Une grande fabrique de cette importance est une providence pour le pays où elle se fixe.

M. Morin se présente pour la première fois au concours, et le jury central, en considérant le grand développement de sa fabrication et son habileté industrielle, lui vote la médaille d'argent.

M. Sompayrac aîné, à Cenne-Monesties.

Produire à bon marché sans sacrifier la qualité est le problème le plus difficile en industrie; c'est celui que paraît se proposer M. Sompayrac, et qu'il résout d'une manière très-satisfaisante; nous en avons pour preuve les 3 pièces qu'il expose, qui sont :

Un drap gris céleste 5/4, à 6 fr. l'aune;

Un cuir 5/8 à 4 fr. 25 c;

Un cuir 5/4 Marengo, à 10 fr.

Pour arriver à de pareils résultats, il faut une grande intelligence dans le choix et l'emploi des matières, une grande économie dans la fabrication.

A ces mérites cet industriel joint celui de l'importance des affaires.

Il fabrique annuellement 3,500 à 3,800 pièces; donne du travail à plus de 1,000 ouvriers.

Son établissement comprend tous les assortiments de machines que réclament les opérations variées de la fabrication du drap.

Ses produits se placent dans l'intérieur de la France, et pour une partie notable dans l'Italie, où ils rencontrent la concurrence anglaise, contre laquelle ils luttent avec avantage.

M. Sompayrac a reçu, en 1827, la médaille de bronze, qui lui fut confirmée en 1834. Le jury, en considération de l'intérêt qui doit s'attacher à une fabrique qui travaille pour les petites bourses et des succès qu'elle obtient dans un genre aussi digne d'encouragement, décerne à M. Sompayrac la médaille d'argent.

MM. Houlès père et fils, à Mazamet (Tarn).

Fabrique fort importante et présentant, ce qui est assez rare dans le Midi, un ensemble complet de toutes les machines servant à la filature, au tissage, à la teinture et aux apprêts. C'est à l'introduction de ces machines que Mazamet doit la grande extension qu'ont prise ses affaires, dont le chiffre, qui était, il y a quelques années, de 5 à 6 millions, peut être évalué au double aujourd'hui. M. Houlès, par l'impulsion qu'a donnée son exemple, a droit à revendiquer en partie le mérite de cet accroissement de prospérité; il occupe annuellement 1,200 ouvriers, et livre à la consommation pour un million environ de ses produits.

Son industrie est très-variée et suit les besoins de la consommation. Il fabrique des royales et draps légers pour impression, des tartans écossais, à carreaux ou à mouches, des alpagas, des castorines bas prix. Il est, en outre, fournisseur de draps de troupe et de bonnets de travail pour la marine royale:

Parmi les produits qu'il a exposés, le jury a particulièrement remarqué ses tartans 5/4, qu'il établit à 6 fr. 50 c. teints et à 6 fr. en écru, l'aune de 120 cent. Ces prix lui ont paru favorables pour la qualité des étoffes.

Pour l'importance, la variété et l'intelligence manufacturière de ces exposants, et leur influence sur le mouvement progressif de la fabrique, le jury leur décerne la médaille d'argent.

M. LAFONT-VAISSE, à Mazamet (Tarn).

Le genre de fabrication de cet exposant est celui qui est le plus anciennement et le plus spécialement exploité à Mazamet; ce sont les espagnolettes blanches ou de couleur, et les ratines en 5/8 de large. Les pièces qu'il a exposées, depuis 2 fr. 70 c. jusqu'à 7 fr. 50 c. l'aune de 120 c., sont parfaitement en harmonie de prix et de qualité. Nous avons distingué surtout l'espagnolette dite *ségovie* à 7 fr. 50 c., dont le lainage et la fabrication sont irréprochables.

Ce qui fait le meilleur éloge des produits de cet industriel, c'est qu'ils viennent sur la place de Paris défier la concurrence de toutes les autres fabriques, et que souvent ils obtiennent la préférence. Le jury ne sanctionnera donc que le jugement du commerce en donnant à M. Lafont-Vaisse la médaille d'argent.

MM. Garrisson oncle et neveu, à Montauban (Tarn-et-Garonne).

Ces exposants sont les seuls représentants d'une fabrique importante qui excelle dans les lainages à poil, ratine, berg-op-zoom, algérienne, molletons; tous les articles dans ces genres divers que MM. Garrisson ont soumis à notre examen nous ont paru bien fabriqués et d'un prix assez doux. La production ordinaire de ces industriels est de 1,000 à 1,200 coupes par an; en outre, ils en achètent, aux fabriques des départements environnants, une assez grande quantité qu'ils apprêtent eux-mêmes. Il en résulte un mouvement d'affaires assez important.

MM. Garrisson avaient obtenu, dès 1829, une médaille de bronze, et son rappel en 1834. Le jury leur décerne aujourd'hui la médaille d'argent.

MM. Barbot et Fournier, à Lodève (Hérault).

Cette fabrique, l'une des plus considérables du Midi, travaillait presque exclusivement pour les fournitures de la troupe; mais, depuis quelque temps, les demandes s'étant restreintes, elle a, pour occuper ses nombreux ouvriers, appliqué son industrie à la confection des draps communs, pour l'intérieur et pour l'exportation; elle annonce même être en ce moment en voie de traiter une affaire pour l'Amérique du Nord, qui ne réclamerait pas moins de 6 à 8,000 pièces de drap par an.

Le jury a apprécié, comme il le doit, les constants efforts

faits par ces fabricants pour fournir à la partie la moins aisée de la société un habillement confortable au plus bas prix possible, et ce but lui a paru atteint par le drap bronze de 119 centimètres de large à 3 fr. 15 le mètre.

Le drap écarlate et le drap vert lui ont paru aussi bien remplir les conditions exigées pour l'exportation.

Ces fabricants ont toujours, dans le but d'utiliser le plus de bras possible, essayé de plusieurs autres genres.

Ils exposent, par exemple, un cuir-laine 5⁄4 rayé, à 11 fr., qui nous a paru d'une bonne réussite pour son prix, ainsi que des tartans 9⁄8 à carreaux et un châle 7⁄4 de la même étoffe.

En 1834, le jury avait décerné à ces fabricants une médaille de bronze. Cette année, en considération de leurs efforts et de leur succès pour arriver au plus bas prix possible dans la fabrication du drap, il leur décerne la médaille d'argent.

RAPPELS DE MÉDAILLES DE BRONZE.

M. TROTROT fils aîné, à Sedan.

Ce fabricant expose des draps noirs de 22 à 28 fr. l'aune de 120 centimètres; des écarlates de 28 et 29 fr.; un cramoisi à 28 fr.; un casimir à 13 fr., dont nous nous plaisons à reconnaître la bonne confection; son père avait obtenu, en 1834, la médaille de bronze, le jury s'empresse de la rappeler au profit du fils.

M. JAVAL (Brutus), à Elbeuf.

Les draps de 12 à 17 fr. le mètre qu'il présente au concours ont paru au jury d'un bon marché remarquable pour leur bonne confection et surtout pour la nature de la laine employée. Cette fabrique est d'ailleurs l'une des plus importantes d'Elbeuf. Le jury vote en sa faveur le rappel de la médaille de bronze qui lui fut décernée en 1834.

MM. Viviés fils et Anduze, à Sainte-Colombe (Aude).

Fils et gendre de M. Emmanuel Viviés, qui obtint la médaille de bronze en 1834, alors qu'ils étaient déjà ses associés, ils ont continué depuis sa mort le même genre de fabrication. Les cuirs-laine, les draps fantaisie, les satins de 13 à 17 fr. l'aune de 120 centimètres qu'ils exposent, dénotent des fabricants expérimentés, et prouvent que les enfants soutiennent bien la réputation de leur père, dont ils ont, avec un respect religieux, conservé le nom dans leur raison sociale.

Cette fabrique, déjà ancienne, puisqu'elle compte son point de départ en 1812, et sa complète organisation en 1828, a une assez grande importance ; elle emploie trois cents ouvriers et livre au commerce de 17 à 18,000 aunes de drap par an. Le jury leur confirme la médaille de bronze décernée à leur auteur en 1834.

M. Barthez (Sylvestre), à Saint-Pons (Hérault).

M. Barthez expose des draps teints en pièce, spécialement propres à l'exportation et trouvant aussi des débouchés à l'intérieur ; les prix varient de 7 à 15 fr. Ces produits ont été jugés d'une bonne fabrication et bien appropriés à leur destination. En conséquence, le jury vote à M. Barthez le rappel de la médaille de bronze qu'il a obtenue en 1834.

M. Juhel Desmares, à Vire (Calvados).

Cuirs-laine de 16 à 19 fr. l'aune de 120 centimètres.
Draps lisses et zéphyr de 14 à 18 fr.

Cette fabrique trouve dans la draperie d'Elbeuf une redoutable concurrence, elle fait de louables efforts pour la soutenir.

Le jury lui confirme la médaille de bronze, qui lui a été décernée en 1834.

MÉDAILLES DE BRONZE.

M. Rastier fils, à Elbeuf.

Cet exposant était, il y a peu de temps encore, intéressé dans la maison F. Arnoux, qui lui a cédé l'exploitation des draps lisses pour se livrer plus particulièrement à la nouveauté. Ses draps, de 23 fr. 50 cent. à 26 fr. le mètre, sont parfaitement fabriqués, et font présumer que M. Rastier soutiendra seul la réputation qu'il s'était acquise en commun avec M. Arnoux. Le jury lui décerne la médaille de bronze.

MM. A. Durécu et cⁱᵉ, à Elbeuf.

Ce jeune manufacturier a exposé une collection d'étoffes à poil ou à mi-poil pour habillement d'homme ou de femme, qui ont frappé les regards par leur variété, leur bon goût et leur bonne exécution. Si ce genre d'étoffes n'exige pas, à un aussi haut degré que le drap càti la science la plus difficile de la fabrication, celle des apprêts, c'est pourtant déjà un mérite assez remarquable que de réussir aussi bien que l'a fait l'exposant, et de prendre, dès son début, un rang distingué dans la fabrique, qui lui présage dans l'avenir de plus grands succès.

Le jury lui décerne la médaille de bronze.

MM. DUPONT aîné et CHARVET, aux Andelys (Eure).

Les fantaisies à pantalon, les tartans pour manteaux de dames, les draps de couleur, qu'ont exposés ces manufacturiers, ont été généralement fort appréciés par leur bonne confection et leur bon goût. M. Charvet, en s'associant à M. Dupont, a apporté avec lui les bonnes traditions industrielles qu'il a puisées dans la fabrique d'Elbeuf, et le jury, tout en espérant que ces exposants acquerront d'ici à la prochaine exposition des droits à une récompense plus élevée, leur décerne, quant à présent, la médaille de bronze.

Les fils GOUDCHAUX-PICARD, à Elbeuf.

La draperie de ces fabricants se distingue par sa solidité et sa bonne confection; leurs cuirs-laine, de 14 à 15 francs le mètre, ont bien les qualités que comportent ce genre et ces prix; nous en dirons autant du drap bleu double broche à 16 f. 65 c. Nous ferons remarquer, avant tout, les cuirs-laine moirés, à 19 f. le mètre; cet article présente pour son exécution des difficultés de tissage assez sérieuses, que personne n'a surmontées aussi heureusement que ces exposants. Ils avaient obtenu une mention honorable en 1834.

Le jury, reconnaissant les progrès qu'ils ont faits, leur décerne la médaille de bronze.

M. MOREL-BEER, à Elbeuf.

Les draps et nouveautés exposés par ce manufacturier

ont paru au jury d'une bonne fabrication et surtout d'un bon marché assez remarquable, et il a cru devoir récompenser ce double mérite par la médaille de bronze.

M. COUPRIE (Michel) et c^{ie}, à Elbeuf.

Belle fabrication, remarquable par la finesse du grain, la fermeté et la régularité du tissu. Cette maison, qui a débuté il n'y a pas longtemps, s'annonce d'une manière très-favorable.

Le jury lui décerne la médaille de bronze.

MM. GOUDCHAUX-PICARD frères, à Nancy (Meurthe).

Cette fabrique attaque avec succès une grande variété de genres : elle expose des tartans, des castorines, des hybérines, des pilotes, des draps lisses. Le jury a surtout remarqué six pièces cuir moiré qui joignent au mérite du goût celui de la difficulté vaincue, et dénotent chez ces fabricants la connaissance parfaite de leur industrie.

Ils placent leurs produits à Paris et dans le reste de la France, et en exportent en Italie et en Amérique.

Ils occupent 110 ouvriers, font 1,300 à 1,500 pièces, et sont en voie d'accroissement.

Le jury leur décerne la médaille de bronze.

MM. GRENIER père et fils, à Vienne (Isère).

Ces industriels joignent à la fabrication des cuirs-laine la filature de la laine peignée et cardée. Leur draperie est estimée et leurs fils recherchés des fabricants de châles.

Pour l'ensemble de leur industrie, le jury leur décerne la médaille de bronze.

MM. Guillot aîné et Auguste Chapot,
M. Berthaud fils, à Vienne (Isère),

Ont obtenu, en 1834, une mention honorable pour la fabrication des cuirs-laine de 12 à 17 fr. l'aune métrique. Depuis cette époque, ces deux fabriques ont constamment amélioré leurs produits, même en diminuant les prix ; aussi ont-ils vu s'accroître leurs débouchés, notamment pour le nord de la France. M. Berthaud fils s'est occupé avec succès de la fabrication des nouveautés.

Le jury décerne à ces deux exposants la médaille de bronze.

M. Cormouls (Ferdinand), à Mazamet (Tarn).

Molletons de différents prix et de différentes largeurs, flanelles, tartans, alpagas : tous ces articles divers ont paru au jury d'une bonne fabrication ; leur placement se fait particulièrement dans la Bretagne, la Normandie et la Flandre. M. Cormouls était associé de la maison Venc, Houles, Cormouls et compagnie quand elle obtint la médaille de bronze : le jury décerne aujourd'hui la même médaille à cet exposant.

M. Germain (Auguste), à Moutiers, près Breig (Moselle).

Fabrique de draps pour la troupe. Les pièces bleues, garances et grises exposées ont bien le mérite exigé pour cette destination. Nous avons, dans nos examens, généralement reconnu une notable amélioration dans les draps pour fourniture : elle est due aux fabricants qui se livrent à ce genre de draperie. L'exposant peut donc revendiquer sa part dans ce progrès. Il n'occupait que cent quarante ouvriers en 1834; aujourd'hui il en emploie deux cents. Cet accroissement et cette amélioration de la fabrication déterminent à élever ce fabricant de la mention honorable qu'il avait eue en 1834 à la médaille de bronze.

M. BIGOT et cⁱᵉ, à Amboise (Indre-et-Loire).

Cette maison, par la nouvelle association qu'elle a formée en 1837, a donné plus d'extension à sa fabrication; elle a pu acheter directement les laines, les faire laver et teindre dans son établissement, les faire même fouler, et obtenir ainsi, par un ensemble d'opérations dirigées par elle et sous sa surveillance continue, tout à la fois amélioration des qualités et douceur dans les prix.

La castorine, 1/2 aune de large, à 2 fr. 40 c. l'aune métr., et ses castorins, 5/8, de 3 fr. à 5 fr. 25 c. *id.*, nous ont prouvé qu'elle a atteint le double but qu'elle s'est proposé.

Cette maison paraît être, en outre, la plus importante d'Amboise.

Le jury lui décerne la médaille de bronze.

MM. MURET, SOLANET et PALARGIÉ, à Saint-Geniez (Aveyron),

Ont envoyé à l'exposition des échantillons des diverses qualités qu'ils fabriquent, savoir :

Draps bleus, 4/4, pour la troupe, à 10 fr. 50 c. le m.;
Drap dit Burel, 7 fr. 50 c.;

Drap bleu petit teint, 3 fr. 50 c. ;

Flanelle vert-Saxe, 5 fr. 50 c. ;

Des aumales ou serges en laine de 1 fr. 40 à 1 fr. 90.

Tous ces articles paraissent bien traités pour le bas prix auquel ils sont établis.

Cette fabrique a, d'ailleurs, une grande importance ; elle emploie quatre cent cinquante ouvriers dans ses ateliers, et livre environ pour 800,000 fr. de produits, annuellement, à la consommation. L'influence d'un pareil établissement se ferait partout heureusement sentir ; elle est surtout des plus utiles dans un département comme l'Aveyron.

Le jury décerne à cet exposant la médaille de bronze.

M. VALLIER, à Paris,

A exposé un assortiment complet de draps-feutre pour la fabrication du papier continu.

Cet industriel a commencé ce genre de fabrication en 1822 ; et, à l'exposition de 1827, il a obtenu la médaille de bronze pour la fabrication des toiles métalliques propres à la fabrication du papier continu, et des manchons en draps-feutre qu'il a depuis lors perfectionnés de manière à pouvoir non-seulement affranchir le pays de la nécessité de tirer ce tissu de l'étranger, mais à en fournir à la Belgique, à la Suisse, à l'Allemagne et à l'Italie ; ce qui constate qu'il ne redoute pas la concurrence étrangère.

En raison des progrès qu'il a faits dans la fabrication des draps-feutre, le jury de 1839 lui décerne une nouvelle médaille de bronze.

M. LASCOLS et cie, à Paris (Seine).

M. Lascols, intéressé dans la société industrielle de la

Lozère, qui a fondé dans ce pays une filature de laine, et des moulins pour fournir du travail à la classe ouvrière, a eu d'abord à s'occuper du placement des fils de laine. Par suite, l'examen attentif des tissus de laine qui se fabriquent de temps immémorial dans les montagnes de la Lozère lui a démontré qu'il ne s'agissait que de leur trouver un débouché pour en avoir un large écoulement, puisqu'on ne fabriquait nulle part ailleurs la laine à aussi bon marché. Il est venu se fixer à Paris, et il n'a pas tardé à leur trouver des emplois nombreux pour doublures, pour fournitures d'hospices et d'hôpitaux, pour casquettes, gilets même et tapis de table, après qu'ils ont été teints et imprimés ; aussi en a-t-il un débit considérable aujourd'hui.

Le jury a effectivement été frappé du bas prix des articles exposés par M. Lascols, ce sont :

1° Des flanelles de 60 centimètres de large, à 1 fr. 10 ;

2° Des serges croisées, même laize, à 1 fr. 40 et 1 fr. 50;

3° Des escots de 70 centimètres, de 1 fr. 75 à 2 fr. ;

4° Des draps feutrés en 71 et 73 centimètres, de 2 fr. 50 à 3 fr. ;

5° Des molletons ou flanelles croisés en 70 centimètres, de 1 fr. 50 à 1 fr. 90;

6° Enfin des draps et escots très-corsés, 119 à 140 centimètres, de 5 fr. à 7 fr. 50.

Les cinq premiers articles sont de fabrique rurale, et les derniers sont confectionnés par la société industrielle, sur les indications de l'exposant.

Bien que M. Lascols ne soit pas fabricant, il a semblé au jury qu'il avait bien mérité de l'industrie en général, en faisant connaître, dans le Nord, un produit pour ainsi dire ignoré jusqu'à ce jour ; et surtout du département de la Lozère, en particulier, en ouvrant aux produits de la petite fabrique un débouché important, service très-grand pour un pays généralement pauvre et peu industrieux.

Il y a d'ailleurs utilité à appeler l'attention du public sur une production aussi intéressante.

Par ses considérations, le jury décerne une médaille de bronze à M. Lascols et compagnie.

RAPPELS DE MENTIONS HONORABLES.

MM. Bourguignon et Schmidt, à Bischwiller (Bas-Rhin).

Déjà mentionnés honorablement en 1834.

Leurs draps sont solides, bien teints, et promettent un bon usage; ils paraissent bien appropriés à la classe de consommateurs à laquelle ils s'adressent.

M. Le Parquois, à Saint-Lô (Manche).

Mentionné honorablement en 1834.

Fabricant de flanelles rayées sur chaîne-fil, de différentes largeurs. La consommation de ces produits ne s'étend guère au delà du département où ils se travaillent, et sont fort goûtés de ceux qui les emploient.

M. Boyer aîné, à Limoges (Vienne).

Mentionné en 1827 et 1834.

Les produits de cet exposant sont aussi des flanelles sur chaîne en fil ou en coton; la consommation en est toute locale, et ils se recommandent par les mêmes mérites que les précédents.

LE JURY MENTIONNE HONORABLEMENT LES FABRICANTS DONT LES NOMS SUIVENT :

M. BARBIER aîné, à Elbeuf,

Dont les draps fins sont bien traités : un noir anglais à 24 fr. 70 le mètre, une peau de taupe à 24 fr., ont été spécialement distingués pour leur belle fabrication.

M. DEFREMICOURT, à Elbeuf.

L'ensemble de sa fabrication, dans les prix moyens de 12 fr. 40 à 15 fr. le mètre, a paru réunir le mérite du bon marché à la force et à la bonne exécution.

MM. BERRIER et BRISSON, à Elbeuf.

Leurs draps, de 17 fr. 25 à 26 fr. 50 le mètre, se sont fait remarquer par leur bonne confection et surtout par la belle qualité de la laine.

MM. POIX-COSTE et DERVIEUX.
MONIGUET et RIGAT, à Vienne (Isère).

Fabricants, estimés, de cuirs-laine dans les qualités ordinaires et communes, dont le placement se fait sur toute la France, et spécialement dans le Nord. Ces établissements sont bien conduits et ont de l'importance dans le pays. MM. Poix-Coste et Dervieux ont un débouché assez large, en Suisse, de leurs ratines frisées.

M. Moniguet consacre une partie de ses ateliers à travailler pour le public.

MM. PICARD frères.
MM. MARCOT, THIRIET et Cie, à Nancy (Meurthe).

Les draps et cuirs-laine qu'ils ont exposés sont nerveux, bien teints et bien traités.

M. Belz-Sicard, à Limoux (Aude).

Les draps, castorines et tartans de cet exposant ont été favorablement jugés par le jury, sous le rapport de la bonne fabrication et des prix.

MM. Ruef et Bricard.

MM. Grenier et Kuntzer, à Bischwiller (Bas-Rhin).

Ces deux manufacturiers, dans la fabrication de leur draperie, paraissent plutôt se proposer la solidité du tissu que la perfection de l'apprêt. Sous ce rapport, leurs produits doivent être bons à l'user.

M. Daydé - Gary, à Cenne - Monestiès (Aude),

A exposé un drap gris mêlé teint en laine, en 140 centimètres de large, 5 fr. 25 l'aune métrique.

Deux dito, couleur différente, 5 fr. 80 et 6 fr.

Un dito cuir-laine Marengo, 6 fr. 35.

Un dito plomb, 8 fr.

Pour dissiper les doutes que des prix aussi bas auraient pu laisser au jury, l'exposant a fait, avec détail, le prix de revient de chacune de ces pièces, car c'est ce prix qu'il a coté.

Cette fabrique n'a pas beaucoup d'importance, puisqu'elle n'emploie que cinquante-sept ouvriers et ne livre à la consommation que 600 coupons de quinze aunes environ par an.

Le jury ne peut qu'encourager ce fabricant à suivre une voie qu'il voudrait voir plus largement exploitée dans l'intérêt des consommateurs les moins riches.

M. Juhel Pondegrenne, à Vire (Calvados).

Ses cuirs-laine à 16 fr., et ses draps lisses à 14 et 15 fr. l'aune métrique, sont fabriqués à l'imitation des draps d'Elbeuf, et le jury ne peut que louer les efforts faits pour rivaliser de si bons modèles.

M. Fournet-Brochaye, à Lisieux (Calvados).

Cité honorablement en 1834.

Cette fabrique importante, puisqu'elle occupe 800 ouvriers, se livre exclusivement à la draperie à poil, dont elle trouve un grand débouché dans la Normandie et la Bretagne. Son drap-pilote vert à poil, son noir anglais croisé, se font remarquer par le choix de la laine et la qualité du tissu; le même éloge est dû à son molleton marron à 3 fr. 50 l'aune métrique.

M. Chabrières, à Crest (Drôme).

Cette fabrique, qui date de 1812, produit annuellement six cents pièces maregue pour limousine ou manteau de roulier; sept mille couvertures communes et cent pièces gros draps : elle emploie cent vingt-cinq ouvriers.

Un intérêt naturel s'attache à ces fabriques qui travaillent pour la classe ouvrière et la petite propriété.

M. Rivemale Pierre, à Saint-Affrique (Aveyron).

Fabrique d'espagnolettes et molletons, de cadis et castorine depuis 1 f. 80 c. jusqu'à 3 f. 60 c., l'aune métrique, occupant cent vingt ouvriers. Elle se recommande par le soin, la qualité et le bon marché:

M. Lazar-Aron, à Metz (Moselle).

A exposé des molletons 3/4 de 3 f. 20 c. à 4 f. 20 c. et

une pièce flanelle 4/4 de 4 f. 20 c. l'aune métrique. Ces articles dont la fabrication n'est pas très-importante, puisqu'elle roule sur huit à neuf cents pièces par an de 30 à 45 aunes métriques, trouvent, par leur bonne confection, un écoulement facile.

MM. ANGOT-LEVRARD, ANGOT-GARNIER, tous les deux à Saint-Lô (Manche).

Fabricants de flanelles rayées sur chaîne-fil en 7/8, 4/4, 5/4 et 6/4 de large.

M. DUBOIS, à Fougères (Ille-et-Vilaine).

Flanelles rayées de diverses couleurs.

M. BONRAISIN-TILLAULT et c^{ie}, à Nantes (Loire-Inférieure).

Coutils sur laine, flanelles rayées et droguets.

MM. MOUILLI Pierre.
MM. DURAND et CAILLE.
Ces deux derniers à Ougnad (Vendée).

Draps bretons, croisés noirs, molletons croisés et lisses, castorine et espagnolette, futaine en coton, serges croisées de diverses couleurs.

Tous ces fabricants de la Manche et de la Vendée travaillent pour la consommation de leurs départements, qui conservent plus que tous les autres leurs habitudes traditionnelles; ils occupent beaucoup de bras et donnent à leurs produits toutes les qualités que ces genres réclament. Les jurys départementaux ont constaté leurs utiles influences sur le bien-être de la classe ouvrière.

M. Bourgeois-Duchez, à Felletin (Creuse).

Fabricant de droguets et flanelles rayées sur chaîne-fil, qui se font distinguer par leur bonne qualité, leurs apprêts bien soignés et leur bon marché.

MM. Laporte frères et Boudet aîné, à Limoges (Haute-Vienne).

Ces deux industriels s'occupent exclusivement de la fabrication des flanelles rayées sur chaîne en fil ou en coton, qu'ils établissent sur les largeurs de 13/16, 5/4 et 6/4 ; le prix varie pour la plus petite laize de 3 f. à 5 f. 50 c. l'aune métrique, et, pour les grandes, de 5 à 8 f. La consommation de ces produits est toute locale.

Le jury départemental recommande ces fabricants comme étant fort intéressants par le nombre de bras qu'ils occupent, et comme ayant amélioré leurs étoffes, qui sont fort appréciées du consommateur.

CITATIONS FAVORABLES.

MM. Godard et Decrefs, à Louviers.

Se disent inventeurs de nouveaux procédés pour fabriquer des draps hydrofuges avec d'autres matières que de la laine. Nous n'avons trouvé dans le procès-verbal du jury du département rien qui pût fixer notre opinion sur le mérite de cette invention : nous avons consulté le commerce, qui n'a pas pu nous donner de renseignements, et, comme les produits en eux-mêmes sont fort communs, ils ne pourraient avoir de valeur que par un mérite particulier qui nous est inconnu, nous ne les citons que pour ordre.

M. FROMENTEAU Hippolyte, à Poitiers (Vienne).

Drap bleu 5/8 à 5 f. l'aune tout en laine. Il en fabrique trois cents pièces par an.

MM. HAZARD et BIENVENU, à Orléans (Loiret).

Draps de différentes couleurs et surtout bleus qu'ils achètent en blanc et font apprêter.

SECTION IV.

FABRICATION DES COUVERTURES.

M. Griolet, rapporteur.

RAPPELS DE MÉDAILLES D'ARGENT.

M. BACOT, rue de la Monnaie, 26, à Paris.

Ce fabricant expose de nombreux produits qui tous justifient la grande réputation dont il jouit :

1° Des couvertures en laine ou en coton d'un tissu fin et régulier ;

2° Des tapis de table en fil et laine si bien imités sur ceux de l'étranger, que les employés de la douane s'y sont mépris ;

3° Des feutres en laine pour la papeterie mécanique ; ses manchons en ce genre sont d'un tissu très-régulier et bien dégraissés, qualité très-essentielle pour l'emploi auquel ils sont destinés.

Le jury se plaît à reconnaître l'activité et l'habileté qui lui ont valu aux précédentes expositions la médaille d'argent, et se fait un devoir de la lui confirmer.

M. POUPINEL, rue de la Calandre, 57, à Paris.

Continue, par la bonne confection de ses couvertures en

coton et en laine, de mériter la médaille d'argent que le jury de 1834 lui a décernée et que celui de 1839 lui confirme.

MÉDAILLE D'ARGENT.

MM. Pacezy et fils, à Montpellier.

Seuls exposants d'une ville où la fabrication des couvertures de laine est très-importante. Ces fabricants ont envoyé une grande variété de couvertures.

On remarque, à leur exposition, 1° celles nommées makinaus, dont il se fait une grande exploitation pour l'Amérique du Nord;

2° Des couvertures lisses en blanc et en garance avec ornements, imitation anglaise également pour l'exportation;

3° Des couvertures beiges pour campement, du prix de 14 fr. 76, réunissant toutes les qualités d'une bonne fabrication.

Ces exposants ont perçu en prime, à l'exportation en 1837, 19,926 fr. 10, et, en 1838, 26,623 fr. 30; ils occupent deux cents ouvriers.

Le jury, appréciant leurs efforts pour améliorer leur fabrication, ce qui leur permet de soutenir la concurrence étrangère, leur donne la médaille d'argent.

MÉDAILLES DE BRONZE.

M. Léger Francolin, à Patay (Loiret).

Ce fabricant, qui a toute sa manutention réunie dans le même local, à l'exception de la teinture, présente des couvertures de laine variées dont les bandes sont d'une netteté remarquable. L'examen de ses produits fait apercevoir que la surveillance facile tourne au profit d'une bonne fabrication.

Il occupe quarante ouvriers. Pour la bonne confection de ses couvertures et leur prix modéré, le jury lui décerne la médaille de bronze.

M. ROUILLIER et cie, à Condamine (Ain),

Exposent des couvertures de laine lisses et croisées d'une très-bonne fabrication et d'un prix modéré. Celles bordées de rubans, faites avec des chaînes doublées, sont d'un tissu très-régulier.

Le jury leur décerne la médaille de bronze.

M. FEUGÉ-FESSART, à Troyes,

Expose bon nombre de couvertures et couvre-pieds en coton écru, les unes en tissu broché, les autres en tissu piqué. Ses dessins sont très-variés.

Le jury de 1834 lui avait décerné la mention honorable; celui de 1839, appréciant ses progrès, lui décerne la médaille de bronze.

M. Édouard PLUQUET, à Launoy (Nord).

Cet industriel a reçu la mention honorable en 1834; il expose, cette année, des couvertures tissu broché coton, et tissu piqué, toutes bien confectionnées.

Les couvertures à poils faites avec des déchets de coton et dont le prix commence à 3 fr. 80 jusqu'à 4 fr. 80 sont remarquables par leur bon marché, qui les met à la portée des bourses les moins fournies.

Par ces motifs, le jury lui décerne la médaille de bronze.

MENTIONS HONORABLES.

M. RAIMBERT, à Châteaudon (Seine).

Les couvertures de ce fabricant se font remarquer par la

bonté de leur fabrication et le soin apporté à la confection des bandes de couleurs qui décorent bien ces produits.

Le jury lui décerne la mention honorable.

MM. GIRARD et ACARY, à Lyon.

Ces fabricants exposent des couvertures en laine et en coton dont la qualité correspond aux prix ; elles sont bien confectionnées.

On remarque, à leur exposition, des couvertures grises mélangées de déchets dans les prix de 7 fr. 50, ainsi que d'autres faites avec des découpures du broché des châles.

Le jury leur décerne la mention honorable.

MM. MARON et DAMOISEAU, à Rouen,

Présentent des couvertures piqué double d'une grande solidité au prix de 33 fr., ainsi que des couvertures en tissu broché à 14 fr. Les autres couvertures en laine et en coton tirées à poil sont communes, moins bonnes et d'un prix peu élevé.

Le jury leur décerne la mention honorable.

M. FAZOLA, à Paris.

Expose des couvertures de lit à maille de filet confectionnées avec de la laine floche ; leurs dessins variés et les bonnes dispositions des couleurs méritent à cet exposant la mention honorable.

MM. FOURCHÉ et SALMON, au Mans,

Ont envoyé des couvertures vertes, fabrication ordinaire compensée par le bon marché, qui leur ont valu la mention honorable.

CITATIONS FAVORABLES.

Mme Veuve Lepoutre-Roussel, à Roubaix,

Envoie un seul couvre-lit qui ne permet guère de juger de sa fabrication.

MM. Rohard père et fils, de Reims.

Ses couvertures sont régulièrement foulées.

SECTION V.

TISSUS DE LAINE LÉGÈREMENT FOULÉS ET NON DRAPÉS.

RAPPEL DE MÉDAILLE D'OR.

MM. Henriot frères, sœur et c^{ie}, à Reims (Marne).

Cette maison ne se recommande pas moins par son ancienneté que par l'importance de ses affaires; ses produits sont accueillis dans le commerce avec une confiance que justifie l'habileté consciencieuse qui préside à leur confection. Elle possède trois établissements distincts, dans lesquels s'exécutent toutes les opérations que subit la laine pour passer de l'état de suint à celui d'étoffe prête à être consommée; c'est, sous ce rapport, la fabrique la plus complète dans son genre.

Elle emploie, dans ses ateliers, de quatorze à quinze cents ouvriers, et, quelque nombreux que soit ce personnel, il offre assez peu de fluctuation pour qu'il ait été possible de fonder parmi eux une caisse de prévoyance et de secours mutuel, dont les résultats sont des plus satisfaisants et font non moins d'honneur aux chefs qui l'ont instituée qu'aux ouvriers dont la sage prévoyance sait en profiter.

Sa fabrication s'exerce sur toutes les variétés d'articles qui se tissent à Reims. En première ligne, nous mentionnerons les flanelles comme l'article fondamental, puis les mérinos, les nouveautés pour gilets et pour pantalons; enfin les châles tartans à filets et damassés, les kabyles d'hiver et d'été, et même les châles genre cachemire.

MM. Henriot ont exposé des échantillons de chacun de ces genres, savoir : des flanelles croisées tout laine, de 2 francs 75 à 9 francs l'aune métrique;

Des flanelles molletons, de 3 fr. 50 à 6 fr.;

Des molletons lisses, genre de mazamet, de 4 fr. 50 à 6 fr.;

Une flanelle sèche à 4 francs;

Des flanelles-Bolivar, de 2 fr. 20 à 9 fr.;

Dito Galles, 2 fr. 90 à 9 fr.;

Dito Bolivar quadrillées, 3 fr. 75 à 4 fr.;

Des mérinos, 5/4 couleur, 6 fr. 25 à 11 fr.;

Des mérinos double chaîne, 13 fr. 50 à 19 fr.;

Des nouveautés pour gilets, de 5 fr. à 20 fr.;

Enfin un assortiment de châles de différents genres de 11 fr. 50 à 35 fr.

Ils ont même présenté deux échantillons de châles en laine, genre cachemire, comme des essais de ce qu'on peut tenter à Reims.

Le jury, en donnant à tous ces articles les éloges qu'ils méritent, ne sera que l'écho fidèle de tout le commerce.

Cette maison obtint, en 1834, le rappel de la médaille d'or qui lui avait été donnée en 1827 : depuis, elle a perdu un de ses chefs, M. Isidore Henriot, qui s'est retiré; mais elle a continué avec MM. Henriot frères antérieurement associés. Le jury confirme à ces exposants la médaille d'or qu'ils méritent à tant de titres.

MÉDAILLE D'OR.

M. HENRIOT fils, à Reims (Marne).

Exercer sur l'industrie de son pays une utile influence en ouvrant à la production de nouveaux débouchés par la création ou l'introduction d'articles inconnus jusqu'alors, c'est un mérite que le jury s'empresse toujours de distinguer ; à ce titre, nul ne se recommande à un plus haut degré que l'exposant. Entreprenant, actif, intelligent, connaissant bien les ressources de la fabrication, il est constamment à la recherche de tout ce qui peut donner de l'élan à l'industrie en stimulant la consommation. Il est le premier qui ait introduit à Reims la fabrication des châles tartans et kabyles, des étoffes à manteaux, et cette fabrication, encore assez récente, s'élève déjà au chiffre annuel de 3 millions et demi environ, dans lequel il prend lui-même une large part.

M. Henriot n'a point négligé la fabrication, pour ainsi dire classique, des flanelles dites de Galles, Bolivar ou croisées ; il la traite toujours avec une grande supériorité : son exposition en présente des modèles dans toutes les qualités, depuis 2 fr. 40 jusqu'à 8 fr. l'aune métrique. Nous avons distingué ses flanelles sèches et sa flanelle-mousseline d'une grande finesse de tissu, dont l'usage est fort convenable pour l'Est. Il soumet également au concours des modèles de ses châles tartans damassés, de ses kabyles et de ses manteaux-flanelle. Tous ces articles se recommandent par le goût, la bonne exécution et la modération des prix.

M. Henriot fils avait obtenu la médaille d'argent en 1834. Le jury, prenant en grande considération les progrès qu'il a faits lui même aussi bien que ceux qu'il a fait faire à la fabrique rémoise, lui décerne la médaille d'or.

RAPPEL DE MÉDAILLE D'ARGENT.

M. Benoist MALO et cⁱᵉ, à Reims (Marne).

Doués d'une activité égale à leur intelligence, ces fabricants entreprennent une grande variété d'articles et les exploitent tous avec succès. Ils exposent des duvets doubles pour gilets, de 6 fr. 50 à 7 fr. 50 l'aune métrique, des satins brochés soie de 10 à 15 fr., des mérinos 5/4 damassés et à côtes à 7 fr. 50, une pièce tissée en poil de laine, couleur naturelle, pour fourrure, à 25 fr., des châles damassés 6/4 et 7/4 de 17 à 26 fr., etc. Tous ces articles ont mérité l'approbation du jury.

En 1834, ils avaient obtenu la médaille d'argent. Ils se montrent constamment dignes de cette distinction, et le jury leur en vote le rappel.

MÉDAILLES D'ARGENT.

M. Leclerc ALLART, à Reims (Marne).

Cet industriel s'adonne exclusivement à la fabrication des flanelles lisses dites de Galles et Bolivar, et des flanelles croisées ; aussi occupe-t-il dans sa partie un rang des plus distingués, par le soin et le talent avec lesquels il traite cet article. Il faut un mérite de fabricant assez remarquable pour exceller dans un genre exploité, de temps immémorial, par tous les fabricants de Reims, presque sans exception. Ce mérite, le jury a été à même de le reconnaître dans les articles soumis à son examen. Les flanelles-

Bolivar de 3 fr. 50 à 6 fr. l'aune métrique, les flanelles de Galles de 3 fr. à 3 fr. 75, prix et qualités de la plus large consommation.

La flanelle croisée, 4 fr. 50.

Sont d'une exécution irréprochable et de prix fort modérés, et justifient parfaitement la médaille d'argent que le jury décerne à cet honorable exposant.

MM. GIVELET ASSY et H. ROLLIN, à Reims (Marne).

Cette manufacture fabrique, avec beaucoup de succès, l'article à gilets, et en fournit la preuve dans les sibériennes qu'elle expose, de 6 fr. 50 à 9 fr. 50 l'aune métrique, et dans ses satins-cachemires à 11 fr. 50 ; elle s'occupe aussi des châles kabyles dont elle a envoyé des modèles de 15 fr. 50 à 22 fr. Tous ces articles, traités avec goût et avec habileté, sont recherchés dans le commerce et emploient un grand nombre d'ouvriers. La réputation dont jouit cette fabrique, et que justifie son exposition, détermine le jury à lui donner la médaille d'argent.

MM. BUFFET PERIN, oncle et neveu, à Reims (Marne).

Ces manufacturiers paraissent se proposer la tâche de rendre à la fabrique de Reims l'exploitation des casimirs et nouveautés pour pantalons, qu'elle avait vue sensiblement décroître. Leurs casimirs et satins d'été en 75 centimètres, de 9 fr. à 9 fr. 50 l'aune métrique, leurs tricots athéniens en 80 centimètres à 10 fr., leurs satins-laine d'hiver de 10 à 10 fr. 50, sont de nature à couronner leurs efforts et à leur créer des émules.

Ils joignent à cette fabrication celle des gilets, des coatings unis, mouchetés ou brochés, pour manteaux de femme.

Tous ces articles sont traités de main de maître, et appellent sur ces exposants la distinction honorable de la médaille d'argent que le jury leur accorde.

MÉDAILLE DE BRONZE.

M. PIERQUIN-GRANDIN, à Reims (Marne).

A exposé des flanelles de Galles blanches, et des flanelles-Bolivar de différentes nuances et un assortiment de flanelles quadrillées en couleur. Ces articles sont bien fabriqués, et à des prix convenables; ils sont bien appréciés du commerce. Le jury décerne à cet exposant la médaille de bronze.

SECTION VI.

TISSUS DE LAINE NON FOULÉS PURS OU MÉLANGÉS.

RAPPELS DE MÉDAILLES D'OR.

M. AUBER (Louis), à Rouen (Seine-Inférieure).

Il n'est personne qui ait passé devant l'exposition de ce fabricant, sans y avoir été arrêté par la beauté, la variété, le brillant des étoffes étalées. Le jury a partagé le sentiment d'admiration du public; c'est qu'en effet la maison L. Auber traite avec une supériorité marquée tous les articles qu'elle entreprend : laine cardée ou peignée, tissu ras ou foulé, uni ou broché, pur ou mélangé de coton, de laine ou de soie ; pantalons, manteaux, robes de dames , étoffes d'ameublement : elle emploie toutes les matières, exécute tous les genres, déploie dans tous un goût parfait , une grande fécondité d'invention, et une intelligence remarquable de tous les procédés de fabrication. A l'appui de nos éloges, nous citerons ses toiles d'Ulloa, tissus de laine légers et brochés pour robe, ses satins-laine brochés pour robes et manteaux de dame, ses tartans mouchetés au métier, ses pantalons d'une armure nouvelle, enfin ses étoffes à meubles en laine pure, ou tissées sur chaîne de coton ou de soie.

Cette fabrique n'est pas seulement au premier rang pour l'habileté et la variété de son industrie, elle est aussi l'une des plus importantes par sa production. Elle a perdu son chef depuis quelques années ; mais la veuve et les enfants ont, avec un ancien associé, pris la suite des affaires, et elle a continué à marcher dans une voie de progrès et de succès. Le jury s'empresse de lui confirmer la médaille d'or qui lui avait été décernée en 1834.

MM. Jourdan, Morin et cie, à Paris.

Associés, depuis longues années, dans la maison de l'honorable M. Rey, ils en ont pris la succession depuis la dernière exposition et ont su la faire fructifier dans leurs mains ; ils ont augmenté de plus de moitié le chiffre de leurs affaires en faisant marcher de front la fabrication des châles-cachemires et celle des tissus fantaisies en laine et soie à l'instar des articles de la savonnerie dont M. Rey avait eu originairement le dépôt.

Profondément versés dans la science de la fabrication, ils l'ont appliquée avec le plus grand succès à la double industrie qu'ils exploitent. Leurs châles indous ou cachemires purs sont fort recherchés dans le commerce, et leurs tissus à l'usage des dames, dans lesquels la soie mariée avec la laine produit, à l'aide du métier à la Jacquart, une grande multiplicité de dessins, ont souvent l'heureux privilège d'être sanctionnés par la mode. Le jury a reconnu dans cette fabrique un progrès bien marqué depuis la dernière exposition ; il croit donc devoir lui confirmer la médaille d'or, que son prédécesseur, M. Rey, avait obtenue en 1834.

MM. Eggly, Roux et cie, à Paris.

Cette maison, qui a changé de chefs, n'a pas changé de raison commerciale, deux frères en ayant pris la succession.

Initiés par une ancienne association à la connaissance de la fabrication, ils ont déployé le goût, l'habileté, le mouvement qui avaient distingué leurs prédécesseurs dans la direction de leurs affaires ; ils en ont même sensiblement augmenté l'importance.

Leurs produits sont destinés à la toilette des hommes et des dames : pour les premiers, ils tissent des mérinos double chaîne, à usage de redingote, du prix de 12 fr. 50 cent. le mètre, en 5/4 de large ; des camelots-laine pour manteaux imperméables, en 6/4, à 10 fr. ; des piqués de laine pour pantalons d'été, en 3/4, à 9 fr., et des étoffes à gilets mélangées de soie, laine et coton.

Aux dames, ils offrent des manteaux en tissus damassés dits mazeppas, à 15 fr., en 5/4 de large, ou en mérinos écossais à 11 fr. 50 cent. ; des tissus pour robes fabriquées sur chaîne de soie cuite tramée en laine, à 6 fr. 50 c., en 5/8 ; des orientalines à rayures satinées, ou à trame chinée, de 3 fr. 75 à 4 fr. 25 cent., des mousselines de laine imprimées en pièce ou sur la chaine ; enfin des mérinos ordinaires de 7 fr. à 9 fr. 25 cent. Pour la variété, le goût et le talent, cette maison se soutient parfaitement à la hauteur qu'elle a su prendre ; elle a même beaucoup augmenté la somme de ses affaires depuis 1834. A cette époque, elle avait obtenu la médaille d'or : le jury la lui confirme de nouveau.

MÉDAILLE D'OR.

M. DELATTRE (Henri), à Roubaix (Nord).

C'est un mérite réel que de primer dans un genre qu'un grand nombre de fabricants exploitent : ce mérite, on ne peut le méconnaitre dans l'exposant. Nous avons déjà vu que le stoff occupait près de cinq mille métiers à Roubaix. Pour le soin, la qualité et la régularité des tissus, M. Delattre a su prendre le premier rang qu'il doit non-seulement à son habileté, mais encore à l'avantage de posséder une filature de laine parfaitement bien montée et dirigée. Les stoffs superfins, qu'il a exposés, de 4 fr. 75 à 5 fr. 75 cent., en les décorant de nouveaux noms, sont d'une excellente fabrication à tous égards et bien supérieurs aux produits similaires anglais. Il n'aurait pas moins droit à nos éloges, comme filateur, s'il avait exposé de ses fils.

Le jury, en reconnaissant dans M. Delattre un industriel sur la première ligne dans une fabrique qui est, sans contredit, l'une des plus avancées de la France, lui décerne la médaille d'or.

MENTIONS POUR ORDRE.

MM. FORTIER et F. TIRET, à Paris,

Ont exposé des étoffes en grandes largeurs pour meubles et tentures tissées en laine et soie. Le travail du tissu, la nouveauté, la hardiesse et la richesse des dessins ont attiré les regards et mérité de justes éloges à leurs auteurs. En rendant compte de l'exposition des châles, dont la fabrication est la principale industrie de chacun de ces deux fabricants, il sera fait mention de ces brillantes étoffes.

RAPPELS DE MÉDAILLES D'ARGENT.

M. THIBAULT (Germain), à Paris,

Est un de nos industriels les plus renommés pour les tissus légers de laine qu'il livre à la consommation, soit en couleurs unies, soit ornés de dessins imprimés. En faisant jouer la soie tantôt pour chaîne, tantôt pour trame, en variant ses armures de façonné, il produit un grand nombre d'articles de goût également recherchés, soit pour la consommation intérieure, soit pour l'exportation, sous les noms de satin oriental, parisina, levantine-laine, etc. Ces tissus, dont les prix varient de 6 à 8 fr., nous ont paru, par leur brillant, leur souplesse et leur légèreté, très-propres à se faire adopter par nos élégantes.

Bien que M. Thibault ne tisse que pour son propre commerce, il a pu donner à sa fabrication assez d'extension pour occuper trois cent cinquante à quatre cents ouvriers dans les départements de l'Aisne, du Nord et de la Seine.

Il avait obtenu la médaille d'argent en 1834; le jury le proclame toujours digne de cette honorable distinction et lui en vote le rappel.

M. F. Croco et Cie, à Paris.

Ces fabricants exploitent trois établissements, l'un à Paris, et les deux autres à Flers et à Roubaix (Nord), dans lesquels ils occupent trois cents ouvriers environ. Leur industrie variée s'exerce à la fois sur l'article robe, l'article meuble, les gilets et les pantalons; ils emploient avec beaucoup de talent la laine, la soie, le fil, et ils marient ces matières avec une rare habileté.

Nous avons distingué le crêpe Palestine tissé laine et soie, à reflets changeants et veloutés pour toilette de dames; une imitation des brocatelles de Lyon, étoffe brochée verte et jaune d'or, chaîne soie, trame fil; plusieurs pièces à gilets, remarquables par la pureté des fonds, le goût des dessins, souvent fort compliqués; notamment une pièce faite par double chaîne, dont les deux faces offrent un aspect différent, mais également heureux, et laissent l'acheteur indécis sur le choix de l'envers ou de l'endroit.

Le jury se plaît à reconnaître chez ce fabricant le double mérite de l'invention et de la science de fabrication qui lui présagent des succès marqués dans l'avenir, et il le proclame de plus en plus digne de la médaille d'argent, qu'il a obtenue en 1834.

M. Henry aîné et fils, à Paris.

Cette fabrique s'est acquis depuis longtemps une réputation méritée pour ses étoffes à meubles; l'une des premières, elle a fait connaître les damas en laine pure ou mélangée avec le coton et la soie ; elle les a brochés aussi en plusieurs couleurs, et en présente des pièces de chaque genre dans son exposition.

Elle a confectionné aussi au métier des couvertures pour l'été, à maille claire, d'un effet agréable et d'un prix modéré.

Le chef de cette maison a signalé sa longue carrière industrielle par plusieurs innovations heureuses qui ont créé de nouveaux imitateurs ; il a cédé son exploitation principale à son fils, qu'il avait pris dès avant pour associé, et qui soutient bien la réputation de son père.

En 1827, M. Henry aîné obtint la médaille d'argent, qui lui fut rappelée en 1834. Sous sa nouvelle raison de commerce, cette maison se montre toujours digne de cette distinction, que le jury central lui confirme.

MÉDAILLES D'ARGENT.

Mme Veuve CAILLEUX et LAUNOY, à Amiens (Somme).

Cette maison est l'une des premières qui aient réussi à redonner la vie à l'alépine en la parant de dessins brochés par la mécanique de Jacquart. Ce tissu a pris alors les noms de satin oriental, de taglionienne, quand il a été destiné pour robe, de satin damassé lorsqu'il s'est proposé l'usage des manteaux des dames. Les pièces soumises au jury, du prix de 5 fr. 50 à 7 fr., en 4/4, pour les deux premiers genres, et de 15 fr. 50 pour le troisième, sont habilement traitées et d'un effet séduisant.

Ces articles trouvent un large débouché à l'étranger et notamment à New-York, où ces fabricants ont fondé une maison qui consomme pour 1,200,000 fr. annuellement de leurs produits.

Ils ont exposé aussi quatre pièces bombasine noire 4¡4, de 7 fr. 50 à 9 fr. 50, article fondamental pour l'exportation.

La nouvelle direction donnée par ces exposants à l'industrie amiénoise, les bons résultats qu'ils en ont obtenus en s'ouvrant un large débouché à l'étranger, ont déterminé le jury à leur décerner la médaille d'argent.

MM. Fevez d'Estrée et cⁱᵉ, à Amiens (Somme).

Nous avons déjà fait connaître les heureux résultats, pour la fabrique d'Amiens, de la transformation de l'alépine unie en un article nouveauté broché par la Jacquart. Les exposants peuvent, à bon droit, revendiquer en partie le mérite de cette innovation, et personne ne leur contestera surtout le goût et le talent d'exécution dont ils ont fait preuve.

Leur exposition a séduit les regards par un assortiment d'éoliennes 4¡4, à 5 fr. 25 l'aune métrique, de nuances variées, de robes brodées à 8 fr. 50 l'aune, de satins-laine 5¡4, à 5 fr. 50, et de taglioniennes 5¡8, à 6 fr 50.

Tous ces articles, goûtés dans le commerce, surtout pour l'exportation, offrent, comme mérite d'exécution et comme importance de fabrication, tout ce qui peut justifier la médaille d'argent que le jury décerne à MM. Fevez d'Estrée et compagnie.

M. Cocheteux (Florentin), à Paris.

Ses ateliers, établis à Templeuve (Nord), à quatre lieues de Roubaix, sont exclusivement consacrés à la fabrication des damassés pour meuble tissés, soit en laine pure, soit

en laine et coton, soit en laine et soie, en 75 et 150 centimètres de large. Le goût et l'habileté qui président à
leur confection leur ont donné une grande vogue dans le
commerce, et ont, de suite, classé cette fabrique en premier ordre. Elle emploie de cent trente à cent quarante
métiers à la Jacquart; son exposition, par la variété des
tissus, le choix des dispositions, l'harmonie des couleurs
et la perfection du travail, justifie l'empressement du commerce et mérite à cet exposant la médaille d'argent que
le jury lui vote.

M. Wacrenier Delvenquier, Roubaix.

Ce fabricant s'est placé également sur la première ligne
pour la fabrication des damas tout laine, laine et coton,
laine et soie, en 5/8 et en 5/4 de large; il les nuance aussi de
plusieurs couleurs et en fait alors un article de luxe : son
exposition offre, dans plusieurs genres, des articles d'un
excellent goût et d'une parfaite exécution; à ces mérites
il a joint celui de l'importance, puisqu'il fait battre au
moins cent vingt métiers à la Jacquart.
Le jury lui décerne la médaille d'argent.

M. Dervaux (Alexandre), Roubaix.

Cette fabrique, l'une des plus importantes de Roubaix
par le nombre de métiers qu'elle occupe, se fait remarquer
par une exécution habile et soignée.
Les douze pièces satin-laine rayé, en 70 cent. de large,
à 5 fr. 50, qu'elle expose, méritent d'être signalées pour le
goût des dispositions, la régularité et la bonne exécution
du tissu.
Nous en dirons autant de ses satins unis dits *lastings*,
qui sont d'une grande réduction.

Le jury, vu l'importance et l'habileté de ces industriels, leur vote la médaille d'argent.

M. FRASEZ (François), à Roubaix,

Fabricant fort intelligent, qui fait établir, à des prix très-modérés, des marchandises de qualité courante ; ses stoffs brochés coton et laine, 2 fr. 10 , et ses stoffs pure laine à 3 fr. 40 l'aune métrique, en fournissent la preuve. Aussi en fabrique-t-il une grande quantité qui trouve un ample placement. Il tisse aussi des satins à côte, tout coton, pour pantalon, à 45 cent. le mètre, qui peuvent défier toute espèce de concurrence intérieure ou extérieure.

Nous croyons devoir signaler une heureuse idée que ce fabricant met en ce moment en pratique. Sur une propriété qu'il a achetée, il fait construire cent petites maisons pour ses ouvriers ; chaque maison aura quatre chambres et pourra contenir quatre métiers à la Jacquart. Il procurera ainsi, à peu de frais, à l'ouvrier un logement plus confortable , une économie de temps, l'avantage de travailler en commun avec sa famille , d'en utiliser tous les bras, en évitant, pour elle et pour lui, les dangers de la vie d'atelier : les mœurs ne pourront qu'y gagner en même temps que, la somme du travail s'augmentant, le prix de chaque façon pourra diminuer : ainsi se trouvera atteint le but si désirable de concilier les intérêts du fabricant et ceux de l'ouvrier.

Une pareille entreprise a mérité l'intérêt du jury ; et comme, d'ailleurs, l'exposant a su se distinguer dans un genre où la concurrence est très-grande, le jury lui vote la médaille d'argent.

MM. Fréd. et Ed. BERNOVILLE, à Saint-Quentin et Bohain (Aisne).

Parmi tous les exposants, peu offrent une aussi grande variété d'articles que les frères Bernoville : mousseline-laine, mousseline-tibet, chalys, mousseline-soie, châles en mousseline-laine et en tibet, tissus purs ou mélangés de soie, à rayures et bandes satinées, à carreaux, zébrés ou chinés, échelonnés de prix depuis le plus bas jusqu'au plus élevé. Tous ces articles, qu'il serait trop long d'énumérer en détail, sont destinés à la teinture et à l'impression, et dénotent une grande habileté industrielle et inventive.

Ces produits servent, en grande partie, à alimenter nos fabriques d'impression sur mousseline-laine, et, quand elles réclament un tissu plus riche pour satisfaire aux exigences de la mode et du luxe, elles s'adressent avec confiance aux exposants qui répondent parfaitement à leurs vues par leur grande entente de la fabrication, par leur goût et leur talent d'innovation.

MM. Bernoville font fabriquer également des jaconas et mousseline de coton pour l'impression; ils en ont exposé de plusieurs finesses et de dispositions variées, de 1 fr. 10 à 1 fr. 80.

Au mérite de la variété, de l'invention et de l'habileté, ils joignent une grande importance manufacturière : le jury leur décerne la médaille d'argent.

M. DAUPHINOT-PÉRARD, à Isles (Marne).

Ce fabricant est, depuis longues années, connu, sur la place de Reims, comme celui qui fournit constamment au commerce les plus belles qualités de mérinos. Personne n'apporte dans leur confection plus de soin pour le choix des matières et pour la régularité du tissu.

Les deux pièces mérinos, 5/4 de 14 à 16 fr. l'aune métrique, la pièce 7/4, à 24 fr., qu'il a exposées, sont, dans leur genre, ce qu'on peut voir de mieux.

M. Dauphinot-Pérard avait obtenu la médaille de bronze en 1834; pour récompenser son habileté et ses efforts constants pour perfectionner un si beau et bon tissu que le mérinos, le jury lui décerne la médaille d'argent.

RAPPEL DE MÉDAILLE DE BRONZE.

M. Prus-Grimonprez, à Roubaix,

A pris, depuis longtemps, un bon rang parmi les fabricants d'articles à meubles : ses damassés en laine pure ou mélangée de coton et de soie, ses bordures en satin damassé, son satin damassé pur fil, tous ces articles sont bien appréciés par le choix de leurs dispositions et leur bonne exécution.

Le jury rappelle à cet exposant la médaille de bronze qui lui a été décernée en 1834.

MÉDAILLES DE BRONZE.

M. Pagès Baligot, à Paris,

Fabricant distingué pour les étoffes à gilet, laine et soie, tissées par le métier à la Jacquart. Il réussit aussi dans d'autres genres, tels que l'article à robe et l'article châle confectionnés avec les mêmes matières. Il paraît surtout s'être proposé de fournir à la consommation des gilets de goût, rivalisant avec ce que l'Angleterre fait de mieux; il a si bien atteint ce but, qu'il annonce que ses produits ont plus d'une fois été pris pour des articles anglais, et payés, par le consommateur, en conséquence. Cela se conçoit facilement quand on examine en détail les cinquante pièces qu'il a exposées, si habilement travaillées et si heureusement variées.

C'est pour la première fois que cet exposant se présente à l'exposition, et le jury, dans l'espérance qu'au prochain concours national il aura su acquérir des droits à une récompense plus élevée, lui décerne la médaille de bronze.

M. DE GRANDEL, fabricant, à Roubaix.

Cette fabrique embrasse plusieurs genres, les stoffs, les damas-laine, les gilets. Elle a exposé quelques échantillons de ces différents genres, qui ont été justement appréciés : le jury a remarqué une étoffe brochée laine et soie pour faire des casquettes et remplacer la broderie. Cette invention est assez heureuse.

Indépendamment des mérites que nous venons de signaler, ce fabricant se recommande encore par l'importance de sa production : le jury lui vote une médaille de bronze.

M. PONCHE BELLET, à Amiens,

A exposé des articles laine et soie dits éoliennes, à 5 fr. 60 c. l'aune, des moires à 10 fr., des étoffes à tablier à 6 fr. et des bombasines 5/4 à 7 fr. 75 c. Il est du nombre de ceux qui ont bien mérité de l'industrie amiénoise, en régénérant l'alépine par l'application de dessins brochés à la Jacquart. Il a donné une assez grande extension à ce genre de fabrication.

Le jury, en considération de son importance manufacturière et commerciale, lui décerne la médaille de bronze.

M. Victor LÉCREUX, à Amiens (Somme),

Expose des tissus chaînes laine et soie, trame laine, qu'il appelle façon cachemire, et qui justifient cette assimilation par leur douceur et leur souplesse. Cette étoffe en 5⁄8 est cotée 5 f. 75 c. Il présente aussi des éoliennes 4⁄4 à 5 f., des toiles laine 5⁄4 à 4 f. 50 c., et des escots à 5 f. 50 c. Ces étoffes se font remarquer, en général, par leur bonne exécution et par leur nouveauté. Elles ont été d'un grand secours dans des moments où la fabrique comptait trop de bras inoccupés.

Le jury vote à l'exposant une médaille de bronze.

MM. André et Jules DAVID, à Saint-Quentin (Aisne), maison à Paris.

Mentionnés honorablement, en 1823, pour des tissus de coton, ils n'ont pas concouru depuis cette époque.

Cependant ils avaient continué leur fabrication, et spécialement celle des guingans qu'ils exploitaient en grand.

A la fin de 1834, ils ont abandonné le coton pour la laine, et ont été des premiers à introduire à Saint-Quentin l'article mousseline-laine, qui a grandi tant et si vite. En 1835, ils firent les premiers essais d'un tissu moitié laine et moitié coton, qui prit de suite une considérable extension.

La fabrication de MM. David se compose actuellement de genres différents, mais plus spécialement de tissus en laine; cependant ils fabriquent encore des tissus légers en coton, plus des foulards de soie en qualité ordinaire.

Ils ont exposé des modèles de chacun des genres qu'ils exploitent en mousselines pure laine ou mélangées de coton et de laine, unies ou à rayures et bandes satinées ; en jaconas, mousseline et organdi de coton. Tous ces articles, destinés à l'impression, conviennent parfaitement à cet emploi par leur bonne exécution et par leur bon marché.

La production des exposants est des plus importantes.

Le jury leur décerne une médaille de bronze.

M. LAMBERT-BLANCHARD, à Paris.

C'est à Guise, département de l'Aisne, que l'exposant a établi le siège de sa fabrication en mousseline-laine pure ou sur chaîne coton. L'importance de ses ventes prouve le mérite de ses produits, qui sont, en général, par leur bonne qualité courante et par la modération de prix, recherchés par la grande consommation.

Il en présente des échantillons de qualités échelonnées de 1 f. 45 c. à 1 f. 95 c. le mètre, en toute laine ;

Et de 75 à 95 cent. en chaîne coton, sur 70 centimètres de largeur.

Il y a joint une pièce dite batiste de laine, remarquable par la beauté de la filature, la finesse et la régularité du tissu ; enfin plusieurs châles kabyles, à l'instar de ceux de Reims, qu'il vend de 15 à 28 francs.

La grande quantité et le succès commercial de ces articles ont déterminé le jury à décerner à leur fabricant une médaille de bronze.

M. JARDIN (Charles), à Saint-Quentin.

Fabricant de mousselines-laine pour l'impression, ses produits sont bien connus et bien appréciés dans le commerce. Ils se recommandent aux mêmes titres que ceux de ses concurrents, et méritent à cet exposant la médaille de bronze.

MM. Dugué frères, à Nogent-le-Rotrou.

Ces fabricants font de louables efforts pour ranimer l'industrie de leur pays, qui consistait principalement dans le tissage des étamines et des voiles de laine pour religieuses, dont la demande diminue chaque jour.

C'est dans ce but qu'après avoir introduit à Nogent la fabrication du mérinos, ils s'essayent aujourd'hui dans plusieurs genres de nouveautés.

Ils exposent des ceintures arabes tissées tout laine, de 6 à 15 francs.

Des burnous en 150 centimètres de large, en 300 de longueur sur chaîne fantaisie trame laine, à 24 francs.

Le jury ne peut qu'applaudir aux essais que font les exposants pour créer de nouveaux débouchés à leur fabrique et en utiliser les bras; et comme, d'ailleurs, les articles exposés ont paru bien fabriqués et bien appropriés à leur destination, le jury leur décerne la médaille de bronze.

LE JURY MENTIONNE HONORABLEMENT LES FABRICANTS DONT LES NOMS SUIVENT :

M. Rivière-Lefert, à Reims.

Expose une collection d'étamines-laines à bluteau des deux largeurs usitées, en variétés de prix depuis le plus ordinaire jusqu'au plus élevé.

Cette fabrication se trouve aujourd'hui bien réduite par la concurrence des bluteaux en soie ou en toile métallique.

M. Milon-Marquant, à Beine (Marne).

Déjà mentionné en 1834.

A exposé quatre pièces voiles de laine extrafines en

55 c. de large, cotées une pièce à 6 f., deux pièces à 15 f., et la quatrième à 50 f. l'aune. Ces tissus admirablement beaux, mais que leur haut prix exclut, en quelque sorte, de la consommation, servent au moins à faire ressortir l'habileté de l'ouvrière, la demoiselle Charpentier, qui a filé le fil qui a servi à tisser la pièce de 50 fr. l'aune. Plusieurs écheveaux de ce même fil sont exposés dans la montre de M. Milon-Marquant, et sont d'une finesse et d'une beauté sans égales. Il a été parlé de mademoiselle Charpentier lors du compte rendu de la filature.

Madame veuve CORDONNIER, à Roubaix.

Cinq coupes casimir chaîne et trame en laine douce à rayures pour pantalon, à remarquer par leur bonne fabrication et le bon goût des dispositions.

Madame veuve de SAINT-FLORIN, à Roubaix.

Deux coupes stoff 5/4, de 4 f. 50 c. et 6 f., annonçant une bonne et régulière fabrication.

M. POTALIER-COUSIN, à Roubaix.

Plusieurs coupes tissus pour gilets mélangés de laine et coton, de soie et coton, de bon goût et d'une exécution soignée.

M. RIBEAUCOURT-NOTTE, à Roubaix.

Quatre coupes casimirs-laine à petites côtes pour pantalon, qui méritent les mêmes éloges que les articles qui précèdent.

MM. Troupel, Tur et Favre, entrepreneurs de la maison centrale d'Embrun (Hautes-Alpes).

Ont exposé quelques échantillons de draperie commune : comme ils embrassent beaucoup d'autres genres de fabrication, qui sont de nature à fixer plus spécialement l'attention du jury, nous n'en parlons ici que pour mémoire.

SECTION VII.

§ 1er. — FILAGE DU CACHEMIRE.

M. Griollet, rapporteur.

Le filage du cachemire a suivi les progrès qu'il avait faits depuis son origine, et que l'exposition de 1834 avait constatés.

On file aujourd'hui avec plus d'économie et plus de régularité qu'il y a cinq ans.

La perfection apportée dans le travail des machines et des mécaniques a non-seulement donné plus de régularité dans le fil, mais même a procuré des économies qui ont permis de diminuer les prix des mêmes objets de 15 pour 100, baisse qui a augmenté la consommation et profité à la production soit des tissus unis, soit des fils qui servent à la fabrication des châles.

RAPPELS DE MÉDAILLES D'OR.

M. Hindenlang fils aîné, rue des Vinaigriers, 15, à Paris.

Comme aux précédentes expositions, ce fabricant présente, cette année, une grande série de fils et variétés de tissus en laine-cachemire remarquables par leur régularité parfaite. Les tissus extrafins qui sont à son exposition prouvent ce que l'on peut faire de plus beau dans l'état de perfection où est arrivée la filature des matières cachemire.

Depuis 1834, une partie des machines à filer le cachemire de cet industriel a été affectée au filage de la laine peignée qu'il exploite avec le plus grand succès. A son exposition, on remarque des fils-chaîne, n° 90, et des trames, n° 115, d'une grande régularité. C'est avec ces fils qu'ont été confectionnés les beaux tissus en laine mérinos qu'il a exposés, qui le disputent par la finesse et la douceur aux tissus en laine-cachemire. Le jury ne peut que désirer que ce fabricant continue à s'occuper de ces produits extrafins qu'il confectionne si bien. Pour donner un plus grand développement à sa fabrication, cet industriel vient d'acquérir un établissement hydraulique d'environ trois mille broches à cramoisi, près Creil (Oise).

Pour l'ensemble de sa fabrication, le jury de 1839, comme ceux de 1827 et 1834, lui confirme la médaille d'or qu'il a obtenue en 1823.

M. Biétry, à Villepreux (Seine-et-Oise).

Le jury de 1834 a décerné à M. Biétry la médaille d'or, en constatant que, grâce à son esprit d'ordre, d'économie, à ses soins persévérants et à son génie industriel, il était

parvenu de simple ouvrier au premier rang parmi les filateurs de cachemire.

Cette distinction n'a fait que stimuler son zèle pour perfectionner sa fabrication ; aussi est-il parvenu à établir de
belles chaînes cachemire, n° 70, à un prix très-modéré.
Il livre à 11 et 12 francs des fils-cachemire pour brocher, infiniment mieux confectionnés que ceux qu'il vendait 15 fr.
en 1834. Il a fait les mêmes progrès dans la production de
ses tissus unis 5/4, 6/4, 7/4 : ils sont plus réguliers et il les
établit à 15 pour cent de moins qu'en 1834.

Le jury de 1839 se fait un devoir de confirmer la médaille d'or qui lui a été décernée en 1834.

RAPPEL DE LA MÉDAILLE D'ARGENT.

M. Possot, rue des Vinaigriers, 19, à Paris.

Sa filature continue de jouir de la bonne réputation
qu'elle avait obtenue en 1834, pour la netteté et la régularité de ses fils. Ses tissus-cachemire sont également très-
bien confectionnés.

Le jury lui confirme la médaille d'argent.

---

§ 2. — CHALES DE CACHEMIRE ET LEURS IMITATIONS.

MM. Legentil et Bosquillon, rapporteurs.

Nous devons à l'Orient plusieurs de nos plus
brillantes applications de l'art manufacturier, le
tissage de la soie, l'impression sur étoffes, la tein-

ture du coton en rouge : parmi les plus heureux emprunts que nous lui ayons faits, la fabrication des châles n'a pas été un des moins utiles pour nos intérêts et pour notre gloire industrielle ; car elle a pris, en peu de temps, une très-grande extension parmi nous, et a fait reconnaître de suite, sur les marchés étrangers, sa supériorité incontestée. Cette conquête, pourtant, est encore assez récente. Avant la campagne d'Égypte, le châle-cachemire n'était connu que de quelques privilégiés qui avaient eu des relations avec l'Inde ; il ne fut révélé au monde commercial que par l'envoi, que fit à Paris un général de l'armée expéditionnaire, d'un beau châle oriental. Quand il parut, grande fut la sensation : on admirait la nouveauté du travail, la douceur de la matière, l'harmonie des couleurs, l'étrangeté même du dessin. Un de ces hommes qui savent deviner et préparer l'avenir d'une industrie conçut de suite tout ce que l'imitation d'un si beau produit pouvait offrir de développement au travail, de prospérité pour son pays. Il se mit à l'œuvre.

M. Bellanger, de la maison Bellanger, Dumas, Descombes, qui fut notre collègue dans le jury central de 1827, et dont la perte a excité des regrets universels que nous avons tous partagés, M. Bellanger ne fabriquait que des gazes de soie, commerce alors aussi étendu qu'il est restreint aujourd'hui. Il avait de grandes difficultés à vaincre.

Métiers, matière, ouvriers, tout lui manquait, la machine de Jacquart n'existait pas encore ; il fit monter le premier métier à la tire, il inventa un harnais à grandes coulisses, il composa son armure en établissant la lisse de rabat et de liage.

Le châle de cachemire français fut créé.

Il faut remonter à cette époque pour se faire une idée du mouvement industriel qui se manifesta tout d'un coup.

La filature de la laine répondit à l'appel qui lui était fait. La livre de 16 onces ou 488 grains, contenant 36 échets de 528 tours de 54 pouces, soit 650 aunes ou 770 mètres, se payait de 36 à 40 fr.; elle perdait un tiers par le déchet au travail : on arriva à la fournir à 17 et 18 fr., en qualité beaucoup plus régulière.

Nous faisions venir avec beaucoup de peine, de l'étranger, des maillons en verre qui coûtaient 36 à 40 fr. le mille, aujourd'hui Paris les livre à 3 fr. 50 c. et 4 fr.

La concurrence força bientôt à rechercher l'économie de la main-d'œuvre. Un fabricant de Paris, nommé Santerre, avait, dès 1782, formé des établissements pour le travail des gazes de soie, à Bohain et à Fresnoy : les mains rudes des bûcherons s'étaient assouplies par un travail aussi délicat : c'est dans ce pays que la fabrication des châles vint d'abord chercher ses ouvriers, et, en s'étendant dans les départements du Nord, de l'Ain et du Pas-de-Calais, elle ne tarda pas à occuper vingt à vingt-cinq mille bras. Il nous est impossible de constater le nombre considérable que Lyon, que Nîmes, et d'autres villes encore, emploient aujourd'hui dans la même industrie.

M. Bellanger, avec une sagacité infatigable, s'appliqua à décomposer le tissu oriental, et il parvint à produire, par le procédé même employé dans l'Inde, un châle parfaitement semblable à son modèle. Ce châle est encore conservé dans sa famille avec un soin religieux.

L'honorable M. Ternaux, dont le nom se rattache aux découvertes les plus utiles de l'industrie, contribua puissamment aux développements et aux progrès de cette nouvelle création.

Il importa de l'étranger la matière même de cachemire, et la fit connaître au commerce; il fit venir à grands frais les chèvres du Tibet qui fournissent ce précieux duvet; s'il ne réussit pas à les acclimater, à les propager sur notre sol, le commerce et la France entière ne lui tinrent pas moins bon compte des efforts et des sacrifices qu'il fit pour accroître et améliorer une industrie qui devait être pour son pays une source de tant de travail et de richesse; et la reconnaissance publique donna aux nouveaux châles le nom de *châles-Ternaux*, sous lequel ils ont été longtemps connus.

L'usage du châle est universel en France : depuis la femme à la mode, qui enveloppe sa taille élégante dans les plis larges et onduleux du cachemire, jusqu'à la paysanne qui croise sur sa poitrine le modeste châle d'indienne ou de cotonnade, le châle est le complément obligé de toute toilette féminine.

Pour répondre à un besoin si général et offrir à toutes les fortunes les moyens de le satisfaire, nos fabriques se sont évertuées à employer de mille manières le duvet indien, la laine, la soie, le coton, à varier les nuances et les formes du dessin, à rechercher toutes les combinaisons possibles du tissage : l'impression est venue, avec l'enluminage de ses brillantes couleurs, offrir à la coquetterie peu fortunée une imitation séduisante et économique des genres les plus riches.

C'est à la commission des arts divers à vous parler des châles imprimés; nous n'avons ici à nous occuper que des châles tissés et brochés.

En ne considérant que la nature du travail, une distinction se présente de suite à faire entre le châle fait au fuseau, à la manière indienne, dit *époulliné*, et le châle broché au lancé; mais cette distinction est plutôt théorique que pratique. Le procédé oriental ne constitue pas une fabrication régulière chez nous : chaque fabricant a fait sa pièce d'épreuve, mais ne continue pas; un seul lutte contre tous les obstacles que présente ce système de fabrication avec une persévérance dont nous voudrions pouvoir prédire ou assurer le succès : ce n'est pas qu'on ne puisse réussir complétement dans l'imitation du travail indien, mais c'est la question industrielle et économique qui reste encore à résoudre.

A ce sujet, si nous ne craignions pas d'abuser de vos moments, nous mettrions sous vos yeux un document émané du ministère des affaires étrangères, adressé à la chambre de commerce de Paris, qui prouve que le fabricant indien lui-même, malgré toutes les conditions de bon marché dans lesquelles il est placé, sous les rapports de la main-d'œuvre et de la matière, ne travaille pas avec moins de dépense de temps et d'argent que nous.

Traduction d'un rapport des syndics experts de la corporation des fabricants de châles de cachemire, adressé à Mirza-Ahad, et envoyé à Paris par M. le général Allard, résident de France à Lahor.

Un châle long (dou-chalé) à grandes palmes, à larges bordures, de première qualité, et recherché dans le commerce, peut s'établir sur le pied suivant :

Une paire (zawdj) de châles longs, montée sur douze métiers, peut être confectionnée dans l'espace de six à sept mois. Dans le corps d'une paire

(djoura) (de châles longs semblables l'un à l'autre par les dessins et les couleurs), il y a vingt coutures ou rentrayures (peïwend); les nœuds (gurch) de rattachement pour le rentrayage des diverses pièces de rapport dont se compose cette paire de châles sont alors coupés sur l'endroit et l'envers du tissu.

Le très-noble Mirza-Ahad demande maintenant qu'on établisse un châle long unique (ferdi douchâli), c'est-à-dire sans pair, et non comme ceux dont il est question dans le paragraphe ci-dessus, sur un seul métier, et sans aucune rentrayure dans le corps du châle.

C'est pour cet objet que les syndics-experts du corps des fabricants de châles longs ont été convoqués ; et, après s'être consultés, tout bien pesé et considéré, ils déclarent que, si l'on établit un tel châle sur deux métiers (ou dans deux ateliers), il faut que la chaîne et les fils soient d'une qualité très-supérieure à ce qu'on emploie dans la confection des châles ordinaires (marchandise de bazar) (mâli bâzâri); et que, dans un tel ouvrage, les dessins et le mélange des couleurs soient, en tout point, d'une rare perfection.

Dans ces conditions, un châle long, sans couture, exigerait un travail de trois années ; mais, pendant cet intervalle, il y aurait à craindre, pour la chaîne en laine, l'évent, l'altération des couleurs et la piqûre des vers, circonstances qui ne permettraient pas d'opérer le tissage.

Le prix d'un châle de qualité marchande (mâli bâzâri) fabriqué sur douze métiers, et qui demanderait six à sept mois de travail, coûterait, selon la beauté de l'ouvrage, de 1,200 à 2,000 roupies (1), monnaie courante de Cachemire (entre 2,400 fr. et 4,000 fr. à peu près).

Tels sont les renseignements que nous pouvons soumettre à S. T. (Mirza-Ahad).

Maintenant, d'un commun accord entre lesdits fabricants, il est convenu que, si des ordres supérieurs sont donnés, l'établissement des châles longs (dou-chalé) dans les meilleurs ateliers se fera sur le pied suivant :

Un grand châle

1	2
A quatre grandes palmes (pellè) sur quatre métiers (tchibas dukan) avec la tête de la large bordure.	Le milieu avec la large bordure (dawr), les dentelures (kenkourè) et la petite bordure extérieure (hachüè) sur deux métiers.
(Seri danwr.)	(Dou dukan.)
Sur six métiers.	

En un mot, dans le milieu d'un châle unique, c'est-à-dire sans pair (châli fèrd), il y a toujours deux coutures, et c'est l'affaire des rentrayeurs, (rufoughèran) qui font ce travail d'assemblage

(1) La roupie courante de Cachemire vaut à peu près 2 fr.

avec une te..e perfec.. ., qu'il est impossible de s'en apercevoir.

Dans ces conditions, un châle long exigerait un travail de douze mois complets, nuit et jour. On attendra les ordres de S. T. pour mettre la main à l'œuvre.

Un carré à palmes (djâldâr) fond uni (sade) à large bordure ou encadrement (dawr), s'établit sur quatre métiers, selon l'antique usage. D'après la demande de S. T., les fabricants de Rou Mâl se sont engagés à établir un carré sur un seul métier, et cela exigerait à peu près onze mois entiers de travail.

Les syndics-experts de la corporation des fabricants de châles dans la province de Cachemire.

Ici sont apposés neuf cachets de ces experts, en guise de signature, et, au-dessous, il est écrit :

Visé par le cheïkk Djelaluddin Monkim.

Pour traduction fidèle à l'original, écrit en langue persane,

Le premier secrétaire interprète du roi,

P. LL. LL. OO.

Signé JOUANNIN.

Paris, 21 décembre 1838.

La conclusion naturelle à tirer du rapport original que vous venez d'entendre, ainsi que de nos propres expériences, c'est qu'il n'y a d'avenir à espérer chez nous, po.. .e châle époulliné, qu'autant qu'on parviendra, à l'aide de la mécanique, à simplifier le travail, et, par exemple, à passer plusieurs époullins ou fuseaux à la fois. Cette espérance, nous pouvons la concevoir en présence des résultats produits par le nouveau battant-brocheur de MM. Meynier et Godmard. Nos fabricants de châles pourront peut-être un jour, en perfectionnant cet ingénieux mécanisme, l'appliquer avec succès à leur industrie.

Laissant donc de côté la distinction des châles par la nature du travail, nous les admettons tous comme étant tissés et brochés au lancé, et prenant en principale considération la matière employée, nous les diviserons en :

Châles de Paris ;

Châles de Lyon ;

Châles de Nîmes.

Nous dirons un mot des châles qu'on fabrique aujourd'hui à Reims, qui ne nous ont pas paru se produire en assez grande quatité, depuis assez longtemps, ni d'une manière assez exclusive pour mériter une classification à part.

La fabrique de Paris exploite trois sortes de châles, genre et imitation de cachemire.

1° Le cachemire pur, dont la chaîne et toutes les matières tissées et lancées sont en duvet de cachemire. La majeure partie présente une dimension de 180 à 195 centimètres carrés. Les prix varient de

220 à 500 francs. Le nombre de couleurs employées est rarement au-dessous de huit; il est ordinairement de dix à onze, et s'élève quelquefois jusqu'à quatorze et quinze.

On fait aussi des châles longs en cachemire pur : il y a quelques années, c'était la grandeur la plus usitée, et le châle carré n'était que l'exception; aujourd'hui, c'est l'inverse : ainsi le veut la mode, au moins pour le moment. Le châle long doit avoir de 150 à 160 centimètres de large sur 360 à 380 centimètres de longueur. Le prix s'en établit entre 300 et 700 francs. Ce n'est que par une exception rare que ce dernier prix est dépassé; il flotte le plus généralement entre 3 et 500 francs.

2° Le châle indou cachemire, qui se fabrique avec les mêmes matières que le cachemire pur, à l'exception de la chaîne, qui est en soie fantaisie, retorse à deux bouts. Pour obtenir encore une réduction sur le prix de revient, on économise une ou deux couleurs; on peut alors établir ce châle de 180 à 220 francs.

3° Le châle indou laine, dont la chaîne est la même que celle de l'indou cachemire, mais dont la trame et le lancé sont en laine plus ou moins fine.

Ce genre ne réclame pas ordinairement plus de six couleurs; quelques fabricants fort intelligents sont parvenus, par d'habiles combinaisons, à faire des châles à trois couleurs, non compris le fond, qui produisent beaucoup d'effet, et qu'ils ont pu livrer à 45 et 50 francs, en 180 centimètres carrés. Ils n'emploient qu'une mécanique Jacquart de six cents à douze cents crochets pour des comptes de chaîne de cent vingt à cent quarante portées de quarante fils.

Le châle indou à quatre ou cinq couleurs se monte en cent cinquante ou cent soixante portées, et réclame deux mécaniques Jacquart. Les prix se règlent entre 75 et 130 francs : lorsque le châle a 195 centimètres carrés, il peut s'élever à 150 et 170 francs.

C'est l'article de la plus grande consommation du châle parisien ; on peut l'évaluer annuelle.ent à la somme de 12 à 15 millions.

La fabrique de Lyon, en laissant à Paris le cachemire pur, lui dispute l'exploitation du cachemire indou pure laine, et elle le fait souvent avec succès. Elle emploie dans le tramé et le lancé une laine fine et douce qui rivalise, pour la souplesse du toucher, avec le cachemire. Elle vend ses châles carrés de 80 à 150 francs ; ses châles longs, suivant leur beauté, vont jusqu'à 450 francs. Cette fabrication a pris, depuis quelques années, une assez grande extension.

Au-dessous de l'indou arrive le châle-tibet, c'est-à-dire le châle fabriqué avec des matières mélangées de laine et de bourre de soie. Ce châle, comme les précédents, se fait en 6/4 carré, ou en

2 aunes et demie de long sur 1 et quart de large :
suivant le nombre de couleurs et la finesse des matières employées, les carrés se vendent de 35 à
80 francs, les longs de 60 à 150 francs. Cette fabrication est de beaucoup la plus considérable ; quant
aux dessins et aux qualités, elle se conforme aux
exigences de la consommation, soit intérieure, soit
extérieure, et peut se mettre à la portée des plus
petites fortunes.

Enfin, nous mentionnerons, pour ordre, le châle
tissé, chaîne et trame en bourre de soie, long ou
carré. Ce châle a été longtemps l'objet unique de
toute la fabrication lyonnaise ; aujourd'hui cette fabrication est bien réduite, et elle a été presque
entièrement remplacée par le châle-tibet.

Lyon fabrique, en outre, une grande variété de
châles fantaisie carrés pour l'été, en cachemire, en
laine douce, en tibet, en laine et soie damasquinée
et en soie pure de différentes étoffes et armures qu'il
est impossible d'énumérer en détail, et dont il sait,
avec son habileté ordinaire, orner les fonds de dessins légers et du meilleur goût.

On compte à Lyon environ quatre mille métiers
de châles occupant chacun trois personnes : tous ne
battent pas constamment ; un quart environ éprouve
un chômage obligé par le changement d'articles, le
montage et autres causes.

Le châle broché de Lyon, qui, jusqu'à ces dernières années, ne s'exportait que pour l'Allmagne, la Russie, la Hollande et l'Angleterre, vient de trouver, par la modicité de ses prix, un immense débouché dans l'Amérique du Nord, surtout depuis 1838 : tout fait espérer qu'il s'accroîtra encore.

La fabrique de Nîmes met toute son industrie à imiter les dispositions en vogue à Paris ou à Lyon ; elle n'emploie que des chaines de fantaisie retorses, pour fabriquer deux sortes de châles, imitation cachemire, qui sont :

1° Le châle indou laine, à l'instar de celui de Paris. Bien qu'éloignée des usines de filature de laine, elle ne parvient pas moins, par son économie dans la main-d'œuvre, son intelligence de la fabrication, à soutenir la concurrence, et à trouver un large débouché sur les marchés intérieurs et extérieurs.

Quelques fabricants même, en s'appliquant à produire du bon et du beau, ont prouvé, par leurs châles envoyés au concours, que Nîmes pouvait faire autre chose que du bon marché, et ne craignait pas la comparaison des fabriques rivales.

2° Le châle indou, dit châle de Nîmes. Réduction dans le compte du tissu, économie dans les matières et dans les couleurs, diminution des dimensions, tout est mis en œuvre dans ce genre pour atteindre la dernière limite du bon marché. Nous avons examiné avec surprise, dans les salles de l'exposition, un châle de 135 centim. carrés, broché, imitation de cachemire, produisant beaucoup d'effet, qui était coté 14 francs, et, cependant, nous avons acquis la certitude que ce prix donnait à l'ouvrier un bon salaire, et laissait au fabricant un bénéfice de 15 pour 100. Nous avons vu une grande quantité d'autres châles se faisant distinguer par un peu plus de richesse dans les dessins ou dans les nuances, ou par une meilleure confection, cotés 17, 18, jusqu'à 25 francs.

Aucune fabrique ne paraît avoir mieux rempli le problème économique que celle de Nîmes; aussi a-t-elle un débouché très-considérable de ses produits à l'étranger.

Bien que la fabrication des châles à Reims ne date que de trois ans, elle a pris pourtant, depuis cette époque, un assez grand développement pour qu'il ne soit pas possible de ne pas le constater. On a commencé par tisser des châles tartans à carreaux écossais ou à filets; on est arrivé ensuite aux châles kabyles brochés à bouquets ou à dessins courants; on les a successivement ornés de bordures, de coins, de rosaces, etc.; aujourd'hui on essaye quelques châles en laine douce imitant le châle-laine de Paris.

La fabrique de Reims, la première, a monté ses châles sur des chaînes simples, ce qui lui a permis d'en réduire les prix, et de les établir pour les tartans 6/4 carrés de 8 à 12 francs, pour les kabyles de 14 à 25 francs, suivant la richesse des dessins.

Il nous reste à signaler les perfectionnements que l'industrie des châles présente depuis la dernière exposition. Il y a progrès incontestable, le tissu est plus régulier, les dessins sont de plus en plus riches, et le prix, en général, a baissé. Quelques fabricants se sont proposé de mettre le châle indou laine à la portée du plus grand nombre, et ils y ont réussi, ainsi que nous l'avons dit plus haut. On a pu se procurer un châle 6/4 carré, d'un excellent travail, imitant le cachemire à 50 et 55 francs. A qui attribuer le mérite de ces améliorations? Un peu à tout le monde : le filateur de laine produit mieux et à meilleur marché; le teinturier est devenu plus sûr de ses procédés et plus exact dans ses nuances; le fabricant, le contre-maître, l'ouvrier lui-même ont acquis, par une plus longue pratique, une intelligence plus profonde des procédés de fabrication et des ressources que peut offrir la machine à la Jacquart à l'aide d'ingénieuses combinaisons. Il y a déjà longtemps, et cela déjà a été constaté par le rapport du jury de 1834, que le dessin d'un châle n'est lu qu'au quart, et que ce quart est répété trois fois pour produire le dessin entier. Eh bien, un jeune fabricant, en faisant des dessins spéciaux et qui se répètent en sens inverse, est parvenu à ne lire que le tiers ou le quart du dessin, sans qu'à l'œil la répé-

tition des formes se fasse sentir. Chaque carton revient sur lui-même pour permettre de lancer deux
passés de couleur de la course du dessin. Un de nos
plus habiles fabricants annonce avoir trouvé le
moyen de faire marcher trois fois, au lieu de deux,
le carton de la lecture Jacquart, et d'obtenir, par
ce nouveau travail, un tissu plus fin, en économisant
un tiers de la lecture pour la composition du dessin.
Nous avons admiré un châle établi par ce système :
c'est ainsi que chacun à l'envi pousse le char de
l'industrie dans la voie de progrès qu'il parcourt.
Il n'est point de fabrication aussi compliquée que
celle du châle-cachemire, et, en même temps, il n'en
est point qui subisse plus nécessairement les caprices
de la mode : il faut, chaque jour, de nouveaux efforts
pour les satisfaire. Ce ne sont plus des dessins simples, des bouquets ou palmes qu'on reproduit ; ce
sont des compositions d'ensemble, où figurent des
hommes, des animaux, des paysages entiers. Pour
rendre de pareils sujets, les moyens connus seraient insuffisants, s'ils n'étaient employés par les
mains les plus habiles. L'imagination est effrayée
quand elle apprend qu'il a fallu plus de cent un mille
cartons pour le grand et beau châle de M. Gaussen,
et cependant le dessin n'est lu qu'au quart, et qu'un
nombre à peu près égal a été exigé pour un châle de
MM. Gagnon et Culhat, qui était lu et écrit en carte
sur toute sa dimension, le dessin ne se répétant pas.

CHALES DE PARIS.

RAPPELS DE MÉDAILLES D'OR.

M. GIRARD, à Chevreuse (Seine-et-Oise).

Médaille d'argent en 1827.

Médaille d'or en 1834.

Ce fabricant poursuit avec une constance digne d'éloges la fabrication du châle époulliné. Il réussit parfaitement dans cette imitation du travail indien : il surpasse même ses modèles par la régularité du tissu et l'éclat des couleurs. S'il n'a pas encore complétement résolu le problème économique de cette fabrication, il s'y consacre du moins avec une persévérance infatigable ; et les succès qu'il a déjà obtenus peuvent lui en faire espérer de plus importants.

Les châles qu'il a exposés ne le cèdent en rien à ceux que l'Inde nous envoie ; si l'on compare même la beauté du tissu, le nombre et la richesse des nuances, ils l'emportent sur leurs rivaux par un meilleur marché.

Le jury croit donc devoir confirmer à M. Girard la médaille d'or de 1834.

M. DENEIROUSE et cie, fabricants à Paris.

Médaille d'or 1827 et rappel en 1834.

Manufacture à Corbeil (Seine-et-Oise) et fabrique à Paris, occupant un grand nombre d'ouvriers.

Les produits de ces fabricants sont plus nombreux, et leur débouché a été annuellement plus considérable depuis la dernière exposition de 1834.

Le sieur Deneirouse, chef de cette manufacture, est un des fabricants de châles de Paris qui a le plus contribué à la perfection de cette branche d'industrie ; c'est dans son établissement qu'il poursuit avec un zèle éclairé les améliorations dans la carrière qu'il cultive avec succès.

Il a créé dans son établissement une école où les jeunes brocheurs reçoivent une éducation morale, et apprennent la lecture, l'écriture et le calcul.

Ces fabricants, en outre de l'exposition de leurs produits nombreux, ont présenté un châle d'un travail nouveau : cet ouvrage, fait seulement la première fois pour l'exposition, donne à ces fabricants l'espoir de pouvoir économiser un tiers dans la confection des dessins tels qu'ils sont composés jusqu'à ce jour.

Cette invention est de nature à faire faire de nouveaux progrès à la fabrication des châles ; c'est là un mérite que le jury se plaît toujours à distinguer.

En conséquence, il vote, au profit de ce fabricant, le rappel de la médaille d'or.

M. Gaussen aîné et c^ie, place des Victoires, 2.

Médaille d'or en 1827.

Médaille d'or rappel 1834.

Cette maison est la même qui exposa en 1834, sous la dénomination de François Gaussen ; elle s'est présentée à l'exposition de 1839 avec des produits qui ont fixé l'attention des connaisseurs et du public ; ils ont étonné autant par la hardiesse et le goût de la composition des dessins que par le fini de l'exécution.

On a admiré un châle long, blanc, appelé le nouz-rouz, et un châle vert, tous les deux d'une exécution et d'une finesse admirables.

Ces fabricants, pour donner à toutes les parties du dessin l'éclat le plus vif des couleurs, ont exécuté ces châles sur chaine rouge ; ils sont parvenus, par le procédé d'une armure qu'ils ont créée, à couvrir tellement la chaine, que bien des personnes peuvent douter que cette chaine soit d'une teinte différente du fond des châles, dont l'un est blanc et l'autre vert.

C'est un travail plus coûteux, c'est un produit nouveau, une fabrication extrafine qui établit une grande démarcation avec les châles généralement fabriqués jusqu'à ce jour.

Les débouchés de cette maison sont considérablement accrus depuis 1834. Ces fabricants ont, depuis cette époque, tenté dans les États-Unis de l'Amérique l'exploitation du châle pur cachemire ; ils ont de bonnes relations avec l'Angleterre.

Le jury central signale de nouveau l'intelligence de ces fabricants, et les trouve d'autant plus dignes du rappel de la médaille d'or qu'ils ont méritée en 1827 et 1834.

M. F. HÉBERT et c^ie, à Paris, rue du Mail, 13.

Médaille d'or en 1834.

Ce fabricant, l'un des plus profondément versés dans la science de la fabrication, a présenté les châles de bon goût tels qu'il les livre journellement au commerce : ils sont bien supérieurs en exécution à ceux qu'il exposa en 1834 ; il poursuit avec zèle la bonne production qui lui conserve un débouché assuré, et que la consommation accueille toujours avec confiance.

C'est ce fabricant qui a encouragé de ses deniers, et a pratiqué le premier les deux découvertes les plus importantes de la fabrication des châles : 1° la mécanique Jacquart, mécanisme à retour inventé par un nommé Rostaing ;

2° le papier pointé briqueté, de l'invention du sieur Eck, alors dessinateur dudit F. Hébert.

Le mécanisme à retour et le papier pointé ont fait faire tous les progrès des châles français, depuis que ces procédés ont été connus.

Le jury de 1839 donne avec satisfaction à ce fabricant le rappel de la médaille d'or.

MÉDAILLES D'OR.

M. Jean-Louis ARNOULD, fabricant à Paris, rue des Fossés-Montmartre, n° 7.

Médaille d'argent en 1834.

Ce fabricant a présenté plusieurs châles d'une exécution superfine, attestant ses soins persévérants dans la perfection ; il atteint bien le but qu'il se propose, de reproduire fidèlement l'imitation du châle-cachemire de l'Inde.

Ses produits sont des plus estimés, ils doivent la vogue dont ils jouissent autant à leur goût et à leur bonne exécution qu'aux prix favorables auxquels ils sont livrés au commerce. Le public a admiré un châle long entièrement dessiné et colorié d'après une esquisse au trait noir envoyée par le général Allard au service du roi de Lahor.

Ce fabricant, par le développement qu'il a donné à son industrie, par les perfections qu'il a atteintes, par l'élan que son exemple imprime à la fabrication, a justifié les espérances du jury central de 1834, et a droit à la médaille d'or qui lui avait été offerte en perspective, pour prix de ses efforts et de ses succès.

M. FORTIER, à Paris, rue Neuve-Saint-Eustache, n° 36.

Nous signalons ce fabricant comme un de ces hommes

qui méritent bien de leur pays, par l'impulsion qu'ils savent donner à l'industrie et par l'heureuse influence qu'ils exercent sur elle.

Le premier il a réussi à mettre le châle indou à la portée du plus grand nombre, en diminuant la quantité des couleurs sans nuire sensiblement à l'effet. C'est par une entente parfaite de la fabrication, par une combinaison très-intelligente des nuances, qu'il obtient ce résultat ; aussi peut-il établir, de 50 à 55 francs, des châles dont le prix, avant lui, ne tombait pas au-dessous de 100 à 120 francs. Son exemple a été imité par toute la fabrique, et a beaucoup agrandi ses débouchés.

M. Fortier a continué à fabriquer aussi des châles riches de 150 à 200 francs, dans lesquels il fait preuve de goût et d'habileté.

Il est l'inventeur d'une nouvelle forme de châles, qu'il appelle *palatin*, qui figure dans son exposition, et qu'il a la confiance de voir bientôt adopté par la mode.

Il expose aussi des étoffes laine et soie en grande largeur pour meubles, qui se distinguent par leur nouveauté, la hardiesse et la richesse du dessin. Dans un temps où le goût des ameublements riches se répand de plus en plus, et paraît affectionner les formes et l'éclat des couleurs du genre dit moyen âge, c'est une heureuse idée d'avoir su aller ainsi au-devant des exigences de la consommation de luxe. En considération de l'ensemble de ses produits, du mouvement industriel qu'il a communiqué à la fabrique entière, de la baisse qu'il a amenée dans les prix, le jury décerne à M. Fortier la médaille d'or.

RAPPELS DE MÉDAILLES D'ARGENT.

MM. Chambellan et Duché aîné, rue des Fossés-Montmartre, n° 8.

Médaille d'argent en 1833.

Ces fabricants soutiennent bien leur réputation ; ils produisent des châles qui leur attirent de grands débouchés. Ils fabriquent les châles cachemire pur et les châles indous.

Ils ont également exposé deux châles travaillés d'après les procédés indiens.

Ils se montrent, par leurs efforts et par leurs succès, de plus en plus dignes de la récompense qu'ils ont obtenue en 1834.

Le jury confirme leur rappel de la médaille d'argent.

MM. Legrand-Lemor, Lecaux et c^{ie}, place des Victoires, n° 2.

Ces fabricants ont présenté, à l'exposition, des châles longs et des châles carrés cachemire pur d'une très-bonne fabrication.

Ils ont aussi une fabrique assez importante de tissus en laine peignée mérinos, mousseline-laine et autres analogues.

Cette maison a obtenu la médaille d'argent en 1823 et son rappel en 1827.

Le jury croit devoir lui confirmer la même distinction.

M. Félix Tiret et c^{ie}, rue des Fossés-Montmartre, n° 19.

Médaille d'argent en 1834.

Ces fabricants ont présenté des châles indous d'une fabrication très-soignée ; ils soutiennent leur réputation de bien produire, avec goût, intelligence et bon marché.

Ils ont joint à leur industrie la fabrication de nouvelles étoffes pour les tentures d'appartements, en 180 centimètres de large, où se marient plusieurs couleurs qui produisent les effets les plus heureux. Ces étoffes, en soie et laine, ont été admirées par leur perfection et le bon goût, et ont donné une nouvelle preuve de la science de la fabrication que l'exposant possède à un degré si éminent.

Cette fabrication récente, et dont l'expérience n'a pas encore constaté le succès, n'a pas permis au jury de lui donner la récompense qu'elle paraît appelée à mériter : il n'a donc pu que rappeler à ces exposants la médaille d'argent qu'ils avaient obtenue en 1834.

MÉDAILLES D'ARGENT.

MM. Gagnon et Culhat, fabricants à Paris, rue Neuve-Saint-Eustache, n° 23.

Médaille de bronze en 1834.

Ces fabricants, qui ont su prendre un rang distingué pour la fabrication des châles indous carrés et des châles longs, qu'ils établissent à des prix favorables à la consommation, ont tenté de se frayer un nouveau débouché par la production des châles pur cachemire.

Ils ont exposé, entre autres châles, un long pur cachemire, fond vert-clair dont la disposition est un des plus riches dessins.

Nous avons distingué un châle d'un seul dessin, dont les fonds et les dispositions variés présentent à la fabrication de grandes difficultés, et offrent au consommateur l'avantage d'avoir deux châles dans un carré.

Le jury, appréciant le mérite de ces fabricants et l'élan qu'ils ont donné à l'industrie, les élève à la médaille d'argent.

M. Albert Simon et c^{ie}, rue des Fossés-Montmartre, n° 2.

Cette fabrique se distingue par plusieurs genres de produits. C'est elle qui, la première, a mis dans la consommation le châle tartan et le châle kabyle ; elle en continue la fabrication dans les belles qualités. Elle exécute les châles cachemire pur et les châles indous en belles qualités.

L'intelligence de ces fabricants, l'espoir d'obtenir des débouchés dans l'Orient, les ont déterminés à fabriquer les châles où ils ont admis l'or et l'argent dans le tissage des fleurs du dessin, à l'imitation de quelques étoffes recherchées dans ces contrées.

Ces fabricants, doués d'une grande activité et d'une grande intelligence, ont su se créer des débouchés à l'étranger.

Le jury, en considération du grand mouvement de leurs affaires et de leur fabrication intelligente et variée, leur vote la médaille d'argent.

M. Fouquet aîné, à Paris, rue des Fossés-Montmartre.

Mention honorable en 1834.

Ce fabricant a débuté, comme simple ouvrier, dans l'ancienne et respectable maison Bellangé-Dumas Décombe ; il s'est acquis une honorable position qu'il ne doit qu'à son travail.

Il a tissé le premier châle long cachemire à la tire sur chaîne soie organsin ; il a maintenant une des grandes exploitations du châle indou depuis 55 francs jusqu'à 150 francs, en 180 centimètres carrés ; il a exposé des châles longs indous, depuis 160 jusqu'à 400 francs.

Le jury se plaît à couronner par la médaille d'argent une carrière laborieuse si utilement et honorablement remplie.

M. Joseph DEBRAS, rue Neuve-Saint-Eustache , 3o.

Ce fabricant, établi depuis 1830, expose cette année pour la première fois.

Ses produits ont été remarqués par la bonne fabrication et par une économie bien raisonnée et calculée dans la conformation des dessins, qui, par un retour habilement combiné, lui économise souvent le quart ou même le tiers des cartons.

Ces améliorations sont du nombre de celles que le jury apprécie le plus par l'influence qu'elles exercent dans la fabrication en général.

L'exposant a présenté un nombre de châles carrés d'été tout laine, chaîne et trame fines, qui signalent un fabricant intelligent.

Le jury lui décerne la médaille d'argent.

RAPPELS DE MÉDAILLES DE BRONZE.

M. GOURÉ jeune, rue Neuve-Saint-Eustache, n° 28.

Médaille de bronze en 1834.

Ce fabricant a présenté des châles-cachemires et des châles indous qui attestent des progrès qu'il fait dans la fabrication.

Il a un établissement à Bohain (Aisne), et il occupe à Paris un bon nombre d'ouvriers.

Par ses voyageurs, ce fabricant place avec avantage ses produits à l'étranger et à l'intérieur.

Le jury central de 1839 lui vote le rappel de la médaille de bronze.

M. Hippolyte JUNOT, à Paris, rue Neuve-Saint-Eustache, n° 6.

Médaille de bronze en 1834.

Ce fabricant, expert dans la fabrication, a exposé des châles indous et pur cachemire d'une parfaite exécution.

Le jury central de 1839 lui accorde le rappel de la médaille de bronze.

MÉDAILLES DE BRONZE.

M. Léon BACHELOT, rue Neuve-Saint-Eustache, n° 23.

Ce fabricant, établi depuis quelques années, s'est rangé promptement au nombre des bonnes maisons produisant, par concurrence, les châles indous.

Il expose pour la première fois. Ses produits se présentent avec avantage à des prix qui attestent l'intelligence et l'économie qu'il apporte dans la fabrication. Ses châles, en 180 centimètres carrés, tout laine, commencent à 45 francs.

Le jury se plaît à distinguer ce fabricant, qui, par l'abaissement des prix, imprime un grand développement à la fabrication ; il lui donne, en conséquence, la médaille de bronze.

M. Brunet, rue Neuve-Saint-Eustache, 44.

Ce fabricant, établi depuis peu de temps, a exposé des châles indous qui soutiennent avantageusement la comparaison avec ceux des anciennes maisons pour la qualité et pour les prix.

Sa fabrication le met, dès son début, au niveau des bons fabricants.

Le jury lui décerne la médaille de bronze.

M. Bournhonet, rue des Fossés-Montmartre, 2.

Cet industriel, qui débute dans la fabrication des châles, a présenté des châles indous, et des châles-cachemires carrés et longs de très-riche disposition. Il exploite le châle indou bon marché, et espère obtenir de bons débouchés des riches dessins qu'il a fabriqués pour l'exposition.

Nous avons remarqué un châle long fabriqué en pure laine des troupeaux de Mauchamps, ainsi qu'un châle carré présentant une disposition différente dans chacun des angles.

Ces débuts ont paru au jury assez remarquables pour décerner à cet exposant la médaille de bronze.

MENTIONS HONORABLES.

MM. Sivel et Herbin, rue Neuve-Saint-Eustache, 27.

Établis depuis peu de temps, ces fabricants se sont adonnés principalement à la production des châles en pure laine fine, pour la saison de l'été; ils les ont établis à des prix fort doux. Ils exposent quelques châles indous dont l'exécution dénote que ces fabricants ont toute la capacité et l'intelligence nécessaires pour réussir dans leur industrie.

MM. Manuel et Dry, rue Neuve-Saint-Eustache, 4.

Ces fabricants, dont l'établissement date à peu près d'un an, ont exposé des châles indous dans des dispositions de dessins venant du Japon.

MM. Thouvenin et Berthois, rue Neuve-Saint-Eustache, 29.

Ces fabricants exploitent avec avantage le châle indou cachemire.

CITATIONS FAVORABLES.

M. Paul Boutineau, rue Neuve-Saint-Eustache, 52.

Pour divers produits de ce fabricant, en articles légers, brochés laine.

M. Chinard, rue de Cléry, 9.

Pour la collection variée de châles de différents genres qu'il a exposés.

CHALES DE LYON.

MÉDAILLE D'OR.

M. GRILLET aîné, fabricant à Lyon.

Médaille d'argent en 1834.

Ce fabricant était chef de la maison Grillet et Trotton, lorsqu'elle obtint la médaille d'argent en 1834 ; il est, depuis, resté seul à la tête de cet établissement.

Il a non-seulement continué son premier genre de fabrication, il en a même créé un supérieur dans sa ville. Ses confrères le reconnaissent, sans flatterie, comme sans jalousie, le rénovateur de la bonne fabrique de châles, imitation du cachemire, à Lyon.

Le public a admiré ses châles, de 180 centimètres carrés, fond vert-clair sur une chaîne chinée rouge, et les châles longs dont l'exécution soignée rappelle fidèlement celle de tous ses produits journaliers. C'est au goût de ses dessins, à la finesse et au choix des chaînes fantaisie, de ses matières, et, en général, aux soins que ce fabricant donne à toutes ses productions, qu'il doit des succès, qui pour lui sont remarquables par l'agrandissement de ses affaires.

Il exploite avec autant de bonheur, pour la saison d'été, le châle imprimé, qu'il fait exécuter d'après les dessins qu'il crée lui-même.

Le jury central se plaît à trouver M. Grillet digne de la médaille d'or qu'il lui décerne.

RAPPELS DE MÉDAILLES D'ARGENT.

M. DAMIRON, fabricant à Lyon.

Ce fabricant, depuis 1834, maintient toujours ses produits au rang des premières fabriques de la ville de Lyon ; il a considérablement accru les débouchés des bons châles dans la Belgique, l'Angleterre, la Hollande, l'Allemagne.

Le jury le trouve d'autant plus digne de la médaille d'argent, et lui en accorde le rappel.

M. BOYRIVEN-GELOT et cie, à Lyon.

Médaille d'argent en 1834.

Ces exposants ont présenté un grand assortiment de bons châles longs et carrés qui attestent de leur habileté et de leur attention pour les soins que réclame leur bonne fabrication.

Le jury leur accorde le rappel de la médaille d'argent obtenue, en 1834, par le sieur Gelot, dans la société de Gelot et Ferrière.

MÉDAILLES D'ARGENT.

MM. MORAS et DAUPHIN, fabricants à Lyon.

Ces fabricants, successeurs des sieurs Reverchon, sont entrés en lice en présentant de très-bons produits qu'ils exploitent favorablement en Russie, en Angleterre, en Allemagne, en Belgique, en Hollande.

Le jury central a remarqué un châle long dont le fond, à quatre couleurs différentes, avait des palmes parfaitement imitées du cachemire ; et quantité d'autres châles longs et carrés, très-bien fabriqués et très-bien nuancés.

Ces débuts décèlent l'intelligence et l'application des bons principes de leurs prédécesseurs.

Le jury central leur accorde une médaille d'argent.

RAPPEL DE MÉDAILLE DE BRONZE.

MM. Luquin frères, fabricants à Lyon.

Médaille de bronze en 1834.

Ces fabricants ont exposé de bons châles-tibets dans des dispositions différentes.

Le jury leur accorde le rappel de la médaille de bronze.

MÉDAILLES DE BRONZE.

MM. Bonnot et Moreau, fabricants à Lyon.

Ces exposants ont présenté, pour la première fois, leurs produits; ils fabriquent beaucoup de châles mélangés, et de châles indous laine, à des prix très-modiques.

Le jury leur accorde la médaille de bronze.

M. Ch. Pagès et cie, fabricants à Lyon.

Ces exposants se recommandent par l'étendue de leurs affaires et de leurs débouchés à l'étranger. Ils fabriquent divers genres de châles et de tissus, des mérinos indous, des tibets tramés laine.

Le jury leur accorde la médaille de bronze.

CHALES DE NIMES.

RAPPEL DE MÉDAILLE D'OR.

M. CURNIER et c^{ie}, fabricants à Nîmes (Gard).

Rappel de médaille d'or en 1834.

Cette maison, par sa réputation de produire bien et beaucoup dans les genres les plus variés, prend une large part dans les affaires que fait la ville de Nîmes.

Elle a présenté, entre autres, des châles indous laine dont la disposition et le goût ne le cèdent à aucune fabrique.

Le jury a, en outre, remarqué des étoffes de diverses couleurs, en soie et laine, brochées, et nombre d'articles nouveaux qui dénotent l'intelligence féconde de ces fabricants. Ils ont ajouté à leurs produits la fabrication des gants de soie et des mitons, dont ils ont une grande exploitation.

Le jury, voulant constater l'activité toujours croissante de ces industriels, leur accorde le rappel de la médaille d'or.

MÉDAILLE D'OR.

MM. SABRAN frères, fabricants à Nîmes.

Rappel de médaille d'or en 1823 et 1834.

A la maison ancienne, fondée par leur aïeul, continuée par Sabran père et fils, succède la maison Sabran frères, héritiers et soutiens de la réputation justement acquise de l'honorable Sabran père, qui s'était adjoint l'un des deux associés actuels.

Les sieurs Sabran frères ont exposé un nombre considérable de leurs nouveaux produits, qui attestent qu'ils sont bien en progrès ; ils ont accru notablement leurs débouchés à l'intérieur et à l'étranger.

Des dispositions toutes nouvelles en fichus, pour les deux Amériques, des châles indous, pour l'intérieur et les diverses contrées de l'Europe ou propres à la consommation espagnole ; tous les articles que cette maison fait fabriquer dénotent de grands progrès.

Ils ont présenté une pièce de foulards dont la qualité égale les meilleurs produits similaires anglais. Cette pièce, faite avec des soies du pays, est d'un prix plus modéré que celui de toute qualité que l'on pourrait opposer.

Le jury s'empresse de reconnaître que les fils Sabran, stimulés par l'exemple de leurs honorables père et aïeul, sont dignes de la nouvelle médaille d'or qu'il leur décerne.

RAPPELS DE MÉDAILLES D'ARGENT.

MM. Roux frères, fabricants à Nîmes (Gard).

Médaille d'argent en 1834.

Ces fabricants réunissent à peu près tous les genres de fabrication de châles brochés. Toutes leurs dispositions sont parfaitement entendues pour concilier l'harmonie et l'économie des couleurs avec une bonne fabrication et des prix très-modérés.

Parmi les châles brochés, ils en ont sur lesquels la chinure de leur invention est appliquée, sur le fond en guirlande, suivant le contour, l'exigence et la couleur du dessin.

Ces fabricants persévèrent dans la voie du progrès pour la fabrication du châle en bonne matière de laine et de cachemire, le jury leur accorde le rappel de la médaille d'argent.

MM. Barnouin et Bureau, fabricants à Nîmes (Gard).

Médaille d'argent en 1834.

Ces fabricants soutiennent très-bien leur réputation de producteurs de bons articles.

Ils ont présenté de très-bons châles pure laine et cachemire, sur chaîne de soie, d'une exécution et perfection qui ne laissent rien à désirer.

Si ces industriels persévèrent dans la voie du progrès qu'ils parcourent avec succès, ils acquerront des droits à de nouvelles récompenses.

Le jury de 1838 leur confirme la médaille d'argent qu'ils ont obtenue en 1834.

MÉDAILLE D'ARGENT.

MM. Jean Colondre et Prades, fabricants à Nîmes (Gard).

Mention honorable, 1834.

Ces fabricants, depuis l'exposition de 1834, ont déployé autant d'intelligence que d'activité ; ils ont donné un grand développement à leur fabrication de châles.

Leurs débouchés se sont considérablement accrus en Belgique, en Hollande ; ces contrées s'accommodent très-bien des produits de ces industriels qui savent les établir à très-bon marché.

Cette maison, par l'extension qu'elle a su donner à la

fabrication en général, par l'abaissement des prix, par l'emploi judicieux des matières, sans diminution des prix de la main-d'œuvre, par le rang qu'elle a pris dans les affaires, a droit à la médaille d'argent que lui accorde le jury central.

RAPPELS DE MÉDAILLES DE BRONZE.

MM. Bouet et Ribes fils, fabricants à Nîmes (Gard).

Médaille de bronze en 1834.

Ces fabricants ont envoyé à l'exposition des châles indous laine et des châles tibets, à des prix très-modérés qui leur assurent de bons débouchés.

Le jury central leur accorde le rappel de la médaille de bronze.

M. Ant. Conte, fabricant à Nîmes (Gard).

Médaille de bronze en 1834.

Ce fabricant a exposé des châles indous laine, châles tibets, tartans et kabyles.

Ces divers articles, exécutés avec soin, sont livrés à la consommation, à des prix très-modiques.

Le jury central lui accorde le rappel de la médaille de bronze.

MÉDAILLES DE BRONZE.

M. François Constant, fabricant à Nîmes (Gard).

Ce fabricant est établi depuis peu d'années.

Ses châles indous laine et ceux en tibet ont fixé l'attention du jury, par la composition correcte des dessins, d'un bon goût, par leur bonne exécution et par le prix modéré.

Ces trois qualités consécutives d'un bon produit dénotent l'intelligence de cet industriel.

Le jury lui décerne la médaille de bronze.

MM. Mirabaud et cie, fabricants à Nîmes (Gard).

Ces fabricants exposent, cette année, pour la première fois, des châles, imitation du châle-cachemire, remarquables par la modicité de leur prix, dans les largeurs de 1 m. 30 cent., 1 m. 60 cent., 1 m. 80 cent., depuis 17, 18 francs jusqu'à 22, 28 francs le carré, et plus élevés, suivant que ces producteurs emploient des matières teintes plus ou moins solidement.

Le jury central reconnaît que ces fabricants sont dans une voie de progrès, par la production d'articles fabriqués à bon marché, et leur accorde une médaille de bronze.

CHALES IMPRIMÉS SUR TISSUS DE SOIE PURS OU MÉLANGÉS.

MÉDAILLES D'ARGENT.

M. Louis TROUBAT et c^{ie}, à Lyon.

Ces fabricants présentent, pour la première fois, à l'exposition, les produits de leur fabrique d'impression, située à Montluel, département de l'Ain.

Ils fabriquent la majeure partie des tissus-tibets en diverses largeurs, et ils leur donnent une valeur des plus importantes, par les soins qu'ils mettent à les recouvrir, par l'impression de dessins variés et de bon goût. Leurs produits sont recherchés dans le commerce à cause de la modération de leurs prix, et ils en ont un grand débouché pour l'exportation.

L'établissement d'impression de ces industriels est, en ce moment, un des plus importants, par le nombre d'ouvriers qu'ils emploient, et par les produits qu'ils livrent à la consommation.

En 1830, ils imprimaient 16,500 fichus.

En 1834, 37,000 fichus; chaque année, ils ont favorisé les débouchés par la baisse des prix.

En 1839, ils ont fabriqué 84,000 fichus imprimés.

Le jury central, reconnaissant l'importance de l'établissement du sieur Louis Troubat et c^{ie}, leur décerne la médaille d'argent.

MM. COUMERT-CARRETON et CHARDONNAUD, à Nîmes.

Ont exposé des châles indous brodés à bouquets, des

châles 5/4, 6/4 et 7/4, fond tibet, imprimés de divers dessins, et des châles 5/4 coton, imprimés, fonds à fleurs et fonds rosaces. Tous leurs produits joignent, au mérite du bon marché, celui d'une bonne exécution, aussi soignée que le comportent leurs bas prix. Ils établissent des châles 4/4 coton, imprimés, à 22 francs la douzaine, et des 5/4, à 29 francs, dont ils ont un grand débouché pour la campagne et l'étranger.

MM. Coumert Carreton et Chardonnaud ont obtenu, en 1834, la médaille de bronze. Les progrès croissants de leur fabrique, depuis la dernière exposition, déterminent le jury à leur décerner la médaille d'argent.

MÉDAILLE DE BRONZE.

MM. JARRIN et TROTTON, à Lyon.

Ces fabricants de tissus-tibets ont exposé des châles imprimés. Le jury central a remarqué, dans leur exposition, un châle long tibet, imprimé, à grandes palmes et galerie, et d'autres articles confectionnés avec soin.

En considération de la perfection et du bon goût des produits de MM. Jarrin et Trotton, le jury leur décerne une médaille de bronze.

MENTION HONORABLE.

M. PLANTIER, à Lyon.

Cet exposant a produit des châles en bourre de soie et en coton, de diverses largeurs, imprimés, à fonds unis, semés ou à rosaces, remarquables par le dessin, l'éclat des couleurs et leur bonne fabrication.

Le jury décerne une mention honorable à M. Plantier.

DEUXIÈME PARTIE.

SOIES ET SOIERIES.

—

PREMIÈRE SECTION.

SOIES GRÉGES ET OUVRÉES.

M. Meynard, rapporteur.

Considérations générales.

L'industrie de la soie se divise en deux branches :
l'une comprend les procédés relatifs à la production
et à la préparation des matières premières, telles
que l'éducation des vers à soie, le tirage des cocons,
la filature des déchets, bourres et frisons, le moulinage des soies, etc. ; l'autre embrasse toute la manutention et la fabrication des étoffes. Nous dirons
quelques mots sur la première partie.

Il est, en France, peu d'industries susceptibles
de plus grandes améliorations que la main-d'œuvre
de cette matière première ; quoique pratiqués chez
nous depuis deux siècles, les procédés sont très-im-
parfaits, non que cette imperfection soit générale,
absolue, mais l'esprit de routine est si profondé-

ment enraciné chez les fermiers et les petits propriétaires, aux mains de qui est confiée l'éducation
des vers à soie, qu'il a résisté jusqu'à présent aux
plus heureuses innovations, et le temps seul pourra
les faire adopter.

Nous regrettons que l'appel fait par le jury de
1834 aux filateurs et mouliniers n'ait pas été entendu par eux : à peine quelques échantillons de
trame et d'organsin figurent dans les salles d'exposition ; les grèges, quoique plus abondantes, ne s'y
trouvent pas en quantité suffisante pour représenter
toutes les qualités que récolte la France ; sur nos
quatorze départements séricicoles, à peine figurent
quelques filatures de la Drôme et du Gard, et l'on
aurait de la peine à se persuader que ces paquets
épars çà et là représentent une production territoriale de plus de cent millions de francs, se méta-
morphosant en tissus de toute espèce que la main-
d'œuvre élève à une valeur de 200 millions au
moins, et donnant lieu, avec les matières analogues
que nous retirons de l'étranger, à une exportation
excédant 120 millions.

Il est heureux cependant d'avoir à opposer à
cette blâmable indifférence l'empressement de quelques départements nouveaux qui s'imposent les
plus honorables sacrifices pour introduire la culture
du mûrier dans leur territoire, et prendre rang
parmi les départements producteurs de soie ; ceux

de la Charente, de l'Allier, de la Vienne, de Seine-et-Marne ont exposé des échantillons de grége et fourni par eux la preuve que presque tout le sol français est favorable à la culture du mûrier; aussi est-ce par centaines de mille que s'opèrent, depuis quelques années, les plantations de mûriers, tant dans les départements méridionaux que dans ceux du centre et du nord de la France.

Les partisans de cette riche production cherchent, par les plus louables efforts, à perfectionner l'éducation des vers et la filature des soies; c'est un vaste champ ouvert à l'expérimentation; déjà des écoles sont ouvertes, et plus d'une invention utile a signalé leurs travaux; nous citerons la division des vers par le temps de leur éclosion, le détirement par les filets, la distribution mécanique de la feuille, les claies mobiles, l'assainissement des magnaneries par la ventilation, procédés ingénieux autant qu'utiles qui vont se répandre dans les départements méridionaux avec les améliorations que l'expérience opérera encore; leur influence doit produire d'immenses résultats, et nous ne craignons pas d'affirmer que, si les méthodes vicieuses disparaissaient pour faire place à un système régulier d'éducation, la récolte des cocons, même avec les mûriers existants, serait suffisante pour remplir le déficit qui existe entre la production nationale et la consommation de nos fabriques, déficit qui, année moyenne, ne s'élève pas à une valeur moindre de 45 millions de francs.

Le tirage des cocons ainsi que le moulinage des soies ont acquis, depuis 1834, des perfectionnements sensibles; des procédés nouveaux pour la fixité des croisures, la disparition des mariages des fils, la régularité des brins se propagent dans nos contrées séricicoles; bientôt, il faut l'espérer, ces soies, plus perfectionnées feront disparaître ces fagoteries, produits de filatures isolées et imparfaites qui font le désespoir de nos ouvriers, et finiraient par amener l'infériorité du tissage de nos étoffes.

Nous avons déjà dit que les organsins et les trames manquaient à l'exposition; ce défaut de zèle chez les principaux mouliniers de l'Ardèche, de la Drôme et de Vaucluse nous surprend, car cette branche a reçu aussi quelques améliorations et en appelle de plus grandes encore. Nous regrettons que le métier inventé par le sieur Guillini ne se trouve pas parmi les belles et nombreuses machines qu'on admire dans ce bazar national; nous avons pu cependant le voir et l'examiner chez son inventeur. Par une seule opération, il file le cocon, double et tord la soie, et forme des capiures à tours comptés avec une régularité admirable; nous ne serions même pas étonnés que le mode de filature pratiqué par ce métier fût plus favorable que l'ancien au développement du cocon, et produisît une économie dans le rendement ; si, à la pratique, les espérances que ce métier fait concevoir se réalisent, ce sera une révolution salutaire dans la main-d'œuvre de cette riche matière.

Nous devons citer également les métiers-modèles de MM. Christian frères, établis à Argenteuil, près Paris ; ils peuvent indistinctement mouliner la trame, l'organsin, le poil et la grenadine ; d'après leurs procédés, le tirage des cocons s'opère en donnant un premier apprêt à la soie.

La fabrication des dérivés des déchets de soie, tels que les fantaisies et les fleurets, a fait des progrès assez considérables ; nous les décrirons dans les articles consacrés aux divers exposants.

RAPPELS DE MÉDAILLES D'OR.

MM. Chartron père et fils, à Saint-Vallier et à Saint-Donat (Drôme).

Leur manufacture embrasse l'universalité des opérations qui constituent la manutention de la soie, depuis le tirage des cocons jusqu'à la confection des tissus ; concentrés dans des établissements créés par eux, tous les travaux s'accomplissent avec une perfection qui ne laisse rien à désirer : MM. Chartron fabriquent principalement les capes, et leurs produits jouissent d'une grande réputation justement méritée. Cette supériorité est due à la perfection

des matières premières qu'ils emploient et qu'ils confectionnent eux-mêmes dans leurs ateliers.

Leur fabrication est établie sur une échelle fort étendue,
puisqu'elle consomme annuellement 12,000 kil. de soie.

Le jury leur confirme la médaille d'or qu'ils ont obtenue
en 1834.

M. TEYSSIER-DUCROS, à Valleraugue (Gard).

Sa filature de soie acquiert, chaque année, une perfection
nouvelle due aux soins continuels et aux nombreuses
expériences auxquels se livre M. Teyssier-Ducros. En faisant parcourir au fil de soie un plus long espace entre la
bassine et l'asple, il évite les collures, qui occasionnent
toujours un plus grand déchet au dévidage. Ses soies se
maintiennent à un grand degré de netteté, de régularité
et de pureté de couleurs. Il a exposé des échantillons filés
depuis 3 jusqu'à 32 cocons; l'uniformité du titre, dans cette
dernière qualité, est d'une difficulté extrême, et cependant
cette difficulté nous a paru heureusement vaincue. Le jury
lui confirme la médaille d'or de 1834.

MM. LIOUD et cie, à Annonay (Ardèche).

Nous leur devons des éloges pour la sincérité de leur
exposition. MM. Lioud et cie ont très-bien compris que
les produits exposés ne devaient pas être confectionnés dans
ce but, mais qu'ils devaient représenter fidèlement le travail de leurs ateliers. Ainsi ils ont soumis à l'appréciation
du jury des trames blanches en 9/10 cocons, filées avec
extrême, d'une grande délicatesse de blancheur,
e titre de 10 cocons ne permet pas d'atteindre
à la fraîcheur de celles qui auraient été filées à

3 ou 4 cocons; car la couleur des soies blanches est d'autant plus pure que le titre en est plus fin.

Ces trames, qu'Annonay seul a le privilége de fournir, doivent donner 45/48, et sont appelées à satisfaire à la consommation des fabricants de blondes ou dentelles de soie de Paris, Caen, etc.

Le mérite principal de cette nature de soie, à peu près unique en Europe, est de recevoir en écru, parfaitement et sans se veiner, les teintes délicates et légèrement azurées qu'on donne aux trames blanches avant de les employer à la confection des blondes; aussi leur prix de vente est sans analogie avec le cours des autres qualités.

Le jury décerne à MM. Lioud et c^{ie} le rappel de la médaille d'or qui lui fut donnée en 1834.

MÉDAILLES D'OR.

MM. Langevin et c^{ie}, à la Ferté-Aleps (Seine-et-Oise).

L'établissement de MM. Langevin et c^{ie} est une importation de l'industrie anglaise dont la nôtre s'est enrichie : ils mettent en œuvre le déchet des soies fait au moulinage, ce qu'on appelle bourre de soie; leurs machines et leurs procédés ont toute la perfection des analogues d'outremer, et leurs produits les rivalisent avec avantage par leur finesse et leur régularité.

Les filés dits *fantaisies* de MM. Langevin et c^{ie} s'emploient à un ou plusieurs bouts; ils servent au tissage de différentes étoffes mélangées de soies ou de laines, mais principalement à la confection des châles-tibets, dont la souplesse et la durée rivalisent ou l'emportent sur les plus beaux cachemires.

Cette fabrique est une conquête précieuse pour l'industrie française, et rien ne peut la lui enlever, puisque la France récolte la matière première qui l'alimente.

Ces fantaisies reçoivent, dans l'établissement de la Ferté-Aleps, toutes les préparations que comporte une matière première; la bourre de soie y est décruée, cardée, peignée, filée, doublée et retordue à différents titres et avec divers apprêts; ils sont parvenus à produire les fils les plus fins et à leur donner toute la ténacité nécessaire à la fabrication la plus délicate.

Leur production excède 12,000 kil.; cette quantité serait de beaucoup insuffisante à la consommation intérieure, si les filés anglais n'arrivaient en concurrence sur notre marché. Nous avons la confiance que de nouveaux perfectionnements, dus à l'intelligence des propriétaires de ce bel établissement, leur permettront d'abaisser leur tarif, et leur assureront bientôt une supériorité légitime sur leurs rivaux, tant pour le bon marché du prix que pour la beauté des produits.

Le jury décerne la médaille d'or à MM. Langevin et c[ie].

M. Camille BEAUVAIS, aux Bergeries (Seine-et-Oise).

L'industrie des vers à soie doit à M. Beauvais des améliorations incontestables; elle en attend encore de nouvelles de son application et de son expérience. Nous l'avons déjà dit, l'éducation de ce précieux insecte est en proie, dans les provinces méridionales, à l'incurie et à la routine des propriétaires et des fermiers; aussi la moyenne de la production n'excède pas 35 kil. de cocons pour 1,000 kil.

de feuille ; la récolte des bergeries s'est élevée jusqu'à 90 kil. : c'est l'éloge le plus complet qu'il soit possible de faire du système suivi par cet habile éducateur.

Non-seulement il a débarrassé l'éducation séricicole des traditionnelles erreurs répandues dans les départements producteurs, mais il leur a substitué des procédés rationnels, simples, économiques. Dans ses ateliers, une partie de la main-d'œuvre est aujourd'hui remplacée par des moyens méthodiques qui ne laissent aucune prise à l'erreur ou à l'arbitraire. La fixité et la salubrité de la température sont assurées par l'emploi d'un appareil de chauffage et de ventilation auquel il a donné toute l'énergie convenable ; l'appropriation des filets au défilement, la fréquence de l'alimentation, la préparation des feuilles dans le premier âge des vers, la mise en bruyère par des ramées symétriques, tout est chez lui simplement, méthodiquement organisé, et la propagation de ces procédés sera un bienfait immense pour les départements méridionaux surtout, appelés qu'ils sont à en recueillir un avantage immédiat, à cause des mûriers existants. Le Nord pourra en profiter plus tard, lorsque ses plantations de mûriers auront pris un développement suffisant pour que ses récoltes soyeuses puissent être comptées pour quelque chose dans la production nationale.

Depuis plusieurs années, M. Camille Beauvais a fondé aux Bergeries un cours gratuit qui, cette année, est suivi par plus de 150 élèves ; déjà plusieurs disciples sortis de cette savante école dirigent des établissements-modèles et propagent les bonnes méthodes dans les départements séricicoles. Les conseils généraux s'empressent d'envoyer à la ferme-expérimentale, comme à une école normale, des jeunes gens qui viendront ensuite reporter dans leur patrie le mouvement régénérateur dont ils reçoivent l'exemple et le précepte.

M. Camille Beauvais a composé un traité sur la taille des mûriers.

Les deux paquets de soie blanche qu'il a exposés sont de la récolte de 1839 : netteté, régularité, couleur, font de ces échantillons une matière parfaite. On remarque aussi, dans son exposition, des cocons blancs dont les chrysalides ont été éteintes par un air chaud de 70 degrés ; les jaunes ont été desséchés sous une température de 30 degrés seulement et sous l'influence d'une énergique ventilation. Ce mode peut offrir des avantages sur le fournoiement, et c'est au tirage qu'on pourra s'en convaincre. Nous attendons l'expérience pour formuler un jugement.

M. Camille Beauvais avait obtenu la médaille d'argent en 1834 ; le jury s'empresse de lui décerner une médaille d'or.

M. Louis CHAMBON, à Alais (Gard).

Ce n'est pas seulement comme filateur et moulinier que M. Chambon a fixé l'attention du jury, quoique les soies grèges et ouvrées qu'il a présentées à l'exposition renferment les variétés les plus perfectionnées dont cette riche production est susceptible. Ses grèges en 3/4, 4/5, 5/6, 6/7 cocons, jaunes et blanches ; ses ovalées à 2, 3 et 4 bouts pour blondes et nouveautés ; ses grenadines pour tulles, fabriquées avec les plus belles soies de 11/12 deniers, sont d'une pureté remarquable ; elles joignent l'élasticité du fil à la régularité du brin, et nous les plaçons à un des premiers rangs de la production française. Mais M. Chambon a d'autres titres à la justice du jury : il a enrichi l'industrie de la soie de plusieurs inventions utiles ; elle lui doit un appareil destiné à éviter les mariages des bouts à la sortie de la bassine, appareil pour lequel il a été breveté en 1834. Cet appareil est aujourd'hui très-répandu, et beaucoup de filateurs l'ont adopté comme supérieur aux autres modes en usage. Il a aussi fait des essais pour perfectionner les capiures ou la mise en écheveaux ; il a cherché à produire une grande économie dans la main-d'œuvre, en opérant, par une seule manutention, la filature, le dévidage et le doublage des soies. Ces tentatives sont soumises à l'épreuve de l'expérience dans ses ateliers, et nous espérons que le succès couronnera ses efforts.

Cette branche de notre industrie est susceptible des plus grandes améliorations, car (et il est pénible de le dire), depuis l'immortel Vaucanson, les procédés pour le tirage et le moulinage des soies n'ont reçu d'autre perfectionnement matériel que l'application de la vapeur ; aussi, en ce qui touche les mécaniques employées à l'ouvraison des grèges, l'Angleterre nous a dépassé depuis longtemps.

Le jury décerne la médaille d'or à M. Louis Chambon.

RAPPELS DE MÉDAILLES D'ARGENT.

M. EYMIEUX, à Saillans (Drôme).

La fabrication des frisons, ou débris des cocons, leur doit l'invention des presses à peigner ce déchet ainsi que les bourres de soie.

Leur brevet date de 1816.

Depuis cette époque, ces exposants ont appliqué divers perfectionnements ingénieux à la cardaison de ces matières ; leurs produits sont principalement destinés aux tissus de chapeaux de soie. Ils ont exposé des fils de différentes qualités. Leur n° 120 est d'une belle fabrication et justifie les efforts que M. Eymieux fait constamment pour améliorer sa filature, dont la bonté est attestée par l'augmentation progressive de ses ateliers, qui emploient aujourd'hui plus de 1,000 ouvriers. Le prix de leurs filés varie de 4 fr. 25 c. à 24 fr. 50 c. le kil.

Le jury lui confirme avec empressement la médaille d'argent qu'il a reçue à la dernière exposition.

MM. Barral frères, à Crest (Drôme).

Ils ont mérité l'approbation du jury par le perfectionnement qu'ils continuent d'apporter à la filature et au moulinage de leurs soies : les organsins qu'ils ont exposés sont un modèle de bonne ouvraison ; ils sont destinés au tissage des satins. MM. Barral frères ont pris rang parmi les bons mouliniers de France, et le jury leur confirme la médaille d'argent.

MÉDAILLES D'ARGENT.

M. DELARBRE-AIGOIN, à Ganges (Hérault).

Nous regrettons que les échantillons de grèges, envoyés par les Cévennes, pays le plus fécond et le plus perfectionné de tous nos cantons séricicoles, ne répondent pas à l'importance des récoltes de ces contrées privilégiées. La ville de Ganges et ses environs sont, sans contredit, le périmètre où la nature du sol, la qualité des eaux et l'habileté des fileurs favorisent le plus heureusement la production des soies ; nulle part ces avantages ne se trouvent réunis à un plus haut degré ; aussi leurs produits ont des emplois spéciaux ; ils ne trouvent pas de rivaux, et se vendent habituellement, à égalité de titre, 10 et même 15 pour 100 plus cher que les brins similaires des autres départements ; ces soies ont le double mérite d'être à la fois fines et nerveuses, élastiques et tenaces ; qualités qui leur assurent la préférence sur celles de l'Ardèche et du Dauphiné, qui ont, à leur tour, l'avantage de la légèreté sur celles des Cévennes.

M. Delarbre-Aigoin exploite un établissement fort considérable, qui produit annuellement 5,000 kilogrammes de filature et 10,000 kilogrammes d'ouvraison ; leurs organsins sont ouvrés avec soin, et jouissent d'une réputation justement méritée ; leur marque est au premier rang sur les marchés de consommation, et si leur exemple était généralement suivi, le moulinage français n'aurait rien à redouter de la concurrence du Piémont.

Le jury décerne la médaille d'argent à M. Delarbre-Aigoin.

M. Ernest FAURE, à Saillans (Drôme).

La grège exposée par M. Faure est bien filée ; avec une semblable matière, il est facile de produire des organsins recherchés par les fabricants les plus exigeants. M. Faure a adopté la double tavelle pour la croisure de ses soies. Ses organsins nous ont paru d'un apprêt un peu faible, ce qu'on doit attribuer, sans doute, à leur destination, le tissage des satins.

L'établissement de M. Faure est digne d'intérêt ; ses produits sont très recommandables, et nous ne doutons pas qu'il ne parvienne à les perfectionner encore. Il régardera comme un honorable encouragement la médaille d'argent que lui décerne le jury.

MM. CARRIÈRE et REIDON, à Saint-André-de-Valborgne (Gard).

La filature de ces exposants est une des plus considérables des Cévennes ; leurs grèges ne se recommandent pas par l'éclat de la blancheur, qualité qui se rencontre rarement dans les soies de ces contrées ; mais elles sont à bouts noués et sans mariages, ce qui diminue considérablement leur déchet à l'ouvraison ; elles se classent parmi les soies de luxe, et s'emploient à fil simple dans les fabriques de Paris, pour le tissage des étoffes mélangées de laines ; ces soies ne trouvent pas de similaires en Europe.

Le jury décerne la médaille d'argent à MM. Carrière et Reidon.

RAPPEL DE MÉDAILLE DE BRONZE.

MM. NOYER frères, à Dieu-le-Fit (Drôme).

Leurs organsins pour satin jouissent d'une réputation méritée. Leur fabrique, qui date de 1825, fut récompensée d'une médaille de bronze en 1834. Le zèle et l'aptitude de ces exposants permettent d'espérer que le moulinage leur sera redevable de nouveaux progrès.

Dieu-le-Fit fabrique aussi des trames très-réputées ; il est à regretter qu'aucun échantillon n'ait été envoyé à cette exposition.

Le jury confirme à MM. Noyer frères la médaille de bronze.

MÉDAILLES DE BRONZE.

M. ALEXANDRE, à Lyon (Rhône).

M. Alexandre a établi à Villeurbanne, près Lyon, une filature composée de dix bassines chauffées à la vapeur; quelques collures que nous avons remarquées sur les deux flottes soumises à l'inspection du jury semblent annoncer que son aération est insuffisante; ce défaut peut aussi être le résultat de la trop forte épaisseur des écheveaux.

Les échantillons de M. Alexandre sont traités avec une remarquable perfection; il est à désirer qu'une semblable production acquière du développement; la beauté de la matière nous fait regretter qu'il se soit borné à un essai.

Le jury lui décerne une médaille de bronze.

M. CORNUD, à Montélimart (Drôme).

C'est pour la première fois que M. Cornud envoie ses produits à l'exposition, quoique son établissement soit un des plus anciens de la localité. Montélimart possède des filatures très-soignées; et nous regrettons qu'avec une matière première aussi perfectionnée que leurs voisins de l'Ardèche, les mouliniers de la Drôme, à quelques exceptions près, ne produisent pas des organsins sublimes, à l'exemple de ceux de la rive doite du Rhône.

M. Cornud semble animé d'une louable émulation par l'examen attentif des manteaux d'organsin qu'il a soumis au jury; il lui donne la médaille de bronze.

MM. FABREGNE-NOURRY et NOURRY frères, maison centrale de Nîmes (Gard).

Ils se présentent avec la double manutention du peignage et du tissage des déchets de soie et de la laine.

Cette maison a, sur ses concurrents, l'avantage du bon marché de la main-d'œuvre; elle occupe six cents prisonniers.

Elle a exposé des fantaisies de costes et frisons du prix de 13 f. 50 c. le k. la deuxième qualité, et 15 f. la première qualité; ainsi que des bourrettes, étoffes grossières, tissées avec des cardettes ou débris des bassines; ces tissus se donnent à 60 c. l'aune. Cette fabrique et celle d'Embrun absorbent la presque généralité des déchets de soie des départements voisins.

Leurs différents produits, proportionnés au nombre des ouvriers employés, sont bien confectionnés et s'écoulent à bon marché.

Le jury décerne à ces exposants la médaille de bronze.

M. Pradier, à Annonay (Ardèche),

A exposé un échantillon de grége blanche, sans mariage et filée à huit cocons. Cette soie est remarquable par sa blancheur. Nous ne pouvons qu'encourager M. Pradier à donner de l'extension à une fabrication aussi distinguée ; nous eussions désiré qu'il eût fixé le jury sur son importance.

Il lui décerne la médaille de bronze.

MM. Millet et Robinet, à Poitiers (Vienne).
Madame Millet, à la Cataudière, près Châtellerault (Vienne).

De simples échantillons représentant une production de 21 k. de soie ont été envoyés par ces exposants. Leur mérite est incontestable : l'éclat du blanc le dispute aux soies des Bergeries et d'Annonay, et la filature nous a paru très-soignée ; cet essai est digne d'encouragement.

MM. Millet et Robinet ont entrepris de porter l'industrie séricicole dans le département de la Vienne ; ils y ont établi une magnanerie-modèle ; ils ont cherché à répandre la connaissance des nouveaux procédés par des écrits pleins de faits et d'observations.

M. Robinet a, de plus, exposé un sérimètre ou instrument destiné à faire connaître la ténacité et l'élasticité de la soie.

C'est une heureuse idée, mais son application ne paraît pas remplir parfaitement le but que s'est proposé M. Robinet, s'il veut apprécier la ductilité de la soie en opérant sur un fil simple. La formation de la soie ne s'opère pas avec une régularité toujours constante ; le brin diminue de force à mesure que le cocon se dépouille ; et si le sérimètre agit sur une longueur de fil où le jet d'un cocon ajouté se sera opéré, le fil cassera inévitablement, et cependant il pourra se faire que la soie ne manque ni de nerf, ni d'élasticité.

Pour obvier à cet inconvénient, il conviendrait de donner plus de force au mécanisme du sérimètre, et d'opérer sur une capture de trame d'organsin ou de grège, d'un nombre de tours convenu ; l'action serait moins grande, sans doute, mais l'appréciation serait beaucoup plus exacte.

Le jury décerne la médaille de bronze à MM. Robinet et Millet.

M. DUMAINE, à Tournon (Ardèche).

Filature à la vapeur, une des plus importantes de cette localité. La soie de cet exposant est remarquable par sa légèreté, qualité recherchée pour la fabrication des crêpes.

Titre de 8/9 en gréges, 19/20 en organsin. Les soies du Dauphiné et de la Drôme ont reçu de grands perfectionnements depuis quelques années ; et bientôt elles n'auront rien à redouter de la concurrence des premières qualités des gréges de Milan et de Briance.

Le jury décerne à M. Dumaine la médaille de bronze.

MENTIONS HONORABLES.

M. GERIN fils, à Valence-(Drôme).

Les gréges en 4 et 6 cocons de M. Gérin fils ne manquent pas de mérite ; sa filature, en activité depuis quatre ans seulement, marche au moyen des nouveaux procédés ; ses organsins sont assez bien traités, et le jury se plait à mentionner honorablement l'établissement de cet exposant.

M. GUÉNARD, à Saint-Yrieix (Charente).

Le jury de 1834 avait déjà fait un rapport favorable sur les soies de cet exposant. Elles sont récoltées dans ses propriétés. M. Guénard propage dans la Charente la plantation des mûriers ; il parviendra, sans doute, avec le temps, à des résultats plus importants.

M. MARAVAL Isidore, à Lavaur (Tarn).

Soie grége, blanche, filée à six cocons ; belle couleur, bonne croisure, brin net et nerveux. La filature de M. Maraval se distingue de celles de Lavaur par une supériorité incontestable ; seulement le pliage en est disgracieux ; les paquets sont trop courts, et le guindrage trop raccourci, ce qui nuit au dévidage. Cette observation s'applique à toutes les soies de Lavaur.

Le jury mentionne favorablement la soie de cet exposant.

M. Pelle, à Soissons (Aisne).

Soie blanche, d'une couleur éclatante, déjà mentionnée favorablement en 1834.

M. Mercier, à Montpellier (Hérault).

Grége de 6₁7 cocons, bien filée et nette; c'est un progrès pour cette localité.

M. Planel, à Saillans (Drôme).

Fantaisies de frisons et cardettes, assez bien traitées. Nous regrettons que ce manufacturier n'ait envoyé aucune notice, ni produit aucun renseignement pour faire connaître l'importance de son établissement.

M. Jean-André, à Villeneuve, près la Rochelle.

Flottes blanches et cocons. Cet essai est digne d'encouragement; la couleur est d'un éclat éblouissant, et peut le disputer aux plus belles soies.

M. Barot, au petit Bourg (Guadeloupe).

M. Barot a envoyé cent deux flottes soie grége, jaune, récoltées et filées à la Guadeloupe; leur titre est de 5₁6 cocons; la netteté du brin, l'éclat de la couleur se trouvent réunis à la beauté de la matière; cependant la nature de la soie est lourde, le titre est irrégulier, et la croisure est très-faible; elle a été filée par une ouvrière peu habituée à cette manutention; il sera facile de remédier à cet inconvénient; mais l'inspection de cette pacotille donne la certitude que le territoire de la Guadeloupe est propice à la production séricicole, et le gouvernement fera une chose utile à la fabrique française d'y favoriser la propagation de cette riche matière.

ANONYME.

Échantillon de soie grége filée à la Martinique. Échantillon informe, fort inférieur au précédent, sans couleur; cette soie égale à peine les chiques de France.

CITATIONS.

M. CORBIÈRE-VILLALONGUE, à Perpignan (Pyrénées-Orientales).

Soies blanches 5,6 cocons, dont les cocons proviennent de graines fournies par M. Camille Beauvais, et sont filés par des ouvrières formées par M. Corbière.

M. RIVIÈRE (Jean-Pierre),
MM. FAURÉ frères et RIVIÈRE,
MM. JAN frères et SEPET,
MM. LAGASSE (A.) et MULINIER,
MM. RASSIE et DONADILLE,
M. RIVALS (Armand).
} de Lavaur (Tarn).

Échantillons soie blanche à différents titres.

Ces soies, qui pourraient être bonnes, n'ont pas assez de nerf et de netteté: quelques échantillons, et surtout celui du sieur Rivals, ne pourraient supporter le dévidage. La nature des cocons de ces contrées ne se prête pas à la confection des soies fines ; ces filateurs travailleront plus utilement pour leurs intérêts en donnant la préférence aux brins de 7,8 et 8,9 cocons.

M. Boullenois, à Valenton (Seine-et-Oise).

Échantillon blanc, filé aux Bergeries.

M. le colonel comte de Francheville, à Vannes (Bretagne).

Une flotte soie blanche.

M. le maire Ametot, à la Mivoye, près Montargis (Loiret).

Soie blanche d'une belle qualité.

M. de Tillancourt, à Soissons (Aisne).

Cocons et soie blanche provenant de graines de la Chine. La couleur a perdu en partie son éclat.

M. Tallard, à Moulins (Allier).

Cocons et soie jaune et blanche.

M. Mirial Scipion, à Anduze (Gard).

Échantillons de fantaisie peignée suivant un procédé de son invention et pour lequel il est en instance de brevet.

M. Gaymard Émile, à Grenoble (Isère).

Échantillon de grége.

M. Cournier, à Saint-Romans, près Saint-Marcellin (Isère).

Organsin d'un nouveau moulin à soie, établi par l'exposant.

M. RATIER, à Jay (Seine-et-Marne).

Une flotte blanche.

M. le général comte DE POTIER, à Lancy, près Montargis (Loiret).

Échantillon de soie blanche.

Mlle SOMMIER, à Dijon (Côte-d'Or).

Échantillon de grége et costes peignées.

M. FOURNIER, à May (Seine-et-Marne).

Soie récoltée dans ses propriétés.

M. TOURZEL, à Arras.

Échantillon de soie jaune.

M. AUGÉ, à Perpignan (Pyrénées-Orientales).

Flottillons de soie de différents titres.

SOIES A COUDRE ET CORDONNETS DE SOIE.

MÉDAILLES D'ARGENT.

M. HAMELIN, à Paris.

A exposé des soies à coudre et à broder, et des soies à l'usage de la passementerie. Tous ses produits se font distinguer par la pureté et l'éclat des couleurs, et par leur parfaite confection.

M. Hamelin a monté, en 1829, un établissement aux Andelys, département de l'Eure. La soie y est dévidée, doublée et torse, et ensuite confectionnée pour être livrée au commerce.

Jusqu'en 1834, M. Hamelin a employé soixante ouvriers; les machines étaient mues par deux manéges, l'un à bras, et l'autre par un cheval; depuis lors il a fait construire une pompe à feu de quatre chevaux, et le nombre des ouvriers a été porté à cent soixante; ils sont tous du pays, et ont été formés par lui. C'est le seul établissement en France où il se fabrique autant de sortes de soies.

Cette fabrique est assez importante; elle emploie, à peu près, 1,000 kil. de soies gréges de diverses sortes par mois, et elle a un grand débouché en France, en Belgique, en Hollande et en Allemagne.

M. Hamelin a reçu, en 1834, une médaille de bronze; ses efforts et ses succès méritent aujourd'hui une médaille d'argent que le jury lui décerne.

MM. Bruguière et Boucciran, à Nîmes,.

Ont exposé des soies à coudre pour divers emplois dans des couleurs variées. Ils présentent un échantillon de belles soies gréges qui reçoivent, dans leurs ateliers, les préparations nécessaires à la fabrication de leurs divers genres de soies. Leurs produits sont d'une grande perfection, et ils en ont une grande consommation pour l'Amérique, en concurrence avec Naples. Cette industrie à Nîmes leur doit une partie de ses progrès.

MM. Bruguière et Boucoiran ont obtenu, en 1834, une médaille de bronze, sous la raison Boucoiran et Bruguière.

Le jury se plaît à reconnaître qu'ils sont dignes de la médaille d'argent qu'il leur décerne.

RAPPEL DE MÉDAILLE DE BRONZE.

M. CHARDIN, à Paris,

A exposé des soies à coudre, des soies mi-torses pour la broderie, des cordonnets pour bourses, des cordonnets pour lignes dites anglaises, qu'il vend pour l'Amérique, en concurrence avec les Anglais; des cordonnets à coudre en bobines, destinés pour la Nouvelle-Orléans, et des soies noires, d'un noir bleu qu'il vend pour l'Amérique, en concurrence avec Naples.

Il fait confectionner ces différentes sortes de soies à Neuilly-en-Telle, département de l'Oise, et dans les environs. Il existe, depuis fort longtemps, dans ce village des ouvriers en soie qui travaillent journellement pour les marchands de soie de Paris.

M. Chardin emploie des soies du Levant pour la majeure partie de sa fabrication. Il fournit les manufactures royales, et sa maison jouit d'une bonne réputation pour le grand assortiment de ses divers produits, qui se font remarquer pour leur bonne confection.

M. Chardin a reçu, en 1834, la médaille de bronze; le jury la lui confirme.

MÉDAILLE DE BRONZE.

MM. ROUVIÈRE frères, à Nîmes,

Ont exposé des soies à coudre de diverses couleurs, de nuances bien pures et d'une parfaite confection, pouvant aller en concurrence avec celles des fabriques de Paris.

Cet établissement, qui date de 1837, est situé au château de Caveirac, à deux lieues de Nîmes. Il se compose de sept moulins pour les filages et les ouvraisons. La fabrique est mise en mouvement par une machine à vapeur de la force de quatre chevaux, pour les diverses préparations des soies, la confection des soies à coudre, et l'ouvraison de celles destinées à des articles spéciaux.

Le jury accorde à MM. Rouvière frères une médaille de bronze.

—————◆—————

DEUXIÈME SECTION.

TISSUS EN SOIE.

MM. Carez et Petit, rapporteurs.

Considérations générales.

L'industrie qui met la soie en œuvre est une des plus intéressantes et aussi des plus importantes du royaume; la ville de Lyon marche à la tête, et son courage semble grandir avec les difficultés et la concurrence. Depuis l'exposition de 1834, Lyon n'a rien négligé pour conserver sa prééminence sur toutes les fabriques de soieries du monde commercial; le succès a couronné ses efforts; et, aujourd'hui encore, sa supériorité est incontestée pour la richesse, le bon goût et la variété de ses produits;

l'étranger lui rend hommage en cherchant à copier ou plutôt à imiter ses étoffes partout recherchées, partout préférées; c'est toujours à Lyon qu'on s'adresse, lorsqu'on veut meubler un palais ou une maison opulente, lorsqu'on veut avoir de riches étoffes brochées ou façonnées, de beaux tissus unis, et ces nouveautés que le génie inépuisable de ses fabricants renouvelle à chaque saison.

En 1809, à l'époque la plus prospère de l'Empire, le nombre des métiers, à Lyon, était de 12,000; ce nombre n'avait jamais été dépassé dans les temps antérieurs. La paix de 1814 a ouvert de nouveaux débouchés, et de 1815 à 1830 on a compté de 15 à 27,000 métiers; depuis 1830, leur nombre a encore augmenté, et, aujourd'hui, on calcule que la fabrique occupe, dans la ville même, 31,000 métiers, et 9,000 dans la campagne. Nous ne prétendons pas dire qu'ils soient constamment occupés; à Lyon, les métiers ne sont pas généralement la propriété des fabricants, ils appartiennent en très-grande partie aux chefs d'ateliers, et il y a nécessairement, à certaines époques, des moments de chômage. La crise financière des États-Unis d'Amérique survenue au commencement de 1837, et dont les conséquences se font encore sentir, a porté un coup funeste à l'industrie lyonnaise; mais elle l'a supporté avec courage, et elle travaille à réparer ses pertes en cherchant de nouveaux débouchés.

La somme moyenne de ces exportations en tissus de soie, pendant chacune des cinq dernières années, est d'environ. . . . . . 80,000,000 fr.

En y ajoutant, pour les rubans. 30,000,000

On arrive au chiffre énorme de. 110,000,000

Et dans cette somme n'est pas comprise la valeur des tissus mélangés de soie, de la bonneterie, ae la passementerie, des soies à coudre, et d'une quantité d'articles de mode divers. La fabrique de soieries donne donc, à la France, de puissants moyens d'échange pour aller nous approvisionner, dans toutes les parties du monde, des matières premières nécessaires à d'autres industries, et des denrées que réclament, ou nos besoins, ou nos habitudes. Dans leur intérêt personnel, comme dans l'intérêt national, nous devons engager les fabricants lyonnais à persévérer dans leurs efforts pour maintenir l'exportation de leurs produits au chiffre auquel ils sont parvenus à l'élever; les peuples ne sont riches qu'autant qu'ils trouvent, dans la culture de leur sol et dans leur industrie, des moyens d'échanges suffisants pour payer tout ce qu'ils reçoivent de l'étranger.

Si la ville de Lyon reste sans rivale pour les étoffes de luxe et pour la nouveauté, il n'en est pas de même pour les tissus unis légers : en Suisse, en Prusse, en Italie, se sont élevées des fabriques nombreuses et importantes; le prix du travail y est moins élevé, par conséquent l'étoffe revient moins cher ; il en résulte que les étrangers trouvent plus avantageux d'acheter ailleurs ces tissus unis légers qu'il achetaient précédemment en France. Les fabricants de Lyon sont dignes, par leurs talents, par leur énergie et par leur intelligence commerciale, de surmonter ces difficultés ; abaisser le prix de la façon, à Lyon, n'est pas chose possible ; il faut que l'ouvrier puisse nourrir et élever sa famille avec le salaire attaché à son travail, et tout est cher au centre des grandes populations. Plusieurs fabricants ont transporté dans les campagnes le tissage des étoffes unies légères, destinées en partie au commerce d'exportation ; d'autres fabricants ont tenté de tisser la soie avec des métiers mécaniques, et d'échapper par ce moyen aux conséquences du haut prix de la main-d'œuvre en France, comparativement à l'étranger. Si nous regrettons de n'avoir pas vu figurer à l'exposition les produits de ces métiers, si nous ne pouvons pas décerner, aux fabricants qui n'ont pas craint de placer de grands capitaux dans ces utiles entreprises, les récompenses qu'ils ont pu mériter, nous nous plaisons à mentionner leurs efforts et à les encourager.

La fabrique de Lyon n'a pas exposé ses tissus-peluche pour la chapellerie, article devenu d'une très-grande importance et pour la fabrication duquel elle doit chercher à exceller, comme elle excelle

pour tant d'autres ; nous regrettons de n'avoir pas
été appelés à constater ses progrès.

La fabrication du velours a beaucoup augmenté
dans ces dernières années, et elle est susceptible
d'augmenter encore. Il y a peu de temps, on ne faisait que des velours étroits ; aujourd'hui on fait des
velours de 180 centimètres de large, et cette grande
largeur a donné au velours un emploi auquel il ne
pouvait pas s'adapter en petite largeur.

Lyon a produit, dans le cours de ces dernières
années, des étoffes rayées remarquables par la modicité du prix ; la consommation en a été très-considérable ; le jury regrette de n'avoir pas trouvé ces
tissus à l'exposition ; le mérite du fabricant n'est
pas seulement dans la création des articles riches,
il y a souvent plus de difficultés à vaincre pour établir à bas prix un article qui plaise à la consommation, et c'est, de plus, un service rendu aux fortunes
moyennes.

Les Lyonnais ont aussi présenté, à la vente, des
étoffes de soie imprimées sur chaîne par des procédés nouveaux ; cet article a été accueilli avec faveur
par le public : c'est une nouveauté précieuse en ce
qu'elle offre toutes les ressources, et conséquemment toutes les variétés de l'impression.

L'invention du battant-brocheur a déjà eu des
résultats heureux pour la fabrication des étoffes de
soie brochées. Cet ingénieux mécanisme permet

d'établir, avec une économie notable, des articles dont le prix trop élevé par les anciens procédés limitait la consommation : le battant-brocheur, que l'usage perfectionnera sans doute, est appelé à rendre de grands services à l'industrie.

C'est par ces utiles créations, par ces inventions précieuses, que les Lyonnais sont parvenus à augmenter, depuis plusieurs années, le nombre de leurs métiers et la masse de leurs affaires, malgré la concurrence étrangère qui est venue leur enlever la fabrication de quelques tissus unis légers.

Nous nous empressons de reconnaître dans les Lyonnais une grande énergie de caractère; c'est dans les crises qu'ils retrempent leur courage, et alors qu'on pourrait les croire arrêtés par les difficultés les plus graves, on les voit tout à coup étonner leurs concurrents par des innovations ou des découvertes qui consolident leur supériorité et leur assurent des débouchés nouveaux.

La ville d'Avignon, qui continue à s'occuper de la fabrication des florences et de la marceline, n'a pas exposé cette année. Un des plus honorables fabricants de l'Alsace, M. Kœchlin, dont on est sûr de trouver le nom à la tête de toutes les entreprises utiles, s'est joint à MM. Thomas frères pour monter un tissage mécanique ; il est permis d'espérer les plus heureux résultats de la réunion des talents de ces deux habiles fabricants.

Nîmes a commencé à fabriquer quelques étoffes de soie rayées pour robes, et s'occupe toujours des tissus pour foulards et pour cravates; ces essais en foulards garancés sont assez heureux pour l'encourager à continuer cet article, qui trouverait de grands débouchés en France pour la consommation intérieure, si les fabricants pouvaient parvenir à le produire aussi bon et à des prix aussi bas que les étrangers.

RUBANS DE SOIE.

La fabrication des rubans de soie, en France, a une très-grande importance; Saint-Étienne et Saint-Chamond sont les deux villes qui exploitent cette belle industrie, et elles ont une supériorité incontestée sur toutes les fabriques étrangères pour la richesse et le bon goût; il en est des rubans comme des étoffes de soie, c'est en France qu'on fabrique les beaux articles, qu'on crée la nouveauté chaque saison, et les étrangers ne peuvent que nous imiter.

Saint-Étienne et Saint-Chamond éprouvent cependant, comme Lyon, les effets de la concurrence étrangère pour les articles d'une fabrication facile; la différence sur le prix de la main-d'œuvre est cause que la Suisse produit certaines qualités de rubans à plus bas prix; il est digne de l'habileté des fabricants français de surmonter ces difficultés, et ils y parviendront lorsqu'ils voudront les attaquer sérieusement.

Une fabrication qui donne un mouvement annuel de 30,000,000 d'exportations est précieuse pour la France; elle a des droits aux plus hautes récompenses.

Nulle autre fabrique n'exporte une plus forte proportion de ses produits, nulle autre ne laisse ses concurrents étrangers à une aussi grande distance de la perfection de ses produits.

---

§ 1er. SOIERIES DE LYON.

RAPPELS DE MÉDAILLES D'OR.

M. BERNA-SABRAN, de Lyon.

Les produits présentés par ce fabricant offrent un assortiment d'étoffes de soie trame laine et de laine trame soie pour robes et pour manteaux, des châles fond grenadine brochés laine et fond tibet brochés laine, et des châles riches tout soie destinés pour l'exportation.

On remarque, dans son exposition, des damasquinés soie et laine façonnés, des robes châlis satinés façonnés ainsi que des brodés, des étoffes mandarines façonnées soie et coton qui s'exportent par quantités pour l'Amérique à cause de leur bas prix; des châles tartans damassés, des châles-tibets indous brochés, des brodés et des imprimés;

on remarque aussi des châles brésiliens brochés laine, et des châles de Lahor brochés cachemire qui sont d'un effet très-agréable. Il est le créateur de tous ces différents articles, qui ont un égal succès et qui donnent beaucoup d'impulsion à l'industrie lyonnaise. Il a aussi exposé des châles satin brochés, destinés à la consommation de Paris. Tous ces objets ne laissent rien à désirer sous le rapport du bon goût et de leur parfaite exécution.

L'établissement de M. Berna-Sabran est situé à la Sauvagère, près de l'île Barbe, commune de Saint-Rambert, près Lyon. Il est très-recommandable tant par son importance dans la fabrication des tissus qu'à raison des divers articles qu'il réunit : le lissage des dessins, la préparation des matières premières, le tissage de ces matières, le découpage et l'apprêt des étoffes, s'opèrent dans ce grand établissement ; il renferme deux cents métiers garnis de mécaniques à la Jacquart, qui occupent trois à quatre cents ouvriers. M. Berna-Sabran a, en outre, soixante à quatre-vingts métiers dans les environs de sa manufacture. Il a aussi, à Tarare, sous la direction d'un contre-maître, cent métiers au moins dont plusieurs à la Jacquart. Il emploie principalement le tibet, matière dont il est le créateur et qui résulte d'un mélange de bourre de soie et de laine. Ce fil est devenu classique pour la consommation générale. Cette maison fait plus d'un million et demi d'affaires, et les débouchés de ses produits sont : la France, la Russie, l'Angleterre, et la majeure partie pour l'Amérique.

Par tous les services qu'il rend à l'industrie, M. Berna-Sabran se montre de plus en plus digne de la médaille d'or qu'il a reçue en 1837 ;

Le jury la lui confirme.

MM. Ollat et Desvernay, de Lyon.

Ces fabricants, qui inventent des étoffes nouvelles toutes les saisons, ont exposé un très-bel assortiment de fichus, colliers, cravates, écharpes et châles de soie 6/4, variés de dessin d'un bel effet; des étoffes brochées sur satin; gros de Tours, serge-foulard et brocart. Des velours de Mecklembourg composés de soie et de coton, qui offrent la souplesse de la peau et présentent une qualité mixte entre le velours de Lyon et la peluche; des fourrures de soie imitant la panthère, la martre et l'hermine. Cet article s'exporte en grande quantité pour l'Amérique du Sud et du Nord. On remarque, parmi leurs produits, un tissu de Smyrne, composé de soie et de poil de chèvre, qui donne des plis onduleux à reflet brillant pouvant le disputer à la soie. Ce tissu offre, en outre, plus de soutien que les mousselines-laine et ne se chiffonne pas aussi facilement.

Cette maison, établie depuis 1818, donne une grande impulsion, à Lyon, aux articles de nouveautés, par l'heureuse fécondité du génie inventif de ses chefs, et elle occupe le premier rang parmi les fabricants de cette ville pour le bon goût et la perfection de ses produits. Elle occupe journellement deux cents métiers donnant du travail à trois cent cinquante ouvriers environ.

La médaille d'or qu'elle a obtenue en 1827 lui fut rappelée en 1834; le jury la lui confirme.

M. Yemeniz, de Lyon,

A exposé des pous-de-soie bosselés or, des velours coloriés, ciselés, des lampas, des brocarts et des brocatelles. Tous ces objets, destinés pour ameublements et ornements d'église, sont parfaitement exécutés, d'une grande beauté, de l'effet le plus riche, et surtout remarquables par la précision des dessins et la perfection avec laquelle les nuances sont fondues. Une grande partie de ses produits sont destinés pour la France et l'Orient.

M. Yemeniz, l'un des fabricants les plus distingués de Lyon, a obtenu la médaille d'or en 1819 comme associé de la maison Séguin père et fils et Yemeniz ; elle lui a été rappelée en 1827 sous la raison Séguin et Yemeniz. Depuis plusieurs années, il gère seul cette ancienne maison. La perfection de ses produits prouve qu'il est toujours digne de la distinction du premier ordre. Le jury lui confirme la médaille d'or.

MM. Grand frères, de Lyon,

Ont exposé de magnifiques étoffes pour meubles et ornements d'église. Les produits qu'ils offrent, cette année, sont un assortiment de brocatelles dans tous les genres, remarquables tant par leur perfection que par un bon choix de dessins modernes dans le goût de la renaissance, des lampas d'une parfaite exécution et d'une grande beauté, des étoffes brochées nuancées et or à grande réduction représentant des fleurs naturelles d'un fini d'exécution parfaite ; des brocarts d'or riches, brochés, relevés et brochés, nuancés sur fond or pour ornements d'église, exécutés sur commande pour le roi ; un panneau de tenture de 74 pouces de largeur broché aux armes de la ville de Lyon.

On remarque surtout dans l'exposition de MM. Grand frères un velours-brocart dit velours royal broché deux ors liés et accompagnés sur fond ponceau ; un bouquet de fleurs en brocart d'or repose sur un fond satin cerise et est entouré d'un compartiment en velours ponceau à filets jaunes, dont les deux reflets rehaussent la richesse du brocart. Cette étoffe, qui est d'une exécution très-difficile, est un chef-d'œuvre de fabrication et fait beaucoup d'honneur au talent de MM. Grand frères.

La perfection de leurs étoffes leur a valu la médaille d'or en 1819 et le rappel en 1823. Leurs belles productions, en 1834, auraient obtenu une récompense de premier ordre s'ils avaient pu concourir ; mais leurs produits, présentés trop tard, n'ayant pas été examinés par le jury départemental du Rhône, ils ont été exclus du concours.

Le jury, prenant en considération les progrès que MM. Grand frères ont faits depuis 1827, leur confirme la médaille d'or.

MM. Mathevon et Bouvard, de Lyon,

Ont exposé des brocarts d'or et d'argent, des damas, des lampas et des satins brochés nuancés pour ameublements et ornements d'église. Il y a, parmi ces étoffes, un brocart d'or et d'argent, broché argent et or, remarquable par sa richesse et sa fabrication. Ils ont aussi exposé des étoffes riches pour robes et costumes des cours étrangères, un pou-de-soie gros grain, brochés à guirlandes d'argent, un pékin blanc à groupes de fleurs brochées nuancées, et un velours fond groseille broché à guirlandes d'argent exécuté au moyen d'un nouveau battant-brocheur. On remarque aussi parmi leurs produits un châle tout soie façonné quatre couleurs, d'un dessin très-riche, destiné pour l'exportation.

Tous ces objets sont bien exécutés et font beaucoup d'honneur au bon goût de MM. Mathevon et Bouvard, qui soutiennent leur belle réputation. Ils ont obtenu une médaille d'or en 1834, le jury la leur confirme.

MM. Lemire Danguin et c^ie, de Lyon,

Ont exposé des damas, des brocarts d'or et d'argent, des brocatelles et des satins liserés. Toutes ces étoffes sont d'une parfaite exécution et d'une grande richesse de dessins. On remarque surtout parmi leurs produits une étoffe 6/4 de large pour rideaux fond satin uni bleu ciel, avec une bordure d'encadrement façonnée blanche. Elle présente de grandes difficultés de fabrication à cause de sa grande largeur. Ils présentent aussi un damas sans envers, mélangé de bourre de soie, convenable pour ornements d'église, d'une belle exécution, et pouvant se donner à bas prix.

Cette maison soutient son ancienne réputation tant par la perfection de ses produits que par l'importance de ses affaires. Elle travaille particulièrement avec le Levant et les cours étrangères.

Elle a obtenu la médaille d'or en 1827, sous la raison Corderier et Lemire, et le rappel en 1834 sous la raison Lemire et compagnie. Le jury leur confirme la médaille d'or.

MÉDAILLES D'OR.

MM. Potton et Crozier, de Lyon,

Ont exposé diverses étoffes pour robes en gros de Naples, reps, satin et armures façonnées, remarquables, en général, par leur bon goût et leur belle exécution. Cette fabrique importante travaille beaucoup pour l'intérieur, l'Angleterre, l'Allemagne, la Russie et les États-Unis; elle occupe quatre à cinq cents métiers, et paye à ses ouvriers plus de 500 mille francs par an.

Cet établissement est un de ceux qui contribuent, avec le plus de soin, à soutenir la supériorité de la fabrique lyonnaise sur les marchés étrangers qui leur fournissent un large débouché.

MM. Potton et Crozier, doués d'une activité rare, se font remarquer par la variété et la perfection de leurs produits, par une intelligence de fabrication peu commune, et par une grande ardeur d'invention presque toujours couronnée de succès.

En 1834, ces fabricants ont obtenu une médaille d'argent; prenant en considération les grandes affaires et la perfection des produits de ces manufacturiers distingués, le jury, devancé par l'estime générale du commerce, leur décerne une médaille d'or.

MM. Maurier et Ant. Bernard, à Lyon.

Les satins, les moires et les velours qu'ils ont exposés sont de la plus grande beauté et d'une exécution parfaite. Leurs produits se font remarquer par le choix des matières, la perfection des tissus et le bel éclat des couleurs. Ils ont fabriqué les premiers des velours 6/4 de large; cette largeur offrait une grande difficulté dans l'exécution; depuis cette difficulté vaincue, cet article est entré dans la fabrication ordinaire, et il est d'une grande consommation depuis un an. Ils en ont exposé un échantillon en cramoisi fin, remarquable par sa grande réduction et la beauté de sa nuance.

Cette maison, l'une des plus anciennes et des plus importantes à Lyon, pour la fabrication de l'étoffe unie en première qualité, est connue depuis longtemps par la supériorité de ses produits, qui sont principalement destinés à la consommation de Paris et des grandes villes, à cause de leur belle qualité. Si le genre uni qu'explorent exclusivement les exposants est moins brillant à l'œil que le genre façonné, il offre, en réalité, plus de difficultés pour être exécuté avec perfection, et y exceller est un mérite de premier ordre, que le jury se fait un devoir de reconnaître et de récompenser, en décernant à MM. Maurier et Bernard la médaille d'or.

MM. GODEMAR et MEYNIER, de Lyon,

Ont exposé des étoffes de soie façonnées, fond satin, fond gros de Tours et fond moiré, remarquables par l'élégance et la richesse des dessins et leur bonne confection. Toutes ces étoffes sont fabriquées au moyen d'un battant à époullins brocheurs pour lequel ils ont pris un brevet. Ce procédé, très-ingénieux, de leur invention, est d'un grand intérêt pour la fabrication du façonné, parce qu'il donne les moyens de faire confectionner, à près de moitié moins de façon, les façonnés riches de plusieurs couleurs.

Les produits de cette fabrique se distinguent autant par la bonne exécution que par le bon goût.

Cette maison, dont l'industrie n'est pas moins recommandable par sa perfection que par son développement, s'est placée au premier rang des fabricants de Lyon.

Le jury aura encore occasion de parler de MM. Godemar et Meynier, lorsque sa section des machines rendra compte du battant-brocheur dont il vient d'être parlé; c'est alors qu'en réunissant l'ensemble des titres des exposants il leur sera accordé la haute récompense à laquelle ils ont droit.

RAPPELS DE MÉDAILLES D'ARGENT.

MM. DIDIER, PETIT et cie, de Lyon,

Ont exposé des étoffes pour meubles et ornements d'église, ainsi que des étoffes riches pour l'Allemagne et la Turquie. Leurs produits sont d'une exécution soignée, les nuances en sont vives et bien entendues. M. Didier-Petit emploie les ressources de son esprit entreprenant et inventif, et de sa profonde habileté dans la fabrication, à provoquer et à mettre en pratique toutes les innovations qui entretiennent la vie et le mouvement dans l'industrie lyonnaise : c'est un mérite que tout le monde se plaît à lui reconnaître.

Ces fabricants ont aussi exposé un portrait de M. Jacquart d'une grande perfection de tissu. C'est une idée fort heureuse qu'ils ont eue de reproduire son image avec l'ingénieux métier dont il est l'inventeur. Ce portrait, d'une exécution parfaite, fait grand honneur à ces habiles manufacturiers.

Nous nous plaisons à proclamer que cette maison soutient sa belle réputation et est toujours digne de la médaille d'argent qu'elle a obtenue en 1827, et dont le rappel lui a été fait en 1834 ; le jury la lui confirme.

MM. CINIER et FATIN, de Lyon,

Ont exposé des étoffes riches pour ornements d'église et pour ameublements ; des échantillons d'étoffes en dorures pour le Levant ; des satins riches brochés or pour robes de cour et gilets de bal. Tous ces objets sont d'une belle exécution et d'un bon goût. Ils ont aussi exposé des châles fond satin façonnés à grands ramages, d'une grande variété de dessins et d'une belle fabrication, dont ils ont une grande consommation pour l'étranger.

On remarque parmi leurs produits des étoffes pour ornements d'église en or mi-fin et en argent mi-fin, dont les prix très-bas sont à la portée des paroisses des petites villes et des villages; ils en ont aussi un grand débouché pour l'étranger.

Cette maison mérite de plus en plus la médaille d'argent qu'elle a obtenue en 1834 ; le jury la lui confirme.

MM. SERVANT et OGIER, de Lyon,

Ont exposé un grand assortiment d'étoffes à gilets en soie pure et soie et coton. Leurs produits sont remarquables par leur variété, leur belle fabrication, et convénables pour la grande et la moyenne consommation.

Cette maison, qui, la première, en 1830, a fabriqué cet article, a donné une grande extension à ce genre d'industrie à Lyon. Elle prend tous les jours de l'accroissement et fabrique, par année, 120,000 aunes d'étoffes, dont 40,000 en soie, et 80,000 en soie et coton, et elle en a le débouché dans l'intérieur, en Belgique, en Amérique, en Allemagne, en Italie, en Espagne et en Angleterre.

Tous les produits de ces intéressants manufacturiers prouvent qu'ils ont une connaissance parfaite du tissage et une grande fécondité d'imagination.

MM. Servant et Ogier ont acquis de nouveaux titres à la médaille d'argent qu'ils ont obtenue en 1834; le jury la leur confirme.

MM. BUREL frères, à Lyon,

Ont exposé des étoffes pour ornements d'église et pour

gilets, ainsi que des châles 6p4 en velours façonné. Leurs produits sont d'une belle exécution et généralement goûtés. Ils ont aussi exposé des châles fond satin uni en dessins riches et bien nuancés destinés pour l'exportation. On distingue surtout, dans leur exposition, un châle 6p4 velours noir, broché bleu parfaitement réussi malgré les grandes difficultés d'exécution ; il est remarquable par la grandeur et le bon goût de son dessin.

Cette maison a obtenu, en 1834, la médaille d'argent, sous la raison Burel frères et Béroujon.

Le jury la juge toujours digne de cette récompense, et la confirme à MM. Burel frères.

MÉDAILLES D'ARGENT.

MM. Arquillière et Mouron, à Lyon,

Ont exposé des étoffes de soie noires unies dites gros de Suisse, qu'ils confectionnent à des prix modérés et qui rivalisent avec avantage celles des fabriques de la Suisse, de la Prusse et de l'Italie. Ces objets ne fixent pas l'attention par leur magnificence, car ce sont de simples étoffes unies qui, au premier aspect, n'ont rien de remarquable. Ces habiles manufacturiers ont trouvé le moyen d'employer des soies qu'on ne croyait pas pouvoir tisser en France.

Ils ont exposé des lustrines imitation de Florence, article que l'étranger tire par masses des fabriques d'Italie et que les fabricants de Lyon avaient vainement cherché à imiter jusqu'à ce jour. Les acheteurs américains ont déjà donné des commandes de cet article à MM. Arquillière et Mouron, qui s'occupent à augmenter le nombre de leurs métiers : si, comme nous en avons l'espoir, ils ont surmonté toutes les difficultés de la fabrication, ils seront récompensés de leurs efforts et de leurs recherches par l'importance des débouchés qu'ils trouveront à l'étranger. On remarque parmi leurs produits une étoffe de la plus forte réduction de chaîne qu'on puisse imaginer ; ils l'appellent *cuir-soie*. Elle contient douze mille fils de chaîne dans une largeur de dix-huit pouces. Elle est tissée dans des conditions qui auraient exigé une soie du premier mérite et d'un prix élevé, tandis qu'elle est faite avec une soie de très-basse qualité qu'on ne croyait pas pouvoir employer et qui est à très-bon marché. Cette étoffe est d'une bonne exécution et à un prix modéré pour sa qualité.

Ces fabricants ont donc rendu un grand service à notre pays en ayant trouvé les moyens, par leurs découvertes, de soutenir avantageusement, dans les articles de bas prix, la concurrence des fabriques étrangères, et de procurer plus de travail aux ouvriers de Lyon.

Le jury, pour récompenser de pareils succès, décerne une médaille d'argent à MM. Arquillière et Mouron.

M. GIRARD neveu, à Lyon,

A exposé des velours unis de diverses couleurs, des étoffes pour gilets et des châles 6/4 façonnés fond satin et fond velours. Tous ces objets sont parfaitement exécutés, d'une grande beauté de dessins et d'un bon goût. Cette maison est recommandable tant par la perfection de ses produits que par l'importance de ses affaires avec l'intérieur et l'étranger.

C'est surtout à développer et à perfectionner la fabrication du velours de soie qu'elle excelle. Sa production dans ce genre est des plus importantes ; elle embrasse toutes les qualités, depuis la plus ordinaire jusqu'à la qualité extrafine. Il faut une grande habileté pour se placer sur la première ligne dans un genre que tant d'autres maisons exploitent.

Le jury ne fait que confirmer le jugement du commerce en décernant à cet exposant la médaille d'argent.

MM. RICARD et ZACHARIE, à Lyon,

Ont exposé des étoffes fond satin et fond velours pour manteaux, gilets et tabliers, et des châles 6/4 fond satin et fond velours brochés nués. Leurs étoffes sont remarquables par leur belle exécution et la beauté des dessins.

La variété, la bonne confection, le bon goût de leurs produits justifient la bonne réputation dont ils jouissent dans le commerce, et leur ont valu un grand débouché.

C'est à ces titres que le jury décerne la médaille d'argent à MM. Ricard et Zacharie, dont le talent industriel promet un grand avenir.

M. SAVOYE, à Lyon,

A exposé des velours unis de diverses couleurs, remarquables par leur grande réduction et par la pureté de leurs nuances; des satins et des moires dont l'exécution ne laisse rien à désirer. Ces étoffes font beaucoup d'honneur à M. Savoye.

A l'exposition de 1834, il a été exclu du concours, ses produits n'ayant pas été examinés par le jury départemental du Rhône.

Cette maison est recommandable par la perfection de ses belles étoffes unies, et elle en a une grande consommation tant pour la France que pour l'étranger.

L'importance de cette fabrique, autant que la beauté

toujours soutenue de ses produits, détermine le jury à décerner une médaille d'argent à M. Savoye.

MM. Eymard-Drevet et cie, à Lyon,

Ont exposé diverses étoffes façonnées pour robes, manteaux et cravates, et des étoffes poil de chèvre brochées.
Tous ces articles sont exécutés avec une extrême perfection. Les premiers, à Lyon, ils ont donné de l'extension à
l'époulliné, et ce sont leurs produits qui ont donné naissance à une infinité de battants-brocheurs. Ils ont aussi
broché des fleurs en soie sur des tissus de coton pouvant
se laver. Les châles-chenille qu'ils ont exposés sont d'une
fabrication qu'ils ont importée les premiers après l'avoir
étudiée dans les manufactures d'Écosse. Ces habiles manufacturiers rendent à l'industrie de grands services par
leurs diverses créations d'étoffes nouvelles. L'exécution
de tous leurs produits prouve une grande intelligence et
les place parmi les fabricants les plus distingués du genre
auquel ils se sont adonnés. Le jury leur décerne une médaille d'argent.

M. Victor Fournel, à Lyon.

Cette maison, qui s'est fait une réputation méritée pour
la fabrication des taffetas 15⁄16 pour meubles, vient d'in-
venter un nouveau façonné qui pourra augmenter beaucoup la consommation de ce riche article. A l'aide d'une
chaîne blanche, il orne le fond d'un dessin imitant la
broderie; la contexture du tissu est bien liée et ne peut pas
s'érailler.

Cette étoffe n'a pas d'envers, c'est un avantage pour un
rideau que le jour doit traverser et qui doit être vu souvent
des deux côtés. Jusqu'à ce jour on était obligé de doubler

tous les satins et tous les taffetas façonnés pour meubles.

Cette innovation a paru remarquable au jury non moins par le mérite de l'exécution que par les applications qu'elle peut avoir; et en considération, d'ailleurs, de la fabrique ancienne et bien renommée de l'exposant, le jury lui vote la médaille d'argent.

MM. J.-B. CHARLES et c^{ie}, à Lyon.

Ils ont été des premiers à mélanger avec la soie la laine torse rase dite cordonnet : ils en ont composé des articles à robes et à cravates qui ont eu un grand débit. Ce genre de fabrication, imité des Anglais, a rendu de grands services à la fabrication lyonnaise, dans le moment où les étoffes de soie étaient peu recherchées, et où la consommation avait besoin d'être stimulée par quelques nouveautés. Ils continuent à exploiter ces mêmes articles, et les étoffes façonnées de divers dessins qu'ils exposent prouvent qu'ils le font avec succès. Ils se sont créé des débouchés pour l'Italie et la Belgique, mais leurs placements les plus importants ont lieu dans l'intérieur de la France et à Paris.

Le jury, prenant en considération la spécialité de l'industrie des exposants, son importance et les succès qu'ils y ont obtenus, leur décerne la médaille d'argent.

MÉDAILLES DE BRONZE.

M. BOYER aîné, à Lyon,

A exposé des étoffes de soie chinées de divers dessins pour robes et pour châles. Tous ces articles, d'une exécution difficile, ont le mérite du bon goût, et jouissent d'un grand succès.

M. Boyer a déclaré que les impressions sur chaîne de ses étoffes ont été exécutées par la maison Augustin Périer et cᵢᵉ, de Vizille, qui, à l'exposition de 1834, a obtenu le rappel de la médaille d'argent qui leur avait été accordée, en 1823, pour ses belles impressions sur étoffes de soie, de laine et de tibet.

MM. Augustin Périer et cᵢᵉ, n'ayant pas exposé cette année, nous ne pouvons que reconnaître que leur impression sur chaîne des étoffes de M. Boyer sont de bon goût, d'une parfaite exécution, et qu'ils soutiennent leur ancienne réputation.

Les produits de M. Boyer aîné sont d'une belle fabrication, et donnent beaucoup d'espoir pour l'avenir.

Le jury lui décerne une médaille de bronze.

MM. VUCHER, REGNIER et PERRIER, à Lyon,

Ont exposé un grand assortiment de fichus, châles et écharpes de fantaisie, d'un fort bon goût et très-bien exécutés. On remarque dans leur exposition des châles 6⁄4 fond taffetas glacé chiné, d'un très-bel effet.

Leurs produits, qui sont à des prix modérés, et d'une grande consommation pour la France et l'étranger, tirent leur mérite d'une fabrication dirigée avec goût et intelligence.

Ces jeunes manufacturiers sont appelés à prendre un rang distingué dans l'industrie qu'ils exercent.

Le jury leur décerne une médaille de bronze.

MM. CHASTEL et RIVOIRE, à Lyon,

Présentent à l'exposition des étoffes brochées pour robes, fond gros de Naples, fond gros de Tours et fond satin. Tous ces articles sont d'une exécution soignée, et offrent une grande variété de dessins qui se font distinguer par leur bon goût et le grand éclat des couleurs. Si ces jeunes manufacturiers continuent de justifier les espérances que font naître leurs premiers succès, ils ne tarderont pas à prendre rang parmi les fabricants de façonnés les plus distingués de Lyon.

Ces premiers résultats sont dignes d'encouragement et méritent la médaille de bronze que le jury s'empresse de décerner à MM. Chastel et Rivoire.

MM. Troupel-Turs et Favre, entrepreneurs du service de la maison centrale d'Embrun (Hautes-Alpes),

Ont exposé des satins noirs, forts en soie pour gilets, et en soie et crin pour cols et pour cravates, et des serges de soie noire pour doublures. Tous ces articles sont d'une bonne fabrication et d'un prix très-modéré.

Ils ont aussi exposé des déchets de soie cardés, des laines peignées, des draps croisés et des tissus de laine et fil. La fabrication de tous ces produits mérite les éloges du jury, qui décerne la médaille de bronze à MM. Troupel-Turs et Favre.

M. Amblet, à Lyon.

L'exposant est un simple chef d'atelier qui a inventé un battant-brocheur avec lequel il a confectionné les coupons de velours broché qu'il a envoyés à l'exposition. La chambre de commerce de Lyon a apprécié le mérite de cette invention, et en récompensant pécuniairement son auteur a livré son procédé au domaine public.

Ce mécanisme économise à la fois la main-d'œuvre, et permet d'employer des matières fort chères dans le broché, et dont on ne pouvait pas se servir jusqu'à ce jour par la perte inutile pour l'effet, qui entraîne le travail ordinaire du lancé.

Le battant-brocheur est appelé à produire les plus heureux résultats sur l'industrie de la soie, aussi a-t-il été l'objet des recherches des esprits les plus avancés dans l'art de la fabrication.

Le jury décerne à M. Amblet la médaille de bronze.

MENTIONS HONORABLES.

M. GROSBOZ, à Lyon,

A exposé des étoffes pour ameublements et ornements d'église, ainsi que des étoffes fond satin broché pour robes.

Le tissage de ces articles est très-bien exécuté, et les dessins sont d'un effet très-agréable.

Le jury décerne une mention honorable à M. Grosboz.

M. LAMBERT-FRANCHEL et cⁱᵉ, à Lyon,

Ont exposé des étoffes de soie façonnées pour robes et pour gilets, assez bien fabriquées, et un velours façonné exécuté avec un battant-brocheur également bien confectionné. Ils ont aussi exposé une étoffe en velours ciselé pour robes, sur un fond gaze de différents dessins sans aucune découpure. Cet article est nouveau, et doit être d'une exécution difficile; mais le jury croit devoir attendre la sanction de l'expérience, avant de donner à MM. Lambert-Franchet et c^{ie} une récompense supérieure à la mention honorable qu'il s'empresse de lui décerner.

CITATIONS FAVORABLES.

M. SALLES jeune et c^{ie}, à Lyon,

Ont exposé des châles 7/4 et de deux aunes en soie, imitant la dentelle, fond uni, fond glacé et fond rayé cachemire : ces châles sont d'une fabrication soignée et d'un effet agréable.

Le jury leur accorde une citation favorable.

Madame veuve CLÉMENT, à Lyon,

Présente à l'exposition un petit et un grand collier rose en soie, imitant la forme des boas en fourrure, l'un de 1/3 d'aune, du prix de 5 francs, et l'autre de 2 aunes, du prix de 20 francs.

Cet article est confectionné en soie blanche écrue, ce qui lui donne de la fermeté et de la solidité. On peut le teindre en toutes couleurs unies et nuancées ombrées. Il est parfaitement exécuté, et il peut avoir un grand succès à l'étranger à cause de sa légèreté et de son prix modéré.

Le jury cite favorablement madame veuve Clément.

---

§ 2. RUBANS DE SOIE.

RAPPEL DE MÉDAILLE D'OR.

M. DUGAS et c^{ie}, à Saint-Chamond,

Présentent à l'exposition un assortiment de rubans façonnés, d'une exécution tout à fait remarquable, et d'une rare élégance de dessins. Ils sont dignes de la haute réputation de cette fabrique, qui est la plus ancienne de Saint-Chamond.

Cette maison occupe deux mille ouvriers, et fait plus d'un million et demi d'affaires.

MM. Dugas et c^ie ont eu la médaille d'or en 1806, sous la raison Dugas frères. Ils ont été hors de concours en 1827, n'ayant pas rempli, près du jury de leur département, les formalités préalables d'admission. Ils occupent le premier rang par l'importance de leurs affaires et la perfection de leurs produits. Ils méritent de plus en plus la récompense de premier ordre, que le jury leur confirme.

MÉDAILLES D'OR.

MM. Faure frères, à Saint-Étienne.

Cette maison occupe le premier rang parmi les fabricants de rubans de Saint-Étienne. Elle ne fait que le grand beau et occupe douze cents ouvriers. Elle emploie avec succès, pour la confection de ses rubans façonnés, des battants-brocheurs de l'invention du sieur Boivin, habile mécanicien de Saint-Étienne. Au moyen de ce battant-brocheur, on peut faire cinq à six rubans sur le même métier au lieu d'un seul qu'un métier fait ordinairement; ce qui diminue la façon des rubans, et en facilite la vente par la douceur de leurs prix. Ce battant-brocheur est en usage, dans ce moment, dans les fabriques de rubans de Saint-Étienne et de Saint-Chamond. Ce procédé donnera lieu, par la suite, à une fabrication considérable et à une exportation très-étendue.

Ils ont exposé des rubans façonnés présentant tous des dessins fort riches, de bon goût, et qui ne laissent rien à désirer sous le rapport de la fabrication.

MM. Faure frères ont obtenu la médaille de bronze en 1834 ; en considération des immenses progrès que ces habiles manufacturiers ont faits dans le perfectionnement de leur industrie, le jury leur décerne la médaille d'or.

M. VIGNAT-CHOVET, à Saint-Étienne.

Cette maison fabriquait les cordons pour ceintures ; nulle autre n'y mettait autant de perfection, de goût et de variété. Les caprices de la mode ont momentanément abandonné cet article ; mais M. Vignat-Chovet était trop habile pour se trouver embarrassé par ce changement. Il a porté ses talents sur la fabrication des rubans plus larges pour chapeaux ; de nouveaux succès plus éclatants encore ont récompensé ses efforts ; c'est lui qui, le premier, a produit ces riches rubans chinés qui ont fait l'admiration des consommateurs français et étrangers.

M. Vignat-Chovet occupe le premier rang parmi les fabricants de Saint-Étienne, autant par la grande perfection de ses produits et leur bon goût que par leur importance ; il n'occupe pas moins de 1,200 ouvriers.

M. Vignat a obtenu, en 1834, la médaille d'argent. Les progrès de cet habile manufacturier le rendent digne maintenant de la première récompense. Le jury lui décerne la médaille d'or.

MÉDAILLES D'ARGENT.

MM. BALAY fils jeunes, à Saint-Étienne.

Ils ont trouvé le moyen de faire des rubans de satin

unis à bas prix, en les confectionnant avec des soies gréges et en les faisant teindre en pièces, ce qui leur a fait soutenir la concurrence avec la Suisse, qui avait enlevé cette industrie aux manufacturiers de Saint-Étienne.

Ils ont exposé des rubans de satin unis de diverses largeurs et de couleurs variées; leurs produits sont d'une exécution soignée, et ils en ont un grand débouché pour l'Amérique et l'Allemagne.

L'industrie de MM. Balay fils jeunes est développée sur une très-grande échelle et fait exister plus de 2,000 ouvriers.

Le jury, prenant en considération la grande importance de cette maison et la perfection de ses produits, décerne une médaille d'argent à MM. Balay fils jeunes.

MM. MARTIN et cie, à Saint-Étienne.

Cette maison justifie la belle réputation dont elle jouit dans le commerce. La collection de rubans façonnés qu'elle présente à l'exposition ne laisse rien à désirer pour le fini de l'exécution et pour le bon goût de ses dessins variés. Ses produits jouissent d'une haute estime dans l'opinion des connaisseurs.

MM. Martin et cie occupent constamment plus de quatre cents ouvriers; s'ils continuent à marcher avec les mêmes succès, ils ne tarderont pas à être placés en première ligne pour l'importance de leurs affaires, comme ils le sont déjà pour la perfection de leurs produits.

Les grands progrès de cette fabrique, qui est regardée comme une des meilleures de Saint-Étienne, décident le jury à décerner la médaille d'argent à MM. Martin et cie.

MM. ROBICHON et cie, à Saint-Étienne.

Les rubans et écharpes façonnés de divers genres que

ces exposants présentent signalent les progrès très-sensibles qu'ils ont faits depuis la dernière exposition. Leurs produits sont très-recherchés dans le commerce pour leur bon goût et leur belle confection.

Cette maison importante entretient sept à huit cents ouvriers, et a une grande consommation de ses rubans, tant pour l'intérieur que pour l'étranger.

MM. Robichon et c^{ie} ont obtenu une médaille de bronze en 1834 ; en considération du grand développement que ces fabricants ont donné à leur industrie, le jury les trouve dignes de la médaille d'argent qu'il se plaît à leur décerner.

M. J.-B. DAVID, à Saint-Étienne.

Cette maison présente à l'exposition des rubans de velours unis de toutes les couleurs, remarquables par la pureté des nuances et leur belle exécution. Elle fabrique aussi des rubans de taffetas noir unis et des galons de soie pour l'usage de la cordonnerie.

Ces produits, très-recherchés par le commerce, soutiennent avantageusement la concurrence avec l'Allemagne, tant pour leur bonne qualité que pour leur bas prix.

Cette fabrique, une des meilleures de Saint-Étienne, est, pour l'étendue de ses affaires, au rang des plus importantes ; elle occupe douze cents ouvriers.

Le jury, prenant en considération les grands succès obtenus par cet habile industriel, décerne à M. J.-B. David une médaille d'argent.

M. BERTHOLON-SOUCHON, à Saint-Chamond.

Cette maison se distingue par sa bonne fabrication ; elle occupe cinq cents ouvriers.

Elle a exposé des rubans de satin et de taffetas façonnés, remarquables par la légèreté, le bon goût des dessins et leur bonne confection. Tous ces produits font beaucoup d'honneur à l'intelligence de M. Bertholon-Souchon, et sont dignes de la haute réputation de cet habile manufacturier; son talent industriel lui promet un grand avenir. Depuis quinze ans ses exportations pour l'Angleterre sont très-importantes et ne peuvent qu'augmenter de jour en jour.

Le jury, prenant en considération la belle réputation de M. Bertholon-Souchon et la perfection de ses produits, lui décerne une médaille d'argent.

RAPPEL DE MÉDAILLE DE BRONZE.

M. Dutrou, à Paris.

L'industrie des rubans est représentée à Paris par un très-petit nombre de fabricants. Ils confectionnent peu de rubans pour chapeaux, ils s'occupent particulièrement des rubans d'ordres ou de rubans pour ceintures.

M. Dutrou a exposé un bel assortiment de rubans pour ceintures et quelques-uns pour chapeaux. Ils sont remarquables par la variété et la richesse de leurs dessins. Ils ont aussi exposé des rubans d'ordres et pour cordons de montre. Tous ces produits sont d'une belle fabrication.

Le jury confirme à M. Dutrou la médaille de bronze qu'il a obtenue en 1834.

MÉDAILLES DE BRONZE.

MM. MESNAGER frères, à Saint-Étienne,

Ont exposé des rubans de satin unis et façonnés, de bonne qualité et à des prix modérés, qu'ils confectionnent en écru avec des soies grèges, et font teindre en pièces. Ils présentent aussi des rubans de taffetas noir unis et des galons de soie. Cette maison est une des plus importantes de Saint-Étienne. Elle occupe huit cents ouvriers, et a de très-grands débouchés de ses produits, à cause de leur bas prix, qui les met à même de soutenir la concurrence avec la Suisse.

MM. Mesnager frères ont beaucoup contribué à l'essor qu'a pris cette belle partie de notre industrie, par les soins qu'ils apportent à la confection de leurs produits, dont ils ont une grande consommation.

MM. Mesnager frères sont appelés à prendre rang parmi les manufacturiers les plus distingués de Saint-Étienne.

Le jury leur décerne une médaille de bronze.

M. TEZENAS-BALAY, à Saint-Étienne,

A exposé des échantillons de rubans façonnés qui sont remarquables non-seulement par leur bonne confection, mais encore pour le bon goût, la variété des dessins et la vivacité des couleurs.

M. Tezenas-Balay occupe un grand nombre d'ouvriers, et il a obtenu, en 1834, une mention honorable. Sa fabrique a fait de grands progrès depuis cette époque.

Le jury lui décerne la médaille de bronze.

MM. GRANGIER frères, à Saint-Chamond.

Cette maison a exposé des rubans façonnés de divers

dessins, de nuances variées et d'une belle exécution. Elle présente aussi des châles et des écharpes de gaze façonnés, d'une grande variété de goût et d'une extrême délicatesse de travail.

MM. Grangier frères occupent trois cents ouvriers. Ils établissent leurs rubans à des prix modérés, et ils en vendent la majeure partie pour l'Amérique.

Ils méritent la médaille de bronze que le jury leur décerne.

MM. Magnin père et fils, à Saint-Chamond,

Ont exposé des rubans façonnés de divers dessins d'un bon goût et d'une exécution parfaite.

Les produits de cette fabrique sont généralement bien traités, et sont recherchés dans le commerce.

Ces habiles manufacturiers occupent quatre cents ouvriers, et ils dirigent leur établissement avec une grande intelligence.

Le jury décerne à MM. Magnin père et fils une médaille de bronze.

* * *

MENTIONS HONORABLES.

MM. Chaize et cie, à Saint-Étienne,

Ont exposé des rubans façonnés de dessins variés et d'un effet agréable. Ils se font distinguer par leur bonne confection, qui est appréciée par les consommateurs. Cette fabrique occupe cent ouvriers, et, quoique mise en activité depuis peu de temps, ses produits sont recherchés par les acheteurs à cause de leur bon goût.

Le jury accorde une mention honorable à MM. Chaize et compagnie.

M. David DUBOUCHET, à Saint-Chamond,

Présente à l'exposition une grande collection de rubans façonnés et brochés pour ceintures, en forte qualité, et fabriqués au moyen d'un battant-brocheur; ils sont remarquables tant pour le goût et la variété des dessins que par les nuances et la beauté des couleurs.

M. David Dubouchet occupe deux cents ouvriers; ses produits font honneur à son imagination, ainsi qu'à ses connaissances en fabrique.

Le jury s'empresse de le mentionner honorablement.

MM. JAMET et cie, à Saint-Étienne,

Ont exposé des rubans de satin unis de diverses largeurs et variés de couleurs; ils sont d'une exécution soignée et d'une belle réduction.

Cette maison occupe cent cinquante ouvriers; ses produits sont à des prix modérés, ce qui les rend accessibles à beaucoup de consommateurs.

Le jury accorde une mention honorable à MM. Jamet et cie.

MM. PRUDHON et cie, à Saint-Étienne.

Les échantillons de rubans façonnés qu'ils ont exposés sont d'une bonne confection. Ils présentent aussi des échantillons de rubans épinglés en long : ce genre de rubans, dont l'exécution présente quelques difficultés, est assez bien traité, et produit un effet très-agréable.

Le jury décerne une mention honorable à MM. Prudhon et compagnie.

M. Renodier, à Saint-Étienne.

Cette maison présente des échantillons de rubans taffetas noir unis et des galons.

Leurs produits sont généralement bien soignés, la qualité en est excellente, et ils en ont une assez forte consommation à cause de leur bas prix.

Le jury décerne à M. Renodier une mention honorable.

---

§ 3. SOIERIES ET ARTICLES DE NÎMES.

RAPPEL DE MÉDAILLE D'ARGENT.

MM. Dhombres (Michel) et cᵉ, à Nîmes,

Ont exposé une belle collection de fichus, de châles de soie et de foulards de divers dessins, qui se font remarquer par leur bon goût et la fraîcheur des couleurs. Ils ont aussi exposé des échantillons de coton rouge d'Andrinople, dont la nuance a de l'éclat et de la pureté.

Ces fabricants confectionnent les tissus de grenadine, et ils ont un atelier d'impression de trente-cinq tables.

Ils ont, les premiers, à Nîmes, appliqué l'impression sur grenadine, et fait usage de la vapeur. Les moyens d'obtenir de beaux rouges ont été l'objet de leurs études particulières ; ils en ont étendu l'application sur la teinture du coton rouge d'Andrinople, obtenu avec la garance. Ils ont créé, à cet effet, un atelier de teinture à une lieue de Nîmes. Leurs produits sont recherchés à cause de leur bas prix et de leur bonne confection.

MM. Dhombres (Michel) et cⁱᵉ ont obtenu, en 1834, une médaille d'argent ; le jury les trouve de plus en plus dignes de cette récompense, et il la leur confirme.

MÉDAILLES D'ARGENT.

M. Antoine PUGET, de Nîmes.

C'est la seule fabrique de florences et de marcelines qui ait soutenu jusqu'à présent la lutte contre celles d'Avignon; elle fait travailler quatre-vingt-dix métiers.

M. Antoine Puget a exposé des florences et des marcelines unies et rayées très-bien fabriquées, des fichus et des châles imprimés de diverses dispositions, d'une belle exécution et d'une bonne fabrication. Tous ses produits sont à des prix modérés et d'une bonne consommation pour la France et l'étranger.

Cette fabrique a fait beaucoup de progrès depuis la dernière exposition, et elle jouit, à Nîmes, d'une belle réputation qu'elle mérite de plus en plus.

M. Antoine Puget a obtenu, en 1827 et en 1834, le rappel de la médaille de bronze qu'il avait reçue en 1823. Le jury lui décerne la médaille d'argent.

MM. GAIDAN frères, de Nîmes.

En continuant l'établissement de leur père, ils se sont montrés dignes de lui succéder par les soins qu'ils y ont donnés et les efforts qu'ils ont faits pour y apporter de l'amélioration.

Ils exposent des foulards imprimés très-bien fabriqués et remarquables par leurs beaux dessins et leurs belles couleurs qui réunissent l'éclat et la solidité. Ils présentent aussi des cravates de soie de divers genres, unies et imprimées, d'un effet très-agréable. Ils établissent tous ces articles à des prix très-modérés, et ils en ont un grand débouché pour l'exportation. Tous leurs tissus sont fabriqués et imprimés dans leur atelier, composé de quarante tables.

M. Gaidan père a obtenu, en 1834, une mention honorable. Le jury, en considération de l'accroissement que
MM. Gaidan frères ont donné à leur fabrique, leur décerne une médaille d'argent.

MM. C. JOURDAN fils et cⁱᵉ, de Nîmes,

Exposent des fichus de soie variés et des foulards
imprimés.

La fabrication des foulards de poche a fixé particulièrement leur attention. Ils s'occupent, dans ce moment, du
procédé de garançage dont les essais leur ont réussi. Les
foulards enluminés et les foulards pour robes imprimés
sur soie qui figurent dans leur exposition sont remarquables par la variété de leurs dessins et leur belles couleurs, qui réunissent l'éclat à la solidité.

Ces divers articles se fabriquent chez eux et s'impri-
ment dans leur atelier, qui se compose de trente-cinq
tables.

Leurs produits sont très-goûtés et ils en ont un grand
débouché tant pour leur belle confection que pour leur
bas prix.

Le jury, en considération du grand développement que
MM. Jourdan fils et compagnie donnent à leur industrie,
leur décerne une médaille d'argent.

MM. DAUDET jeune et CHABAUD, de Nîmes,

Exposent des cravates de satin broché et de taffetas noir
fin d'une belle fabrication, et des foulards de soie imprimés
pour robes et pour cravates, remarquables par l'éclat et la
pureté des couleurs et le bon goût des dessins.

Les foulards de poche présentés par ces manufacturiers
sont tous imprimés sur des tissus grenadine de leur fabri-

que, et il font, en outre, des imitations à plus bas prix.

Leurs cravates de satin broché et de taffetas noir fin, surtout ces dernières, sont pour eux un objet d'une grande exportation. Leur atelier d'impression se compose de trente-cinq tables.

MM. Daudet jeune et Chabaud ont obtenu, en 1834, une mention honorable sous la raison Daudet jeune. Le jury, en considération des progrès qu'ils ont faits depuis la dernière exposition, leur décerne une médaille d'argent.

RAPPELS DE MÉDAILLES DE BRONZE.

M. Bousquet-Dupont, de Nîmes.

Son exposition se compose de fichus de divers genres, de foulards imprimés et d'imitation de foulards anglais garancés. Tous ces articles se recommandent par une fabrication bien soignée et par la modicité du prix. Ce fabricant possède aussi un établissement d'impression.

M. Bousquet-Dupont a obtenu, en 1834, le rappel de la médaille de bronze qu'il a reçue en 1827; le jury la lui confirme.

M. Combié-Rossel, de Nîmes,

A exposé des écharpes de soie imprimées et une étoffe pour robes qu'il appelle andrienne. Il a aussi exposé une autre étoffe pour robes et pour écharpes, qu'il nomme mousseline, soie cuite sans envers. Ces étoffes et ces écharpes sont d'une belle confection et dans des dessins variés d'un joli effet.

M. Combié-Rossel a obtenu, en 1834, la médaille de bronze; le jury la lui confirme.

MM. Maximin BARAGNON et cⁱᵉ, de Nîmes,

Présentent des foulards et des fichus divers ; tous ces produits sont d'une fabrication soignée, et ils en ont une grande consommation à cause de leur bas prix.

Cette maison fabrique des foulards de poche et des foulards enluminés pour fichus et sautoirs, ainsi que des foulards chinois, qui sont assez goûtés dans ce moment.

En considération de la grande variété de leurs produits et de leur bonne confection, le jury leur décerne une médaille de bronze.

MENTIONS HONORABLES.

MM. DAUDET aînés et cⁱᵉ, de Nîmes,

Ont exposé des foulards imprimés d'une belle fabrication, des fichus de soie variés de disposition, imprimés et façonnés, et des cravates en gros de Naples et taffetas noir. Tous ces produits sont d'une bonne confection et leur bas prix en facilite la vente pour l'exportation.

MM. Daudet ont obtenu une mention honorable en 1834 ; le jury la leur confirme.

MM. HAUVERT fils, DUCROS et SAUSSINE, de Nîmes,

Présentent, à l'exposition, des châles et des fichus, des écharpes, des foulards et des étoffes imprimées pour robes. Ces étoffes sont faites les unes sur chaîne fantaisie et les autres sur chaîne coton. Leurs mousselines brochées tout coton remplacent, pour les consommateurs les moins riches, les mousselines-laine de Paris et sont d'une grande consommation à cause de leur bas prix.

Les produits de cette fabrique sont remarquables par le bon goût des dessins et leur parfaite confection.

Il n'y a pas longtemps que cette maison existe sous sa nouvelle raison sociale. Elle est appelée par son industrie à prendre un rang distingué parmi ses concurrents; en attendant, le jury lui décerne la mention honorable.

§ 4. PELUCHES DE SOIE.

MÉDAILLE D'OR.

MM. Massing frères, Huber et cie, à Puttelange (Moselle),

Ont exposé des peluches de soie pour chapeaux, remarquables par leur bonne fabrication, la pureté et l'éclat du noir et la modicité de leur prix. On remarque dans leur exposition une peluche imitant le feutre d'une très-belle réduction et d'un reflet très-agréable.

Cette fabrique, qui date de 1833, a été créée dans un pays où jamais un établissement de ce genre n'avait existé, et elle a procuré de l'ouvrage et de l'aisance à ses habitants, ainsi qu'à ceux des villages environnants. En 1834, elle occupait quarante ouvriers, et la perfection de ses peluches laissait encore à désirer; mais déjà à cette époque le noir et le brillant en étaient remarquables. Depuis ce temps, cet établissement a pris un accroissement très-important. MM. Massing frères, Huber et cie occupent présentement plus de huit cents ouvriers, tant pour la préparation et la teinture de la soie que pour la confection des peluches, et ils font plus d'un million d'affaires par an. Ils sont parvenus à donner à leurs peluches un brillant et une pureté de noir que leurs concurrents n'ont par encore pu imiter, ce qui leur fait obtenir la préférence des fabricants de chapeaux. Les produits qu'ils présentent justifient une réputation qu'ils méritent à juste titre.

L'emploi de la peluche de soie a fait une révolution complète dans la chapellerie en amenant une réduction considérable dans les prix.

Nous tirions d'abord nos peluches de l'Allemagne; MM. Massing frères, Huber et c^{ie} ont, plus que tout autre, contribué à nous affranchir de cette nécessité. Leurs produits sont incontestablement les plus beaux dans leur genre, et Lyon même ne fait pas d'aussi beaux noirs.

En considération de l'importance de leur industrie et de leur supériorité reconnue dans un genre d'une aussi large exploitation, le jury leur décerne la médaille d'or.

MÉDAILLE DE BRONZE.

M. Schmaltz, à Metz (Moselle),

A exposé des peluches de soie pour chapeaux de différentes qualités, d'une fabrication soignée et à des prix très-modérés.

Il emploie des trames, au lieu d'organsins, pour la confection de ses peluches, cela le met à même de les établir à plus bas prix; ce qui pourra, par la suite, en faire augmenter la vente pour l'exportation.

La fabrique de M. Schmaltz est peu importante; mais, par ses efforts et ses soins à perfectionner la fabrication des peluches, il rend de grands services à son pays par les progrès qu'il contribue à faire faire à cet article.

Le jury lui décerne une médaille de bronze.

TROISIÈME PARTIE.

FILS ET TISSUS DE COTON.

PREMIÈRE SECTION.

FILATURE ET RETORDAGE.

M. Nicolas Kœchlin, rapporteur.

Considérations générales.

Le jury de l'exposition de 1834 a eu la satisfaction de signaler la prospérité de l'industrie cotonnière; il n'en est malheureusement pas ainsi aujourd'hui, malgré les progrès incontestables en perfection et en économie. Cette industrie est retombée, depuis deux ans, dans un état de souffrance qui a déjà obligé beaucoup d'établissements de fermer leurs ateliers, et d'autres de réduire les heures de travail. Ces crises, qui affligent périodiquement l'industrie cotonnière, y appellent la plus sérieuse sollicitude du gouvernement. Le cri de détresse de cette industrie est :

« Qu'elle ne saurait désormais subsister sans une
« forte exportation; c'est à l'étranger qu'elle doit

« trouver l'écoulement de ceux de ses produits qui
« excèdent les besoins de la consommation inté-
« rieure; car, dit-elle, ces besoins, pour être satis-
« faits, doivent être dépassés; d'ailleurs une fabri-
« cation étendue permet d'abaisser les prix sans
« diminuer les bénéfices, et le consommateur
« comme le fabricant sont également intéressés à
« ce qu'elle puisse recevoir la plus grande extension
« possible. »

Le jury du département du Haut-Rhin nous apprend qu'en 1834 la différence de prix entre le
coton en laine et celui des filés n°ˢ 30 à 40, qui est
la grande consommation, avait été de 3 fr. 20 c. par
kilog., que cette différence n'est aujourd'hui que
de 1 fr. 07 c., et qu'à aucune époque, depuis que
les filatures de coton existent en France, le prix de
façon du filage n'avait été aussi réduit.

Les bénéfices plus qu'ordinaires qu'offraient les
filatures de coton durant quelques années, jusqu'en
1836, ont eu pour conséquences l'établissement d'un
grand nombre de nouvelles filatures et l'agrandissement d'autres. Ainsi nous apprenons également,
par le rapport du jury du département du Haut-
Rhin, qu'à l'époque de la dernière exposition, le
nombre des broches en activité, dans le département, s'élevait à. . . . . : 530,000
Que ce nombre s'est accru de. . . . : 153,000
Ce qui donne un total actuel de. . . : 683,000

On estime que le Haut-Rhin entre à peu près pour le cinquième dans le nombre des broches, et pour le sixième de la consommation de coton en France, ce qui présenterait, pour toute la France, le chiffre de 3,415,000 broches.

La consommation de coton par les filatures peut être évaluée, en moyenne, à 1 kilog. par jour pour 24 broches (en Alsace, où on est en finesse, au-dessus de la moyenne pour toute la France, elle est de 1 kilog. par 27 broches) ; soit par jour, pour les 3,415,000 broches, de. . . . .   142,290 kilog.

Ou, par année, de 300 jours.. 42,687,000 kilog.

La valeur de ces 42,687,000 kilog., cotons de toutes qualités, rendus dans les filatures au prix moyen de 2 f. 50 c. le kilog., est de 106,717,500 f.

En estimant le déchet perdu à 8 pour 100, ces cotons en laine produisent, en fils, 39,272,040 kil., qui, au prix actuel de 4 fr. la moyenne par kilog., représentent une valeur de. . . .   157,088,160 f.

De laquelle somme retranchant le coût du coton.   106,717,500

Il reste, pour frais de fabrication, frais de commerce, intérêts des capitaux, etc. . . . .   50,370,660 dont la moitié peut être appliquée à la dépense en main-d'œuvre.

Cotons importés et restés pour la consommation.

1834. . . . 36,900,000 kilog.

1835. . . . 38,700,000

1836. . . . 44,300,000

1837. . . . 43,300,000

1838. . . . 51,200,000

Le nombre d'ouvriers employés dans les filatures de coton est d'environ 1 ouvrier sur 49 broches ; soit 70,000 pour toute la France.

La valeur des filatures peut être estimée, en moyenne, y compris emplacement, bâtiments, moteur, etc., à raison de 35 c. la broche, 119,525,000 f.

Sans les circonstances fâcheuses qui pèsent sur l'industrie cotonnière, une situation prospère leur serait infailliblement assurée en France ; car de nombreux perfectionnements ont encore été introduits, notamment la substitution des bancs à broches aux métiers en gros ; une plus grande expérience dans le choix des cotons pour chaque série de numéros, surtout pour les numéros les plus élevés, nous permet de comparer avec avantage l'ensemble de nos productions avec celles des filatures anglaises ; soit que ces rivaux se seraient négligés, tandis que les filateurs et les constructeurs français ont persévéré dans la voie de perfection ; il paraît certain que, dans les numéros jusqu'à 80, la masse de nos produits offre plus de régularité, plus de qualité que la leur dans les mêmes séries.

Ce qui devrait surtout aussi favoriser nos exportations et contribuer à la prospérité de l'industrie cotonnière en France, c'est la prépondérance du goût français en articles de mode sur les marchés étrangers, et la supériorité bien reconnue de nos impressions, qui seraient en mesure de rivaliser partout, si elle avait toujours les tissus aux prix que peuvent se les procurer ses concurrents.

Les exportations de l'industrie cotonnière, d'après les comptes officiels du gouvernement, étaient

en 1834 de 2,289,828 kilog.

1835   2,578,177

1836   2,734,945

1837   2,840,745

1838   3,363,985

Ainsi les exportations restaient à peu près stationnaires, tandis que les moyens de production se sont accrus prodigieusement, non-seulement en rapport au nombre de broches nouvellement construites, mais surtout aussi par les perfectionnements qui en ont augmenté le rendement.

Nous avons signalé plus haut qu'en 1834 la différence du prix entre le coton en laine et celui des filés n°s 30 à 40 avait été de 3 fr. 20 cent. par kilog.; ce prix de façon exorbitant a eu pour conséquences naturelles, en renchérissant les produits de l'industrie cotonnière, d'en diminuer la consommation et d'arrêter l'élan de nos exportations.

RAPPELS DE MÉDAILLES D'OR.

MM. Dollfus, Mieg et c^{ie}, à Mulhouse.

Ce grand établissement réunit toutes les transformations du coton depuis son arrivée en balle jusqu'à l'impression; chacune de ces transformations, prise isolément, mériterait le premier rang; ils emploient dans leurs divers ateliers 4,200 ouvriers; leur filature produit 325,000 kil. de fils dans les n°° 30 à 150, consommés en grande partie dans leurs propres tissages, qui produisent à leur tour à la fabrique d'impression 25 à 30,000 pièces calicot et 20,000 pièces jaconas et mousselines.

Outre les fils destinés à leur propre consommation, et dont la qualité ne laisse rien à désirer, nous remarquons dans leur exposition du fil câblé qui est recherché à Lyon par sa régularité; puis du très-beau fil chaîné numéro 84, de coton récolté à Alger, qui leur a été adressé pour en faire l'essai.

Cette maison ayant obtenu le rappel de la médaille d'or en 1834 pour l'ensemble de son industrie, le jury lui confirme ce rappel.

MM. Nicolas Schlumberger et c^{ie}, à Guebwiller (Haut-Rhin).

MM. Schlumberger exposent une série de fils de coton tant en échevettes qu'en bobines et en cannettes, depuis le n° 5 jusqu'au n° 300.

Leur établissement est toujours en tête de l'industrie du filage et donne l'exemple de tous les perfectionnements. Leurs produits ne laissent absolument rien à désirer; leurs vastes ateliers de constructions fournissent des machines aussi soignées, aussi parfaites que les meilleures constructeurs anglaises.

Cette maison n'a pas augmenté l'importance de sa filature de coton depuis 1834 ; elle est toujours de cinquante-cinq mille broches, dont majeure partie pour les numéros élevés ; mais, par contre, elle établit des filatures-modèles de laine et de lin dont elle a déjà exposé des machines et des produits qui promettent les mêmes succès qu'elle a eus dans les cotons.

MM. Schlumberger font de plus en plus honneur à la récompense de premier ordre qui leur a été décernée en 1827 et 1834, et le jury leur confirme la médaille d'or avec la même satisfaction.

M. Jacques HARTMANN, à Munster (Haut-Rhin).

Cette belle filature de cinquante mille broches vient de perdre son habile et laborieux chef ; elle est aujourd'hui la propriété de messieurs ses frères, connus sous la raison de commerce Hartmann et fils, dont les importants établissements de tissage et d'impressions sont situés dans le voisinage.

Il expose une série de filés depuis le n° 20 jusqu'au n° 300 en parfaite qualité, mais la fabrication ordinaire de cet établissement n'est que dans les n°s 30 à 142.

M. Jacques Hartmann défunt avait exposé pour la première fois en 1834 et a été décoré de la croix d'honneur pour son brillant début ; le jury confirme à son établissement la médaille d'or si bien justifiée par l'excellente réputation dont jouissent ses filés.

MM. Vantroyen-Cuvelier et c^{ie}, à Lille.

Ils exposent des filés pour chaîne en coton de Géorgie long n° 170 et du n° 140 de coton jumel; des fils retors et gazés des n°s 150 à 205 pour la fabrication du tulle, puis des fils-cordonnet pour tissures dans les n°s 80 à 120.

L'ensemble de ces produits justifie la récompense de la médaille d'or qu'ils ont obtenue en 1834, et dont le jury les juge de plus en plus dignes.

M. Fauquet-Lemaître, à Bolbec (Seine-Inférieure).

Cette filature, de quarante-six mille broches, et occupant huit cents ouvriers, est la plus importante du département de la Seine-Inférieure.

Les produits de cette filature sont recherchés sur la place de Rouen, ce que les échantillons exposés justifient complétement.

Le jury confirme à M. Fauquet-Lemaître la médaille d'or qu'il a obtenue en 1834.

MÉDAILLES D'OR.

M. Antoine Herzog, au Logelbach, près Colmar.

L'établissement est de trente-six mille broches, mises en mouvement par chutes d'eau et par machines à vapeur; le produit annuel est de 215 à 220,000 kil. dans les n°s 46 à 140.

Il expose une série complète de cotons filés dans les n°s 60 jusqu'à 330, et il y a vraiment plaisir à les examiner, tout y est au parfait ; on reconnaît visiblement les soins personnels de l'homme qui de simple ouvrier s'est élevé au niveau des premiers filateurs de l'Alsace, après avoir contribué à leur succès.

Aujourd'hui, propriétaire d'une des plus belles filatures, M. J. Herzog jouit de l'estime générale, et ses produits de l'approbation de tous ceux qui les consomment ; le jury juge que la médaille d'or ne saurait être mieux placée et sera une juste récompense de ses nouveaux progrès depuis 1834, époque à laquelle il a obtenu la médaille d'argent.

M. Edmond Cox et c^{ie}, à la Louvrière, près Lille.

Établissement de dix mille broches montées pour filer exclusivement les numéros les plus élevés ; les ateliers sont chauffés à la vapeur et éclairés au gaz.

Ils exposent :

des n°s 132 à 205 pour la fabrication des mousselines ;
        140 à 225 pour tulles ;
        300 à 330 réunis à deux bouts pour dentelles.

Ces filés sont de la plus grande beauté et ne laissent absolument rien à désirer ; et ce qui prouve que les échantillons représentent bien les produits courants de cet établissement, c'est l'approbation des consommateurs, qui les recherchent à l'égal des meilleurs filés anglais dans les mêmes numéros.

Quoique MM. Cox exposent pour la première fois, le jury juge leur industrie digne d'être récompensée par la médaille d'or.

M. Charles NAEGELY et c^{ie}, à Mulhouse.

C'est la filature la plus considérable de France; elle est de quatre-vingt-quatre mille broches et mise en mouvement par cinq machines à vapeur d'ensemble deux cents chevaux de force; les ateliers sont éclairés au gaz et chauffés à la vapeur; le produit journalier est de 1,500 kil. en n°s 40 à 140, équivalant à 3,500 kil. de n°s 30 à 40.

Les filés que M. Naegely expose n'attestent pas seulement une fabrication des plus soignées, mais témoignent aussi de la bonne construction des métiers et machines, qui sortent des ateliers de M. André Kœchlin et c^{ie}.

C'est pour la première fois que ce filateur expose; mais ses produits se trouvent depuis longtemps classés, par le consommateur, parmi les meilleurs filés d'Alsace, et sont recherchés en Suisse à l'égal des filés anglais; le jury lui décerne la médaille d'or.

RAPPELS DE MÉDAILLES D'ARGENT.

MM. SEILLIÈRE, PROVENSAL et c^{ie}, à Senones (Vosges).

Outre la filature de vingt-cinq mille broches, produisant annuellement 160,000 k. de filés dans les n°s 30 à 200, MM. Seillière, Provensal et c^{ie} exploitent des tissages pour convertir une partie de leurs filés en calicot et autres tissus; ils ont aussi une vaste blanchisserie.

Leur exposition est composée d'une série de filés du n° 30 jusqu'à 330, ainsi que de calicots et percales; l'ensemble est d'une bonne fabrication courante et atteste des progrès.

Le jury leur confirme la médaille d'argent qu'ils ont obtenue en 1834.

M. TESSE-PETIT, à Lille.

M. Tesse-Petit expose des filés de coton, nos 180 et 280, gazés et cylindrés pour la fabrication des tulles et des dentelles.

Ce fabricant a obtenu, à l'exposition de 1834, la médaille d'argent; le jury lui en vote le rappel.

MÉDAILLES D'ARGENT.

MM. KOECHLIN DOLLFUS et frères, à Mulhouse.

Ils exposent des filés pour chaîne et trame dans les nos 20 à 42.

Cette filature s'occupe exclusivement de ces numéros qu'elle produit avec perfection; les tissages mécaniques d'Alsace les recherchent de préférence.

Le jury leur décerne la médaille d'argent.

M. Henri HOFER, à Kaysersbourg (Haut-Rhin).

Filature de vingt mille broches mise en mouvement par une chute d'eau.

Elle expose des filés en bobines et en paquets des nos 40 à 68 pour chaîne dite tissage mécanique.

Il est impossible de désirer un fil plus parfait de coton

jumel, et nous en faisons compliment à M. Hofer. Si ses produits sont, en général, aussi parfaits, et s'il continue à les soutenir à la hauteur à laquelle il les a placés dès son début, car son établissement est nouvellement construit, il peut espérer la récompense de premier ordre à l'exposition prochaine; nous lui décernons, en attendant, la médaille d'argent.

Filature d'Ourscamp (Oise).

L'établissement d'Ourscamp compte vingt-neuf mille broches et deux cent vingt-cinq métiers de tissage, le tout mis en mouvement par deux machines à vapeur de la force de soixante-neuf chevaux; il file annuellement 250,000 kil. des nos 26 à 60, 250,000 kil. nos 9 à 18 du déchet, et il tisse 13,000 pièces.

Ourscamp revendique le mérite d'avoir été le premier à introduire d'Angleterre les bancs à broches qui ont marqué un progrès dans le filage du coton.

L'ensemble des produits de cet établissement témoigne d'une direction éclairée et soignée que le jury veut récompenser en lui décernant la médaille d'argent.

M. Piquot-Deschamps, à Rouen,

Propriétaire de deux établissements, l'un à Rouen et l'autre à Montville, de 18,300 broches mull-jenny, 5,400 broches métier continu.

Il expose du fil, n° 30, chaîne mull-jenny, remarquable en raison du peu de tors sans préjudice de la force du fil.

Ses métiers continus, employés à la filature du déchet, donnent des résultats qui ne sont pas moins satisfaisants, à en juger par l'échantillon que nous avons eu sous les yeux.

Le jury lui décerne la médaille d'argent en prenant aussi

en considération l'importance de l'établissement et son début dans le filage de la laine dont il expose un échantillon qui mérite de l'encouragement.

M. Pouyer-Hellouin, à Saint-Vandrille (Seine-Inférieure).

Il expose des fils, nᵒˢ 24 et 26, pour la teinture rouge : ces fils attestent une bonne fabrication, et le jury du département constate que les produits de M. Pouyer sont généralement recherchés sur le marché de Rouen.

Il a joint une notice pour fixer l'attention du jury sur son système économique de filature, et sur les résultats qu'il obtient par l'emploi du métier rota-flotteur, au lieu du banc à broches, qui lui coûte moins cher à établir, et diminue son prix de revient sans nuire à la qualité. Il file, par semaine, 2,000 kilogrammes.

Le jury n'a pas de moyens de vérifier l'exactitude des calculs de revient comparatifs qu'établit M. Pouyer; il n'a pu reconnaître qu'un fait qui est à la connaissance personnelle d'un de ses membres, c'est que ce fabricant se sert effectivement du rota-flotteur, après l'avoir perfectionné: tout indique, d'ailleurs, qu'il trouve l'avantage à se servir de ce métier.

Le jury décerne à M. Pouyer la médaille d'argent.

M. Vaussard fils, à Boudeville (Seine-Inférieure).

Établissement de 19,000 broches, 450 métiers de tissage mécanique.

Les fils nᵒˢ 36 pour trame et 28 pour chaîne, ainsi que les calicots, attestent une fabrication des plus soignées, et qui ne le cède en rien aux bons produits d'Alsace.

Pour récompenser cet établissement, un des plus importants de la Seine-Inférieure, le jury lui décerne la médaille d'argent.

M. CREPET aîné, à Rouen.

La filature de M. Crepet est de 7,800 broches ; il expose des filés pour chaîne, en écheveaux et en bobines, des n°s 26 et 36, et des filés chaîne et trame, n° 20, moitié déchet. Nous avons particulièrement remarqué le n° 36 destiné pour la fabrication des velours. Les filés de M. Crepet sont justement appréciés par la consommation, et nous jugeons l'ensemble de ses produits digne de la médaille d'argent.

RAPPEL DE MÉDAILLE DE BRONZE.

M. GERVAIS, à Caen (Calvados).

M. Gervais expose des cotons filés, n°s 16, 19 et 21, pour chaîne d'une bonne fabrication, qui lui ont valu, à l'exposition 1834, la médaille de bronze que nous lui confirmons.

MÉDAILLES DE BRONZE.

M. COURMONT, à Wazemmes (Nord).

Établissement de 3,600 broches employant quatre-vingt-dix ouvriers.

Il expose trois paquets de filés pour chaîne, n°s 200 à 228.

Les produits de cette filature ont été jugés dignes d'une mention honorable à l'exposition de 1834.

Le jury reconnaît des progrès qu'il veut récompenser par la médaille de bronze.

M. LALIZEL aîné, à Barentin, près Rouen.

Établissement de 3,400 broches mull-jenny, 1,664 broches métier continu.

Il expose du fil jenny-mull, n°s 20 et 26, pour chaîne, et du continu, n°s 22 et 24.

Le fil est de bonne qualité, mais M. Lalizel se recommande surtout aussi par des vues philanthropiques envers ses ouvriers, et qu'il a consignées dans une brochure

Le jury lui décerne la médaille de bronze.

MENTION HONORABLE.

M. BOUR, à Nancy.

M. Bour expose des filés de bonne qualité que le jury juge dignes d'être mentionnés honorablement.

CITATION.

M. LALIZEL, à Deville (Seine-Inférieure).

M. Lalizel expose quinze pelotes de gros fil pour mèches. Le jury le juge digne d'être cité favorablement.

RETORDAGE DU COTON FILÉ.

RAPPEL DE MÉDAILLE D'ARGENT.

M. MICHELEZ fils aîné, à Paris.

Il expose, comme en 1834, un assortiment complet de cotons filés retors, convertis en petites pelotes et de bobines de cordonnets, de lacets, etc.; de fil retors à coudre appelé fil d'Écosse, qu'il continue à produire en perfection.

L'ensemble des produits de M. Michelez prouve qu'il se soutient toujours en tête de cette industrie, et qu'il mérite la confirmation de la médaille d'argent qu'il a obtenue aux expositions de 1827 et 1834.

MÉDAILLES DE BRONZE.

M. BRESSON aîné, à Paris,

Expose un assortiment complet de cotons filés retors pour la bonneterie et pour la passementerie. Vu l'importance de sa fabrication, qui jouit d'une réputation bien établie, le jury lui décerne la médaille de bronze.

MM. LAUMAILLIER et FROIDOT, à Paris.

Ces jeunes fabricants exposent un assortiment complet de cotons filés simples et retors, produits de leur établissement sous la dénomination de *retorderie hydraulique de Goye* (Oise); leur fil à coudre perfectionné et leur apprêt brillant nous ont surtout paru remarquables, et l'ensemble de leurs produits atteste une fabrication soignée et digne d'être récompensée par la médaille de bronze.

M. Adolphe YON, à Lille.

Filature de treize mille broches. Le produit de cette filature se convertit en fil retors dit *fil de Chine*, qui se vend, tant en France qu'à l'étranger, par petits paquets à 1 fr. 25 c.

Le jury décerne à M. Yon la médaille de bronze.

* * *

CITATIONS.

MM. BLAISE (Armand) à Guingamp, LUDGER - GUÉLIOT à Guingamp, RAOUL à Guingamp, GEOFFROY à Paris, exposent des fils retors.

Le jury cite favorablement leurs produits.

* * *

SECTION II.

TISSUS DE COTON.

MM. Kœchlin et Legentil, rapporteurs.

Considérations générales.

La crise qui afflige si cruellement l'industrie du filage pèse aussi, quoique heureusement, à un degré moindre sur les tissus.

Depuis 1834, l'emploi des métiers mécaniques a fait de grands progrès ; on les a encore perfectionnés, on a appris à s'en servir, pour les étoffes les plus fines ; il en est résulté de l'économie pour la fabrication, ce qui est venu en aide pour compenser en partie l'avilissement des prix. L'application des métiers à la Jacquart se propage aussi de plus en plus, et en facilitant la variation des produits active la consommation.

L'augmentation des métiers mécaniques entraîne nécessairement la suppression d'une partie des métiers qui marchent à la main ; dans plusieurs contrées déjà, entre autres en Alsace, la main-d'œuvre pour le tissage à la main est tombée à un taux si minime, qu'elle serait tout à fait insuffisante pour subvenir à l'existence du tisserand, si les individus qui exercent encore ce genre d'industrie n'appartenaient, pour la plupart, à des familles qui trouvent d'autres ressources dans les travaux agricoles, de manière que le temps donné au tissage n'est que l'emploi de celui que la mauvaise saison ne permet pas de consacrer à l'agriculture. Heureusement pour les tisserands à la main, une industrie nouvelle se propose pour remplacer le coton ; les étoffes de laine, pour l'impression d'une part, et la toile de lin, de l'autre, leur offriront des ressources ; et d'ailleurs il existera toujours certaines qualités réclamées par la consommation qui exigeront le tissage manuel.

Quoi qu'il en soit, l'abaissement et l'insuffisance des salaires du tisserand accusent un état de souffrance dans l'industrie du tissage du coton, et cet état n'est que trop réel : quelles en sont les causes ? Il y en a de deux sortes, d'extérieures et d'intérieures.

La crise financière qui a pesé, depuis 1836, sur l'Amérique du Nord, et dont les effets se font encore sentir, l'anarchie qui a désolé presque tous les États de l'Amérique du Sud, ont paralysé la confiance et nous ont fermé une partie de nos débouchés dans le nouveau monde.

A l'intérieur, nos toiles de coton ont eu à se défendre contre l'active concurrence que leur faisaient les étoffes de laine légères, et surtout les mousselines de laine. Un rapprochement de chiffres fera sentir toute l'importance de cette concurrence : l'Alsace, qui est le plus grand centre de production de l'indienne, imprime annuellement de 700 à 720,000 pièces de calicot, et nous avons déjà vu que, l'année dernière, on avait livré au commerce plus de 200,000 pièces de mousseline-laine imprimées; pour se rendre compte de l'influence de ces 200,000 pièces sur la consommation générale, il faut bien remarquer que, pour le prix autant que pour la durée de l'usage, elles représentent plus de 400,000 pièces d'indiennes.

Une autre cause est venue encore s'ajouter à

celles qui précèdent. Le cours des toiles de fil était à peu près stationnaire depuis longues années, et, en présence de l'abaissement toujours progressif des tissus de coton, il avait éloigné beaucoup de consommateurs. Le coton avait conquis plusieurs des emplois exclusivement réservés jusqu'alors au fil, tels que le linge de corps, de table et de ménage ; la filature du lin à la mécanique a eu pour premier résultat d'abaisser très-sensiblement le prix des toiles de fil, et le coton a perdu une partie des conquêtes qu'il avait faites.

Qu'il nous soit permis d'espérer voir bientôt l'industrie cotonnière, grâce à l'activité intelligente de nos fabricants et aux perfectionnements incessants de nos moyens de travail, reprendre une nouvelle prospérité, nos débouchés se rouvrir au dehors, la réduction des prix, en favorisant la consommation, rétablir l'équilibre entre la production et la demande ; mais un état normal dans cette industrie peut-il, sous la législation actuelle, être de longue durée ? L'expérience du passé pourrait en faire douter : c'est là le problème à résoudre.

Les observations que nous venons de présenter avaient principalement pour objets les calicots imprimés ou blancs ; elles trouvent également en grande partie leur application aux toiles de coton tissées en couleurs connues sous le nom générique de *cotonnades*. Nous avons cependant à signaler quelques faits qui sont particuliers à ces articles.

Les tissus fins, dans ce genre, tels que les guingans, avaient joui, il y a plusieurs années, d'une grande vogue : Rouen, Saint-Quentin, Sainte-Marie-aux-Mines, ne trouvaient pas assez de bras pour les tisser. Cette vogue n'a pas eu de durée; on ne fabrique presque plus de guingans fonds blancs, on s'est réduit à quelques guingans fonds unis en couleurs claires ou à carreaux en couleurs foncées, qui sont plus particulièrement demandés pour l'exportation.

La tendance du goût vers la forme et la couleur a fait abandonner l'usage de tissus qui ne pouvaient jamais présenter que des carreaux et des rayures, pour adopter les indiennes dont les dessins et les nuances séduisent les yeux par leur éclat et leur variété. Le bon marché est venu seconder cette tendance : le consommateur a pu obtenir les impressions les plus riches et les plus parfaites de 1 fr. 30 à 1 fr. 60 l'aune métrique en 90 centimètres de large; on lui en a offert même de très-satisfaisantes, et pour le tissu, et pour le dessin et la couleur, à 60 centimes l'aune en 80 centimètres.

Toutefois, les fabriques d'Alsace, Sainte-Marie, Ribeauville, Mulhouse, ont continué à tisser des cotonnades fines de 70 jusqu'à 140 centimètres de largeur, en couleurs foncées, et elles en trouvent encore le débouché dans l'intérieur; quelques essais nouveaux viennent d'être tentés pour allier la soie au coton; on a lancé même sur les fonds un léger broché de couleur ; ces tentatives sont toujours à louer, lors même que le succès ne répond pas à l'attente de leurs auteurs.

La Normandie avait été, pendant de longues années, en possession exclusive de fournir des cotonnades à la France : c'est à Darnetal, près de Rouen, qu'avait été, en 1747, fondée la première teinturerie en rouge d'Andrinople, dont les procédés avaient été apportés par des Grecs. Le coton rouge, jouant un grand rôle dans l'article cotonnade, assurait aux articles de la fabrication normande une supériorité qu'elle a longtemps conservée ; aussi les articles de coton tissé en couleur étaient-ils connus dans le commerce sous le nom de *rouennerie*. Les fabriques du Haut-Rhin, en venant disputer à celles de la Seine-Inférieure une partie de sa production habituelle, n'ont pu lui enlever que les articles fins ; ceux de la grande consommation, c'est-à-dire les toiles à bas prix pour usage de tabliers, de robes de campagne, d'habillements de pauvres, de mouchoirs de poche communs, ont continué d'appartenir à la fabrique primitive. On conçoit combien il est difficile de lutter avec elle pour le bon marché, lorsque l'on voit à l'exposition une douzaine de mouchoirs de poche d'enfants, de qualité et de grandeur suffisantes, cotée à 80 centimes.

De tous les articles de la cotonnade, celui qui se soutient le mieux est le madras. L'Alsace et la Normandie ont conservé, dans cette fabrication, la même distribution qu'elles se sont faite dans les toiles : la première excelle dans les qualités fines, la seconde dans les qualités communes ou moyennes. Dans l'ensemble, la production en est importante, et l'exportation assez considérable.

L'industrie des cotonnades, quelles qu'aient été ses vicissitudes, a continué à occuper un nombre considérable de bras, et à tenir un rang notable dans la production générale du pays, et on évalue à plus de 30 millions la somme annuelle pour laquelle elle y figure.

Nous regrettons de n'avoir pas vu, à l'exposition, des échantillons du genre dit *gingas*, étoffe de coton teinte en bleu que nos fabriques de Rouen font avec le plus grand succès, pour vendre dans les colonies, et particulièrement sur les côtes d'Afrique, en concurrence avec les Anglais, qui importent le même article de l'Inde.

Il est intéressant de voir notre industrie lutter contre les produits d'un travail qui n'est payé que 10 à 15 centimes par journée. C'est un résultat que la vapeur et la mécanique pouvaient seules nous faire obtenir.

Si des tissus serrés et pleins nous passons aux tissus légers et clairs, nous trouvons l'industrie dans une meilleure position. Depuis 1834, la fabrication des mousselines a fait des progrès bien marqués. Nous réussissons parfaitement le genre suisse pour le grain et la régularité du tissu ; nos organdis unis ne le cèdent en rien aux organdis anglais, pas même pour le bon marché, et nous les surpassons pour l'élégance et le goût des dessins légers dont nous les brochons. Ces mousselines de l'Inde, si fines, si claires, si aériennes que le souffle les tiendrait presque suspendues en l'air, nous les imitons pour la finesse et le grand clair du tissu, avec une énorme réduction de prix. A la fabrique de Tarare est dû l'honneur d'avoir disputé à nos rivaux étrangers une supériorité dont ils étaient depuis longtemps en possession, et d'avoir rendu le plus grand service au commerce régulier et honnête en déjouant tous les calculs de la contrebande. Le jury a eu à regretter d'avoir vu une fabrique aussi recommandable que celle de Tarare représentée par un trop petit nombre d'exposants, et surtout de n'avoir pas vu parmi eux figurer plusieurs de ces fabricants que la fabrique entière reconnaît pour ses chefs, que leur importance, leur habileté et l'heureuse influence qu'ils ont exercée sur leur industrie désignaient tout naturellement aux récompenses nationales.

Parmi nos conquêtes industrielles, nous ne pouvons oublier celle des mousselines brodées pour

meubles ; pendant longtemps, et malgré la prohibi-
tion la plus sévère, tous nos salons, même ceux de
nos législateurs et de nos administrateurs, étaient
tendus de mousselines brodées suisses. MM. Cleram-
bault, Lecoq-Guibé et Mercier, fabricants à Alençon, se proposèrent d'offrir à la consommation un
produit qu'elle réclamait instamment, et de l'affranchir du tribut payé à la contrebande ; ils mon-
tèrent en grand la broderie pour meubles sur mousseline, et ils tissèrent eux-mêmes leurs fonds. Ils
obtinrent des succès qui ont été récompensés dans
les précédentes expositions. Mais le haut prix de la
main-d'œuvre dans un pays comme celui du département de l'Orne, où les bras sont sollicités par tant
d'emplois, leur rendit la lutte difficile à soutenir ;
c'est alors que plusieurs industriels eurent l'idée de
transporter cette main-d'œuvre dans la montagne
de Tarare, où la broderie est pratiquée de temps
immémorial, et où les salaires sont modiques. Leur
calcul a été justifié par le succès, et le goût français,
venant à remplacer les dessins anciens et rarement
renouvelés de la mousseline suisse, ne peut manquer de la repousser tout à fait de notre marché.
Le jury n'a pas eu à récompenser, dans les trois
exposants de mousselines brodées, des environs
de Tarare, un mérite notable de manufacturier,
puisqu'il ne s'agit que d'une façon toute manuelle,
qui n'emprunte rien au perfectionnement des arts

mécaniques, et que d'ailleurs ils n'avaient fait, sauf la différence des lieux, que d'entrer dans une voie depuis longtemps exploitée. Le pays ne peut cependant qu'applaudir à leurs efforts pour donner et conserver aux femmes un de ces travaux assez rares, que la mécanique n'a point encore envahi, qui s'allie si bien avec les habitudes morales du foyer domestique, et qui, sans être largement rétribué, a l'avantage d'occuper les loisirs perdus ou les moments de chômage.

Nous devons également mentionner avec distinction une fabrication que Saint-Quentin exploite exclusivement, et qui depuis la dernière exposition a fait des progrès remarquables autant sous le rapport du bon marché que sous celui de la perfection, nous voulons parler des mousselines brochées pour meubles. Nous retrouvons encore ici la machine à la Jacquart comme élément principal de cette fabrication ; ce tissu a été imité de l'anglais ; mais aujourd'hui nous ne devons plus rien à nos modèles. Les fonds, d'abord un peu épais et souvent barrés, sont devenus plus réguliers et plus clairs, et le dessin a tout le relief désirable.

La production de cet article est assez abondante, et elle est venue heureusement combler les lacunes que laissait la perte de plusieurs anciens articles de la fabrique de Saint-Quentin, que la consommation abandonnait.

La fabrication des percales et jaconats fantaisies tissés à la marche ou à la Jacquart s'est aussi beaucoup améliorée. On a poussé aussi loin que possible la finesse du fond et la réduction du dessin. Les batistes d'Écosse, les jaconats et les nansoucks ont suivi ce mouvement de progression, et remplacent avantageusement, sous tous les rapports, les tissus similaires étrangers.

Le tulle, à la différence de tout autre article, trouvait dans la réduction progressive de son prix une cause de mévente; c'est que le tulle est essentiellement un article de luxe, et que la vileté de son prix lui faisait manquer sa destination : pour la lui rendre, on l'a enrichi de broderies et d'applications imitant la dentelle; il a été alors accepté par nos dames, recherché pour les ornements d'église : enfin on le brode pour rideaux, et il joue le rôle de la mousseline. Le tulle présente peut-être l'exemple le plus frappant de l'extrême réduction de prix auquel les perfectionnements mécaniques peuvent faire descendre un produit : dans les premiers temps de sa fabrication en France, on payait un tulle en 140 centimètres de large, de finesse courante, de 25 à 30 fr. l'aune métrique; aujourd'hui, la même largeur et la même finesse peuvent s'obtenir de 2 f. 25 à 2 f. 50.

Le jury signale, par continuation, une amélioration qu'il appelle de tous ses vœux dans l'exploitation de l'industrie cotonnière : c'est l'adoption d'un aunage constant et uniforme pour toutes les pièces d'un même genre de tissus. Cette mesure, si simple et si facile, favoriserait les ventes à l'intérieur et à l'étranger, économiserait du temps et des frais d'écritures, étendrait l'échelle de gradation des prix, obvierait à beaucoup d'erreurs et de réclamations, etc. Des avantages aussi réels seront-ils donc toujours sacrifiés à d'étroits calculs et à l'obstination de la routine?

§ 1er. TISSUS DE COTON SERRÉS, UNIS, ÉCRUS ET BLANCS.

M. Koechlin, rapporteur.

MÉDAILLES D'ARGENT.

M. KOENIG (David), à Mulhouse (Haut-Rhin).

Les tissus de cotons de diverses qualités que ce fabricant expose justifient parfaitement l'excellente réputation dont jouissent ses produits; nous avons surtout remarqué des calicots et percales de toutes finesses, qui réunissent toutes les qualités d'une belle et bonne fabrication, et qui ne le cèdent en rien à ce qui se fabrique de mieux dans le même genre en Angleterre.

L'apprêt de ces marchandises a été fait chez MM. Mertz-dorf frères, au vieux Thann (Haut-Rhin), et ne laisse également rien à désirer.

M. Kœnig expose pour la première fois ; l'importance de sa fabrication est de sept à huit mille pièces par an. Le jury lui décerne la médaille d'argent.

M. Ziegler et cᵢₑ, à Mulhouse (Haut-Rhin).

Ces fabricants possèdent de vastes établissements de filature et tissages mécaniques dans la vallée de Guebwiller (Haut-Rhin) ; ils emploient dans leurs ateliers seize cents ouvriers, et produisent environ soixante mille pièces de quarante aunes par année.

Ils exposent des calicots pour l'impression, et pour la vente en blanc en toutes largeurs, des jaconats, des percales, des mousselines rayées et façonnées à la Jacquart.

Nous avons aussi remarqué des toiles fortes de ménage et à l'usage des troupes.

Ces marchandises présentent dans leur ensemble une bonne fabrication et attestent de l'habileté de ces fabricants. Le jury leur décerne la médaille d'argent.

MM. Fergusson et Borneque, à Bavilliers (Haut-Rhin).

L'établissement est de six mille broches de filature, trois cents métiers de tissage mécanique et cinq cents métiers de tissage à la main ; neuf cent quatre-vingts ouvriers y sont employés et produisent annuellement trente à cinquante mille pièces.

Ils exposent une grande variété d'articles, des calicots, des madapolams, des cretonnes, des satins pour pantalons, des cuirs-coton ; nous avons surtout remarqué avec intérêt une pièce de vingt-quatre échantillons de calicots brillantés, que ces habiles fabricants sont parvenus à exécuter sur les métiers ordinaires, en y adaptant une mécanique toute simple qui ne donne pas plus de peine à l'ouvrier que pour les calicots unis. Ils fabriquent beaucoup de cretonnes pour draps de lit des militaires et de la classe ouvrière.

En récompense des efforts de cet établissement pour varier ses produits et de sa bonne fabrication, le jury lui décerne une médaille d'argent.

M. Bompard et c^{ie}, à Nancy (Meurthe).

MM. Bompard exposent un assortiment complet des nombreux articles qu'ils fournissent à la consommation : nous avons remarqué des calicots de toutes finesses, des percales, des piqués, des flanelles croisées, des napolitaines, des jaconats, des mousselines laine et coton et mousselines de pure laine ; ils se livrent surtout avec succès à la fabrication des mousselines claires dans les bas prix.

Tous ces articles attestent, par leur bonne fabrication, des progrès remarquables que cet établissement a faits depuis 1834, où il a eu la médaille de bronze. Le jury lui décerne la médaille d'argent.

RAPPEL DE MÉDAILLE DE BRONZE.

Mme Vallée-Lerond (veuve), à Cametours, près Saint-Lô.

Cette dame expose deux pièces mousseline mi-double chaîne et trame retorses à 5,000 fils en 3/4 de large.

Ces pièces sont d'une très-jolie fabrication, que le jury juge digne de la confirmation de la médaille de bronze obtenue en 1834.

MÉDAILLE DE BRONZE.

M. E. LEFÉBURE, à Orbey (Haut-Rhin).

L'établissement fondé, en 1836, est de 200 métiers mécaniques et produit 15,000 pièces par an.

Il expose trois pièces-calicot de 75, 85 et 100 portées, d'une très-belle et bonne fabrication, que le jury a jugées dignes de la médaille de bronze.

CITATIONS.

M. BUTTEAU et cⁱᵉ, à Roubaix (Nord),

Exposent deux pièces toile de coton remarquables par le prix modéré de 45 c. l'aune.

M. LECLERRE-DIDUS, à Roisel (Somme),

Expose quatre coupes linge de table d'une bonne fabrication : a déjà été cité en 1834.

MM. HORRER-MARTIN et ROZAL, à Blamont (Meurthe).

Ils exposent deux draps de lit et deux chemises dont la toile est filée et tissée dans leurs ateliers. Ils ont été cités en 1834.

MM. Tettard et Métayer, à Clairvaux, entrepreneurs du service de la maison de détention.

Ils exposent des calicots, des coutils, des cretonnes, des serviettes d'une bonne fabrication.

M. Cabasse, à Remiremont (Vosges).

Une pièce-croisé et des calicots d'une bonne fabrication.

---

§ 2. TISSUS EN COTON DE COULEUR.

M. Barbet, rapporteur.

FABRICATION DE L'ALSACE.

RAPPEL DE MÉDAILLE D'ARGENT.

MM. Kayser et cie, à Sainte-Marie-aux-Mines (Haut-Rhin).

Nous avons dit, en commençant, que les articles dits guingans n'étaient pas, en ce moment, recherchés par la consommation, quoique parfaitement fabriqués : c'est ce qui a déterminé MM. Kayser et compagnie, qui avaient obtenu une médaille d'argent en 1834, à reporter leur fabrication sur d'autres tissus ; ils exposent, cette année, une grande variété de cravates, tissus unis, façonnés, mélangés de soie et coton, et des imitations de batiste.

Ces produits sont bien fabriqués, tout y est bien entendu. Le jury lui confirme la médaille d'argent obtenue en 1854.

MÉDAILLES D'ARGENT.

Veuve Laurent WEBER et cⁱᵉ, à Mulhouse.

Ils présentent une grande variété de mouchoirs et d'étoffes pour robes.

Ils ont été les premiers à mélanger la soie et le coton pour faire ces mouchoirs dont la souplesse et les prix les font rechercher des consommateurs ; ils teignent tous les cotons qu'ils emploient ; on remarque surtout le beau lilas dont les fils sont les inventeurs. Ils occupent six cents ouvriers pour toute leur fabrication. Nous avons remarqué aussi un article mouchoir madras qui imite parfaitement les mêmes genres fabriqués dans l'Inde ; la ressemblance est si parfaite, sous tous les rapports, tissu, couleur, apprêt et même l'odeur, qu'on les envoie à Bordeaux, où ils sont acceptés pour des tissus de l'Inde.

Nous entrons ici dans quelques détails au sujet de cette fabrication, pour faire connaître jusqu'où doivent aller l'observation et le travail du fabricant pour parvenir à s'ouvrir de nouveaux débouchés.

Lorsque l'on s'est livré à la fabrication des imitations de madras, nos manufacturiers ont pensé qu'il fallait, au lieu de fils inégaux comme on les emploie dans l'Inde, au lieu d'un tissage imparfait, se servir de nos moyens perfectionnés ; ils croyaient que cette perfection serait appréciée des consommateurs, ils se sont trompés ; cet uni, cette vivacité de nos couleurs ont été cause de la répulsion de nos produits, tant la routine a de puissance.

Force a été aux manufacturiers, ou de renoncer à cette fabrication, ou de s'attacher à copier servilement jusqu'aux défauts de ces marchandises : problème difficile à résoudre par des hommes accoutumés à éviter toutes les imperfections; c'est un résultat que MM. Laurent Weber et compagnie ont seuls obtenu.

Pour sortir victorieux d'une pareille lutte, il faut être très-habile fabricant.

Ces considérations et l'importance de la fabrication ont déterminé le jury à décerner une médaille d'argent à MM. Laurent Weber et compagnie, quoiqu'ils exposent pour la première fois.

MM. Schmid et Saltzmann, à Ribeauville (Haut-Rhin).

Aux belles cotonnades diverses, aux beaux mouchoirs madras et guingans, ces fabricants ont joint une grande variété de mousselines, jaconats fantaisies au métier à la Jacquart : ces derniers articles sont faits avec une telle perfection, que, pendant longtemps, nos dames ont payé tout ce qui sortait de cette fabrique au double de sa valeur, parce qu'elles achetaient ces produits pour fabrication anglaise. Pour récompenser les succès obtenus par MM. Schmid et Saltzmann, le jury leur décerne la médaille d'argent.

MM. Weisgerber frères et J. Kayser, à Ribeauville.

Ils exposent une très-grande variété de madras lilas, cravates fines en coton, soie et coton, et cotonnades fantaisies ou ordinaires, et des cotons filés, teints dans leur établissement.

Ces produits ayant paru au jury parfaitement exécutés, et la fabrication ayant lieu sur une grande échelle, le jury décerne une médaille d'argent à ces manufacturiers.

MM. Reber et c^{ie}, à Sainte-Marie-aux-Mines (Haut-Rhin).

Nous avons des éloges très-mérités à donner à ces messieurs, qui ont exposé un grand nombre d'articles de bon goût et qui ne laissent rien à désirer sous tous les rapports.

Cette maison, qui a obtenu une médaille de bronze à l'exposition de 1834, a fait des progrès depuis cette époque, ce qui a déterminé le jury à lui décerner une médaille d'argent.

MÉDAILLE DE BRONZE.

MM. Mohler frères, à Sainte-Marie-aux-Mines.

Ces manufacturiers, tout en exposant quelques articles conformes à ceux de leurs confrères, attachent plus d'importance à leur fabrication de châles 4[4, 7[8, et 3[4, imitant, en coton, les tartans qui se font en laine.

Cet article, dont ils produisent une grande quantité, est recherché de la consommation, qui y trouve un grand avantage par la réduction du prix.

Ils imitent aussi, en coton, ces étoffes que l'on fait également en laine pour la confection des sacs de voyage.

Ces deux imitations sont parfaitement exécutées; le jury décerne à ces fabricants la médaille de bronze; en 1834, ils avaient eu une mention honorable.

---

§ 3. FABRICATION DE ROUEN.

MÉDAILLES D'ARGENT.

M. DUFORESTEL, à Rouen.

Ce fabricant file la plus grande partie des cotons qu'il emploie.

Il expose, 1° une pièce-calicot tissée à la mécanique, au prix de 45 c. le mètre ; la qualité et la fabrication en sont bonnes ; 2° des mouchoirs à carreaux, palliacat, rouge et aurore, rouge et violet, au prix de 10 fr. la douzaine, 0^m,86 de largeur : cette fabrication est bonne et à bas prix. Le jury décerne une médaille d'argent à M. Duforestel, qui occupe quatre à cinq cents ouvriers.

M. CAGNARD, à Rouen.

M. Cagnard est un de ces fabricants qui ne se laissent pas décourager par la concurrence que l'indienne bas prix fait à la rouennerie ; il a figuré avec succès à l'exposition de 1834, où il a obtenu une médaille de bronze ; à celle-ci il envoie un bel assortiment, très-varié en couleurs de tissus en coton de 120 centimètres de large, au prix de 96 c., à 1 fr. 13 c. le mètre.

Ces articles ont paru très-bien fabriqués, et leurs prix modérés. Ayant égard aussi à l'importance de sa fabrication, le jury lui décerne une médaille d'argent.

MÉDAILLES DE BRONZE.

M. VAUTIER, à Rouen.

Aider à mettre à la portée des bourses les moins garnies

les produits de l'industrie, soit en faisant diminuer les prix de ceux employés, soit en y substituant un autre article moins cher, c'est rendre un grand service à la société.

Tel est le résultat obtenu par M. Vautier, à Rouen, qui a fabriqué des toiles de coton assez fortes et assez unies pour remplacer la soie qui couvre les parapluies et permet de les établir à un prix qui en rend l'emploi facile pour les classes les moins aisées de la société.

Il a exposé des pièces de différentes couleurs, qui ont reçu l'approbation de votre commission.

Le jury décerne une médaille de bronze à M. Vautier, qui occupe deux cents ouvriers.

M. Viquesnel, à Rouen,

Expose des mouchoirs en fil variés en couleur, et d'autres en fil et coton.

A l'inspection de ces produits, nous avons été à même d'apprécier les avantages et la facilité que l'industrie pourra retirer des nouveaux perfectionnements obtenus par la filature du lin; le moment n'est peut-être pas bien éloigné où ce produit, à l'égal de la laine, viendra lutter avec avantage contre le coton.

Que les établissements à filer le lin se multiplient, que les agriculteurs prêtent assistance à nos industriels, ils nous montreront, à l'exposition prochaine, ce que l'on peut attendre de ce produit dans un avenir peu éloigné.

Le jury décerne à M. Viquesnel une médaille de bronze.

M. Montier-Huet, à Rouen,

Expose des mouchoirs en couleurs variées, à 7 fr. la douzaine. Cette fabrication est très-bonne, le prix n'en est pas élevé : ces considérations ont engagé le jury à décerner une médaille de bronze à M. Montier-Huet.

Pour terminer ce qui concerne la Seine-Inférieure, nous avons à parler des produits de deux fabricants d'Yvetot, qui se sont occupés de faire des articles dont la modicité du prix a étonné les membres du jury, qui cependant ont une grande habitude de ces sortes d'articles.

Les prix, quoique très-bas, comme on va en juger, sont cependant sincères et tels qu'on les obtient, chaque semaine, à la halle de Rouen.

M. Lemonnier, à Yvetot,

A exposé plusieurs articles en mouchoirs très-bien fabriqués et à bas prix, mais particulièrement des mouchoirs tissus blanc et rouge, bon teint, à carreau, au prix de 85 c. la douzaine, 35 centimèt. de long sur 30 de large, soit 7 c. une fraction de la pièce. Autant que l'on peut en juger à l'œil, le coton employé pour cette fabrication est du n° 24,000 mètres pour la chaîne, et 30 à 32 pour la tissure. Cette fabrication est très-soignée, les cotons sont bien filés.

Le jury, pensant qu'on doit encourager de pareils efforts, accorde une médaille de bronze à M. Lemonnier.

M. Mabire, à Yvetot.

Le jury décerne la même récompense à M. Mabire d'Yvetot, qui suit la même branche de commerce que M. Lemonnier sus-mentionné, et qui ne lui est pas inférieur pour la qualité de ses étoffes et pour le bas prix.

MENTIONS HONORABLES.

Nous avons dit, en commençant, que nous regrettions que nos manufacturiers de la Seine-Inférieure n'aient pas envoyé à l'exposition des tissus de coton teints en bleu dits guingans; mais nous avons trouvé une pièce de cette étoffe, qui a été envoyée par l'apprêteur, et qui peut soutenir la concurrence des Anglais, qui jusqu'à présent étaient parvenus à nous repousser du marché étranger. Aujourd'hui les choses ont changé de face; ils sont obligés de subir la nôtre, grâce aux perfectionnements qui ont été apportés à cette fabrication et à l'apprêt.

M. Vermont, apprêteur à Rouen, ayant contribué à ces perfectionnements, le jury lui accorde une mention honorable.

M. DUPONT-CHRÉTINOT, à Troyes (Aube).

Un seul manufacturier de Troyes s'est présenté à l'exposition pour tissus de coton; il a envoyé des cotons retors et des coutils fond blanc rayés bleu, et des finettes de coton.

Ces produits ayant paru satisfaisants, le jury décerne une mention à M. Dupont-Chrétinot.

MM. DUPUIS et REUMONT jeune, à Saint-Quentin.

On trouve à leur exposition une quantité de produits très-variés, imprimés et teints en toutes couleurs. Cette maison n'imprime pas, elle ne teint pas; on assure même qu'elle achète une partie de ses tissus : ces considérations ont déterminé le jury à lui décerner seulement une mention honorable.

La ville de Roubaix, où se déploient tant d'industries, a envoyé peu de produits teints en coton à l'exposition.

Le jury a remarqué les tissus coutil-coton de MM. Watines-Brodard, Dazin fils aîné, et Crépel-Louge. Les produits de ces fabricants ont satisfait les consommateurs, ce qui détermine le jury à leur décerner une mention honorable..

Le jury accorde une mention à MM. Médard Schlumberg, de Mulhouse, pour des tissus en coton façonnés, destinés à des tentures pour meubles, et qui sont très-bien confectionnés.

§ 4. TISSUS DE COTON CLAIRS ET LÉGERS, UNIS, BROCHÉS OU BRODÉS POUR MEUBLES.

M. Blanqui, rapporteur.

RAPPELS DE MÉDAILLES D'OR.

M. LEUTNER, à Tarare.

Il a obtenu une médaille d'or à l'exposition de 1819, et le rappel de cette même médaille en 1823, 1827 et 1834, pour le zèle et l'habileté persévérante qu'il a mis à propager, dans la ville qu'il habite, l'industrie des mousselines unies, brochées et brodées. Les produits de sa fabrique, qu'il a exposés cette année, ne sont pas moins recommandables par leur belle exécution, l'excellent choix des matières et le goût du dessin. Le jury estime M. Leutner tout à fait digne d'un nouveau rappel de la médaille d'or.

M. Clérambault, à Alençon.

En société avec M. Lecoq-Guibé, cet exposant avait, en 1827, obtenu la médaille d'or pour avoir introduit en France la fabrication des mousselines unies, claires, serrées et brodées à l'instar des mousselines suisses.

Lorsque la fabrique d'Alençon a rencontré dans celle de Tarare une rivalité redoutable, M. Clérambault est encore venu au secours de l'industrie de sa contrée, en y fondant un tissage considérable de mousselines-laine qu'il exploite avec autant d'habileté que de succès.

Pour l'ensemble des divers produits de sa fabrication, le jury lui vote le rappel de la médaille d'or.

M. Lecoq-Guibé, à Alençon.

Ancien associé de M. Clérambault, et ayant obtenu en commun avec lui la médaille d'or en 1827, M. Lecoq-Guibé a suivi avec autant de persévérance que de succès l'exploitation de la mousseline unie ou brodée à l'instar de la Suisse, qui lui avait valu cette honorable distinction. Il ne s'est point laissé décourager par la concurrence, et il a su la soutenir par une exécution soignée, le choix et la richesse de ses dessins; il a joint ainsi au mérite de la création celui du perfectionnement.

Le jury le proclame donc toujours digne de la médaille d'or de 1827, et lui en vote le rappel.

RAPPELS DE MÉDAILLES D'ARGENT.

MM. Picard jeune et fils, à Saint-Quentin,

Ont obtenu, en 1834, une nouvelle médaille d'argent pour leurs mousselines de tout genre, serrées et légères, pour leurs jaconats, organdis, batistes d'Écosse d'une parfaite exécution et d'un goût recherché. Cette maison continue de soutenir la juste réputation dont elle n'a cessé de jouir, et son exposition de cette année présente même plusieurs articles supérieurs à ceux qu'on avait remarqués jusqu'ici.

Le jury accorde à MM. Picard jeune et fils le rappel de la médaille d'argent.

M. d'Ocagne, à Paris.

Déjà récompensé à toutes les expositions, depuis 1819 jusqu'en 1834, pour ses dentelles et pour ses broderies de divers genres. Les produits qu'il expose, cette année, ne le cèdent en rien à ceux qu'il a présentés dans les expositions précédentes.

Le jury ne peut que confirmer la distinction dont M. d'Ocagne a été l'objet.

M. Lefort, à Rouen.

Il a également obtenu une médaille d'argent en 1834, pour sa belle fabrication de tulles larges et en bandes, d'après le meilleur système anglais. Depuis cette époque, M. Lefort s'est occupé de préférence de l'industrie des nouveautés. Il expose, cette année, des dentelles imitant le point de Malines et le point de Bruxelles, pour application d'Angleterre; ces différents articles ont été obtenus au moyen de métiers dont le brevet lui appartient.

Le jury décerne à M. Lefort le rappel de la médaille d'argent.

MÉDAILLE D'ARGENT.

M. Davin-Defresne, à Saint-Quentin,

A envoyé à l'exposition une collection variée d'articles de presque tous les genres qui se fabriquent à Saint-Quentin; jaconats, nansoucks, batistes d'Écosse, cotteligues, brillantés, linge de table damassé, mousselines brochées pour meubles, etc. Tous ces articles attestent, chez ce fabricant, une grande intelligence des procédés de la fabrication, et des efforts constants et heureux pour en améliorer les produits; ses jaconats et ses nansoucks ont enlevé les suffrages par leur finesse et leur régularité, et ils peuvent soutenir la comparaison avec tout ce qui se fait de mieux dans ce genre à l'étranger.

Le jury lui décerne la médaille d'argent.

RAPPEL DE MÉDAILLE DE BRONZE.

M. A. Salmon, à Tarare,

On remarque dans son exposition des mousselines unies, apprêt souple ou apprêt d'organdi de différentes qualités, dont l'une, en 4/4 de large, peut s'établir en écru à 30 c. l'aune; des mousselines et gazes en bandes rayées et satinées, des organdis brochés en fleurs de plusieurs nuances.

Le broché sur fond clair produit des effets séduisants, et ils sont obtenus tantôt par la mécanique Jacquart, tantôt par le procédé de l'époullinage à l'aide du battant-brocheur. Nous avons distingué un bouquet de différentes couleurs, broché sur un lancé qui forme mat; ce qui permet d'obtenir, sur un fond mousseline, les effets que présentent les articles de Lyon.

M. Salmon expose, en outre, des mousselines, genre suisse, unies ou brodées pour meubles; enfin il a fait exécuter, par ses ouvriers et à leur profit, un portrait du Roi, tissé en coton, d'une réduction et d'une exécution remarquables.

La fabrique de M. Salmon n'est qu'une annexe du commerce des articles de Tarare et de Saint-Quentin, qu'il fait à Paris. Toutefois la variété de ses produits qu'il a exposés annonce une grande intelligence de la fabrication, et constate les efforts heureux qu'il fait pour mettre l'industrie nationale en mesure de soutenir la concurrence étrangère.

Le jury se plaît à lui rappeler la médaille de bronze qu'il a obtenue en 1834.

MÉDAILLES DE BRONZE.

M. Estragnat fils aîné, à Tarare.

Les divers articles qu'il a exposés, et notamment ses organdis brochés, en couleurs, ont attiré l'attention par le genre gracieux et élégant des dessins. M. Estragnat, qui a sa maison à Paris, est en bonne position pour donner à la fabrique des modèles que le goût approuve ou que la mode réclame, et cette utile direction est bien secondée par l'habileté de ses propres ouvriers.

Le jury lui décerne une médaille de bronze.

M. Pramondon, à Tarare,

A exposé des mousselines claires de différents prix, des organdis unis et brochés, en blanc ou en couleur, des mousselines brodées, et autres articles spéciaux à la fabrique de Tarare, qui ont fixé l'attention par la régularité des tissus et l'élégance des dessins.

Le jury lui décerne une médaille de bronze.

M. Daudeville, à Saint-Quentin,

Fabrique avec succès les mousselines brochées pour rideaux, ou brochées en bandes pour bordure, par un procédé pour lequel il est breveté. Il exécute ses bouquets et ses dessins, soit en laine, soit en coton bon teint. L'habileté dont il a fait preuve dans un genre qu'il a pu exploiter exclusivement à l'aide de son brevet, le bon goût et la bonne exécution de ses produits ont mérité à cet exposant la médaille de bronze que le jury lui décerne.

MM. Dambrun frères, à Vendelles (Aisne).

Ces fabricants qui vivent à la campagne, au milieu de leurs tisserands, sont en position de les diriger et de les surveiller par eux-mêmes. C'est un élément de bonne exécution et d'économie que justifient les divers produits qu'ils ont exposés en tissus serrés ou clairs, unis ou brochés : leurs jaconats, leurs batistes d'Écosse, leurs brillantés à semis ou à petits dessins se recommandent par ce double mérite.

Le jury leur décerne une médaille de bronze.

M. Poisson-Livorel, à Saint-Quentin.

C'est un des industriels qui ont le plus contribué au large développement qu'a pris à Saint-Quentin la fabrication des mousselines brochées pour meubles ; en se livrant exclusivement à ce genre, il a pu lui donner une direction utile pour la bonne exécution des fonds, le goût et le choix des dessins; et l'impulsion qu'il a donnée à ce genre d'articles a été heureuse pour la fabrique.

Le jury lui décerne la médaille de bronze.

M. Renaudière, à Paris.

Nous avons signalé les avantages que le commerce, en général, et Tarare spécialement, avaient trouvés dans l'extension donnée à la broderie sur mousseline et sur tulle pour meubles. L'exposant est un de ceux qui ont donné l'impulsion à cette industrie : chef d'une maison de commerce à Paris, étant ainsi près de la consommation, il a pu en étudier les tendances pour les satisfaire ou les prévenir, et les broderies diverses qu'il a présentées prouvent qu'il l'a fait avec autant d'intelligence que de goût.

Le jury lui décerne une médaille de bronze.

MENTIONS HONORABLES.

M. J. Fion, à Tarare.

Parmi les industriels qui se sont occupés de la broderie sur mousseline pour meubles, l'exposant mérite d'être distingué par le nombre d'ouvrières qu'il a occupées, par la variété, le bon goût et la richesse des dispositions qu'il fait exécuter. Au milieu des mousselines et des tulles brodés pour rideaux ou bordures qu'il a exposés, on a distingué un grand rideau de deux aunes de large, présentant un dessin d'une riche composition, dont l'original, exécuté par un artiste de Paris, se trouvait à côté même de la pièce exécutée.

M. Lucy-Sédillot, à Paris,

S'est également occupé sur une assez large échelle de la broderie sur mousseline et sur tulle pour rideaux. Il ne le cède à aucun de ses concurrents dans ce genre, soit pour le choix des fonds, soit pour l'élégance, le goût, la hardiesse des dessins. Il a fait exécuter des semis à pois très-rapprochés qui imitent parfaitement le genre suisse, et sont d'un prix modéré; cet article difficile à réussir est demandé pour certaines consommations, que la Suisse seule, avant lui, était en possession de satisfaire.

CITATION.

M. Caron-Marlio, à Paris.

Il a exposé une collection variée d'articles en percale et en mousselines blanches à plis ineffaçables, obtenus par le tissage même.

Ces produits nouveaux dans la consommation obtiendront, sans doute, le succès qu'ils méritent.

QUATRIÈME PARTIE.

FILS ET TISSUS DE LIN ET DE CHANVRE.

PRÉPARATION, FILATURE ET TISSAGE DU LIN ET DU CHANVRE.

M. Schlumberger (Charles), rapporteur.

Considérations générales.

Nous n'avons pas eu à nous occuper des chanvres et des lins à l'état de matière première ; un seul exposant a envoyé des échantillons de chanvre peigné qui n'offrent rien de remarquable. Il est à désirer qu'à la prochaine exposition, nos cultivateurs, comprenant mieux leurs intérêts, puissent nous envoyer des chanvres et des lins bien préparés.

L'heureuse position de la France permet cette double culture dans la majeure partie de nos départements ; elle peut donc être appelée à la plus grande prospérité, si, abandonnant la routine, nos cultivateurs lui donnent, à l'instar de nos voisins de Belgique, les soins qui, en la perfectionnant, en rendront les produits plus aptes à la filature par machines : ils en seront récompensés par des prix plus élevés que nos fabriques nationales, comme celles des pays voisins, ne craindront pas de payer pour une matière première plus facile à employer et donnant moins de déchets.

Dans l'état actuel des choses, il est indispensable que, dans toutes les localités, les conseils d'agricultures, les comices agricoles, venant en aide à l'administration, éveillent l'attention et stimulent le zèle des producteurs de lin, principalement sur les soins qu'exigent sa culture *et la préparation de la filasse.*

Jusqu'ici des essais nombreux ont été tentés soit pour remplacer les moyens actuels de rouissage (ou dégommage), soit pour les modifier; mais aucun d'eux n'ayant été mis en pratique sur une grande échelle, ils paraissent aujourd'hui abandonnés. L'expérience nous fait penser que ceux qui voudront, à l'avenir, s'occuper de cette question devront se persuader que la combinaison des moyens chimiques et mécaniques pourra seule donner des résultats satisfaisants, si tant est que de pareils moyens puissent être facilement employés dans nos campagnes où souvent un cultivateur n'a qu'une faible portion de terrain à consacrer à sa récolte de lin.

Le peignage se fait encore généralement à la main; il existe cependant des machines à peigner qui donnent de très-bons produits; mais la variété de la matière première est telle et les premières préparations en sont souvent si négligées, que les fabricants qui emploient ces machines sont obligés d'avoir en sus un atelier de peignage à la main pour traiter les lins qui ne supporteraient pas le peignage mécanique.

Le filage, à la main, du chanvre et du lin existe dans toutes les parties de la France : sera-t-il entièrement abandonné pour le filage mécanique ? nous ne le pensons pas ; nous croyons qu'il est quelques emplois, tels que le tissage des batistes et de quelques toiles très-fines, la fabrication des dentelles, qui réclameront toujours du fil à la main, pour l'éclat, le brillant et la finesse, auxquels son rival n'a pu atteindre aussi complétement jusqu'à ce jour.

Les nombreuses vicissitudes éprouvées depuis vingt-cinq ans par la filature du lin par machines, les sacrifices considérables et en pure perte faits par ceux qui ont osé monter des ateliers en grand, le découragement qui a dû s'ensuivre, avaient jeté une défaveur telle sur cette industrie, qu'en 1834, encore, elle était mise presqu'à l'index, et que tout espoir de l'établir avantageusement en France semblait perdu. Malgré cette défaveur générale, quelques hommes entreprenants n'ont pas hésité à faire de nouvelles tentatives ; en voyant l'Angleterre marcher à grands pas dans la voie du progrès, ils ont voulu ramener en France une industrie qui y avait pris naissance, ils ont réussi.

Nous avons les matières premières en abondance; rien ne s'opposera à leur accroissement et à leur perfectionnement, à mesure que les besoins le réclameront. Nous commençons à construire en machines à filer ce que l'Angleterre a produit de plus parfait jusqu'à ce jour; nul doute que des perfectionnements qui en simplifieront les mouvements et en abaisseront les prix y seront introduits par nos habiles constructeurs. Parmi ceux-ci nous pourrons citer :

M. Nicolas Schlumberger et compagnie, de Guebwiller (Haut-Rhin), dont on a pu voir les machines à l'exposition, et qui ont monté une filature pour leur propre compte, afin de mieux perfectionner leurs métiers ;

M. André Kœchlin et compagnie, à Mulhouse, qui montent également une grande filature ;

M. Decoster et compagnie, qui ont formé à Paris, sur une grande échelle, un atelier spécial pour les métiers à lin, et qui ont apporté une grande perfection dans le travail du chanvre ;

M. Debergue et compagnie, à Paris ;

M. David, à Lille.

La construction générale de ces sortes de machines demande beaucoup de soins, mais elle ne présente aucune difficulté sérieuse, et les demandes de machines, en augmentant, feront monter d'autres ateliers.

Nous avons donc à signaler dès à présent une révolution complète dans toutes les industries qui emploient les fils de chanvre et de lin. Les fils de chanvre n'ont pas paru à l'exposition ; mais ceux fabriqués chez MM. Saglio et compagnie, à Haguenau, et chez M. Mercier, à Alençon, peuvent donner une haute idée de l'avenir qui est réservé à cette importante industrie. Un perfectionnement récent a été apporté en Angleterre par l'emploi des machines à la filature et au tordage de tous les fils servant à la fabrication des cordes et des cordages, ainsi que ceux employés à la couture des voiles ; cette seule spécialité peut donner du travail à un grand nombre d'ouvriers.

Pour la filature du lin, deux établissements sont à citer en première ligne, tant à cause de leur importance que pour la qualité de leurs fils, qui peuvent être avantageusement comparés aux plus beaux produits étrangers : ce sont MM. Feray et compagnie, à Essonnes, et Scrive frères, à Lille.

Plus de vingt autres filatures, dont quelques-unes d'une grande importance, sont en cours d'exécution ; elles se montent dans des localités différentes, et principalement là où elles viendront alimenter les nombreux ateliers de tissage qui les entourent. Tout présage le succès quand on voit les noms ho-

norables qui se sont engagés dans cette industrie ;
mais à ceux qui veulent marcher sur leurs traces
nous croyons devoir dire qu'une grande prudence
et les calculs les plus exacts doivent présider à l'é-
tablissement de nos filatures de lin, au choix des localités et à celui du moteur le plus économique.

On peut considérer également que deux systèmes
de filature sont employés : le système anglais, c'est-
à-dire avec des étirages courts et à l'eau chaude,
paraît aujourd'hui avoir la préférence comme donnant des fils plus réguliers et plus beaux ; cependant
la filature avec des étirages plus longs n'est pas
abandonnée ; quelques filateurs français en obtiennent encore d'assez bons résultats.

Nous n'avons pas, comme dans le rapport sur nos
filatures de coton, de chiffres statistiques à donner.
La filature du lin débute, mais elle grandira vite.
Ici comme pour la laine, l'agriculture et l'industrie
viendront en aide l'une à l'autre, et la prochaine exposition prouvera les succès de nos fabricants et de
nos habiles ouvriers.

Si de la filature nous arrivons au tissage, nous
aurons des progrès tout aussi remarquables à constater.

L'emploi des fils mécaniques fournis, à la vérité,
presque exclusivement par l'Angleterre à nos tisserands, mais remplacés par les fils français, à mesure de leur production, a opéré sur les tissus en

général une réduction de prix d'au moins 20 pour
100; les toiles de l'exposition en sont une preuve.
Ces fils ont servi aussi à produire des articles nouveaux et variés ; ils ont perfectionné les anciens.

C'est à la facilité de se les procurer en quantité
suffisante et à leur bon emploi que nos fabricants
de linge de table, de coutils et d'étoffes de fantaisie doivent les succès importants qu'ils ont obtenus
et qui les mettent à même de lutter, sans la craindre,
avec la concurrence étrangère, soit en France , soit
sur les marchés du dehors. On n'est pas étonné de
ces améliorations quand on compare le travail ancien avec celui d'aujourd'hui.

Avant le fil mécanique, le fabricant était obligé
de perdre un temps considérable pour courir de
marché en marché faire l'achat de ses fils, et, pour
peu qu'il eût à fournir un certain nombre de pièces,
il était obligé forcément d'acheter une quantité de
fils bien supérieure à ses besoins, afin de trouver
dans la masse l'assortiment nécessaire à la confection de ses toiles, bien heureux encore quand une
pièce ne restait pas sur le métier, faute de trame
pour la finir. D'après cela, on doit juger de l'irré-
gularité du travail.

Aujourd'hui, et l'habitude n'a pas été longue à
prendre, l'ouvrier se présente dans les magasins du
filateur ou du négociant, et on lui livre, à son choix,
un fil de la finesse qu'il désire, bien fait, nu-

méroté régulièrement et à des prix bien inférieurs.

D'après les renseignements qui nous ont été fournis, nous savons qu'un ouvrier qui ne fabriquait, avec les anciens fils, que 5 aunes, peut en faire aujourd'hui 6 aunes et demie à 7 aunes, et que son salaire est, par conséquent, plus fort, puisque la façon n'a pas changé.

Il y a des localités où le tisserand refuse de travailler à façon, quand on ne lui donne pas des chaînes mécaniques.

Les essais de tissage par machines n'ont encore donné des résultats satisfaisants que pour des toiles d'une certaine qualité ; les fortes toiles ordinaires et les toiles fines ont continué d'être tissées à la main. En Angleterre même et en Écosse, le tissage mécanique n'est guère pratiqué que pour des toiles communes destinées à l'exportation ; on cite même des fabricants qui l'abandonnent pour revenir au tissage ordinaire. En Irlande, où la main-d'œuvre se rapproche le plus de celle de nos contrées, on tisse généralement à la main.

Nous n'en voulons point conclure que le tissage mécanique n'a pas un grand avenir ; quand on voit les produits obtenus avec ces métiers ingénieux, en étoffes de laine ou de coton, on peut assurer qu'un grand nombre d'articles en chanvre ou en lin pourront se fabriquer avec avantage par ces procédés.

Certains tissus seront encore longtemps fabriqués

exclusivement à la main, soit pour la filature, soit pour le tissage. Parmi ceux-ci sont, en première ligne, les batistes et les toiles fines dites *demi-hollande*.

La fabrication de la batiste est toute française ; elle est encore sans rivale malgré les efforts faits par nos voisins pour nous l'enlever. C'est une de ces industries toutes spéciales et privilégiées qui, concentrant dans de certaines localités tous les éléments nécessaires à leur production, y restent, pour ainsi dire, attachées.

Valenciennes, Cambrai, et leurs environs, sont le centre de cette fabrication : là, tout est réuni ; la culture si difficile des beaux lins fins, la filature si délicate, et le tissage qui demande tant de soins, sont à côté des blanchisseries renommées pour donner le plus beau blanc. La filature des fils fins a été entravée, depuis quelques années, par d'autres industries, et notamment par les sucreries de betteraves, qui, offrant aux femmes des salaires élevés, les ont enlevées à la filature.

De tous les tissus de fil, la batiste est celui qui est le plus fin, le plus brillant, le plus régulier ; son prix varie de 3 à 36 fr. l'aune. On peut juger, par là, de la variété de son emploi. Elle sert à la confection d'une infinité d'objets, et notamment pour mouchoirs de poche ; pour cet usage, elle est fort recherchée : cette demande s'est trouvée augmentée encore par les belles impressions qu'on a su y appliquer, avec ce goût exquis des couleurs et cette inépuisable variété qui distinguent nos dessinateurs français, et qui leur procurent un si large placement à l'étranger.

Les toiles demi-hollande sont principalement fabriquées dans le département de l'Oise; le travail en est le même que pour les batistes, il est dès lors inutile de le détailler.

Ces deux fabrications, celle de la batiste surtout, sont une des branches les plus intéressantes de notre industrie, par le grand nombre de bras qu'elles emploient, et par le commerce d'exportation qu'elles alimentent.

Suivant les tableaux de la douane, les exportations annuelles de la batiste pour l'Amérique, l'Angleterre, et surtout la Havane, sont de 15 à 18 millions.

SECTION PREMIÈRE.

FILATURE.

MÉDAILLE D'OR.

M. E. Feray et cie, à Essonnes.

Après un séjour de deux ans en Angleterre, où il fut témoin des grands succès obtenus dans ce pays par les filateurs de lin, M. Feray eut l'excellente idée de chercher à créer un établissement du même genre en France. Il serait trop long de détailler les difficultés sans nombre qu'il a fallu vaincre pour réaliser ce projet, la persévérance et la ferme volonté les lui ont fait surmonter. La filature d'Essonnes ne compte encore que peu d'années d'existence, et déjà elle est arrivée au premier rang ; ses fils se vendent dans toutes les parties de la France, et sont souvent préférés aux fils anglais eux-mêmes. La fabrication courante est, pour les lins, entre le n° 10,000 mètres au demi-kil., qui coûte 2 fr. 50 c., et le n° 30,000 mètres, qui coûte 6 fr. 75 c.; pour les étoupes, depuis le n° 7,000 mètres, au prix de 1 fr. 50 c., jusqu'au n° 16,000 mètres, au prix de 3 fr. 15 c.

Outre leur vente courante, ces habiles fabricants ont appliqué une partie de leurs fils à la fabrication du linge de table damassé ; de même qu'ils avaient été les premiers pour le linge en coton, ils sont arrivés à faire en fils des services qui ne laissent rien à désirer et qui sont supérieurs aux plus beaux produits étrangers : ils ont fait, pendant l'exposition, l'admiration de tous les visiteurs.

On avait fait, avant M. Feray, des essais pour introduire en France les procédés anglais de filature, mais il est certain que, par la bonne direction donnée à la création de leur établissement et le beau succès qui s'en est suivi, ce sont M. Feray et compagnie qui ont donné l'élan et contribué puissamment à l'extension de la filature du lin.

Le jury, heureux d'encourager une si belle industrie, décerne à M. Feray et compagnie la médaille d'or pour l'ensemble de leurs produits.

MENTIONS HONORABLES.

M. Bègue, à Saint-Ouen (près Paris).

Il n'y a pas beaucoup plus d'un an que M. Bègue a pu commencer à mettre son établissement en activité, et déjà près de 800 broches fournissent des fils d'une bonne qualité. Il est en voie de donner une grande extension à son exploitation, dont il va transférer le siége sur un cours d'eau de 60 chevaux, dans la vallée d'Essonnes. Les premiers métiers ont été importés d'Angleterre; mais il a commandé le complément de ses assortiments à des constructeurs français, et notamment à M. Schlumberger de Guebwiller, dont trois métiers fonctionnent déjà à côté des métiers anglais avec le même succès.

Les fils de M. Bègue sont dans les mêmes finesses que ceux de M. Feray, ils peuvent même en soutenir la comparaison.

Si l'établissement de M. Bègue avait reçu l'extension projetée, et s'il réalisait, ce dont nous ne doutons pas, les espérances que ses débuts ont fait concevoir, nous ne balancerions pas à lui voter l'une des premières récompenses; mais, dans l'état d'essai et d'expérimentation où il est encore, nous croyons convenable de lui décerner la mention honorable si bien justifiée.

MM. Lahérard et cie, à Roillepot (Pas-de-Calais).

Ces fabricants, avec une filature assez importante montée sur l'ancien système, ont cherché à lutter contre l'invasion des fils anglais; mais ils ont bientôt senti que le meilleur moyen était de s'enquérir de leurs procédés, et ils viennent d'importer un assortiment de machines anglaises afin de perfectionner leurs produits.

Les fils qu'ils exposent paraissent plutôt destinés à la fabrication des fils à coudre et aux chaînes de coutils, qu'à celle des toiles, pour lesquelles ils seraient trop tordus.

D'après ces considérations, et se fondant en partie sur les mêmes motifs qui l'ont déterminé dans l'appréciation des produits de M. Bègue, le jury leur vote une mention honorable.

M. Bridon et cie, à Nantes.

Cette filature est déjà ancienne, et malgré bien des mécomptes, les propriétaires ont persévéré dans leur travail avec un louable courage. Après avoir perfectionné autant que possible l'ancienne filature, ils ont également fait venir un assortiment de machines nouvelles pour combiner ensemble les deux systèmes et perfectionner ainsi leurs produits.

Ils vendent leurs fils dans les départements environnants et jusqu'à Paris.

Ceux qu'ils exposent ne vont pas jusqu'à de grandes finesses, mais leur qualité est d'un bon ordinaire et à des prix modérés.

Le jury leur vote, comme aux deux concurrents qui précèdent, une mention honorable.

M. Giberton et cie, au Blanc (Indre).

Quelques échantillons seulement font apprécier la qualité des fils de cette fabrique; elle est appelée à devenir une de nos bonnes filatures.

M. Dupont (Louis), à Landas (Nord),

Qui expose des fils de mull-jenny très-bien filés et qui

méritent d'être mentionnés, cette industrie devenant chaque jour plus rare dans nos départements du nord.

M. Fiévet, à Boué (Aisne),

Expose des fils à dentelles d'une grande perfection.

CITATION FAVORABLE.

M. Souvion, à Saillans (Drôme),

Pour des fils de chanvre bien filés et des échantillons de chanvre d'une bonne qualité.

SECTION II.

TISSAGE.

§ 1er.—TOILES UNIES ORDINAIRES ET COMMUNES.

MÉDAILLES D'ARGENT.

MM. Vétillart père et fils, au Mans.

Les toiles exposées par ces fabricants sont d'une belle exécution; elles ne sont, au reste, que l'échantillon de leur fabrication courante. Les prix en sont d'autant plus remarquables que, pour certaines toiles, nous avons constaté qu'elles pouvaient rivaliser avec les toiles anglaises pour la finesse, et qu'elles leur étaient supérieures pour la qualité. Le bon emploi des fils mécaniques, soit purs ou mélangés avec des fils à la main, a permis d'obtenir ce résultat avantageux.

En outre des toiles qu'ils font faire au dehors, MM. Vétillart ont un atelier de soixante-dix métiers de tissage; ils ont des premiers employé le temple à pinces, dont on a pu juger les résultats par les belles lisières de toutes leurs toiles, parmi lesquelles nous devons citer, comme chef-d'œuvre de tissage, une pièce de 30 aunes en 2/3, à 6 fr. l'aune.

Ces fabricants exploitent également une des blanchisseries les plus renommées en France.

MM. Vétillart méritent bien de l'industrie toilière par les efforts constants qu'ils font pour en développer les progrès, et par les bons exemples qu'ils donnent et qu'ils propagent.

Le jury leur décerne la médaille d'argent.

M. Constant-Goupille, à Fresnay (Sarthe),

Est un des fabricants les plus distingués dans le pays; il a compris que les toiles ordinaires étaient celles qui convenaient au plus grand nombre, et s'est appliqué à les produire avec la plus grande perfection possible. Celles qu'il expose dans les prix de 1 fr. 80 c. à 3 fr. 40 c. l'aune sont remarquables par leur bonne fabrication et la modération des prix. Ces prix peuvent également être mis en comparaison avec les prix anglais, et c'est encore par l'emploi bien entendu qu'il a su faire des fils mécaniques que ce fabricant est arrivé à ce résultat.

En 1834, la médaille de bronze avait récompensé les efforts de M. Constant-Goupille, le jury lui décerne la médaille d'argent.

M. Berger-Deleinte, à Fresnay (Sarthe).

Les toiles fabriquées par ses soins sont toutes très-bien faites, et leurs prix sont modérés. A sa fabrication courante M. Berger a ajouté un article spécial, celui des toiles en grande largeur pour tableaux; on a pu remarquer la fabrication suivie de ces toiles, et les soins qu'il a fallu mettre à celle de près de cinq mètres de largeur. Ces pièces remplacent avec avantage celles que nous étions obligés de tirer de l'étranger. M. Berger passe à juste titre pour un de nos fabricants les plus habiles; le jury lui décerne la médaille d'argent.

RAPPEL DE MÉDAILLE DE BRONZE.

M. BEYER (Jacques), à Fresnay-le-Vicomte.

Déjà récompensé en 1834 pour avoir tissé, sous la direction de M. le comte Perrochel, des toiles d'une régularité et d'une finesse remarquables, M. Beyer est encore signalé, cette année, comme ayant continué à perfectionner le tissage des toiles, et pouvant être cité comme un des plus habiles tisserands de son pays. M. le comte Perrochel l'a recommandé à l'attention du jury, qui lui rappelle la médaille de bronze de 1834.

MÉDAILLES DE BRONZE.

M. BILLON (Jacques), à Fresnay (Sarthe),

Expose des toiles de 3 fr. 50 c. à 6 fr. l'aune; elles sont toutes très-bien fabriquées, mais nous ferons à son égard les mêmes observations que pour M. Rousseau.

Le jury lui décerne une médaille de bronze.

M. ROUSSEAU, à Fresnay (Sarthe).

Ce fabricant a exposé des toiles qui sont fort belles, mais qui sortent de la fabrication courante; il a voulu sans doute montrer jusqu'où peut aller l'habileté de ses ouvriers. Nous l'engageons à envoyer, à la prochaine exposition, de bonnes toiles ordinaires, et entre autres aussi comme sa pièce en 2/3 à 3 fr. 40 c. l'aune.

Pour récompenser ses efforts, le jury lui décerne une médaille de bronze.

MENTIONS HONORABLES.

M. DE PERROCHEL, à Saint-Aubin (Sarthe).

Le jury ne peut qu'applaudir à l'usage honorable que fait M. le comte Perrochel de sa fortune et de son influence personnelle pour développer l'industrie de la toile dans le département qu'il habite. Il est le premier à y introduire les meilleures et les plus nouvelles méthodes, les procédés les plus ingénieux : l'industrie lui doit déjà beaucoup de perfectionnements.

Le jury, ne pouvant pas récompenser un fabricant dans M. le comte Perrochel, se fait un devoir de lui donner une haute marque de sa considération en lui votant une mention honorable.

M. AYRAUD, aux Epesses (Vendée).

Il fabrique spécialement les mouchoirs; ceux qu'il a exposés, à 27 fr. la douzaine, sont très-bien fabriqués.

M. GALAIS, à Fougères (Ille-et-Vilaine),

Expose des toiles fortes bien fabriquées et à des prix modérés.

M. KOECHLIN, à Auxy-le-Château (Pas-de-Calais),

Expose les essais de son tissage mécanique pour toiles et laines, qui est appelé à faire des progrès, à en juger par les pièces exposées.

CITATIONS FAVORABLES.

MM. BACHE, MALLET, DIETZ et c^{ie}, à Clermont-Ferrand,

Exposent les premiers essais de leur tissage mécanique, qui promettent plus tard un bon résultat.

M. LIVACHE (Joseph), à Fresnay (Sarthe),

A exposé des toiles fines bien fabriquées.

M. SOUCHU, à Bouloire (Sarthe),

Envoie un échantillon de toile forte d'une bonne exécution.

M. GESLIN (François), à Fresnay (Sarthe),

Expose des toiles bien faites, à un prix convenable.

———

§ 2. — BATISTES ET TOILES FINES.

MÉDAILLES DE BRONZE.

MM. LHABITANT et GUINET, à Paris.

Nous avons signalé plus haut l'intérêt qui s'attache à la fabrication des batistes, à titre d'industrie exclusive et toute nationale; l'importance de nos exportations due spécialement au goût et au fini des dessins dont nous enrichissons ce tissu par l'impression. Les exposants dont nous nous occupons peuvent, à bon droit, revendiquer une large part dans le succès que nous obtenons surtout dans nos placements à l'étranger. Ils soignent par eux-mêmes, et avec un goût et une attention toute particulière, les dessins, la gravure, l'impression, et quelques-unes des pièces qu'ils ont exposées sont des chefs-d'œuvre dans leur genre. C'est à ces améliorations qu'ils doivent l'extension importante donnée à leurs affaires, notamment pour le dehors.

Bien que les exposants ne fabriquent pas par eux-mêmes, cependant la direction et la réunion des divers éléments qui constituent le produit et en amènent la vente constituent réellement un mérite de fabrication.

Le jury leur vote donc une médaille de bronze.

MM. JOLLY et GODARD, à Cambrai.

Cette maison, par la bonne direction qu'elle sait maintenir dans la fabrication des batistes en écru, blanches ou imprimées, leur a conservé la renommée qu'elles ont toujours eue sur tous les marchés étrangers.

Le bon goût qui préside au choix des tissus et des dessins imprimés a donné une extension très-grande à leurs divers emplois, et, comme nous l'avons dit déjà, en a fait la base d'un grand commerce d'exportation.

MM. Jolly et Godard ont puissamment contribué à ce succès, ils méritent une médaille de bronze.

M. MARY, à Saint-Rimault (Oise).

Cet habile fabricant est connu depuis longtemps pour la bonne confection de ses toiles fines; il emploie, dans sa localité, un grand nombre d'ouvriers. Les produits qu'il expose ne laissent rien à désirer.

Il mérite la médaille de bronze.

§ 3. — LINGE OUVRÉ OU DAMASSÉ.

M. FERAY et Cie.

Déjà cités à la filature.

MÉDAILLES D'ARGENT.

M. NOULIBOS, à Pau.

L'ancienne fabrication du linge ouvré du Béarn, serait peut-être entièrement tombée sous la concurrence d'autres fabriques, si elle n'avait pu joindre la confection du linge damassé à sa première industrie.

M. Noulibos a rendu un véritable service à son département en y encourageant et y propageant, par son exemple, cette belle fabrication.

Les produits qu'il expose sont très-bien confectionnés et les dessins d'une grande variété. Les linges ouvrés à 65 fr., le service et les damassés à 140 fr. sont des prix très-raisonnables en considérant la bonne qualité des produits.

M. Noulibos occupe un grand nombre d'ouvriers; il emploie les fils mécaniques mélangés ou non avec les fils à la main.

Le jury lui décerne la médaille d'argent.

M. BÉGUÉ fils, à Pau.

Ce fabricant, à l'exemple de M. Noulibos, confectionne le linge de table ouvré genre Béarn, et le linge damassé à fleurs : ses produits, auxquels il apporte le plus grand soin, ne laissent rien à désirer pour la qualité et pour les prix.

Il occupe près de deux cents ouvriers. Déjà, en 1834, M. Bégué avait reçu une mention honorable du jury ; les progrès rapides qu'il a faits depuis, l'extension donnée à sa fabrication et la beauté de ses produits lui méritent une médaille d'argent.

M. AULOY-MILLERAND, à Marcigny (Saône-et-Loire).

En 1823, M. Auloy introduisit, dans son département, cette industrie, qui y était inconnue ; on comprend combien de difficultés il dut rencontrer et quelle persévérance il lui fallut pour s'établir sur une base solide là où tout était à créer.

En 1834, il reçut la médaille de bronze en récompense de ses efforts et de ses premiers succès. Depuis lors, M. Auloy, guidé par des conseils éclairés, a donné une nouvelle extension à sa fabrication ; il occupe, aujourd'hui, plus de deux cents ouvriers pour le tissage et la blanchisserie, et, pendant toute l'année, il donne du travail à un très-grand nombre de fileuses. Il a également cherché à perfectionner la culture et la préparation du lin ; il nous a présenté de beaux échantillons récoltés sur ses propriétés. Outre le linge damassé, M. Auloy fabrique aussi des toiles unies ; nous regrettons qu'il n'en ait pas envoyé à l'exposition.

Les produits qu'il expose sont d'une grande variété de dessin et d'une bonne qualité ; il en trouve facilement le placement, même pour l'exportation.

Le jury décerne à M. Auloy une médaille d'argent.

MÉDAILLE DE BRONZE.

MM. Fournier, Lamotte et Dufay, à Condé-sur-Noireau (Calvados).

Cet établissement, créé depuis peu de temps, envoie ses premiers produits à l'exposition; son linge damassé et ouvré est d'une belle exécution et les prix en sont modérés. Aujourd'hui en pleine activité, et situés dans un pays où ils trouveront d'habiles ouvriers, ces fabricants doivent bientôt voir leurs travaux couronnés de succès. Pour récompenser leurs efforts, le jury leur décerne une médaille de bronze.

MENTIONS HONORABLES.

M. Colot fils, à Saint-Rambert (Ain).

Il a envoyé un seul service damassé en fil d'une bonne exécution. En 1834, les produits de M. Colot avaient déjà été distingués par le jury, qui lui rappelle la mention honorable qu'il avait obtenue.

M. Mazille-Perrier, à Marcigny (Saône-et-Loire).

Ce fabricant, encouragé par le succès de M. Ainloy, a suivi son exemple; il envoie du linge d'une bonne exécution, et qui fait espérer qu'il pourra donner une plus grande extension à sa fabrication.

M. Schlumberger-Schwartz, à Mulhouse (Haut-Rhin),

A exposé les premiers essais de sa fabrication de linge

damassé qui annoncent le succès qu'il pourra obtenir plus tard.

—————

CITATIONS FAVORABLES.

M. HELLER, à Annonay (Ardèche),

Pour sa fabrication de linge de table.

M. SAUVEAU, à Bergerac (Dordogne),

Qui expose un modèle de service fait par un mécanisme particulier, qui donnerait une lisière sur tous les sens. Le jury, pour le récompenser, doit attendre la sanction de l'expérience.

M. GERVAISE, à Coutances (Manche),

Expose ses premiers essais de linge damassé bien réussi.

—————

§ 4. — COUTILS POUR PANTALONS ET LITERIES.

MÉDAILLE D'OR.

M. DEBUCHY (François), à Lille.

En 1834, cet habile fabricant obtint la médaille de bronze pour ses coutils; depuis lors, il a donné une très-grande extension à sa fabrication, et ses produits passent toujours, dans le commerce, pour ceux qui réunissent le bon goût et la belle qualité. M. Debuchy occupe plus de six cents ouvriers pour les divers travaux qu'il fait exécuter; les teintures, les apprêts sont faits dans ses ateliers; il fabrique annuellement de huit à neuf cents pièces de 35 aunes équivalant à une valeur de 15 à 1,600,000 fr. Les étoffes qu'il expose, cette année, sont toutes d'une belle exécution; la variété des tissus, la beauté des apprêts et la bonne disposition des couleurs les ont fait surtout distinguer : M. Debuchy a moins cherché la réduction de ses prix que l'amélioration des tissus, et, pour lutter avec les étrangers, ce progrès était le plus désirable.

Nous avons appris avec satisfaction que nos coutils, et notamment ceux de ce fabricant, sont actuellement préférés, sur plusieurs marchés étrangers, aux coutils anglais, qui ont eu exclusivement la vogue pendant si longtemps. M. Debuchy, par l'importance de ses ateliers, par les soins qu'il apporte à ne fabriquer que des produits de première qualité, a puissamment contribué à ce succès.

Le jury lui décerne la médaille d'or.

MÉDAILLES D'ARGENT.

MM. Ternynck frères, à Roubaix.

Les coutils exposés par ces fabricants sont d'une grande variété et d'une bonne exécution; les prix de 4 fr. 50 c. à 6 fr. 50 c., ne sont pas trop élevés pour des produits aussi bien confectionnés.

MM. Ternynck frères rivalisent avec M. Debuchy pour la bonne direction qu'ils ont donnée à leur établissement; ils occupent un très-grand nombre d'ouvriers; ils feront faire de nouveaux progrès à cette industrie.

Ils méritent la médaille d'argent.

M. Lefèvre-Horent, à Roubaix (Nord).

Jusqu'alors spécialement occupé de la fabrication des coutils, qu'il fait toujours avec une grande perfection, ce fabricant a augmenté son industrie, et en même temps celle de Roubaix, déjà si belle et si variée, par la confection du linge de table damassé; les services qu'il expose sont d'une très bonne exécution, et les prix modérés.

Le jury décerne à M. Lefèvre-Horent une médaille d'argent pour l'ensemble de ses produits.

M. Charvet, à Lille.

Les étoffes fabriquées par M. Charvet ont une bonne réputation dans le commerce; la variété de ses produits et leur bonne exécution justifient cette préférence : l'établissement de ce fabricant est appelé à jouir de grands succès.

M. Charvet a un établissement important, les produits qu'il expose sont d'une bonne fabrication ; le choix des couleurs, la combinaison du tissage sont remarquables, et les prix des étoffes ne sont pas trop élevés.

Le jury décerne à M. Charvet une médaille d'argent.

RAPPELS DE MÉDAILLES DE BRONZE.

M. Dyvrande, à Camisy (Manche).

Ce fabricant, qui a obtenu une médaille de bronze en 1834, se montre toujours digne de cette distinction ; ses produits sont bien fabriqués.

M. Belleme, à Evreux,

A exposé des coutils blancs et de couleur, en fil ou coton ; il continue de mériter la médaille de bronze.

M. Debuchy (Désiré), à Turcoing.

Il avait reçu une médaille de bronze en 1827, pour diverses étoffes en laine, ou mélangées laine et fil ; le jury de 1834 a confirmé cette médaille. Cette année, M. Debuchy a exposé un assortiment de coutils en fils ; nous lui confirmons sa médaille de bronze.

MÉDAILLE DE BRONZE.

MM. Defontaine et Cuvelier, à Turcoing (Nord).

Ils exposent des coutils en fils d'une bonne fabrication et d'un prix très-modéré : toutes ces étoffes, depuis 2 fr. 50 c. à 3 fr. 50 c. l'aune, sont d'un très-bon agré et sont appelées à jouir d'une grande vogue dans le commerce, lorsque ces fabricants auront donné une plus grande extension à leur établissement.

En attendant ce succès, le jury leur décerne une médaille de bronze.

MENTIONS HONORABLES.

M. Dathis, à Roubaix.

Qui a exposé une collection d'étoffes en fils en mélange de fil et laine, d'une bonne qualité.

M. Gorce-Verra, à Riom (Puy-de-Dôme),

Expose les produits de la maison centrale, qui sont très-bien exécutés.

M. Lienard-Plays, à Lezennes (Nord),

A envoyé une pièce de satin ouvragé, fil et soie mélangés; il emploie des fils mécaniques : cette fabrication peut avoir de l'avenir.

---

§ 5. — FILS ET TOILES POUR VOILES, CORDAGES, SACS ET TUYAUX SANS COUTURE.

RAPPELS DE MÉDAILLES D'ARGENT.

Madame veuve Saint-Marc, MM. Portieu et Triot aîné, à Rennes,

Ont obtenu, en 1834, la médaille d'argent pour leur important établissement ; leurs produits restant en première ligne, le jury ne peut que leur confirmer la médaille qu'ils ont obtenue.

MM. Joubert-Bonnaire et cie, à Angers.

En 1823 et 1827, ces fabricants ont mérité la médaille d'argent; les produits qu'ils exposent, cette année, montrent qu'ils sont toujours dignes de la distinction qu'ils ont obtenue.

RAPPEL DE MÉDAILLE DE BRONZE.

MM. Desbouillons et Josson, à Rennes.

Distingués déjà en 1834, ces habiles fabricants continuent de mériter la médaille de bronze qui leur a été décernée, pour la perfection générale de leurs produits.

MÉDAILLES DE BRONZE.

MM. DULÉRAIN fils et c^{ie}, à Rennes.

C'est pour la première fois que ces fabricants envoient leurs produits à l'exposition ; leur ancienne et bonne fabrication leur a acquis une réputation méritée.

Le jury leur décerne une médaille de bronze.

M. JOLY fils aîné, à Saint-Malo.

L'établissement de ce fabricant fournit à nos armateurs, pour la pêche de la baleine et de la morue, leurs principaux instruments ; il fabrique également des cordages de tous genres fort estimés. Mentionné déjà en 1834, le jury lui accorde une médaille de bronze.

M. DEBEINE, à Paris.

Il se livre depuis longtemps à la fabrication des sacs et tuyaux sans couture, et il a apporté dans ses produits une grande perfection, sans en augmenter le prix. Ils sont aujourd'hui bien connus dans le commerce, et appliqués à beaucoup d'usages.

M. Debeine avait déjà été distingué en 1834 ; le jury lui décerne une médaille de bronze.

MENTIONS HONORABLES.

MM. Poitevin fils et c^{ie}, à Tonneins (Lot-et-Garonne).

Pour la fabrication des fils à coudre servant à la marine, par des procédés particuliers ces fabricants obtiennent des fils d'une grande régularité et d'une force qu'ils annoncent égale aux meilleurs fils employés jusqu'à présent. D'après leur compte, les prix de ces fils, comparés aux anciens, donneraient une économie de près de 20 pour 100.

M. Amiel, à Saint-Malo,

Est un bon fabricant de cordages; il a apporté des perfectionnements dans le travail général, qui rendent les produits de très-bonne qualité.

M. Bouchard, à Nevers,

Fabrique des cordages de toute espèce avec beaucoup de perfection; l'emploi de ses produits, fait par les grandes usines de ce département, prouve leur bonne qualité : ce fabricant jouit d'une très-bonne renommée dans le pays.

MM. Cherot et c^{ie}, à Nantes.

Ils ont formé, depuis peu de temps, un établissement pour la fabrication des toiles à voile en fils câblés : ces toiles, qui sont très-régulières, joignent la force à la durée; l'expérience prononcera sur leur usage.

M. Gratien, à Fougères (Ille-et-Vilaine),

Expose des toiles en chanvre et en lin, tissées à la main

et par machines ; elles sont d'une belle qualité et très-régulières.

M. Lucas, à Versailles.

La fabrique de M. Lucas mérite d'être mentionnée pour la perfection de ses produits, soit en chanvre, soit en métal.

CITATIONS FAVORABLES.

M. Poquet, à Etampes (Seine-et-Oise),

Fabrique des cordages de toute espèce qui ont tous une excellente renommée dans le commerce. Il fabrique également des cordages en fil de fer et de laiton.

M. Brunant, à Paris,

Emploie de bonnes matières pour la confection de ses produits, qui sont d'une belle qualité.

M. Blanc, à Grenoble (Isère).

C'est un des bons fabricants du pays ; ses produits y jouissent d'une réputation méritée.

CINQUIÈME PARTIE.

TISSUS DIVERS.

PREMIÈRE SECTION.

BLONDES ET DENTELLES, BRODERIES, GAZES, TISSUS DE VERRE.

M. Blanqui, rapporteur.

Considérations générales.

La commission des tissus a cru devoir ranger dans une même catégorie, cette année comme aux expositions précédentes, les dentelles de fil, de soie et de coton, les gazes, les broderies, et généralement tous les ouvrages de ce genre exécutés à la main par des femmes. L'importance collective de ces diverses industries s'accroît avec le progrès de la richesse publique, et l'intérêt qui s'y rattache prend sa source dans le sentiment de sympathie que nous éprouvons tous pour les femmes, trop rarement rétribuées en proportion de leurs services. Ces industries, au surplus, occupent en surface ce qui leur manque en profondeur. Elles emploient des milliers de mains dans plusieurs de nos départements, et sur les points les plus divers du territoire, dans le Calvados, dans l'Orne, dans la Meurthe, dans la Haute-Loire. Elles permettent souvent à des familles honorables de chercher dans le travail de leurs enfants un supplément de ressources qui ne coûte rien à leur dignité, et qu'une fille peut acquérir sous l'œil même de sa mère. Il y faut très-peu de matière première, très-peu d'apprentissage; tout se résout en main-d'œuvre, par conséquent en salaires et en profits. On peut évaluer à près de 20 millions le seul produit des broderies en France, et ce produit augmente tous les jours. L'estimation de la valeur totale des dentelles de tout genre dépasse de beaucoup le chiffre des broderies, et constitue réellement une fabrication d'une certaine importance dans notre pays.

La fabrique de Paris occupe le premier rang. C'est de là que part l'impulsion et que viennent les modèles des articles destinés, soit à la consommation intérieure, soit à l'exportation; et l'exportation est très-considérable. La ville de Lyon a longtemps tenu le premier rang pour les broderies de luxe, or et soie; mais ce genre brillant et coûteux a fait place à des broderies plus modestes et d'une vente plus facile. L'Amérique du Sud en demande beaucoup. La fabrique de Nancy, qui s'étend dans les départements voisins, ne comprend guère que la broderie *au plumetis;* mais cet article y a fait, depuis quelque temps, des progrès si rapides, que la consommation s'en est considérablement accrue. Tarare brode au *crochet.* C'est la broderie la plus simple, la moins délicate; elle ne s'applique guère qu'aux mousselines pour tentures, et Saint-Quentin en fabrique une quantité notable, principalement sur tulle de coton, depuis que le prix en a diminué.

Il s'est opéré quelques changements dignes d'attention , depuis 1834, dans la fabrication des dentelles de fil et de soie. Les premières ont repris faveur; les secondes ont perdu quelque chose de leur succès dans la consommation intérieure. Dans le département de la Haute-Loire, au Puy, un industriel ingénieux, M. Théodore Falcon, a fondé une école de fabrication de dentelles qui promet d'heureux résultats, et qui tend à créer une rivalité sérieuse au point d'Alençon et aux autres dentelles de fils. Plus de mille ouvrières y sont appelées à s'instruire des procédés qui ont fait la fortune des fabriques septentrionales, et leurs premiers essais donnent à cet égard les plus légitimes espérances. Le jury a vu avec moins de confiance la tentative hasardée par quelques fabricants, qui ont imaginé de surcharger les dentelles d'ornements en couleur et même d'or et d'argent; une telle innovation ne s'explique que par les exigences de la consommation extérieure. Ce serait dénaturer un produit que de lui imposer un caractère si différent de celui qui lui est propre. Nous n'en dirons pas autant de la *guipure*, renouvelée du moyen âge ou tout au moins des temps déjà fort loin de nous, où florissaient les dentelles de Venise et de Flandre, dont le secret n'est pas encore tout à fait retrouvé. Cette innovation, ou plutôt cette reproduction a eu beaucoup de succès. Un exposant a essayé de créer une dentelle en fil de cachemire, qui a été diversement jugée, et sur le mérite de laquelle le jury laisse au temps le soin de prononcer.

Les gazes de soie brochées ont eu un moment de vogue, il y a quelques années. Il y en avait un grand nombre à la dernière exposition; elles ont complétement disparu aujourd'hui. Ce tissu fragile, commun et disgracieux, n'était qu'une parodie de la blonde, ou dentelle de soie, et devait périr avant elle. La seule gaze qui ait attiré les regards du jury et mérité les suffrages du public est remarquable par son utilité tout industrielle : c'est la gaze à bluter de M. Hennecart, et celle de MM. Couderc et Soucaret fils, désormais adoptée par les grands moulins à la mécanique. Cette gaze nous était fournie précédemment par la Suisse et par la Hollande; nous sommes dès à présent en mesure d'en fournir nous-mêmes à nos rivaux. Ce qui distingue cette gaze, qui est tout à la fois d'une force et d'une finesse remarquables, c'est que chaque fil de trame est assujetti, à son point de croisement avec la chaîne, d'une manière invariable ; de sorte que les ouvertures ménagées par le tissage demeurent parfaitement égales et à l'abri du moindre éraillement. Elles sont pures de tout duvet, quoiqu'on en compte jusqu'à 60 par centimètre linéaire, au point que le tissu ressemble à une filière métallique. M. Hennecart a trouvé le moyen d'enduire d'autres gazes plus légères d'un encollage diaphane, qui permet de les employer à couvrir des collections, à préserver les vêtements, les meubles, les tableaux, du contact de la poussière ou des insectes. Ainsi la gaze, en cessant d'être un article de mode, est devenue un objet d'utilité pratique et usuelle.

Il nous reste à signaler un nouveau genre de broderie qui se fabrique au métier à la Jacquart, et qui, n'ayant pu être classé parmi les tissus ordinaires, à cause de son excentricité même, trouvera, par une sorte d'analogie, sa place naturelle à la suite des tissus de luxe dont il vient d'être question : nous voulons parler des étoffes dites de verre, exposées par M. Dubus-Bonnel. Plusieurs membres de la commission des tissus ont été visiter, dans le faubourg Saint-Antoine, les ateliers de fabrication de cet inventeur. Tout son secret consiste dans un moyen fort simple de donner au verre étiré à la lampe une flexibilité qui permet de l'employer comme fil de trame. Ce fil peut être coloré en jaune, en bleu, en vert, par les procédés ordinaires de l'art du verrier. Ainsi préparé et employé à faire des brochés par le métier à la Jacquart, le fil de verre imite avec un avantage apparent l'or et l'argent, et présente des reflets qu'on ne trouve pas toujours dans les plus magnifiques brocarts. M. Dubus-Bonnel s'en est servi pour obtenir des étoffes-tentures, des ornements d'église, des garnitures de fauteuils, sur lesquels il est à craindre qu'on ne puisse s'asseoir avec une parfaite sécurité, jusqu'à ce que l'inventeur ait fait disparaître certaines efflorescences inquiétantes. Tel qu'il est, néanmoins, cet essai hardi a paru au jury digne d'encouragement.

MÉDAILLE D'OR.

M. HENNECART, à Paris.

Il est importateur, en France, de la gaze à bluter, dont le jury a pu apprécier les qualités particulières et l'utilité pratique. Cet honorable fabricant expose plusieurs autres produits analogues, tous d'une qualité parfaite et d'un prix modéré. Le jury, en lui décernant une médaille d'or, a eu surtout en vue d'encourager une fabrication usuelle, destinée à un bel avenir.

MÉDAILLES D'ARGENT.

M. Falcon, au Puy (Haute-Loire).

Il a obtenu, en 1834, une mention honorable pour ses premiers essais de naturalisation de la dentelle blanche dans une contrée où l'on n'avait fait jusqu'alors que des dentelles noires communes. Les progrès rapides de sa nouvelle fabrication, le succès de *l'école des dentelles* qu'il a établie au Puy, et par-dessus tout les produits vraiment remarquables qu'il a exposés, placent cet habile fabricant à un rang très-élevé. Le jury lui décerne une médaille d'argent.

Madame Payan, à Paris,

A exposé des broderies courantes, de luxe et de grande consommation, dont la majeure partie est exportée aux États-Unis. On a beaucoup remarqué plusieurs robes d'un travail exquis de broderie, digne d'être assimilé à la dentelle, et du goût le plus parfait. Madame Payan fait fabriquer par milliers des collerettes, des fichus, des canezous brodés, soit sur tulle, soit sur mousseline, dont la valeur annuelle s'élève à plus d'un million de francs. Le jury lui décerne une médaille d'argent.

M. Bourdon, à Caen (Calvados).

Il expose des robes et divers autres objets en dentelle de soie, tous remarquables par leur belle exécution. En raison des succès que la maison de M. Bourdon n'a cessé d'obtenir, le jury lui accorde la médaille d'argent.

MM. Couderc (Antoine) et Soucaret fils, de Montauban,

Exposent des toiles de soie pour passer la farine en différentes qualités. Ils ont donné de l'extension à leur fabrique en multipliant les espèces de ces tissus, en les perfectionnant et en les établissant à des prix inférieurs à ceux de Zurich.

On n'établissait autrefois que huit numéros faits avec des peignes de 30 à 110 dents au pouce, et ils sont parvenus à en faire avec des peignes de 180 à 240 dents au pouce. Ils ont fait confectionner ces peignes par MM. Chatelard et Perrin, qui, en 1834, obtinrent la médaille de bronze pour la perfection de leurs peignes en acier.

Leurs toiles blutent parfaitement et donnent une farine très-fine.

Ils ont aussi exposé des articles en soie, à grands réseaux, qui s'emploient pour la séparation et l'épuration des différents sons. Ces toiles remplacent avantageusement les canevas en fil dont on se sert habituellement; les canevas en fil ne peuvent être aussi réguliers ni aussi solides que les canevas en soie, qui sont à deux fils de chaîne, tortillés et inéraillables.

Leurs tissus sont supérieurs en qualité, et à plus bas prix que les tissus étrangers dont ils soutiennent avantageusement la concurrence.

La régularité et la finesse de leurs tissus attestent la perfection de leur filature, dont ils exposent des échantillons qui sont d'un filage fin et nerveux et d'une netteté remarquable.

Cet établissement occupe, toute l'année, quatre-vingts ouvriers. MM. Couderc et Soucaret sont des fabricants très-ingénieux, qui cherchent tous les moyens d'améliorer et de perfectionner leur industrie.

Le jury leur décerne une médaille d'argent.

RAPPELS DE MÉDAILLES DE BRONZE.

M. RUFFI-JUSSEL, à Nancy,

S'est déjà distingué, à la précédente exposition, par ses broderies sur mousselines de Tarare, du goût le plus pur et du travail le plus délicat. Les nouveaux produits qu'il a exposés, cette année, ne sont pas moins remarquables par leur élégance, leur richesse et leur variété. Le jury accorde à M. Ruffi-Jussel le rappel de la médaille de bronze.

MM. Mouton et JOSSEAUME, à Paris,

Ont aussi obtenu, en 1834, une médaille de bronze pour la beauté de leurs mousselines brodées en tout genre. Les produits qu'ils exposent, cette année, ne le cèdent en rien à ceux de l'exposition précédente, qui avaient déjà valu à MM. Mouton et Josseaume une clientèle considérable. Le jury leur accorde le rappel de la médaille de bronze.

Madame Marie HOTTOT, à Paris,

A mérité une médaille de bronze, en 1834, pour diverses robes et écharpes en blonde d'une grande richesse et d'une belle exécution. Ses nouveaux produits, également remarquables, déterminent le jury à lui en accorder le rappel.

M. BIAIS, à Paris.

Il a déjà obtenu, en 1834, la médaille de bronze pour l'excellente confection de ses ornements d'église. Le jury lui en accorde le rappel.

MÉDAILLES DE BRONZE.

MM. BERTRAND et VIDIL, à Paris,

Sont des fabricants dont le goût remarquable a toujours donné à leurs produits un caractère particulier d'élégance et de distinction. Ils exposent des robes et des mouchoirs brodés comparables aux articles les plus recherchés en ce genre. Le jury leur accorde la médaille de bronze.

M. VIOLART, à Paris.

Il fait fabriquer, aux environs de Caen, les objets extrêmement variés de son exposition. Le jury a particulièrement remarqué des blondes de soie d'un dessin très-riche et d'une exécution irréprochable. Ce fabricant est un de ceux qui ont le plus contribué aux progrès des dentelles de soie. C'est aux efforts de M. Violart que cet article doit d'avoir conservé à l'intérieur un reste de la faveur immense dont il a joui. Le jury lui décerne une médaille de bronze.

M. POPELIN-DUCARRE, à Paris,

Est un des fabricants les plus instruits de tous les détails de son industrie. Tout le monde a remarqué la variété de ses articles brodés sur mousseline et sur soie, notamment une charmante robe achetée par madame la duchesse d'Orléans, un châle de soie couleur lilas, et un autre châle imitation de Chine brodé sans envers. M. Popelin-Ducarre s'est sagement tenu à la fabrication des objets de consommation courante, et il y excelle d'une manière remarquable. Le jury accorde à ce fabricant ingénieux une médaille de bronze.

M. Husson et ses sept filles, à Nancy.

Il a présenté des broderies sur batiste et sur mousseline, soit à jour, soit au point d'armes, qui ont paru au jury dignes de récompense. Il est décerné, en conséquence, une médaille de bronze à M. Husson, qui a trouvé dans sa propre famille les éléments d'une utile association.

M. Dreuille, à Paris.

Les broderies de M. Dreuille, exécutées au plumetis, n'ont pas paru moins dignes d'une récompense spéciale que celles de ses concurrents les plus distingués. Le jury lui décerne une médaille de bronze.

MENTIONS HONORABLES.

M. Dubus-Bonnel, à Paris,

Est l'inventeur des tissus de verre dont on vient de parler. L'effet de ces tissus a été généralement admiré; ils brillent de l'éclat le plus vif, et il y a lieu d'espérer que l'usage en prévaudra pour la fabrication des ornements d'église, peut-être aussi pour les tentures fines, qui lancent de véritables feux à la clarté des bougies. Un salon ainsi éclairé a été visité par l'un des rapporteurs de la commission des tissus, et lui a paru mériter les éloges qui en avaient été faits. M. Dubus-Bonnel a d'ailleurs reçu, surtout de l'étranger, un très-grand nombre de commandes, qu'il s'occupe de réaliser par le métier à la Jacquart. Le jury décerne à l'inventeur une mention honorable.

Mesdemoiselles BEAUVATS, à Paris.

Broderies sur étoffes très-bien exécutées et d'un goût distingué.

M. LANNIER, à Paris.

Broderies sur mousselines, batistes et jaconats.

M. DRAPS, à Paris.

Broderie et lingerie d'une bonne confection.

MM. LAURE et cie, à Paris.

Robes, châles et fichus brodés, articles à des prix modérés et de bon goût.

M. GRAVIER-DELVALLE, à Paris.

Broderies de tout genre bien soignées.

Mesdemoiselles VILLAIN-JAMS, à Caen.

Tulles brodés dits *points de Caen,* d'une exécution soignée.

Madame veuve MARTIN, à Paris.

Broderies en or, argent et soie, d'une grande richesse.

SECTION II.

TAPIS ET TAPISSERIES.

M. Blanqui, rapporteur.

Considérations générales.

Quatre villes de France partagent, à l'exposition de cette année, l'honneur de représenter la fabrication des tapis : Aubusson, Abbeville, Nimes et Turcoing. Ce ne sont pas les seules, mais les plus importantes. Dans ce petit nombre de villes, un moindre nombre de fabricants donnent l'élan à l'industrie locale, en entretenant des dessinateurs, des filatures, des ateliers de tissage qui produisent, dans des conditions plus ou moins favorables, les différentes sortes de tapis. Tout près et au-dessous de ces grands fabricants, on compte une foule de commissionnaires qui sont des intermédiaires utiles, mais dont les produits ne peuvent être considérés que comme accessoires, industriellement parlant, malgré leur importance commerciale. Le jury a surtout concentré son attention sur les vrais fabricants, dont la manufacture a un domicile connu, des ressources suffisantes et des procédés appréciables. On peut les diviser en deux classes : ceux qui se livrent à la fabrication des grands tapis de

luxe, ras et veloutés, et ceux qui exécutent principalement des moquettes, des jaspés, des écossais
pour la consommation courante.

La grande fabrication des tapis de luxe est établie à
poste fixe, dans le département de la Creuse, à Aubusson, à Felletin, où, de temps immémorial, elle a trouvé
dans les dispositions toutes spéciales des habitants une
source inépuisable de succès. C'est de là que viennent ces magnifiques tapis ras et veloutés dont l'exposition de cette année a présenté de si admirables
modèles, que le jury n'a pas eus à récompenser,
puisqu'ils sont l'œuvre d'un de ses membres. La
ville de Turcoing, au moins en ce qui concerne les
tapis ras, a manifesté sa tendance à suivre les bonnes
traditions d'Aubusson, déjà recueillies avec succès
par la manufacture d'Abbeville; car c'est un manufacturier d'Abbeville qui obtiendra, cette année,
la plus haute récompense accordée à l'industrie des
tapis dans toute la France. Enfin on vient de voir
s'élever, depuis peu de temps, à Nîmes, plusieurs
fabriques de moquettes qui ont excité au plus haut
degré l'attention publique, et qui, par la vivacité des
couleurs et le bon goût du dessin autant que par la
modicité extraordinaire des prix, peuvent être re-
gardées comme le commencement d'une heureuse
amélioration dans le genre.

Il est à désirer que cette amélioration se propage
aux tapis dits écossais, aux moquettes bouclées fa-

çon d'Angleterre, et même aux tapis veloutés ordinaires, qui sont encore très-chers, ainsi que les jaspés. Tant que nos fabricants n'auront pas à leur disposition, et à des prix modérés, les laines communes qui leur sont nécessaires, tous les perfectionnements viendront échouer devant l'énormité de la dépense. La loi qui a établi le droit sur les laines *ad valorem*, avec un minimum de déclaration à un franc le demi-kilogramme, oblige nos manufacturiers à subir des prix artificiels qui ne répondent point à la qualité inférieure de la matière première. Telle est la principale cause de la cherté relative des tapis en France, et de leur bon marché en Angleterre, où l'on trouve des tapis jusque dans la chaumière du pauvre, et dans les plus obscurs recoins de toutes les demeures. Ce genre de superflu commence à devenir nécessaire parmi nous; il s'accompagne d'un progrès notable dans le système général des ameublements, et tout le monde comprend qeuls avantages en devront résulter pour l'hygiène des habitations.

M. Ch. Sallandrouze-Lamornaix se trouve hors de concours en sa qualité de membre du jury central; cette fonction nous interdit tout éloge et ne permet de rappeler que pour mémoire un manufacturier déjà honoré d'ailleurs des plus hautes récompenses.

MÉDAILLE D'OR.

M. VAYSON, à Abbeville,

Possède un des établissements les plus importants de la France. Il réunit, dans ses ateliers, tous les genres de préparations relatifs à la fabrication des tapis ; il occupe régulièrement plus de trois cents ouvriers : filature, teinture, dégraissage, tissage, tout est organisé, dans ses ateliers, sur une grande échelle, et la qualité de ses produits répond à l'importance de sa fabrication. Le jury décerne à M. Vayson une médaille d'or.

MÉDAILLES D'ARGENT.

MM. PARIS frères, à Aubusson.

Ils ont exposé un grand assortiment de tapis de différents genres, tous remarquables par leur excellente exécution, et quelques-uns par l'heureuse disposition des dessins. Le jury leur accorde une médaille d'argent.

M. BELLAT, à Aubusson.

Il est un des fabricants les plus distingués de cette ville. Le jury a remarqué avec intérêt les produits nombreux et variés et plusieurs tapis de grandes dimensions qui témoignent tout à la fois de l'habileté du travail et du choix consciencieux des matières. Le jury décerne à M. Bellat une médaille d'argent.

MM. ROUSSEL frères et RÉQUILLART, à Turcoing.

Ils ont envoyé à l'exposition des moquettes qui ont été

remarquées principalement à cause de l'heureuse disposition des dessins et de la solidité du tissu. Leur manufacture
se compose de la réunion de plusieurs établissements, dont
le centre est à Turcoing et n'occupe pas moins de trois
cents ouvriers pendant toute l'année. Les divers procédés
de la fabrication y sont combinés comme à Aubusson ; la
laine y entre en suint et n'en sort que transformée en tapis.
Le jury accorde, à MM. Roussel et Réquillart, la médaille
d'argent.

MM. FLAISSIER frères, de Nîmes.

Cet établissement ne date que de deux ans, ils ont débuté en véritables maîtres. Leurs moquettes ont été principalement distinguées par l'élégance du dessin et la richesse
des couleurs, et font le plus grand honneur à ces fabri-
cants-dessinateurs : le jury a été frappé aussi du prix
relativement très-modéré auquel les moquettes de
MM. Flaissier frères peuvent être livrées. Il regarde ce fait
comme du meilleur augure pour la fabrique de Nîmes, et
décerne à MM. Flaissier une médaille d'argent.

MM. SOUBAS aîné et c^{ie}, à Nîmes.

Ils sont les premiers importateurs de l'industrie des tapis
dans cette ville ; ils n'ont rien négligé pour lui donner une
impulsion puissante, et leur exemple a déjà porté d'heureux
fruits. Ils ont substitué le métier Jacquart au métier à la
tire, et quoiqu'ils n'occupent encore qu'une centaine
d'ouvriers, ils ont obtenu, en quantité et en qualité, des
résultats si remarquables, que le jury a cru devoir leur
accorder une médaille d'argent.

RAPPEL DE MÉDAILLE DE BRONZE.

MM. BELLANGER père et NOURRISSON

Ont exposé des tapis fabriqués avec des poils de chevreau et des tapis en déchets de soie ; le jury leur accorde le rappel de la médaille de bronze , obtenue en 1834.

MÉDAILLES DE BRONZE.

M. Alexis SALLANDROUZE, à Aubusson et à Paris , rue Taitbout, 15.

C'est un fabricant d'Aubusson qui a commencé ses travaux sur une échelle modeste et qui les continue avec perfection et conscience à l'école des grands maîtres de la fabrication. Il a exposé des tapis de différents genres, et notamment un tapis ras à ramage, exécuté avec hardiesse, d'une bonne couleur et d'un dessin très-élégant. Le jury lui décerne une médaille de bronze.

M. LECUN, à Nîmes,

Expose des tapis de pied, des tapisseries pour portières et plusieurs sortes de tapis économiques exécutés dans ses ateliers, à Nîmes, où il dirige plus de trente métiers avec succès. Le jury lui accorde une médaille de bronze.

MM. Victor et Antoine RÉDARÈS frères, de Nîmes.

Ces exposants nouveaux se sont distingués, comme leurs

confrères, par la bonne qualité et le bon marché de leurs produits. Le jury a cru devoir encourager d'aussi honorables efforts, il leur décerne une médaille de bronze.

M. ROUGET-DELISLE, à Paris.

Il est l'auteur d'un système particulier de disposition des couleurs pour tapis de laine, et il a présenté au jury une table chromatique composée d'après la théorie du contraste due à M. Chevreul. Cette table renferme toutes les couleurs nécessaires à la reproduction des dessins coloriés, soit pour la tapisserie des Gobelins, soit pour la fabrication de toute espèce de tapis. Cette disposition est d'autant plus utile qu'avec la boîte de M. Rouget-Delisle, toutes les personnes qui s'occupent de broderie et de tapisserie pourront toujours se procurer les nuances qui leur manqueront en désignant les numéros des rayons ou des cases de la boîte, qui correspondent à la construction théorique colorée et placée sur le couvercle. Le jury décerne à M. Rouget-Delisle une médaille de bronze.

MENTIONS HONORABLES.

M. WAWRIN, à Turcoing.

Tapis et moquettes.

MM. VAISON frères, à Paris.

Tapis et moquettes.

M. DEMY-DOIMEAU, à Paris.

Tapis ras et veloutés.

M. Limage-Pinçon , à Paris.

Mention honorable à cause de son système de tapisseries à paysages.

M. Foye.

Tapis divers.

MM. Malard et Barré, à Beauvais (Oise).

Tapis de pied veloutés.

CITATIONS.

M. Heuckel.

Tapis en fourrures.

M. Schiertz, à Paris.

Tapis en fourrures.

SECTION III.

BONNETERIE.

M. Petit, rapporteur.

Considérations génerales.

Les manufactures de ce genre n'ont rien exposé qui annonce de grands progrès dans cette industrie, depuis la dernière exposition.

La bonneterie ordinaire continue à pourvoir convenablement aux besoins de la consommation du pays; celle de Troyes présente le double avantage d'une confection solide et d'un prix modéré.

La fabrication des bas unis soutient difficilement à l'étranger la concurrence des produits de la Saxe et de l'Angleterre.

Les bas de première qualité, ceux de luxe, à jour et brodés sont en meilleure situation, soit à l'intérieur, soit à l'étranger. Il est à regretter que les fabricants de Paris n'aient pas exposé, car ils fabriquent de manière à ne pas craindre la concurrence pour la perfection de leurs produits, et surtout pour le bon goût des broderies qu'ils font exécuter. La fabrique de Ganges est la seule qui présente à l'exposition des bas de soie en qualité supérieure, et remarquables par la pureté du blanc et la richesse des broderies.

La fabrication de bonneterie du département du Gard comprend les bas en tous genres, en soie, en fil d'Écosse, en coton, en filoselle ou bourre de soie, et en laine, les gants et mitons de même matière, et les tricots en coton en pièces, sur lesquels on coupe les bonnets, les gilets, les caleçons et les jupons.

L'article dont la consommation s'est le mieux soutenue depuis quelques années est le tricot sur le métier à maille fixe; on fabrique sur ce métier des bas, des gants et des mitons destinés principalement pour l'exportation. La diversité des goûts dans les nombreuses contrées que cette industrie approvisionne est toujours satisfaite par celle que les fabricants savent donner à leur production. L'adjonction de la mécanique à la Jacquart au métier à maille fixe a permis de créer des dessins ; la teinture et la chinure viennent les varier, et l'art de la brodeuse intervient dans les ornements.

Les progrès de la bonneterie sont dépendants de ceux du filage ; aussi remarque-t-on, depuis quelques années, une diminution sensible dans les prix des articles qu'elle produit. La préparation des matières premières fait, chaque jour, de nouveaux progrès, et c'est par leur choix et par une exécution soignée que les diverses fabriques se distinguent entre elles.

La bonneterie destinée à l'usage des Orientaux, qui était autrefois l'objet d'une large exportation, rencontre une redoutable concurrence dans les fabriques de l'Italie et du Levant, qui peuvent l'approvisionner de laines à meilleur marché que nous ; il faut toute l'intelligence de nos fabricants, l'emploi des procédés les plus ingénieux de la fabrication, l'éclat et la solidité de nos couleurs, pour pouvoir soutenir la lutte et conserver à notre industrie un débouché aussi intéressant.

RAPP. DE MÉDAILLES D'ARGENT.

M. MEYNARD cadet, Nîmes (Gard),

A exposé des gants de soie à jour richement façonnés, ainsi que des mitaines à jour chinées et brodées. Ces produits variés de dessins se font remarquer par le bon goût, la bonne fabrication et la modicité de leur prix.

Cette maison soutient son ancienne réputation tant par l'importance de ses affaires que par la perfection de ses produits, dont elle a un grand débouché pour l'exportation.

Le jury trouve que M. Meynard cadet est de plus en plus digne de la médaille d'argent qu'il a obtenue en 1819 et qui lui a été rappelée en 1834, et il la lui confirme.

M. TROTRY–LATOUCHE, Paris, rue Michel-le-Comte, 24.

Cet industriel a sa fabrique à Chatou (Seine-et-Oise). Il y a établi une machine à vapeur de la force de douze chevaux, et il y réunit la filature de la laine, le tissage, le foulonnage et l'impression sur draps.

Il a exposé des bonnets à l'usage des Orientaux, ainsi que des bonnets en tricot et en drap imprimés pour les colonies et la marine. Il a présenté aussi des dessus de table et des descentes de lits et d'escaliers en drap imprimé en relief, et des ceintures en tricot dites *antirhumatismales,* fabriquées avec une laine dans laquelle on a laissé une partie du suint. Tous ses produits ne laissent rien à désirer sous le rapport du travail et de la teinture.

Cette maison soutient sa bonne réputation, et elle est de plus en plus digne de la médaille d'argent que le jury a lui décernée en 1827, et qui lui a été rappelée en 1834; le jury de 1839 la lui confirme.

MM. Valentin-Feau, Béchard et cᶦᵉ, d'Orléans (Loiret).

Les bonnets turcs établis par ces exposants sont destinés au commerce du Levant ; ceux qu'ils ont exposés rivalisent, pour leur bonne exécution et la beauté de la teinture, s'ils ne les surpassent pas, les articles du même genre fabriqués à Tunis. Le tricot de ces bonnets est fait dans la campagne par des femmes et des enfants. Les ateliers de filage, le moulin à foulon, enfin toutes les machines nécessaires aux diverses préparations que la laine doit recevoir se trouvent réunis dans le même établissement. Ils ont introduit, dans leur fabrication, des améliorations importantes sous le rapport de la solidité de la teinture, aussi leurs produits sont distingués pour leur couleur.

Cette maison, dont l'industrie n'est pas moins recommandable par sa perfection que par son développement, soutient avec distinction son ancienne réputation.

Elle a obtenu, en 1819, la médaille d'argent sous la raison Benoît-Mérat et Desfrancs ; on lui en a fait le rappel en 1823 et 1827. Le jury estime qu'elle est de plus en plus digne de cette distinction, et il la confirme à MM. Valentin-Feau, Béchard et compagnie.

MÉDAILLES D'ARGENT.

M. Germain (Pierre), du Vigan.

Les bas de coton du Vigan sont recherchés aujourd'hui dans le commerce, et Paris, qui, jadis, en tirait seulement quelques douzaines, en consomme à présent dix mille douzaines par an. M. Germain a fourni, sur cette quantité, cinq mille douzaines l'an dernier. Cette industrie, qui doit sa brillante prospérité à l'adoption de la méthode de fabrication de Paris et de la Picardie, est devenue une grande ressource pour les ouvriers du Vigan et des villages environnants.

M. Germain réunit la fabricati . des bas de coton à celle des bas de soie. Il confectionne des bas de coton de 5 fr. 50 c. à 48 fr. la douzaine, et des bas de soie de 36 à 108 fr. la douzaine.

Il a exposé un grand assortiment de bas de soie et de bas de coton unis et à jour d'une exécution parfaite. Il a amélioré cette industrie qui, il y a quelques années, ne produisait que des qualités inférieures au Vigan. Il occupe environ cinq cents ouvriers pour ses bas de soie ou de coton ; sur ce nombre, il y en a quatre cents qui ne travaillent que pour lui et dont les métiers lui appartiennent. Il emploie, en outre, plus de cinq cents couturières ou brodeuses. Ses produits se recommandent autant par leurs bas prix que par leur bonté, ce qui justifie la bonne réputation dont ils jouissent dans le commerce.

Cette maison, une des plus anciennes et des plus importantes de Nîmes dans cette industrie, est connue depuis longtemps pour la supériorité de ses produits, qui sont principalement destinés pour l'exportation.

M. Germain (Pierre) a obtenu, en 1834, la médaille de bronze ; le jury n'hésite pas à lui décerner la médaille d'argent.

MM. Pitancier et Martin, Troyes (Aube).

Leur établissement de bonneterie date de quinze ans. Depuis six ans ils y ont joint la fabrication de bourre cachemire jusqu'alors inconnue dans ce département, et ils sont parvenus à un grand degré de perfection et d'économie dans la confection de tous leurs articles.

Ils ont exposé des bas de coton et de fil d'Écosse, ainsi que des pantalons de tricot à côte et unis; des bas, des jupons, des robes d'enfants et des gilets en bourre-cachemire. Tous leurs produits sont recherchés à cause de leur bonne qualité et de leurs prix modérés; ils en ont une grande consommation dans l'intérieur de la France et dans l'étranger. Ils occupent quatre cent cinquante à cinq cents ouvriers; savoir: deux cents pour la bonneterie et deux cent cinquante à trois cents pour la fabrication des tricots bourre-cachemire. Ils emploient 12 à 1,400 kil. de coton par semaine, et on peut estimer à vingt-cinq mille douzaines les objets qui sortent annuellement de leur fabrique.

Ces habiles manufacturiers sont appelés à prendre un rang distingué dans leur industrie. Le jury leur décerne la médaille d'argent.

MM. Pagès fils et cie, à Nîmes (Gard),

Ont exposé des bas bourre de soie pour homme et pour femme, unis et à jour, et brodés. Tous ces articles sont remarquables par leur bonne exécution et leur bas prix.

Cette maison fabrique tous les genres de bonneterie et de tricots qui sont du ressort de cette industrie. Elle occupe environ sept cents métiers pour la fabrication des bas, et près de quatre cents ouvriers pour la confection des gants à filets; elle a une très-grande consommation de ses produits tant pour l'intérieur que pour l'exportation.

Le jury, prenant en considération l'importance de cette maison, la perfection de ses produits, et la bonne réputation dont elle jouit dans le commerce, juge MM. Pagès fils et compagnie dignes de la médaille d'argent, et il la leur décerne.

MM. Lauret frères, Ganges (Hérault),

Ont exposé des bas de soie et de fil d'Écosse unis et à jour, de différentes qualités, depuis 2 fr. 25 c. jusqu'à 50 fr. la paire. Tous leurs produits se font remarquer par la finesse de la maille et par le bon goût et la variété des dessins. Ils fabriquent particulièrement les articles destinés à la belle consommation. Ils s'appliquent donc à produire ce qu'il y a de plus riche en dessin et de plus parfait en tissu et en fabrication. Leur filature, composée de vingt-huit bassines, file annuellement 25 à 30 quintaux de soie en première qualité qu'ils emploient pour la fabrication de leurs bas. L'échantillon de soie blanche qu'ils exposent fait connaître tout à la fois la régularité de leur filature et le degré de perfection auquel est portée leur fabrique ; c'est aussi à la grande pureté des matières qu'ils doivent la beauté des blancs qu'ils obtiennent. Ils fabriquent tous les numéros de bas que l'on peut produire depuis les plus bas prix jusqu'aux plus élevés. Ils fabriquent les bas de soie à jour riches aussi bien qu'à Paris, et ils les établissent à meilleur marché. Ils occupent environ trois cent cinquante ouvriers, et ils ont une grande consommation de leurs produits pour l'intérieur et pour l'étranger. Cette maison, pour la perfection des bas de soie unis et à jour, passe pour la première fabrique des Cevennes.

En considération du grand développement que MM. Lauret frères donnent à leur industrie et de leur belle réputation dans le commerce, le jury leur décerne la médaille d'argent.

MM. Richard frères, de Saint-Chamond.

Cette maison est la première qui a employé les métiers à la mécanique pour fabriquer les lacets qui, jadis, se faisaient à la main.

L'établissement de MM. Richard frères, situé à Izieux, près Saint-Chamond, est d'une grande importance; ils y occupent cinq cents ouvriers, et ils y fabriquent 80,000 aunes de lacets par jour. 100 kil. de soie y sont moulinés chaque semaine par flottes régulières de 500 mètres de longueur pesées une à une et numérotées comme le coton.

Ces fabricants ont exposé une grande collection d'échantillons de lacets et cordonnets en soie, en coton et en caoutchouc; leurs produits sont remarquables par leur bonne confection et remplacent les lacets précédemment importés d'Allemagne. Il y a vingt-cinq à trente ans, Saint-Chamond livrait au commerce pour 30,000 fr. de lacets, maintenant il lui en livre pour plus de 2 millions.

MM. Richard frères ont donc rendu un grand service à notre pays en améliorant cette industrie et en trouvant les moyens de lui donner une si grande extension. Le jury, pour récompenser d'aussi grands succès, leur décerne une médaille d'argent.

RAPPEL DE MÉDAILLE DE BRONZE.

M. Benoit (Auguste), de Saint-Jean-du-Gard,

A exposé des bas soie à jour et de fil d'Écosse recommandables pour le fini du travail et pour la richesse des dessins.

Cette maison fabrique particulièrement les bas en belle qualité pour la consommation de l'intérieur.

M. Benoît (Auguste) a obtenu, en 1834, la médaille de bronze sous la raison Benoît père et fils; le jury reconnaît qu'il soutient sa bonne réputation et il lui confirme cette médaille.

MÉDAILLES DE BRONZE.

MM. Roussel frères, d'Anduze,

Présentent, à l'exposition, des bas de soie à jour belle qualité et des bas fil d'Écosse unis et à jour de 2 fr. 25 c. à 5 fr. 75 c. la paire; ils sont en première qualité courante, qui n'appartient pas tout à fait à celle des bas de luxe. Ces fabricants occupent deux cents ouvriers, et toutes les soies qu'ils emploient sont le produit de leur filature de cocons.

La perfection des produits de MM. Roussel frères atteste les soins qu'ils donnent constamment à leur fabrique pour l'améliorer. Le jury leur décerne la médaille de bronze.

M. Cazes, du Vigan.

Ce fabricant a exposé une belle collection de bas de coton unis et à jour de diverses qualités, depuis 10 fr. jusqu'à 54 fr. la douzaine. La majeure partie de ses produits est destinée à l'exportation. Il occupe près de deux cents ouvriers au Vigan et dans les villages voisins.

Le jury, prenant en considération la bonne confection des produits de M. Cazes et la belle réputation dont elle jouit dans le commerce, lui décerne la médaille de bronze.

MM. Guérin et Pailler, à Nîmes (Gard).

Ces fabricants ont exposé une collection de lacets et de cordons en soie et fantaisie en fleuret et en coton de diverses largeurs et de différentes qualités. Les fantaisies sont filées et moulinées dans leur établissement, qui rivalise avec ceux de Saint-Étienne et de Saint-Chamond, surtout pour les articles en fleuret. Leur atelier se compose de soixante-dix métiers et des machines nécessaires pour ferrer, auner et plier leurs pièces. Il s'y fabrique 10,000 aunes de lacets par jour, et le travail y est continu ; le tout est mis en mouvement par une machine à vapeur.

Leurs produits, qui sont à des prix très-modérés, sont très-bien confectionnés et très-recherchés dans le commerce.

En considération du grand développement que MM. Guérin et Pailler donnent à leur industrie, le jury, pour les récompenser, leur décerne une médaille de bronze.

MM. Agniel-Lafont et c^{ie}, à Uzès (Gard).

La ville d'Uzès se présente, pour la première fois, à l'exposition, et ce sont MM. Agniel-Lafont et c^{ie} qui donnent l'exemple. Ils exposent des bas pour homme et pour femme, et des chaussettes en bourre de soie remarquables par leur bonne fabrication. Ils ont été les premiers à mettre en usage la fabrication des bas avec le poinçon à quatre aiguilles. Leurs produits jouissent d'une bonne réputation, et sont recherchés pour l'exportation.

Pour récompenser la persévérance de MM. Agniel-Lafont et c^{ie} à perfectionner leur industrie, le jury leur décerne la médaille de bronze.

M. Cabane (Alexandre) jeune, à Nîmes (Gard).

Ce fabricant a exposé un grand assortiment de gants et de mitaines de soie, unis et chinés, d'une fabrication généralement soignée. Une étude approfondie du mécanisme du métier à mailles fixes a conduit M. Cabane jeune à produire, sur ces métiers, des effets de couleur qui imitent et remplacent la chinure, et lui permettent d'établir ses articles à 25 pour 100, au-dessous de ceux qui sont réellement chinés ; par une addition très-simple qu'il a faite au même métier, il obtient des dessins que, jusqu'à présent, on n'avait pu créer que par sa réunion à la mécanique Jacquart. On remarque dans son exposition des produits qui sont le résultat de cette dernière combinaison, et qui sont d'un effet très-agréable.

Le jury, prenant en considération la perfection des produits de M. Cabane et son talent industriel, le trouve digne de la médaille de bronze, et il la lui décerne.

M. Troupel fils, à Montpellier (Hérault), entrepreneur de la maison centrale,

A exposé des bas, des gants et des bonnets en bourre de soie ; des gants et des mitons en soie cordonnet à dentelle ; et des fantaisies, cardées et filées. Tous ces articles sont à des prix modérés et d'une très-bonne confection.

Il a aussi exposé des mouchoirs de coton à carreaux, de 6 f. 25 c. à 7 f. la douzaine. À l'exception des gants de soie cordonnet à filet, tous ces produits sont le résultat les uns des autres ; ils se fabriquent tous dans la maison centrale, où la matière première arrive brute, et y subit toutes les opérations qui la rendent propre au cardage, à la filature et à la fabrication de la bonneterie.

En considération de l'ensemble de ses produits bien confectionnés, le jury décerne la médaille de bronze à M. Troupel fils.

RAPPELS DE MENTIONS HONORABLES.

M. JOYEUX (Emile) et cⁱᵉ, à Nîmes,

Ont les premiers employé le fil d'Écosse sur le métier à maille fixe. Ils fabriquent des gants sans couture, qu'ils peuvent livrer au modique prix de 6 f. la douzaine, et ils emploient la laine et le tibet à la fabrication d'articles à jour.

Ils ont exposé des gants et des mitons à jour, chinés, d'une bonne confection et d'un prix très-modéré.

Le jury confirme à M. Joyeux (Émile) et cⁱᵉ la mention honorable qu'ils ont obtenue en 1834.

M. COLOMB (Pierre), à Nîmes,

A exposé des bretelles remarquables par leur bonne qualité et leurs bas prix; il en livre à la consommation 20 mille douzaines par an, depuis 1 fr. 50 c. jusqu'à 5 fr. la douzaine. Il emploie particulièrement à cette fabrication les détenus de la maison centrale de Nimes.

M. Colomb (Pierre) a obtenu, en 1834, une mention honorable, le jury la lui confirme.

M. AUDIN, de Paris, rue du Faubourg-Poissonnière, 106 bis,

A présenté, à l'exposition, divers articles de bonneterie en feutre imprimée, tels que bonnets grecs et russes, cabas, chaussures et ceintures pour hommes et pour enfants.

Tous ses produits sont bien fabriqués, et par leurs bas prix sont susceptibles d'un grand débouché.

M. Audin a obtenu, en 1834, une mention honorable; le jury la lui confirme.

M. Neveux-Godar, à Chênois-Auboncourt (Ardennes).

Ce fabricant a exposé des bas et des chaussettes de coton, des bas et des chaussettes de laine, des gilets et des caleçons en flanelle. Tous ces articles se recommandent par leur bonne confection.

M. Neveux-Godard a obtenu une mention honorable en 1823 ; le jury la lui confirme.

MENTIONS HONORABLES.

MM. Bellamy frères, à Caen (Calvados),

Ont exposé des bas et des chaussettes de coton, blancs et gris, unis et jaspés, d'une exécution parfaite, et à des prix très-modérés.

Cette maison fabrique aussi avec succès les bas de fil d'Écosse.

Le jury décerne une mention honorable à MM. Bellamy frères.

M. Manoury (Arsène), à Caen (Calvados).

Ce fabricant a exposé des bas de coton gris et gris-noirs, blancs et bleus et noirs et blancs. On remarque la bonne fabrication de ses produits, dont les prix commencent à 12 fr. la douzaine, et n'excèdent pas celui de 26 fr.

Le jury décerne une mention honorable à **M. Manoury** (Arsène).

M. Rouvière-Cabane et c^{ie}, à Nîmes (Gard).

Ces exposants présentent une collection de gants et de mitons de soie, de bas de soie à jour et brodés, ainsi que des écharpes en soie à jour damassées. Les ornements en broderie, et surtout les garnitures de ces différents articles, indiquent qu'ils ont des destinations particulières pour l'exportation. On remarque, dans leur exposition, une écharpe pour insigne administrative d'une belle exécution.

Les produits de M. Rouvière-Cabane et compagnie sont très-bien fabriqués et à des prix modérés.

Le jury décerne une mention honorable.

M. Cambon (Antoine) cadet, de Sumène, près Nîmes.

Ce fabricant, qui se présente pour la première fois à l'exposition, a exposé une robe en tricot piqué à jour pour enfant et une paire de bas de soie unis d'une belle qualité. Il fabrique aussi les qualités courantes, ainsi que les bas de coton et de fil d'Écosse. Il emploie près de cent quarante ouvriers.

Le jury décerne à M. Cambon (Antoine) une mention honorable.

M. Joyeux fils aîné, à Nîmes (Gard).

Depuis plusieurs années, ce fabricant a importé à Nîmes le métier à côtes anglaises que l'on emploie en Champagne aux tricots de coton et de laine; par son application aux articles de soie, et surtout par les modifications qu'il y a faites et qui lui permettent de fabriquer des ouvrages à jour,

M. Joyeux a donné à son pays une industrie nouvelle qui peut s'étendre à d'autres usages.

Il a exposé des bas, des gants et des mitaines de soie unis et à jour et des bas bourre de soie. Tous ces produits sont d'une grande finesse et d'une exécution parfaite.

Le jury décerne à M. Joyeux fils aîné une mention honorable.

M. Guin et c^ie, à Nîmes (Gard)..

Les bas de soie patent nœud anglais et patent vrai nœud anglais sont souvent l'objet de commissions considérables pour l'étranger, aussi M. Guin et compagnie se bornent-ils à cette seule fabrication; ces bas sont diminués sur le métier et crochetés à la main.

Ils ont exposé une paire de bas de soie blanc rosé à côtes nœud anglais de 60 fr. la douzaine ; une paire blanc d'argent vrai nœud anglais de 72 fr. la douzaine, qui sont remarquables par leur finesse et leur bonne confection.

Le jury décerne à M. Guin et compagnie une mention honorable.

M. Fregefon, à Nîmes (Gard).

Ce fabricant a exposé des gants et des mitons de soie à jour, chinés et brodés, et des gants dits de la Vierge, dans lesquels il a supprimé les coutures des côtés, qu'il remplace par une seule en dedans.

Tous ses produits sont d'une bonne fabrication, et leurs prix modérés les font rechercher pour l'exportation.

Le jury décerne à M. Fregefon une mention honorable.

M. Perrée, à Paris, rue Sainte-Opportune, 7,

A exposé des châles, des mantelets, des gants et des

mitons en filets de soie faits à la main. On remarque surtout, parmi ses produits, un châle 6/4 blanc en filet de soie grenadine brodé en soie torse.

Tous ces articles sont d'un bon goût et d'un effet agréable ; M. Perrée en a une grande consommation pour l'exportation.

Le jury lui décerne une mention honorable.

MM. Micolon et Couchond, de Saint-Étienne,

Présentent, à l'exposition, des bretelles en caoutchouc de diverses qualités, de 50 c. à 6 fr. la paire ; ils exposent aussi une paire de jarretières, du prix de 20 c.

Tous ces articles sont remarquables par leurs bas prix et leur bonne confection.

MM. Micolon et Couchond ont un grand débouché de leurs produits pour l'intérieur et l'étranger.

Le jury leur décerne une mention honorable.

M. Roussel et c^ie, à Paris, rue Saint-Sauveur, 18.

Ces exposants présentent des châles, des écharpes, des fichus, des gants et des mitons faits en filets de soie noués, ainsi que des châles et des gants brodés, de diverses couleurs.

Ces produits sont remarquables par la légèreté des dessins et leur bonne exécution ; M. Roussel et compagnie en ont un grand débouché pour l'intérieur, l'Angleterre et l'Amérique.

Le jury leur décerne une mention honorable.

CITATIONS FAVORABLES.

M. GAMALIÉ fils, de Vauvert, près Nîmes (Gard),

A exposé des gants et des mitons en filets travaillés au fuseau avec des cordonnets de soie. C'est lui qui a été le premier à faire cet article, qui a pris quelque extension. Il occupe un assez grand nombre d'ouvriers à Vauvert et dans les villages environnants; ses produits sont d'une fort bonne exécution.

Le jury le trouve digne d'une citation favorable.

M. GENNEVOIS (Jean-Baptiste), à Troyes (Aube).

Ce fabricant a présenté, à l'exposition, des bas d'enfants en laine et en coton, des chaussettes d'homme en coton, des gants de femme fil d'Écosse fabriqués sur le métier des mitaines à côtes, des bas de femmes en coton et des mitaines en bourre de soie à 12 fr. la douzaine. Tous ces articles sont d'une fabrication soignée et à des prix très-modérés.

Le jury lui décerne une citation favorable.

MM. CHABALIER et PONÇON, à Nîmes (Gard),

Ont exposé des gants et des mitons de soie à jour et chinés en filets damassés ainsi qu'en grenadine, qui sont une imitation à bon marché des gants filets cordonnets. Ces produits variés sont d'une exportation avantageuse.

Le jury décerne une citation favorable à MM. Chabalier et Ponçon.

M. Beaud (François-Hippolyte) aîné , à Nîmes (Gard),

Présente un grand assortiment de bas de bourre de soie, de bonnets de soie et de bourre de soie, des gants et des mitons de soie en tricot, variés de dessins, ainsi que des bas de soie et de coton à jour. On remarque dans sa collection des bas et des gants en filets lamés en or, qui sont destinés aux États de l'Amérique méridionale. Tous ces produits sont d'une bonne confection et à des prix modérés.

Le jury décerne une citation favorable à M. Beaud (François-Hippolyte) aîné.

M. Carlier et c^ie , à Olivet, près Orléans,

Ont exposé des tricots en coton sans couture, avec lesquels on fait des bonnets, des gants, des jupons et des caleçons. Tous ces produits sont remarquables sous le rapport de la qualité et du bas prix.

Le jury cite favorablement M. Carlier et c^ie.

M. Drouet aîné, à Paris, rue de la Heaumerie, 6.

Ce fabricant a présenté, à l'exposition, des bas, des manches , des guimpes et des camisoles pour femme, en cachemire, en mérinos et en coton couleur de chair. Tous ces articles sont confectionnés avec le plus grand soin.

Le jury cite favorablement M. Drouet aîné.

M. Julliard, de Nevers,

A exposé une paire de bas de coton à jour, d'une grande finesse et d'une exécution parfaite.

Le jury cite favorablement M. Julliard.

Demoiselles PAIRI (Anne et Antoinette) sœurs, à Perpignan,

Ont exposé une robe de femme, sans couture, en tricot de fil à l'aiguille, garnie de dentelles catalanes, fond rayé avec bordure riche, et un bonnet de même fabrication. L'exécution de ces objets est parfaite, et les dessins en sont de bon goût.

Le jury cite favorablement mesdemoiselles Pairi sœurs.

SECTION IV.

TISSUS DE CRIN.

M. Petit, rapporteur.

Considérations générales.

Les premiers produits des tissus de crin ont été admis, aux expositions de 1802 et 1806, par feu M. Bardel, et ils furent distingués pour la solidité de la teinture, et comme ayant le double avantage de la durée et de l'économie.

La fabrication de ces tissus est portée, depuis quelques années, à un très-haut degré de perfection. Il s'en fabrique avec de grands dessins damassés, à bouquets et à rosaces, dans le genre des belles étoffes de Lyon. Ces tissus sont destinés pour meubles et tentures.

Nous ne craignons plus maintenant la concurrence de l'étranger dans cet article, dont nous commençons à avoir de grands débouchés en Italie, en Espagne, en Amérique et en Turquie. Enfin les étoffes de crin sont en voie de prospérité, et tout fait espérer que nous aurons bientôt un grand accroissement dans cette consommation.

MÉDAILLE D'ARGENT.

MM. BARDEL (Eugène) et NOIRET jeune, à Paris.

M. Eugène Bardel a exposé, en 1834, avec ses tissus de crin, des étoffes tissées avec de l'abaca, plante de l'Inde, dont il a tiré le plus heureux parti, en faisant de jolies étoffes pour meubles et pour modes, qui furent remarquées à cette époque pour leur bon goût, leur brillant et leur parfaite confection. C'est lui qui, le premier, a employé cette matière maintenant utilisée dans plusieurs branches de commerce.

Depuis la dernière exposition, MM. Eugène Bardel et Noiret jeune ont donné une impulsion nouvelle à cette industrie, dont ils ont fait accroître la vogue par la variété de leurs produits et leur bonne exécution.

Ils ont exposé des tissus en crin et en laine et abaca, de différentes couleurs, avec des dessins variés qui sont remarquables par l'éclat des couleurs et leur bonne fabrication.

Ils peuvent exécuter sur ces étoffes, au moyen du métier à la Jacquart, tous les ornements qu'on admire sur les plus belles étoffes de Lyon pour meubles.

Ils présentent aussi des tissus en crin noir, façonnés à petits sujets, destinés à la fabrication des boutons. Ce tissu est fait avec ce qu'il y a de plus fin en crin, et remplace avec avantage les boutons de soie pour la durée et la modicité de son prix; ils en ont de fortes commandes pour la France et l'étranger. Ils vendent les trois quarts de leurs produits pour l'exportation, et ne craignent pas la concurrence des étrangers dans cet article.

Leur fabrique, qui est établie à Saint-Germain-en-Laye, a pris un très-grand accroissement depuis la dernière exposition, et ses produits méritent, de plus en plus, l'estime des connaisseurs et des consommateurs.

Cette maison a obtenu, en 1834, la médaille d'argent sous la raison Eugène Bardel; prenant en considération le talent industriel de MM. Eugène Bardel et Noiret jeune, la perfection de leurs produits et l'extension de leurs affaires, le jury leur décerne une nouvelle médaille d'argent.

RAPPEL DE MÉDAILLE DE BRONZE.

M. JOLIET, à Paris, rue Saint-Denis, 349,

A exposé un grand assortiment de tissus de crin pour meubles, variés de couleurs et de dessins, d'un effet agréable et bien fabriqués.

Le jury trouve que M. Joliet est toujours digne de la médaille de bronze qu'il a obtenue en 1827, dont le rappel lui a été fait en 1834, et il la lui confirme.

MÉDAILLES DE BRONZE.

M. OUDINOT, à Paris, place de la Bourse, 27,

A présenté, à l'exposition, des étoffes de crin noir, de dessins variés, pour gilets et pour cols, boutons et casquettes. Tous ces produits sont d'une bonne confection et d'un effet fort agréable; on remarque surtout, dans son exposition, deux devants de gilets brodés or, d'un dessin de bon goût et très-bien exécuté. Il tire son crin de la Russie, et sa fabrique est établie à Senlis, où il occupe cent ouvriers.

M. Oudinot a beaucoup contribué à l'essor qu'a pris cette partie de notre industrie par les soins qu'il apporte à la fabrication de ses produits. C'est par cette considération que le jury lui décerne une médaille de bronze.

M. GENEVOIS, à Paris, rue du Ponceau, 26,

A exposé une belle collection d'étoffes en crin et en soie végétale pour meubles, de dessins variés et de diverses couleurs, dont les nuances se font remarquer par leur éclat et leur pureté.

On distingue dans ses produits un dossier de canapé formant des branches détachées, et des fleurs dans les rosaces qui font un très-bon effet, et sont très-bien exécutées. Il a sa fabrique à Saint-Germain, et il a le débouché de ses étoffes à Paris et à l'étranger.

Le jury, en considération de la bonne confection des produits de M. Genevois, lui décerne une médaille de bronze.

MENTIONS HONORABLES.

M. MUGNIER, à Gray (Haute-Saône),

A exposé des tissus en crin et en soie végétale pour meubles, de diverses couleurs, avec des dessins damassés et satinés à petits et grands sujets. Ses produits sont d'un bon goût, d'un bel effet et d'une fabrication soignée.

Le jury confirme à M. Mugnier la mention honorable qui lui a été décernée en 1834.

CANEVAS ET PASSEMENTERIE.

M. COLLINEAU-RENÉ, de Tours.

Il est le premier qui ait fabriqué en France le canevas en laine, qui, jusqu'en 1833, n'avait été fabriqué qu'en Allemagne.

Ce canevas simplifie le travail de la broderie, attendu qu'il dispense de remplir les fonds. Ce fabricant a exposé plusieurs pièces de canevas unis de différentes qualités et de diverses couleurs, et un échantillon à carreaux qui sert pour stores. Cette étoffe, montée sur châssis et adaptée aux croisées, laisse pénétrer l'air dans les appartements et empêche les moustiques d'y entrer. On remarque aussi dans son exposition une pièce de canevas en 3/4 pour bluter : c'est un article qui ne s'était pas encore fabriqué à Tours ; il est du modique prix de 1 fr. le mètre. Tous ses produits sont d'une bonne exécution, et il en a le débouché en France et à l'étranger.

Le jury décerne une mention honorable à M. Collineau-René.

M. GUILLEMOT, à Paris, rue du Faubourg-Saint-Denis, 3o,

A exposé des échantillons de galons de soie, de laine et de coton, pour voitures et livrées, très-bien confectionnés.

M. Guillemot a été cité favorablement en 1827 et 1834. Le jury lui confirme cette citation favorable.

M. DIEUTEGARD, à Paris, rue Saint-Denis, 358,

A présenté, à l'exposition, des échantillons de rubanerie et de passementerie pour meubles, en dessins variés, d'un effet agréable et d'une fabrication soignée.

Le jury cite favorablement M. Dieutegard.

Nota. — Voir à la fin du volume pour les non-exposants qui auraient dû être placés ici.

DEUXIÈME COMMISSION.

MÉTAUX.

MM. Dufaud, président, Berthier, de Bonnard, Combes, d'Arcet, Dumas, Durand (Amédée), vicomte Héricart de Thury, Michel Chevalier et Mouchel de Laigle.

PREMIÈRE SECTION.

USINES A FER, FONDERIES DE FONTE DE FER, ACIERS, LIMES.

MM. Dufaud et de Bonnard, rapporteurs.

§ 1er. USINES A FER.

La production annuelle des usines à fer de France s'est accrue d'une manière notable depuis l'exposition de 1834.

Il résulte, en effet, des tableaux statistiques publiés annuellement par l'administration des mines, qu'en 1834, 502 hauts fourneaux, dont 37 alimentés avec du coke, ont produit 2,690,636 quintaux métriques de fonte, et qu'en 1837, dernière année pour laquelle des documents complets aient encore été réunis, une quantité de fonte, s'élevant à 3,316,780 quintaux métriques, a été livrée, tant à la fabrication du fer qu'aux fonderies, par 543 hauts fourneaux, dont 41 marchant au coke seul ou au coke mélangé de charbon de bois.

Il y avait donc, en 1837, 42 hauts fourneaux de plus qu'en 1834, et une augmentation de produits de 626,044 quintaux métriques de fonte. Cette augmentation n'appartient pas seulement aux nouveaux hauts fourneaux : le perfectionnement dans le travail, et de meilleures dispositions dans la construction des ouvrages, en réclament une partie.

Au nombre des perfectionnements de procédés, on doit citer, en première ligne, après l'usage de la houille, qui devient à peu près général dans les contrées où ce combustible ne revient pas à un prix trop élevé, l'emploi de l'air chaud, qui se répand aussi de plus en plus dans nos usines, bien que, dans un certain nombre d'établissements, l'avantage de cet emploi soit encore contesté. Sans entrer, à ce sujet, dans une discussion qui ne serait pas à sa place dans ce rapport, on peut affirmer, au moins : 1° que, dans toutes les localités où les hauts-fourneaux allant à l'air froid ne se trouvaient pas dans les meilleures conditions de travail, l'introduction de l'air chaud a eu deux effets importants : une augmentation considérable dans les produits journaliers, et une grande économie de combustible ; 2° qu'ailleurs, où ces résultats ont été moins sensibles, l'air chaud a rendu le travail plus facile et plus régulier, ce qui est surtout fort apprécié dans les hauts fourneaux dont la fonte est immédiatement appliquée au moulage.

Une autre amélioration d'un haut intérêt excite en ce moment l'attention des maîtres de forges : nous voulons parler de l'emploi, dans les hauts fourneaux, 1° du *charbon roux*, ou dont la carbonisation n'est pas complète ; 2° du *bois* amené seulement à l'état de dessiccation qui précède la carbonisation ; 3° enfin du *bois vert*. Déjà, en 1837, 25 hauts fourneaux, dont 18 soufflés à l'air chaud, employaient avec avantage le bois, dans l'un ou l'autre de ces trois états, soit seul, soit mélangé en proportions diverses au charbon de bois, et ces fourneaux ont produit, dans cette même année 1837, 14,435,300 kilogrammes de fonte.

Nous citerons encore l'emploi de la tourbe comme combustible, que M. Lareillet, maître de forges à Ichoux, département des Landes, est parvenu, depuis quelques années, à introduire avec succès dans l'affinage du fer.

On fabrique maintenant, en France, des fontes propres à la seconde fusion, et qui, égales aux meilleures fontes anglaises pour la douceur et la fusibilité, les dépassent pour la ténacité.

En effet, d'après *Banks*, un barreau de la meilleure fonte anglaise, d'un pouce carré (mesure anglaise), posé sur deux points d'appui distants l'un de l'autre d'un pied, porte, chargé dans son milieu, avant de rompre, un poids de 2,190 livres anglaises. Suivant Barlow, ce barreau doit porter pour maximum 2,500 livres. Or, des expériences répétées, faites depuis peu sur les fontes des hauts fourneaux de Torteron, département du Cher, ont prouvé que des barreaux de ces fontes, des mêmes dimensions et placés dans les mêmes circonstances que les barreaux anglais, portaient, avant de rompre, 1,176 kilogrammes et demi, soit 2,593 livres anglaises, charge supérieure de 405 livres suivant Banks, et de 93 livres suivant Barlow, au maximum de charge des barreaux anglais.

Beaucoup de hauts fourneaux français fondent d'aussi bons minerais que le fourneau de Torteron; sans doute, les mêmes soins y président ou y présideront bientôt à toutes les parties du travail; la France peut donc déjà fournir et pourra bientôt fournir abondamment de très-bonnes fontes pour tous les besoins de ses fondeurs, qui ne seront plus obligés d'aller chercher au delà de la Manche le complément de leur consommation.

La fabrication du fer s'est accrue proportionnellement à celle de la fonte. Ainsi, en 1834, la quantité produite en fer forgé ou laminé était de 1,728,408 quintaux métriques, savoir :

Au charbon de bois.   965,521

A la houille $\left\{\begin{array}{l}\text{méthode dite champe-}\\ \text{noise. . . } 348,545\\ \textit{id.} \text{ anglaise}\\ \text{(fer laminé). } 414,342\end{array}\right\}$ 762,887

Total. . . 1,728,408

Et, en 1837, il a été fabriqué 2,192,536 quintaux métriques de fer, savoir :

Au charbon de bois.   1,099,954

A la houille $\left\{\begin{array}{l}\text{méthode dite champe-}\\ \text{noise. . . } 301,227\\ \textit{id.} \text{ dite an-}\\ \text{glaise. . . } 794,355\end{array}\right\}$ 1,092,582

Total. . . 2,192,536

La production annuelle du fer a donc augmenté, en trois années seulement, de 464,128 quintaux métriques, et cette augmentation appartient en très-grande partie à la fabrication à la houille, système qui entre maintenant, comme on le voit, pour moitié, dans le produit annuel du fer, et qui tend, chaque jour, à envahir le domaine des anciens procédés au charbon de bois, à mesure que s'ouvrent pour la houille des voies économiques de transport, par les canaux ou même par les routes.

Dans une proportion plus restreinte sans doute,

l'emploi de la tourbe, dont nous venons de faire mention, est aussi destiné à s'étendre ; car les résultats auxquels on est parvenu dans le département des Landes ont été obtenus dans des conditions beaucoup moins favorables, sous le rapport de la qualité calorifique de la tourbe, que celles que présentent en France un assez grand nombre d'autres localités.

Tout porte à espérer qu'à la prochaine exposition, des faits nombreux prouveront les nouvelles économies de combustible qui seront obtenues d'ici à cette époque dans la fabrication du fer, économies qu'on est d'ailleurs obligé d'obtenir, d'après l'état actuel des choses, et l'augmentation continuelle du prix des bois, renchérissement auquel un grand nombre de maîtres de forges ne pourraient résister, s'ils ne parvenaient à diminuer notablement, dans leurs opérations, la consommation du combustible végétal.

Des améliorations importantes ont déjà été apportées aussi aux procédés du *pudlage* à la houille : elles ont permis de supprimer, sans altérer la qualité du fer, l'opération préparatoire appelée *mazéage*, opération qui donnait un déchet de 10 pour 100 sur la fonte, et qui employait un demi-kilogramme de combustible par kilogramme de fonte mazée.

En 1834, une seule usine, celle de Fourchambaut, avait exposé des fers laminés de formes variées, qu'on n'obtenait autrefois qu'à l'étampe du serrurier; aujourd'hui cette fabrication est familière à tous les laminoirs à fer.

Les forges françaises se sont encore enrichies de la fabrication des fers creux, soudés et étirés pour tubes employés par plusieurs industries. On avait fait quelques tubes à Fourchambaut en 1830, mais sans donner de suite à ce genre de travail. En 1838, M. Ardaillon fabriqua, à Saint-Julien (Loire), une assez grande quantité de tubes en fer pour armes à feu, mais seulement pendant quelques mois. Depuis peu d'années, M. Muel-Doublat a introduit la fabrication des tubes en fer dans ses forges d'Abainville (Meuse) avec un succès complet, et tout récemment, à Épinay, près Saint-Denis, département de la Seine, MM. Gandillot frères et compagnie viennent d'établir une usine consacrée spécialement à cette fabrication.

Les forges françaises sont donc en pleine voie de progrès, et rien ne se fait plus dans les forges anglaises qui ne se fasse également dans nos usines.

Ajoutons que, d'après les documents statistiques déjà cités, l'industrie du fer, considérée seulement dans la fabrication du fer en barres, de la fonte moulée et de l'acier, et abstraction faite des produits de toutes les élaborations subséquentes, a créé en France, en 1837, une valeur de 127,000,000 de francs (valeur qui s'accroît d'année en année), et qu'elle a employé, seulement dans ses divers *tra-*

vaux spéciaux, près de 45 mille ouvriers, non compris le nombre plus considérable d'autres ouvriers employés, dans les usines, à des travaux non spéciaux, et, hors des usines, à l'exploitation et à la carbonisation des bois, et au transport des minerais, des combustibles et des divers produits.

RAPPELS DE MÉDAILLES D'OR.

MM. Boigues frères, Hochet et comte Jaubert, sous la raison Boigues et cⁱᵉ. Usines de Fourchambaut (Nièvre).

Le principal fondateur de ce bel établissement, M. Louis Boigues, vient d'être enlevé, encore dans la force de l'âge, à l'industrie dans laquelle il s'était placé à un rang élevé, et au département de la Nièvre, qu'il représentait, depuis onze ans, à la chambre des députés. Le jury central croit devoir unir l'expression de ses regrets aux regrets exprimés par le jury départemental de la Nièvre, et rendre hommage à la mémoire d'un homme qui jouissait, à tant de titres, de l'estime générale.

Les héritiers de M. Boigues ont voulu continuer son œuvre : ses frères et beaux-frères se sont réunis sous la raison *Boigues et cⁱᵉ*, et l'importance de Fourchambaut a continué à s'accroître sous la direction de M. Achille Dufaud, dont les talents et l'habileté ont été récompensés, en 1834, par la décoration de la Légion d'honneur.

En 1834, dix hauts fourneaux étaient annexés à cet établissement ; aujourd'hui il en possède douze.

La fabrication annuelle en fonte était alors d'environ 10 millions de kilogr. Elle s'élève aujourd'hui à près de 15 millions de kil., non-seulement par suite de l'adjonction des deux nouveaux hauts fourneaux, mais encore par l'augmentation notable qu'on a obtenue dans les produits de tous.

La compagnie expose, 1° des fontes produites aux hauts fourneaux de Torteron, soufflés à l'air chaud et marchant avec un mélange de coke et de charbon de bois, fontes propres à la moulerie de seconde fusion ; 2° des fers laminés, d'échantillons et de calibres très-variés ; 3° des essieux.

Parmi les produits exposés, on remarque des barres de fonte de deux lignes d'épaisseur, coulées en sable vert, au sortir du haut fourneau de Torteron, et dont la ténacité et l'élasticité sont assez grandes pour qu'on les courbe facilement à la main sans les rompre, et qu'abandonnées ensuite à elles-mêmes elles reprennent leur première forme sans conserver aucune déviation.

La fabrication des fers de tous calibres et de toutes formes, qui était, en 1834, d'environ 6 millions de kilogr., est aujourd'hui de 8 millions de kil., et on annonce que, par de nouvelles dispositions qui s'exécutent dans ce moment, l'usine produira bientôt 10 millions de kil.

Outre l'affinage à la houille, Fourchambaut possède neuf feux d'affinerie au charbon de bois, dans lesquels on prépare les fers propres à la fabrication des cylindres caunelés pour filatures, et à celle des fils de fer fins.

On fabrique aussi à Fourchambaut une grande quantité

d'essieux, tant pour le service de l'artillerie que pour celui des messageries royales et pour le commerce.

Ces essieux, composés d'une étoffe particulière, sont d'une qualité telle que, sur quatre mille essieux soumis aux rudes épreuves que leur font subir les officiers d'artillerie, quatre seulement ont été refusés.

Tous les produits de cet établissement continuent à jouir, dans le commerce, d'une réputation méritée.

Le jury, considérant que l'usine de Fourchambaut n'a pas cessé de se maintenir au premier rang où elle s'était placée dès son début, tant pour son importance et la qualité de ses produits que pour la bonne direction qui lui est imprimée, accorde à MM. Boigues et compagnie le rappel de la médaille d'or qui leur fut décernée en 1823 et confirmée en 1827 et 1834, comme en étant de plus en plus dignes.

MM. Drouillard, Benoist et c[i]. Usine de Gournier, près d'Alais (Gard). *Rails* et autres fers laminés.

Cette usine, placée à environ quatre mille mètres d'Alais, sur le Gardon, fut fondée en 1826. Un grand capital fut dépensé, et un haut fourneau fut seulement mis en activité; de 1831 à 1832, un second le suivit bientôt; mais, par des circonstances fâcheuses, le travail cessa entièrement, tant pour la production de la fonte que pour celle du fer, vers la fin de 1834.

En 1836, MM. Drouillard, Benoist et compagnie, ayant affermé ce vaste établissement, dont l'inactivité était calamiteuse pour le pays, y apportèrent leurs capitaux et leur bonne administration, et bientôt tout reprit une nouvelle vie.

L'établissement d'Alais se compose :

1° De quatre hauts fourneaux, dont un est encore en construction : le coke est le seul combustible qui y soit employé;

2° D'une grande forge, dont les marteaux et laminoirs sont mus par deux machines à vapeur de la force de 30 et de 80 chevaux.

Les produits de ces usines sont maintenant de bonne qualité : les rails nécessaires à la confection du chemin de fer de Nîmes à Alais et d'Alais aux mines de la Grande-Combe forment en ce moment une grande partie de la fabrication, et il est probable que, si les forges d'Alais n'avaient pas été relevées, ce chemin de fer, qui doit développer la richesse houillère du bassin d'Alais, en ouvrant à ses produits le vaste débouché de la Méditerranée, n'aurait pas encore été construit.

Par la remise en activité de ces belles usines, et par les améliorations qu'ils ont apportées dans leur roulement et la qualité de leurs produits, MM. Drouillard, Benoist et compagnie ont rendu un grand service à l'industrie métallurgique. Le jury se plaît à leur accorder le rappel de la médaille d'or décernée à l'établissement d'Alais en 1834.

MÉDAILLES D'OR.

M. Muel-Doublat. Usine d'Abainville (Meuse). Fers laminés et forgés de toutes formes.

Les fers exposés par M. Muel-Doublat sont très-bien fabriqués. La réputation de cette usine dans le commerce est excellente, et les consommateurs se louent généralement de la qualité de ses produits.

Les fers creux soudés, fabriqués à Abainville depuis quelque temps d'après les procédés anglais, sont remarquables par leur bonne exécution, l'égalité de leur épaisseur et la beauté de leur surface extérieure : on peut les comparer à ce que les forges anglaises produisent de plus parfait en ce genre. Ces fers trouvent un emploi très-utile à plusieurs industries; on en fait surtout usage avantageusement pour la conduite du gaz destiné à l'éclairage.

En 1834, M. Muel-Doublat obtint le rappel de la médaille de bronze qui lui avait été décernée en 1827. Depuis lors, il a considérablement augmenté son usine; ses fabrications ont plus que doublé, et on remarque une grande variété de formes et d'échantillons dans ses produits, depuis les plus fortes pièces qu'on puisse obtenir au laminoir jusqu'au fil de fer.

Il fabrique aussi, à un feu de forge spécial, des arbres à manivelles pour machines à vapeur.

Les usines d'Abainville se composent de trois hauts fourneaux marchant au charbon de bois, et cinq trains de laminoirs. Une machine à vapeur, de la force de 100 chevaux, y a été récemment établie.

La fabrication de M. Muel-Doublat s'élève annuellement à trois millions de kil., dont cinq cent mille kil. sont livrés à la tréfilerie.

La houille employée pour le pudlage et l'étirage des fers provient des houillères de Sarrebrück (Prusse rhénane).

Les travaux emploient à l'intérieur 265 ouvriers et 400 à l'extérieur.

Le jury décerne à M. Muel-Doublat une médaille d'or, pour les grands développements qu'il a donnés à ses usines, la variété et la qualité des produits qu'il y fabrique.

La COMPAGNIE des houillères et fonderies de l'Aveyron. Usine de Decazeville (Aveyron).

Ce vaste et bel établissement expose des *Rails* pour chemins de fer, genre de fabrication dans lequel il réussit spécialement. Ces rails sont estimés, et les chemins de fer que possède la France, et qui malheureusement ont encore peu d'étendue et d'importance, sont revêtus en bonne partie des rails de Decazeville. Le chemin d'Orléans, aujourd'hui en construction, n'emploie que des rails de ces établissements.

Placé sur un terrain houiller et riche en minerais de fer pour l'alimentation de ses hauts fourneaux, l'usine de Decazeville, lorsque ses moyens de communication auront été rendus plus faciles, est appelée à un grand avenir.

Ses produits annuels sont de 6 à 7 millions de kil. de fer, de tous échantillons.

Une petite ville, qui contient déjà environ trois mille âmes, s'est élevée là où jadis il n'existait pas une seule habitation.

Les ouvriers employés dépassent le nombre de deux mille.

Le jury décerne à l'établissement de Decazeville une médaille d'or.

MM. FESTUGIÈRES frères et c^{ie}. Usine des Eyzies (Dordogne).

Depuis l'exposition de 1834, à laquelle cette usine a obtenu une médaille de bronze, MM. Festugières frères et compagnie ont donné beaucoup d'extension à leur établissement. Leurs quatre hauts fourneaux ne produisaient alors que 1,100,000 kil. de fonte, et les affineries fabriquaient 800,000 kil. de fer forgé. Aujourd'hui l'usine produit 2 millions de kil. de fer et une quantité notable de fonte moulée.

Le jury, prenant, en outre, en considération, non-seulement le grand service que MM. Festugières ont rendu à l'industrie en introduisant les premiers dans le département de la Dordogne, et sur une grande échelle, le système de fabrication du fer à la houille, mais encore le soin et la persévérance avec lesquels ils ont perfectionné tous les mécanismes de leur usine, et le bon exemple qu'ils ont donné ainsi aux nombreuses usines du Périgord, décerne à MM. Festugières et compagnie une médaille d'or.

MÉDAILLE D'OR D'ENSEMBLE.

MM SCHNEIDER frères et c^{ie}. Usine du Creuzot (Saône-et-Loire).

L'usine du Creuzot, dont les produits étaient tellement

discrédités, que la vente en était devenue à peu près impossible, vient d'être tirée de cet état de ruine et de discrédit par l'administration ferme et intelligente de MM. Schneider frères, qui en sont propriétaires en commun avec MM. Sellière et les héritiers de M. Louis Boigues.

Il n'y a pas encore trois ans que les nouveaux propriétaires sont en possession des usines du Creuzot, sous la raison *Schneider et compagnie*, et déjà leurs produits en tous genres ont pris le rang qui était dû à cette grande entreprise. Les divers fers et tôles que ces industriels exposent égalent, pour la perfection de la fabrication', les produits des meilleures usines de France.

La mise en navigation du canal latéral à la Loire, qui communique avec celui du centre par le beau pont-canal de Digoin, permet à MM. Schneider de tirer du Berri des minerais de fer, si connus pour leur excellente qualité.

Par le secours de ces minerais, mélangés dans des proportions convenables avec ceux qui alimentent ordinairement les hauts fourneaux du Creuzot, on obtient de très-bonnes fontes.

Quatre hauts fourneaux, dont les souffleries sont mues par une machine à vapeur de la force de cent chevaux, produisent annuellement environ 8 millions de kilogr. de fonte au coke.

Tous les fers se fabriquent à la houille extraite sur les lieux mêmes, et la fabrication, tant en fer qu'en tôle, se monte à environ 7 millions de kil.

Les travaux, tant intérieurs qu'extérieurs, emploient au delà de deux mille ouvriers.

Le jury, considérant d'ailleurs que le Creuzot renferme, outre l'usine à fer et à tôle, un grand atelier de construction de machines, dont les produits sont importants et dignes d'éloges (voyez le rapport sur les machines, tom. II), décerne à MM. Schneider frères et compagnie une médaille d'or pour l'ensemble de leurs fabrications.

RAPPELS DE MÉDAILLES D'ARGENT.

M. Charles DURAND, à Fourvoirie (Isère).

Les fers et tôles exposés par M. Durand proviennent des fontes du haut fourneau de Rioupéroux; ils sont affinés au charbon de bois et d'excellente qualité.

Il fut décerné, en 1834, une médaille d'argent à M. Durand pour la qualité de ses fabrications; ce maître de forges n'ayant pas cessé de la mériter, le jury lui en accorde le rappel.

M. DÉTAPE, à Bruniquel (Tarn-et-Garonne).

Les fers et les essieux fabriqués à Bruniquel jouissent d'une réputation méritée dans le commerce.

Cette usine fabrique par an environ 500,000 kil. de fer, affinés au charbon de bois. Elle possède deux hauts fourneaux, quatre feux d'affinerie et un train de laminoirs pour l'étirage des barres.

En 1834, une médaille d'argent a été décernée à M. Détape, le jury lui en accorde le rappel comme en étant toujours digne.

M. GIROUD père, à Allevard (Isère).

Fontes propres à la fabrication des aciers et à la seconde fusion.

Les fontes d'Allevard, n° 1 et n° 2, sont très-estimées des fabricants d'acier de l'Isère, qui recherchent surtout les fontes nº 2, produites par un minerai contenant une forte proportion de manganèse.

Les fontes nº 3 de la même usine, qui sont employées à la fonderie de canons de Saint-Gervais, sont très-remarquables par leur force de cohésion.

Le jury rappelle à M. Giroud père la médaille d'argent qui lui fut décernée en 1834 et qu'il mérite encore.

MÉDAILLES D'ARGENT

M. LARREILLET (Dominique) : usines de Pissos et Ichoux (Landes).

Les usines de M. Larreillet renferment deux hauts fourneaux, plusieurs feux d'affinerie au charbon de bois, et plusieurs fours à pudler et à réchauffer, alimentés avec la tourbe.

M. Larreillet est le premier qui ait introduit en France l'usage de la tourbe dans l'affinage du fer. A la suite de recherches et d'essais suivis avec intelligence et persévérance, cet emploi a complétement réussi à Ichoux dans les trois opérations du pudlage de la fonte, du réchauffage et du corroyage du fer, réussite d'autant plus remarquable que la tourbe d'Ichoux, mousseuse, formée de végétaux peu altérés, et ne pesant que 176 kil. le stère, dégage beaucoup moins de chaleur que les tourbes noires et compactes ordinaires, dont le stère pèse jusqu'à 450 kil.

La conduite des opérations, les déchets qu'elles entraînent, enfin la qualité des produits, sont semblables à ce qui résulte de l'emploi de la houille.

L'usage de la tourbe, pour l'affinage du fer, pourra se répandre avec avantage dans toutes les contrées de forges où la houille n'arrive que grevée de frais de transports considérables, et où les bois deviennent rares ou chers. M. Larreillet aura donc rendu un service très-important à la métallurgie. Aujourd'hui l'emploi de la tourbe étant encore concentré dans l'usine d'Ichoux, le jury décerne à M. Larreillet une médaille d'argent. Il croit devoir publier, à cette occasion, la mention très-honorable que le jury du département des Landes et le préfet de ce département ont faite de M. Charles Dupont, employé dans l'usine d'Ichoux, comme ayant secondé avec beaucoup d'intelligence M. Larreillet dans l'étude et l'application de ses nouveaux procédés.

MM. Reignier et cie, à Bologne (Haute-Marne).

MM. Reignier et compagnie, propriétaires et exploitants de l'usine de Bologne, ont exposé des fers en barres de divers échantillons et des fers creux.

L'établissement de Bologne se compose de deux hauts fourneaux, l'un à Bologne, l'autre à Joinville, alimentés au charbon de bois, et d'une grande forge à laminoirs.

L'affinage du fer se fait, dans cette usine, entièrement à la houille ; les produits sont évalués, par an, à au moins 2 millions de kil.; ils sont de bonne qualité. Quatre à cinq cents ouvriers sont employés, dans cet établissement, aux travaux tant intérieurs qu'extérieurs.

Le jury, considérant que le département de la Haute-Marne, le plus important de tous les départements de France sous le rapport de la fabrication du fer (1), a fait,

(1) Le département de la Haute-Marne renferme soixante et onze

en peu d'années, de grands progrès dans cette industrie ; que l'usine de Bologne, la seule du département dont les produits aient été exposés, est une des plus considérables, et une de celles dans lesquelles les nouveaux procédés ont été introduits le plus complétement et sur la plus grande échelle, décerne à MM. Reignier frères et compagnie une médaille d'argent.

M. MARSAT : forges de Ruffec, Villement et Lamothe (Charente).

Les fers exposés par M. Marsat sont d'une qualité tout à fait supérieure, et depuis longtemps les consommateurs en ont jugé ainsi.

M. Marsat a commencé sa carrière industrielle avec des moyens pécuniaires très-bornés. Par une longue et honorable série de travaux habilement dirigés, il a successivement accru ses établissements, qui se composent, aujourd'hui, de trois hauts fourneaux au charbon de bois, six feux d'affinerie et deux fonderies.

Il a fondé et construit lui-même plusieurs de ces usines sur les meilleurs principes, et il y a toujours introduit les améliorations dont elles étaient susceptibles. Malgré son âge avancé, son activité est restée la même, et il est appelé comme conseil dans les usines du voisinage quand il y survient des difficultés techniques ; il emploie annuellement environ quatre cents ouvriers.

Le jury décerne une médaille d'argent à M. Marsat.

---

hauts fourneaux, soixante feux d'affinerie, vingt-huit fours à pudler et trente-deux feux de chaufferie. La valeur du produit de ces usines s'est élevée, en 1837, à 14,560,000 fr.

Compagnie des forges de Framont : usine de Framont-Grand-Fontaine (Vosges).

Cette usine a figuré à l'exposition de 1834 sous le nom de M. Champy, qui en était alors propriétaire.

Une compagnie lui a succédé, et elle expose des feuilles de tôle d'une forte dimension.

Les produits de cet établissement ont conservé leur ancienne réputation, et les nouveaux exploitants ont ajouté le moulage à leurs précédentes fabrications.

Les tôles employées par MM. Stehelin et Hubert de Bitschwiller et André Kœchlin de Mulhouse, pour la construction des machines locomotives, proviennent, en grande partie, des usines de *Grand-Fontaine*, et cet emploi constate leur qualité.

L'établissement se compose de deux hauts fourneaux, huit feux d'affinerie au charbon de bois et d'un train de laminoirs.

Les moteurs sont tous hydrauliques.

Une médaille de bronze fut accordée en 1834 à M. Champy : les nouveaux propriétaires, ayant fait à leur usine de notables augmentations et améliorations, le jury leur accorde une médaille d'argent.

MÉDAILLES DE BRONZE.

M. Vasseur, à Anzin (Nord).

La fabrication du fer est une industrie nouvelle dans le département du Nord, où, en peu d'années, elle a pris beaucoup d'importance.

La première usine de ce genre y fut fondée par MM. Renault-Piolet et Dumont, à Raismes, près Valenciennes.

La fabrication de M. Vasseur s'élève annuellement à 2 ou 3 millions de kil. de fer de tous échantillons. Toutes les opérations se font à la houille.

Le jury regrette de n'avoir pas à récompenser ceux qui ont, les premiers, introduit la fabrication du fer dans le département du Nord.

Il décerne une médaille de bronze à M. Vasseur.

MM. Doé et cⁱᵉ, à Saint-Maur (Seine).

Cet établissement, de nouvelle création, expose pour la première fois.

Son voisinage de la capitale le rend utile aux consommateurs, qui peuvent y obtenir très-promptement les échantillons de fer dont ils ont besoin ; l'usine de Saint-Maur produit, par vingt-quatre heures, de 4 à 500 kil. de fer.

La fonte employée provient des hauts fourneaux de Chamouillé, Condé et Brousseval (Haute-Marne), qui appartiennent à la même compagnie ; les houilles viennent de Valenciennes et d'Épinac.

Le jury décerne une médaille de bronze à MM. Doé et compagnie.

M. Gustave Muel, à Sionne (Vosges).

M. Muel (Gustave) expose des fers martelés et laminés, de très-bonne qualité, ainsi que des essieux.

Son établissement, dont l'origine remonte à 1623, se compose d'un haut fourneau, de quatre feux d'affinerie au charbon de bois, trois fours à pudler et deux fours à souder, enfin d'un laminoir.

Les fers s'y fabriquent partie au charbon de bois, et partie à la houille.

La totalité des fabrications s'élève à 600,000 kil.

Le jury décerne à M. Muel (Gustave) une médaille de bronze.

MM. Thoury et c^ie, à Grenelle (Seine).

Les fers exposés par cet établissement paraissent de très-bonne qualité, et comme ils proviennent de ferrailles corroyées et non de fonte affinée, il en sera toujours ainsi, tant que le choix des ferrailles traitées dans l'usine sera fait avec discernement.

L'établissement de Grenelle est une usine utile aux constructeurs de Paris, qui peuvent y obtenir immédiatement les échantillons de détail qui leur deviennent nécessaires.

Cette usine a encore le mérite de rendre à la consommation, d'une manière utile, tous les vieux débris de fer sans emploi.

Le jury décerne à MM. Thoury et compagnie la médaille de bronze.

MENTIONS HONORABLES.

Compagnie anonyme des forges de Ronchamp (Haute-Saône).

Cet établissement, créé par une société de négociants alsaciens, marche depuis environ deux ans.

Il expose des tôles et *rails* de chemins de fer, qui sont d'une bonne qualité et de bonne fabrication.

Il ne possède qu'un haut fourneau au charbon de bois.

La houille des mines de Ronchamp n'étant pas de nature à être avantageusement carbonisée, il n'a pas été, jusqu'à présent, possible d'élever des hauts fourneaux au coke dans cette localité.

Madame veuve PAICHEREAU, à Prémery (Nièvre).

Les essieux que madame veuve Paichereau expose sont très-bien fabriqués; ils n'ont reçu aucune préparation préalable; ils sont forgés comme le fer ordinaire dans les forges dont cette dame est propriétaire.

Les fusées en sont arrondies à l'étampe.

COMPAGNIE agricole et industrielle du Migliacciaro (Corse).

Les produits de cette compagnie ne sont pas connus dans le commerce intérieur de la France.

Les échantillons exposés, quoique présentant quelques imperfections de fabrication, paraissent de bonne qualité. Le jury espère que les louables efforts que fait dans ce moment cette compagnie, pour étendre et perfectionner, en Corse, la fabrication du fer, seront couronnés par le succès.

M. LECLERC (Pierre-Auguste), à Saint-Étienne (Loire).

M. Leclerc (Pierre-Auguste) présente du fer ductile fondu, sans addition de matières nuisibles.

Ce fabricant est le premier qui ait réussi à fondre, dans le même creuset, une aussi grande quantité de fer ductile.

Ce procédé, qui peut recevoir une application utile dans

plusieurs circonstances, n'a encore rien fourni qui puisse fixer positivement l'opinion du jury à son égard ; mais les tentatives de M. Leclerc n'en doivent pas moins être dès aujourd'hui mentionnées honorablement.

MM. Gandillot frères et c^{ie}, usine de la Briche, commune d'Épinay (Seine).

Cet établissement, dans lequel on fabrique des tubes en fer soudés et étirés à la filière, a été mis en activité seulement quelques jours avant la fermeture de l'exposition.

Il est monté sur une assez grande échelle pour ce genre de fabrication, qui offre un grand intérêt. Les dispositions des ateliers en sont bien entendues, et si la suite répond au début, l'usine pourra, en peu de temps, répondre aux demandes qui lui seront adressées.

M. Baudry, à Athis (Seine-et-Oise).

Cette usine, qui fabrique aussi des aciers, fournit à la consommation annuelle environ 500,000 kil. de fer, provenant de vieilles ferrailles et de masseaux qui lui sont fournis par des forges où la fonte est affinée au charbon de bois. Ces fers sont très-bien fabriqués et d'excellente qualité ; ils trouvent presque tous leur emploi dans la carrosserie. M. Baudry a été récompensé pour ses aciers (voir art. *Aciers*, même volume).

MM. Charles Paignon et c^{ie}, à Bizy (Nièvre).

Les fontes qu'exposent MM. Charles Paignon et compagnie sont bien connues des fondeurs pour le service desquels elles sont destinées. Elles ont une bonne réputation dans le commerce.

MM. Charles Paignon et compagnie ont obtenu un rappel de médaille d'argent d'ensemble, pour leurs fontes et leurs aciers (voir art. *Aciers*, même volume).

CITATION FAVORABLE.

Le jury cite favorablement MM. Devillez frères, à Brevilly (Ardennes) pour la tôle qu'ils ont exposée.

---

§ 2. FONDERIES DE FONTE DE FER.

L'art du fondeur en fonte de fer a pris un grand développement depuis 1834, et, à aucune époque, des produits aussi importants n'ont été exposés à la curiosité publique.

La fonte de fer commence à entrer en concurrence avec le bronze; la facilité avec laquelle elle se soumet à toutes les formes qu'on veut lui imposer, et son bas prix, comparé à celui du bronze, la font préférer pour un grand nombre d'emplois.

Elle envahit en ce moment les grands monuments qui s'élèvent pour l'embellissement des places publiques.

On la voit, élégante et légère, orner les bâtiments particuliers qui se construisent dans tous les quartiers de la capitale; la même chose se remarque dans nos départements.

Sous la direction d'ingénieurs habiles, elle participe pour une portion notable aux grands travaux publics.

Les colonnes en fonte qui viennent d'être élevées sur la Dordogne, à Saint-André-de-Cubzac, et qui servent de piles au pont qui se construit dans cette localité, forment sans aucun doute le plus remarquable monument qui existe en ce genre.

Les beaux combles de la cathédrale de Chartres montrent une application, aussi admirable qu'elle est utile, de la fonte de fer aux grandes constructions.

La flèche de la cathédrale de Rouen est un nouvel exemple de tout ce qui se fait de monumental avec la fonte de fer.

On pourrait ajouter les portes d'écluses des canaux, et beaucoup d'autres travaux moins grands, mais non moins importants.

MÉDAILLES D'OR.

MM. Émile MARTIN et c^{ie}.

Fonderie de *Garchizy*, connue dans le commerce sous le nom de fonderie de *Fourchambaut*, à cause de son voisinage avec cet établissement.

Ce bel et vaste établissement, fondé en 1823, par

M. Émile Martin (ancien élève de l'école polytechnique et officier d'artillerie) en société avec M. Louis Boigues, est arrivé, en peu d'années, à un haut degré de prospérité. M. Émile Martin, constructeur de l'usine, en a toujours été le directeur. Le premier en France, il s'est mis à la tête des grands travaux qui se sont exécutés en fonte de fer; il a devancé les autres fonderies, pour les fabrications qui jusqu'alors ne s'étaient opérées que dans les forges anglaises, et il a ainsi puissamment contribué au développement de cette importante industrie.

Il a obtenu, à ce titre, une médaille d'or à l'exposition de 1834, et le jury central de cette exposition a signalé dans son rapport, comme particulièrement recommandables, les grandes presses hydrauliques des ports militaires; les machineries des grandes usines de Decazeville; enfin la confection des arches à voussoirs du pont du Carrousel, exécutées d'après les projets de M. Polonceau, inspecteur des ponts et chaussées.

Depuis cette époque, on doit à M. Émile Martin les combles en fonte de la cathédrale de Chartres, quatorze tambours du fût en bronze de la colonne de juillet, les piles en fonte du pont de Saint-André-de-Cubzac, le plus grand travail de ce genre qui ait encore été entrepris en Europe; un grand nombre de ponts suspendus en chaînes de fer, les machineries de la forge de Saint-Maur, dont il a fait les projets, et celles des forges de Vierzon, ces dernières d'après les projets de M. Eugène Flachat.

La fonderie de Garchizy est la plus importante de France, par la masse de ses fabrications en tous genres, fonte, cuivres, bronzes et fers ouvrés. Ces fabrications s'élèvent par mois, terme moyen, à 250,000 *kil. fontes moulées, et* 30,000 *kil. fers ouvrés* et ajustés pour les divers emplois auxquels ils sont destinés. Ses produits en cuivre et bronze sont plus variables; mais ils se montent souvent à un chiffre très-considérable.

Tout ce qui sort de cette usine est remarquable par la bonne exécution et l'excellente qualité.

Les compagnies des chemins de fer de Saint-Germain à Versailles, d'Orléans, d'Alais à Beaucaire, de Bordeaux à la Teste, ont trouvé dans les ateliers de Garchizy les objets du matériel de leurs constructions à des prix modérés et exécutés avec la perfection anglaise.

La fonderie de M. Émile Martin et compagnie lutte même, avec avantage, sur les marchés étrangers, contre les établissements anglais, et elle a obtenu récemment la préférence, dans le royaume de Naples, pour la fourniture de la majeure partie des objets en fonte et en fer, nécessaires à la confection du chemin de fer de Castellamare.

Le jury, prenant en considération les nombreux et grands travaux exécutés par M. Émile Martin depuis 1834, et les développements et perfectionnements continuels de son usine, lui décerne une nouvelle médaille d'or.

M. CALLA, à Paris, rue du Faubourg-Poissonnière, 92.

L'établissement de M. Calla a été fondé en 1806; c'était seulement alors un atelier de construction.

En 1818, M. Calla père, au retour d'un voyage en Angleterre, y ajouta une fonderie de fer, qui prit promptement de grands développements, et se plaça en première ligne parmi les fonderies de la capitale.

M. Calla a, le premier, fabriqué en fonte de fer, sur une grande échelle, des ornements pour les édifices publics et particuliers; jusqu'à lui, on avait cru la fonte impropre à cet usage. Le bon goût du dessin des objets fabriqués par M. Calla, et la netteté de leur exécution au moulage, ont fait, depuis quelques années, généralement adopter la fonte, qui tend de plus en plus à remplacer le bronze, dans beaucoup de circonstances.

M. Calla a exécuté, avec une rare perfection, des escaliers, caisses à fleurs, candélabres et balcons pour le Palais-Royal, pour le palais des Tuileries et pour le château de Randan, ainsi que beaucoup d'objets de construction et de décors pour le Panthéon, l'église de la Madeleine, celles de Notre-Dame-de-Lorette et de Saint-Vincent-de-Paul, etc.

Il est le premier qui, en 1829, sur la demande d'un architecte distingué de la capitale, se soit occupé des moyens d'exécuter, en fonte de fer, les grandes statues qui précédemment ne se coulaient qu'en bronze.

On voit en ce moment, dans les ateliers de M. Calla, les statues colossales de la fontaine de Richelieu, dont le moulage est très-remarquable, et les autres pièces de ce monument, parmi lesquelles on doit citer l'anneau supérieur de la grande vasque, coulé d'un seul jet, sur un diamètre de 6 mètres 50 centimètres, et d'une épaisseur assez faible, pour ne peser que 1,900 kilogrammes.

M. Calla est l'auteur du mémoire qui remporta, en 1830, le prix de 6,000 francs, fondé par la Société d'encouragement, pour le perfectionnement du moulage de la fonte de fer.

Le jury décerne à M. Calla une médaille d'or.

MÉDAILLES D'ARGENT.

M. Muel (Pierre-Adolphe), à Tusey, département de la Meuse.

L'établissement de Tusey n'a été monté sur une grande échelle que depuis environ trois ans.

Les objets d'ornement pour balcons et l'escalier tournant qu'il a exposés sont d'une excellente exécution.

C'est de cette fonderie que sortent les candélabres qui ornent la place de la Concorde, et les statues qui en décorent les fontaines.

Il a fallu de grands efforts, de la part de M. Muel, pour arriver, en aussi peu de temps, à d'aussi beaux résultats.

La fonderie de Tusey se compose d'un haut fourneau au charbon de bois, et de trois fourneaux à la Wilkinson, pouvant, avec le secours du haut fourneau, fournir assez de fonte en fusion pour couler des pièces du poids de 10 à 12 mille kilogrammes.

Le jury décerne à M. Pierre-Adolphe Muel une médaille d'argent.

M. André, à Osne-le-Val (Haute-Marne).

L'établissement de M. André est depuis longtemps connu dans le commerce : ses fontes moulées sont estimées pour leur bonne exécution et leur qualité.

M. André a, le premier, introduit, dans le département de la Haute-Marne, le moulage en sable, en remplacement du moulage en terre, bien plus long et bien plus dispendieux. Cette amélioration s'est bientôt répandue : il en est résulté une grande diminution dans le prix des fontes moulées.

L'établissement d'Osne-le-Val est le plus important en son genre dans la Haute-Marne.

Le jury décerne à M. André une médaille d'argent.

MENTIONS HONORABLES.

MM. Sautelet jeune et c^{ie}, à Orléans (Loiret).

M. Sautelet jeune a exposé, en fonte de seconde fusion, une statuette, une tête de cheval, un masque de Napoléon et un buste de Pothier ; tous ces objets sont d'une exécution remarquable, surtout pour une usine qui débute.

Cette fonderie est une industrie nouvelle à Orléans, où elle peut prendre de grands développements, par la facilité qu'elle trouvera, au moyen de la navigation de la Loire, à s'approvisionner de fontes et de combustible.

Le jury accorde à M. Sautelet jeune une mention honorable.

MM. Boigues et c^{ie} : fonderie de Torteron (Cher).

La fonderie de Torteron, l'une des dépendances de l'établissement de Fourchambaut, est établie sur une grande échelle.

Toutes ses mouleries sont de première fusion, d'une belle exécution, et la qualité de la fonte ne laisse rien à désirer.

Ses produits dépassent 200 mille kilogrammes par mois.

Cette fonderie n'est ici mentionnée que *pour mémoire*, MM. Boigues et compagnie ayant obtenu, à l'article *Fer*, un nouveau rappel de la médaille d'or qui leur fut décernée en 1823.

COMPAGNIE des forges de Framont :
Usine de Grand-Fontaine (Vosges).

Cette compagnie a exposé un tambour de filature très-remarquable par sa légèreté comme par sa bonne exécution, et qui paraît bien apprécié par les filateurs.

Elle a obtenu une médaille d'argent pour l'ensemble de ses fabrications. (*Voir* art. *Fer*.)

MM. SCHNEIDER frères, au CREUZOT (Saône-et-Loire).

La fonderie du Creuzot est principalement destinée à fournir les objets en fonte nécessaires à la construction des machines à vapeur ; elle fournit, néanmoins, aussi au commerce des mouleries de diverses espèces, qui sont d'une très-bonne exécution : dans les objets que cet établissement a exposés, on remarquait un cylindre dur, très-régulier et sans aucun défaut apparent.

MM. Schneider ont obtenu la médaille d'or pour l'ensemble de leurs fabrications. (*Voyez* aux articles *Fer* et *Machines*.)

MM. DROUILLARD, BENOIST et c^{ie}, à Alais (Gard),
La COMPAGNIE des houillères et fonderies de l'Aveyron, à Decazeville (Aveyron),
M. VASSEUR, à Anzin (Nord),

Ont exposé des *coussinets* pour supports de rails de chemins de fer.

Ces fabricants, déjà nommés, ont obtenu les récompenses dues à l'ensemble de leurs travaux. (*Voyez* art. *Fer*.)

§ 3. ACIERS.

La fabrication des aciers de forge et de cémentation a peu varié depuis l'exposition précédente. La masse annuelle de ses produits a été, en 1837 comme en 1834, un peu au-dessus de 60,000 quintaux métriques.

Plus de la moitié de ces produits sont convertis en aciers fins, corroyés ou fondus, et cette seconde fabrication présente quelque augmentation. Elle s'est élevée, en effet, en 1837, à 37,579 quintaux métriques, tandis qu'en 1834 le nombre de quintaux métriques fabriqués était de 33,491.

On peut conclure, de cet accroissement, que les aciers français de cette espèce, par suite des soins donnés à leur fabrication, sont mieux accueillis des consommateurs, dont les préventions commencent enfin à céder à l'évidence.

Cependant, il faut bien le dire, plusieurs marchands, intermédiaires entre le fabricant et le consommateur, exigent encore, dans leur propre intérêt, que le premier revête ses aciers d'une marque étrangère ; cette exigence est très-fâcheuse : elle ne peut que tendre à maintenir l'engouement du consommateur pour les produits étrangers.

Espérons que bientôt, mieux éclairés sur les qualités de nos aciers, qu'ils estiment sous la marque étrangère, nos ouvriers ne s'attacheront plus qu'aux marques françaises qui leur donneront le plus de garantie de bonne fabrication et de bonne qualité.

RAPPELS DE MÉDAILLES D'OR.

MM. Jackson frères, à Saint-Paul-en-Jarrêt (Loire).

MM. Jackson frères ont, chaque année, donné plus de développement et de variété à leurs fabrications.

Les produits qu'ils ont exposés se composent d'aciers fondus et d'aciers cémentés, ces derniers corroyés et étirés pour divers emplois.

Ces aciers jouissent de la meilleure réputation dans le commerce; et on ne doit pas oublier que ce sont MM. Jackson qui ont les premiers doté la France d'un établissement de quelque importance pour la fabrication des aciers fondus.

Ils ont annexé à leurs premières usines celle de la Bérardière, fondée sur le Furens, en 1818, par feu M. Beaunier, inspecteur général au corps royal des mines.

A Assailly, centre de leurs opérations, ils possèdent sur le Gier un établissement important. Des moteurs hydrauliques y sont appliqués à deux gros marteaux de forge, et à trois martinets pour l'étirage. Une machine à vapeur y met en mouvement d'autres marteaux et un train de laminoirs.

MM. Jackson frères emploient, pour la production de

leurs aciers, des fers de Suède, concurremment avec des fers de l'Ariége et de l'Isère.

Le jury rappelle en faveur de MM. Jackson frères la médaille d'or qui leur fut décernée en 1827, déjà rappelée en 1834, et qu'ils méritent toujours.

MM. Talabot et c^{ie}, à Toulouse (Haute-Garonne).

MM. Talabot et compagnie ont exposé des aciers variés d'échantillons et d'espèces, suivant l'usage auquel ils doivent être appliqués.

Ces aciers sont remarquables par leur belle fabrication et leur bonne qualité.

MM. Talabot et compagnie se sont constamment maintenus à la hauteur où ils s'étaient placés en 1834, époque à laquelle il leur fut décerné une médaille d'or.

Ces fabricants n'ayant cessé de mériter cette honorable récompense, le jury la leur rappelle.

M. Déquenne fils, à Naveaux (Nièvre).

Les aciers de diverses espèces, exposés par M. Dequenne, sont bien fabriqués, et de très-bonne qualité; ils sont bien réputés dans le commerce, où ils trouvent un facile écoulement.

M. Dequenne emploie, pour la fabrication de ses aciers, presque toutes matières du pays, et principalement les aciers de forge, dits *aciers à terre*, qui sont un produit du département de la Nièvre; il se sert aussi d'un peu de fer de Suède.

L'art de fabriquer l'acier est depuis longtemps héréditaire dans la famille Dequenne; l'exposant actuel est aujourd'hui le seul de cette famille qui maintienne l'activité de l'usine de Naveaux.

Une médaille d'or fut décernée, en 1819, à son père, qui en obtint le rappel en 1823 et 1827. Cette médaille fut rappelée, en 1834, en faveur du fils, qui expose cette année.

Le jury accorde de nouveau le rappel de la médaille d'or à M. Dequenne fils, comme n'ayant cessé d'en être digne.

MÉDAILLE D'OR.

M. Baudry, à Athis (Seine-et-Oise).

M. Baudry a exposé des aciers à ressort parfaitement fabriqués, et qui ne laissent rien à désirer.

Plusieurs expériences, faites avec sévérité dans l'usine même d'Athis sur des aciers pris au hasard, ont prouvé que ces aciers étaient égaux en qualité aux meilleurs aciers à ressort anglais; et il doit en être ainsi, par suite des soins extrêmes que M. Baudry apporte dans tous les détails de sa fabrication.

Il n'emploie que des fers de Suède de première marque, qu'il prend encore la précaution de corroyer avant leur cémentation. Il augmente ses dépenses des frais de cette opération préalable, que négligent, en général, les fabricants du même genre; mais il y trouve l'avantage de livrer aux consommateurs des aciers excellents, et de s'être formé une forte clientèle qui lui enlève ses produits au fur et à mesure de leur confection. Cependant M. Baudry n'a pas augmenté le prix de ses aciers, qu'il maintient au taux de 120 francs les 100 kilogrammes.

La fabrication annuelle de l'usine d'Athis est, dans ce moment, de 160,000 kil. en aciers à ressorts de voitures ; mais, cette quantité ne pouvant satisfaire aux demandes qui lui sont adressées, M. Baudry va faire construire un second four de cémentation, ce qui portera sa fabrication annuelle au delà de 300,000 kilogrammes.

L'usine d'Athis fabrique, en outre, des fers de bonne qualité.

Le jury décerne à M. Baudry une médaille d'or.

RAPPELS DE MÉDAILLES D'ARGENT.

MM. Paignon et c^{ie}, à Bizy (Nièvre).

MM. Paignon et compagnie exposent des aciers naturels qui, d'après des essais faits avec soin, ont fourni de bons ciseaux à bois et des burins coupant le fer et la fonte grise; ils vendent ces aciers 52 francs les 100 kilogrammes.

Une médaille d'argent fut accordée à MM. Paignon et compagnie en 1834 ; le jury la leur rappelle comme étant encore bien méritée.

MM. Abat, Morlière et c^{ie}, à Pamiers (Ariége).

MM. Abat, Morlière et compagnie ont succédé à MM. Abat, Molière et Dupeyron ; les aciers qu'ils ont exposés sont de bonne qualité.

Leur établissement date de 1819 ; les fers de l'Ariége sont les seuls qui y soient soumis à la cémentation.

Sa fabrication annuelle s'élève à environ 300,000 kil.

d'acier, dont le prix varie de 72 fr. à 140 fr. les 100 kil., suivant l'espèce et la qualité.

Une médaille d'argent fut décernée à cet établissement en 1823, et rappelée en 1827 et 1834 ; le jury la rappelle de nouveau à MM. Abat, Morlière et compagnie, qui n'ont pas cessé d'en être dignes.

MÉDAILLE D'ARGENT.

M. Garrigou, à Saint-Antoine (Ariége).

Cet établissement a été fondé sur une dérivation de l'Ariége, par une société anonyme et sous la direction de M. Garrigou.

On y emploie, pour être cémentés, des fers du département de l'Ariége.

Le produit annuel s'élève à environ 300,000 kil. d'acier de divers échantillons, estimés dans le commerce. Soixante-seize ouvriers sont employés aux travaux intérieurs de l'usine.

Le jury décerne à l'établissement de Saint-Antoine, en la personne de M. Garrigou, son directeur, une médaille d'argent.

RAPPEL DE MÉDAILLE DE BRONZE.

M. Courot-Bigé, à Corbelin (Nièvre).

M. Courot-Bigé a exposé des aciers naturels et des socs de charrue en même acier.

Tous les produits de l'usine de Corbelin jouissent d'une bonne réputation dans le commerce.

M. Courot-Bigé vend ses aciers 60 francs, et ses socs de charrue 72 francs les 100 kilogrammes.

Une médaille de bronze fut décernée, en 1834, à ce fabricant; le jury la lui rappelle comme l'en jugeant toujours digne.

MÉDAILLES DE BRONZE.

M. Gourju, à Rives (Isère).

M. Gourju a exposé des aciers naturels martelés, fabriqués avec les fontes de l'Isère, et qui sont de très-bonne qualité.

Ce fabricant a substitué avec succès, l'un des premiers, dans l'opération de l'étirage des massets d'acier, l'emploi de la houille à celui du charbon de bois, seul combustible employé jusqu'à présent dans le département de l'Isère, pour l'étirage comme pour l'affinage de l'acier. Par cette innovation, sans nuire à la qualité de l'acier, on économise la moitié environ du combustible végétal précédemment consommé dans les aciéries. C'est un grand service rendu aux aciéries et aux autres usines d'un département où le bois devient de plus en plus rare et cher.

Le jury décerne à M. Gourju une médaille de bronze.

MM. Blanchet frères, à Tullins (Isère).

MM. Blanchet frères ont exposé des aciers naturels, martelés et laminés, et des aciers cémentés également martelés et laminés.

Ces fabricants ont installé, les premiers, dans le département de l'Isère, des laminoirs pour l'étirage des aciers. Il en est résulté plus de promptitude dans le travail, et plu d'économie surtout pour la fabrication des aciers à ressort de voitures, qu'il est fort coûteux de confectionner au martinet, et auxquels le laminage est mieux approprié.

MM. Blanchet frères obtinrent, en 1834, une médaille de bronze.

Le jury, prenant en considération le bon exemple qu'ils ont donné dans l'Isère, en établissant des laminoirs dans leurs aciéries, leur décerne une nouvelle médaille de bronze.

MM. Debrie et Malespine, à Valbenoîte (Loire).

MM. Debrie et Malespine ont exposé des aciers fondus de divers échantillons, provenant de leur usine de Valbenoîte.

Ces aciers, très-bien fabriqués, sont de bonne qualité, et se vendent facilement.

L'établissement de Valbenoîte, qui, en 1834, obtint une médaille de bronze, sous le nom de MM. Debrie et Frichon, n'avait pas encore reçu le développement que lui ont donné les propriétaires actuels, MM. Debrie et Malespine.

Le jury accorde à MM. Debrie et Malespine une nouvelle médaille de bronze.

MENTION HONORABLE.

M. Vial (Auguste) fils, à Renage (Isère).

Le jury le mentionne honorablement pour la bonne fabrication et la bonne qualité des aciers qu'il a exposés.

CITATIONS FAVORABLES.

M. GOBELET (Jean-Baptiste), à la Charité-sur-Loire (Nièvre).

Le jury le cite favorablement pour la bonne qualité des aciers, dits *aciers à terre,* qu'il a exposés.

M. le duc DE LUYNES.

Le jury le cite également pour ses aciers fondus et damassés.

MM. GOLDENBERG et cie, à Zornhoff (Bas-Rhin),

MM. COULAUX aîné et cie, à Molsheim (Bas-Rhin),

M. MARUÉJOULS (Frédéric), à Touille (Haute-Garonne),

Ont également exposé des aciers de bonne qualité.

Les deux premiers ont été mentionnés à l'article des outils de quincaillerie, et le troisième à l'article des faux.

---

§ 4. LIMES.

La fabrication des limes s'est accrue, depuis 1834, de trois grands établissements, l'un près de Tours, l'autre à Liancourt, le troisième à Rive-de-Gier.

La France serait maintenant en mesure de se soustraire entièrement au tribut qu'elle paye encore aux fabriques de limes d'Allemagne et d'Angleterre, si les préventions accréditées par des intérêts particuliers contre nos produits nationaux n'y mettaient constamment obstacle. En effet, si on fait la comparaison de la taille de nos limes, dites limes *en paquet* ou *en paille*, avec celle des limes allemandes de même espèce, il ne sera pas difficile de reconnaître que les nôtres sont supérieures; et cependant beaucoup de nos fabricants de limes se trouvent dans la nécessité, par suite de l'obligation que leur en imposent les marchands, de mettre une marque allemande à la majeure partie de leurs produits pour en faciliter la vente.

Ainsi, des limes qui, marquées du nom de leur auteur, auraient été peu appréciées par l'acheteur, sont considérées par lui comme parfaites. du moment où elles portent un cachet étranger.

La taille des limes dites *limes anglaises* est également très-soignée dans beaucoup de fabriques; et, maintenant qu'on emploie presque généralement l'acier fondu pour la confection de ces espèces de limes, on peut affirmer que bon nombre de fabricants français sont en mesure de soutenir avec avantage la concurrence que leur fait l'Angleterre; mais, malheureusement encore, beaucoup sont forcés de revêtir leurs limes des marques anglaises les plus accréditées.

Si les consommateurs pouvaient se convaincre

que, de toutes les limes qu'ils achètent comme limes allemandes ou anglaises, les trois quarts, au moins, sont de fabrique française, ils finiraient par ne plus accepter que de ces dernières, et leurs préférences se porteraient seulement, alors, sur les marques des fabricants français qui seraient réputés pour fournir les meilleures limes; il en résulterait nécessairement une heureuse rivalité, qui bientôt placerait la France au premier rang pour cette industrie.

RAPPELS DE MÉDAILLES D'OR.

MM. Monmonceau frères, à Orléans (Loiret).

MM. Monmonceau frères exposent des limes de diverses espèces, et des râpes très-bien taillées et de bonne qualité.

Cette maison, qui emploie au delà de cent ouvriers, soutient avec avantage sa bonne et vieille réputation.

En 1823, elle obtint une médaille d'or qui lui fut rappelée en 1827 et 1834.

Le jury accorde de nouveau à MM. Monmonceau frères le rappel de cette médaille, comme n'ayant pas cessé de la mériter.

M. Boitin, à Paris, rue du Faubourg-Saint-Antoine, 103.

La fabrique de M. Boitin, qui exposa des limes en 1834, sous la raison Musseaux et Boitin, continue à livrer de bons produits au commerce.

Les limes que M. Boitin a exposées sont d'une très-bonne qualité.

Cette fabrique obtint, en 1834, le rappel d'une médaille d'or qui lui avait été décernée en 1827.

Le jury rappelle de nouveau cette médaille à M. Boitin.

RAPPELS DE MÉDAILLES D'ARGENT.

M. SCHMIDT, à Paris, avenue de Ménilmontant, 24.

M. Schmidt a exposé des limes en acier fondu d'une bonne exécution.

Il fabrique principalement la petite lime plate et le tiers-point; ses produits sont estimés des consommateurs.

Il n'a pas exposé en 1834, mais en 1827 il lui fut décerné une médaille d'argent.

Depuis cette époque, sa fabrication a pris un peu plus de développement, et sa ré... ntion de bon fabricant a pris plus de consistance.

Le jury accorde à M. Schmidt, comme l'en trouvant toujours digne, le rappel de la médaille d'argent qui lui fut décernée en 1827.

MM. ABAT, MORLIÈRE et cie, à Pamiers (Ariége).

Les limes de MM. Abat, Morlière et compagnie ont conservé intacte la bonne réputation dont elles jouissaient en 1834, tant pour leur bonne confection que pour leur qualité.

Le jury, jugeant cette maison toujours digne de la médaille d'argent qui lui fut décernée en 1823, et rappelée en 1827 et 1834, lui en confirme de nouveau le rappel.

MM. GÉRARD et MIÉLOT aîné, à Breuvannes (Haute-Marne).

La fabrique de limes de MM. Gérard et Miélot aîné se maintient dans la ligne qu'elle occupait en 1834.

Les limes que ces fabricants ont exposées sont bien taillées et de bonne qualité.

Le jury leur rappelle la médaille d'argent qui leur fut décernée en 1827 et déjà rappelée en 1834.

MÉDAILLE D'ARGENT.

MM. CRÉMIÈRES et BRIAND, à Saint-Symphorien près Tours (Indre-et-Loire).

MM. Crémières et Briand ont exposé des limes et des râpes très-bien taillées et de bonne qualité. Leurs produits sont très-estimés.

Ces fabricants ont créé leur établissement il y a environ quatre ans; ils emploient maintenant plus de cent ouvriers.

Ils cémentent des fers qu'ils achètent dans les forges les plus réputées du Berri pour la bonne qualité de leurs produits, et leur fabrique de limes n'est alimentée que par l'acier que fournit cette cémentation.

MM. Crémières et Briand ont acquis, en trois ans, la réputation de bons fabricants.

Le jury leur décerne une médaille d'argent.

RAPPELS DE MÉDAILLES DE BRONZE.

MM. Bérenger et Petit, à Orléans (Loiret).

Les limes et râpes qu'ont exposées MM. Bérenger et Petit dénotent une bonne fabrication.

Il leur fut décerné une médaille de bronze en 1834 ; le jury, les en jugeant toujours dignes, la leur rappelle.

M. Gourjon fils, à Nevers (Nièvre).

M. Gourjon fils a succédé à son père, qui lui a cédé son établissement.

Il continue à fabriquer avec les mêmes procédés et se maintient dans la voie qu'il lui a tracée.

Ses limes n'ont rien perdu de leur primitive réputation.

Le jury le juge digne du rappel de la médaille de bronze qui a été décernée à son père en 1834.

MÉDAILLES DE BRONZE.

M. Raoul, à Paris, rue Popincourt, 1.

M. Raoul, fils du fabricant de limes qui eut en France la réputation la plus grande et la plus méritée pour la lime dite *anglaise*, depuis l'échantillon courant jusqu'à la plus petite lime d'horloger et de dentiste, a exposé diverses limes de petites dimensions qui sont très-bien fabriquées.

Les limes de M. Raoul jouissent d'une bonne réputation ; elles sont appréciées par les armuriers et les fabricants d'instruments de précision.

Le jury décerne à M. Raoul une médaille de bronze.

M. Pupil, à Paris, rue des Bourguignons, 23.

M. Pupil est réputé avec raison pour la bonté de ses produits, et principalement pour ses petites limes plates et tiers-points.

Ses ateliers, dans lesquels sont employés trente ouvriers, sont conduits avec ordre et intelligence.

M. Pupil ne vend aucun de ses produits sans les garantir; aussi tous les consommateurs sont-ils unanimes sur la bonne qualité de ses limes plates et tiers-points.

Ce fabricant obtint une médaille de bronze en 1827; le jury lui en décerne une nouvelle.

M. Soyer, à Nevers (Nièvre).

M. Soyer a exposé des limes en fer et des limes en acier; les unes et les autres sont bien taillées et d'un bon usage.

Les limes en fer sont de nouvelle fabrication et présentent quelque intérêt.

Ce fabricant emploie, pour cette espèce de limes, du fer affiné au charbon de bois, martelé, et ensuite étiré au laminoir pour y être réduit à l'échantillon demandé.

Il enduit ses limes d'un cément qui lui est particulier; il les place debout dans des creusets en fonte, et lorsque ces creusets ont atteint, dans des foyers spéciaux, la couleur *rouge cerise*, il en retire ses limes, qu'il trempe à la volée dans une eau continuellement renouvelée.

Ces limes sont de bonne qualité; comparées aux meilleures limes anglaises *Spencer*, elles résistent dans la proportion de 3 à 4; et, comme les prix de M. Soyer sont dans le rapport de moins de 1 à 2 avec ceux de Spencer, il résulte pour les consommateurs des limes Soyer un avantage de plus d'un quart sur l'emploi des limes Spencer.

Les limes Soyer ont, en outre, sur les limes Spencer, l'avantage de se ployer et redresser, sans aucune avarie ni déformation sensibles.

M. Soyer est un ouvrier qui travaillait, il y a peu d'années, dans les ateliers d'autrui ; aujourd'hui, par suite de sa bonne conduite et de son bon travail, il emploie vingt ouvriers et grandit chaque jour.

En 1837, à l'exposition des produits de l'industrie à Nantes, une seule médaille d'argent fut accordée à la fabrication des limes, et cette médaille fut donnée à M. Soyer.

Le jury décerne à M. Soyer une médaille de bronze.

MENTIONS HONORABLES.

M. le marquis DE CLUGNY, à Liancourt (Oise).

MM. les marquis de Clugny et de la Rochefoucauld-Liancourt ont fondé, sur une assez grande échelle, à Liancourt, département de l'Oise, une fabrique de limes.

Les limes et râpes qu'ils ont exposées sont d'une très-belle fabrication, et quoique cet établissement ne date, pour sa mise en activité, que du 1er octobre 1837, déjà ses produits sont estimés des consommateurs.

Si la suite répond à ses débuts, bientôt cette fabrique se placera au premier rang, et ses limes seront fort recherchées.

Tout en formant le vœu que l'avenir réponde aux espérances que lui fait concevoir l'état actuel de la fabrique de limes de Liancourt, le jury, considérant que c'est seulement par l'expérience de plusieurs années qu'on peut réellement se fixer d'une manière positive sur la réputation d'un établissement, ne peut que mentionner honorablement MM. les marquis de Clugny et de la Rochefoucauld-Liancourt.

MM. Meunier, Journoud et cⁱᵉ, à Rive-de-Gier (Loire).

MM. Meunier, Journoud et compagnie, ont fondé leur établissement au mois d'août 1837 ; ils emploient soixante-dix ouvriers, dont le salaire journalier peut s'élever, terme moyen, à 2 fr. 75 c.

Les aciers fondus et les aciers corroyés de MM. Jackson frères sont les seuls qu'ils emploient pour la fabrication de leurs limes.

Les limes de MM. Meunier, Journoud et compagnie, essayées dans la manufacture d'armes de guerre de Saint Étienne, ont donné les meilleurs résultats, ainsi que le constate le rapport fait à cet égard le 3 avril dernier, par M. le colonel d'artillerie inspecteur de cette manufacture.

Tout doit donc faire espérer que cet établissement prendra bientôt un rang distingué dans la fabrication des limes ; mais il est encore trop nouveau pour que ses produits soient généralement connus des consommateurs ; le jury, par ce motif, ne peut que le mentionner honorablement.

MM. Marque frères, à la Hutte (Vosges).

MM. Marque frères ont créé leur établissement de limes depuis 1834 ; ils emploient trente ouvriers.

Ces fabricants tirent de Saint-Étienne leurs aciers fondus pour la lime fine, et fabriquent eux-mêmes les aciers qui leur sont nécessaires pour la lime en paille.

Leur établissement est encore trop nouveau pour que leurs produits aient acquis de la réputation dans le commerce.

Les limes et râpes qu'ils ont exposées prouvent une fabrication bien soignée.

Le jury les mentionne honorablement.

M. Froid, à Paris, passage de l'Industrie, 6.

La fabrication principale de M. Froid est la petite lime plate, et surtout le tiers-point. Ses produits ont une bonne réputation.

M. Froid obtint une mention honorable en 1834 ; le jury, l'en jugeant toujours digne, lui en accorde une nouvelle.

M. Armbruster, à Paris, rue Phélippeaux, 27.

M. Armbruster a exposé des limes et des râpes bien confectionnées.

Sa fabrication la plus spéciale est celle des râpes à l'usage des marbriers et des statuaires. Il occupe cinq à six ouvriers.

Il obtint en 1834 une mention honorable que le jury renouvelle en sa faveur.

CITATIONS FAVORABLES.

Le jury cite favorablement :

MM. Derolan et Drouchin, de Paris, rue de Charonne, 25,

Qui ont exposé des limes et une machine à affûter les scies.

M. Boulland, de Paris, rue Roche-
chouart, 31,

Qui a exposé des limes.

ENCLUMES, ÉTAUX, OUTILS DE FORGE.

MÉDAILLES D'ARGENT.

M. Pot-de-Fer, à Nevers (Nièvre).

M. Pot-de-Fer a exposé des enclumes et des étaux dont
la dureté de la trempe est très-remarquable.

L'établissement de M. Pot-de-Fer, situé sur la rivière la
Nièvre, a été créé par lui il y a environ vingt-trois ans. La
soufflerie et les martinets qui y servent aux diverses fabrications sont mus par des roues hydrauliques établies
d'après les meilleures méthodes connues.

Outre les enclumes et les étaux, on y fabrique les grosses
pièces de mécanique en fer forgé, et les maîtres de forges
de plusieurs départements tirent de cet établissement leurs
gros marteaux en fer, dont la plupart pèsent de quatre à
cinq cents kilogr.

M. Pot-de-Fer est très-réputé pour la bonne fabrication
et la qualité de tous les objets qui sortent de ses ateliers;
il a, par ce motif, une clientèle fort étendue.

Il emploie soixante ouvriers, et son usine est conduite
avec beaucoup d'ordre et d'économie.

Ce fabricant obtint une médaille de bronze en 1834. Le
jury, considérant que non-seulement M. Pot-de-Fer s'est
maintenu dans la bonne réputation que ses produits ont
méritée dans le commerce, mais qu'il a encore, depuis

1834, donné beaucoup de développement à ses fabrications, lui décerne une médaille d'argent.

M. Chamouton, à Paris, rue du Monceau-Saint-Gervais (Seine).

M. Chamouton, dont le nom est avantageusement connu dans les ateliers de construction, a exposé des enclumes, des étaux et des soufflets de forge qui se distinguent par leur bonne fabrication.

Les ateliers de M. Chamouton datent de longues années et se sont toujours tenus au premier rang pour le genre de fabrication qui s'y exécute.

Il emploie, tant à l'intérieur qu'à l'extérieur, de 60 à 70 ouvriers.

M. Chamouton a obtenu une médaille de bronze en 1834.

Le jury, considérant que M. Chamouton a constamment maintenu la bonne et vieille réputation de sa maison, et que ses fabrications ont encore été notablement perfectionnées depuis 1834, lui décerne une médaille d'argent.

RAPPEL DE MÉDAILLE DE BRONZE.

M. Malespine, à Saint-Étienne (Loire).

M. Malespine expose des enclumes et autres outils.

Ce fabricant s'est maintenu dans la ligne où il s'était placé en 1834, époque à laquelle il obtint une médaille de bronze.

Le jury, le jugeant toujours digne de cette distinction, la rappelle en sa faveur.

M. SCHMITT, à Paris, rue de la Tannerie, 12.

L'établissement de M. Schmitt existe depuis longtemps; cependant c'est la première fois qu'il en expose les produits.

Les enclumes, étaux et grosses pièces qu'il a exposés sont d'une très-bonne fabrication.

Les jumelles mobiles de ses étaux sont construites d'après un bon système, qui maintient toujours leurs mâchoires parallèlement à celles des jumelles fixes : c'est une amélioration importante pour ce genre d'outil.

Le jury décerne à M. Schmitt une médaille de bronze.

MENTIONS HONORABLES.

Le jury mentionne honorablement :

M. DE RAFFIN et cie, à Lapique, près Nevers,

Pour la bonne confection d'une enclume et d'un étau qu'ils ont exposés. Ces fabricants ont obtenu la médaille d'argent pour leur fabrication d'instruments aratoires.

M. Charles BERNARD, de Torcy-Sedan (Ardennes),

Pour la bonne fabrication de l'enclume qu'il a exposée.

M. CHAUFFRIAT, de Saint-Étienne (Loire),

Qui a exposé une enclume bien fabriquée et bien trempée.

CITATIONS FAVORABLES.

Le jury cite favorablement :

MM. Aubry, de Saint-Étienne (Loire),

Pour un étau compliqué d'une tige portant une vis pour presser un foret, qui serait employé à percer un morceau de métal maintenu entre les mâchoires de cet étau.

M. Crétenant, à Paris, rue des Dames, barrière de Monceaux,

Pour des tuyères en fer à vapeur, pour forges.

SECTION II.

MÉTAUX DIVERS.

MM. Berthier et Mouchel, rapporteurs.

---

§ 1er. — PLOMB ET ANTIMOINE.

Plomb.

On ne compte, en France, que onze mines de plomb en exploitation qui ont produit, en 1837, 8,000 quintaux métriques de plomb, litharge et alquifoux, valant environ 500,000 fr.

Il est entré, par divers points des frontières, 148,000 quint. mét. de plomb en 1834, et 149,830 q. mét. en 1838.

La préparation du plomb en feuilles a reçu dans ces derniers temps de notables perfectionnements.

RAPPEL DE MÉDAILLE D'ARGENT.

M. PALLU et c^{ie}, à Pont-Gibaud (Puy-de-Dôme).

La compagnie Pallu, qui a succédé à M. de Pont-Gibaud, a présenté des échantillons de tous les minerais de plomb qu'elle exploite à Pont-Gibaud, ainsi que de tous les produits qu'elle retire de ces minerais. Ses litharges sont très-belles et fort estimées dans le commerce.

Le jury rappelle à cette compagnie la médaille d'argent qui a été accordée à M. de Pont-Gibaud en 1834.

MÉDAILLE D'ARGENT.

M. HAMARD, rue de Bercy-Saint-Antoine, 10.

M. Hamard lamine et étire, dans son établissement, qui est le plus ancien et le plus considérable de ce genre, du plomb et du zinc au moyen d'une machine à vapeur de la force de quarante chevaux ; il produit annuellement 10,000 quint. mét. de plomb laminé, 8,000 quint. mét.

de plomb étiré en tuyaux, et 6,000 quint. mét. de zinc laminé. Les plus grandes feuilles de plomb que l'on obtienne dans cette usine ont 13 mètres de longueur, 1^m,58 de largeur et 1 millimètre d'épaisseur ; elles pèsent 398 kil., et elles sont cotées au prix de 258 fr. 70 c. ou 7 fr. 70 c. le mètre carré ; les plus petits tuyaux ont 3 millimètres de diamètre.

Tous les objets que **M. Hamard** livre au commerce sont de très-bonne qualité ; le jury lui décerne une médaille d'argent.

MÉDAILLE DE BRONZE.

M. Voisin et c^{ie}, rue Neuve-Saint-Augustin, 32.

M. Voisin a exposé des tuyaux de plomb étirés et des feuilles de plomb préparées par coulage ; depuis peu, il a beaucoup augmenté la dimension de sa table à couler, en sorte qu'il obtient actuellement des feuilles qui ont jusqu'à 8 mètres de longueur sur 4 mètres de largeur ; ces feuilles ont une épaisseur de 3 millimètres et pèsent 1,029 kil. ; elles sont employées avec grand avantage pour faire des chaudières, et leur prix est fixé à 68 fr. les 100 kil., y compris la main-d'œuvre, qui est de 10 fr. par 100 kil.

Toutes les opérations qui se font chez **M. Voisin** sont parfaitement entendues. Ce fabricant avait obtenu une médaille de bronze en 1834, le jury lui en décerne une nouvelle.

MENTIONS HONORABLES.

M. Bénard et cⁱᵉ, à Rabut (Calvados).

M. Bénard a présenté du plomb de chasse qui est régulier, plein et sans soufflure.

Le jury lui accorde une mention honorable.

M. Regnault, à Caen (Calvados).

M. Regnault a présenté du plomb de chasse bien préparé.

Le jury lui accorde une mention honorable.

CITATIONS FAVORABLES.

M. Renaudot, rue de Grenelle-Saint-Germain, 24.

M. Renaudot a exposé divers objets de plomberie bien préparés.

Le jury lui accorde une citation favorable.

M. Morel, rue de la Boule-Rouge.

M. Morel a présenté divers objets de plomberie, particulièrement pour toitures.

Le jury lui accorde une citation favorable.

Régule d'antimoine.

MENTIONS HONORABLES.

MM. DRELON et ENGELVIN, à Clermont (Puy-de-Dôme).

M. PAGÈZE DE LAVERNÈDE, à Malbose (Ardèche).

M. PALIOPY et cᶦᵉ, à Carcassonne (Aude).

Il y a en France trois usines dans lesquelles on prépare depuis longtemps du régule d'antimoine, du crocus et quelques autres composés antimoniaux.

La plus ancienne et la plus importante est située à Clermont (Puy-de-Dôme); elle appartient à MM. Drelon et Engelvin, et elle produit annuellement près de 1,000 quint. métriques de régule qui valent plus de 200,000 fr.

La seconde est située à Malbose (Ardèche); elle appartient à M. Pagèze de Lavernède, et elle produit, chaque année, 250 quint. mét. de régule valant environ 50,000 fr.

La troisième usine est établie à Alais (Gard); elle appartient à MM. Martial et David Beau. Son produit annuel atteint rarement 200 quint. mét., dont la valeur est de 40,000 fr. tout au plus.

On traite, dans ces trois usines, des minerais de sulfure d'antimoine qui sont fort purs, et l'on suit à peu près le même procédé dans chacune d'elles. Ce procédé, qui est ancien et qui est connu de tous les métallurgistes, n'a reçu aucun perfectionnement depuis longtemps; il est d'ailleurs bien entendu, et il donne des produits très-purs quand il est pratiqué avec soin.

Les propriétaires de l'usine d'Alais n'ont rien envoyé à l'exposition.

Les propriétaires des deux autres usines ont présenté des échantillons de régule, de crocus et de kermès qui sont très-beaux; et comme, d'ailleurs, les consommateurs s'accordent à reconnaître que tout ce qui sort de ces deux usines est constamment de très-bonne qualité, le jury accorde une mention honorable à MM. Drelon et Engelvin et à M. Pagèze de Lavernède.

Outre les trois fabriques dont il vient d'être question, il en a été créé tout nouvellement une quatrième à Carcassonne, département de l'Aube, par la compagnie Paliopy, qui a présenté à l'exposition divers produits de très-bonne qualité.

La compagnie Paliopy s'est constituée pour reprendre l'exploitation des mines métalliques de toute nature, et particulièrement les mines de plomb, cuivre, antimoine et argent, que l'on sait exister dans les Corbières et dans les montagnes Noires, et qui ont été l'objet de grands travaux sous la domination romaine et même dans les temps postérieurs, jusqu'à la découverte du nouveau monde. Elle est déjà en possession de plusieurs gîtes qui paraissent avoir de l'importance, et elle a mis en pleine exploitation l'un de ces gîtes, qui produit abondamment du minerai d'antimoine. Mais ce minerai étant d'une nature particulière, on ne pouvait lui appliquer le mode de traitement ordinaire, et il a fallu rechercher, par des essais, un mode qui lui fût approprié. Le minerai d'antimoine que la compagnie exploite n'est pas du sulfure pur; c'est un composé de sulfure de plomb et de sulfure d'antimoine, qui renferme, en outre, plus d'un millième d'argent. Par le procédé ordinaire, ce minerai n'aurait produit qu'un alliage de plomb et d'antimoine très-chargé d'antimoine ; et si l'on eût suivi ce procédé, indépendamment de ce que l'on n'aurait pas pu placer cet alliage dans le commerce, bien qu'il eût pu servir pour confectionner l'alliage des caractères d'imprimerie, on aurait perdu l'argent qui existe dans le minerai et dont la valeur est de plus de 20 fr. par quint. mét. A force d'essais, la compagnie Paliopy est parvenue à trouver un mode de traitement que l'on peut, dès à présent, regarder comme satisfaisant, mais qui se perfectionnera probablement encore par la pratique. Ce résultat a d'autant plus d'intérêt que l'on connaît, dans plusieurs localités en France, notamment dans les montagnes de l'Auvergne et de la Lozère, des minerais analogues à celui du département de l'Aude, que l'on n'avait pas su traiter jusqu'à présent et auxquels ce procédé sera applicable.

L'usine de Carcassonne n'est pas encore tout à fait achevée, et la compagnie Paliopy n'est pas actuellement en mesure d'y exécuter toute la suite d'opérations que le traitement métallurgique exigera ; cependant elle a déjà répandu dans le commerce une certaine quantité de régule un peu plombeux, dont on a trouvé l'emploi, et elle a même mis en vente quelques pains de régule tout à fait pur, mais on ne sait pas encore quelle proportion d'antimoine on pourra extraire du minerai à cet état, et il n'est même pas certain que cela puisse se faire avec avantage. Outre le régule, la compagnie Paliopy a fourni au commerce du crocus, du verre d'antimoine et du kermès qui ont été trouvés de très-bonne qualité.

Si l'établissement de Carcassonne était terminé et complétement assis, il y aurait lieu de décerner une médaille à la compagnie Paliopy, pour le service qu'elle aurait rendu à l'industrie, en appliquant un procédé métallurgique nouveau et de son invention au traitement d'un minerai dont jusqu'ici il avait été difficile de tirer parti; mais, dans l'état des choses, le jury croit devoir se borner à lui accorder une mention honorable , espérant qu'à l'époque de la prochaine exposition elle aura acquis des droits à une plus haute distinction.

---

§ 2. CUIVRE ET CHAUDRONNERIE.

RAPPELS DE MÉDAILLES D'OR.

Société anonyme des usines d'Imphy (Nièvre).

Cet établissement, déjà très-considérable en 1834, a pris encore de l'accroissement depuis cette époque : outre le cuivre rouge, le cuivre jaune et le bronze que l'on y lamine en feuilles de toutes dimensions, le fer-blanc de première qualité que l'on y fabrique en quantité très-considérable, etc., on y prépare des doublés de cuivre rouge et de cuivre jaune, ainsi que des doublés de cuivre rouge et de fer, à l'aide de procédés imaginés par M. Adolphe Guérin, qui continue à diriger ce grand établissement avec le zèle et l'habileté dont il a déjà donné tant de preuves. Ces doublés pourront être employés pour fabriquer des casseroles sans étamage, et seront d'une grande utilité dans beaucoup de circonstances.

Imphy a présenté à l'exposition :

1° Une planche de cuivre rouge ayant,

Longueur, 5^m,95,

Largeur, 2^m,10,

Épaisseur, 5 millim.,

Et pesant 520 kil. ;

2° Une planche de laiton ayant,

Longueur, 2ᵐ,27,

Largeur, 1ᵐ,05,

Épaisseur, 5 millim.,

Et pesant 102 kil. ;

3° Une bassine ou fond de chaudière ayant,

Diamètre, 2ᵐ,43,

Profondeur, 0ᵐ,72,

Épaisseur, 7 millim.,

Et pesant 466 kil. ;

4° Une feuille en cuivre rouge doublé de cuivre jaune, ayant 0ᵐ,89 sur 0ᵐ,21 et pesant 325 kil. ;

5° Deux casseroles avec leur couvercle, une tourtière et une petite poêle en cuivre rouge doublé de fer ;

6° Des feuilles de bronze de diverses dimensions. C'est à M. Francfort qu'est due l'invention du laminage du bronze, et c'est lui aussi qui en a monté la fabrication en grand à Imphy ; mais il a cédé la propriété de son procédé à cet établissement, qui a su en tirer un parti très-habile et donner, à cette branche d'industrie, un très-grand développement. Il est bien constaté aujourd'hui que le bronze employé pour doublage des vaisseaux dure deux fois plus que le cuivre rouge, et qu'appliqué aux usages de la gravure il permet de tirer un beaucoup plus grand nombre d'exemplaires que les planches en cuivre rouge. A cette occasion, le jury croit devoir exprimer le regret qu'il éprouve de ne pouvoir s'écarter des règles qui lui sont tracées, pour récompenser M. Francfort de son importante découverte.

L'établissement d'Imphy occupe mille ouvriers : il a reçu une médaille d'or en 1819 ; cette médaille lui a été rappelée aux deux expositions subséquentes. Une nouvelle médaille d'or lui a été accordée en 1834 ; le jury lui rappelle cette seconde médaille.

Les propriétaires des fonderies de Romilly (Seine-Inférieure).

L'établissement de Romilly est ancien et occupe trois cents ouvriers ; il produit annuellement 20,000 quint. mét. de cuivre rouge et jaune et de zinc laminés.

Il a présenté, à l'exposition, une feuille de cuivre rouge de,

Longueur, 5^m,10,

Largeur, 2^m,10,

Épaisseur, 7 millim.,

Et pesant 643 kil. ;

Une feuille de cuivre jaune de,

Longueur, 2^m,66,

Largeur, 1^m,82,

Et pesant 510 kil. ;

Une chaudière de 2^m,00 diamètre,

0^m,70 de profondeur,

et 8 millim. d'épaisseur,

Pesant 469 kil.

L'établissement de Romilly a obtenu une médaille d'or aux expositions précédentes ; le jury la lui rappelle.

M. Victor Frèrejean, à Vienne (Isère).

L'établissement de Pont-l'Évêque, près Vienne, qui appartient à M. Victor Frèrejean, et qui est dirigé avec une grande habileté, est heureusement situé, puisqu'il se trouve à proximité des mines de houille de Rive-de-Gier, et qu'il peut expédier ses produits dans tout le Midi par le Rhône;

il a d'ailleurs l'avantage de disposer d'une chute d'eau de la force de cent soixante chevaux.

Il consomme annuellement 80,000 hectolitres de houille; il occupe cent cinquante ouvriers, et il produit 5,000 à 6,800 quint. mét. de cuivre en planches, en clous et en chaudières;

2,500 à 3,000 quint. mét. de fer laminé ;

1,000   de fer en tôle ;

300 à 400   de zinc laminé.

Le jury rappelle à M. Victor Frèrejean la médaille d'or qui lui a été décernée aux expositions précédentes.

MÉDAILLE D'OR.

M. Thiébaut, rue du Faubourg-Saint-Denis, 152.

L'usine de M. Thiébaut est un établissement du premier ordre; on y fabrique annuellement pour plus d'un million d'objets en cuivre rouge, en laiton ou en bronze de toutes dimensions, moulés, tournés, forés et ajustés avec une grande précision; le travail s'effectue au moyen de diverses machines très-ingénieuses, parfaitement montées, qui, réparties dans les différents ateliers selon les besoins du service, sont toutes mises en mouvement par une même machine à vapeur.

Parmi les objets remarquables qui sortent des ateliers de M. Thiébaut, on doit distinguer les rouleaux à imprimer les étoffes et les papiers, les robinets, les cylindres qui servent au travail du lin, les clous, et les bronzes moulés.

On sait quel service l'emploi des rouleaux à imprimer a rendu à l'art de la teinture ; la confection de ces rouleaux présentait de grandes difficultés. M. Thiébaut est le premier fabricant français qui soit parvenu à vaincre toutes ces difficultés : il exécute la plus grande partie du travail à l'aide de machines qui fonctionnent avec une grande promptitude et avec régularité, et aujourd'hui il peut donner les rouleaux les mieux façonnés à 3 fr. 40 c. le kil., tandis qu'il les vendait 4 fr. 40 c. en 1829.

M. Thiébaut a substitué au cuivre rouge, que l'on employait seul autrefois pour faire les rouleaux destinés à de certains usages, du cuivre légèrement allié, et qui, par là, acquiert plus de dureté sans perdre de sa malléabilité et de sa ténacité ; il en résulte que les rouleaux résistent mieux au frottement des racles ainsi qu'à la pression des bascules.

M. Thiébaut fabrique des robinets de toutes formes et dimensions et pour tous les usages; il les polit à l'aide de procédés particuliers et sans le secours de la lime : il fait aussi des robinets en fonte moulés, bruts à l'extérieur, mais très-unis à l'intérieur, qui peuvent être employés sans qu'il soit nécessaire de les retoucher, et qu'il peut donner à très-bon marché; il a d'ailleurs diminué tous ses prix de 15 pour 100 depuis 1 834.

Pour les métiers à filer le lin, on a besoin de petits cylindres en cuivre allié fondus sur du fer. Jusqu'ici les constructeurs avaient été obligés de les faire venir d'Angleterre, mais actuellement ils peuvent se les procurer chez M. Thiébaut, qui a réussi à les obtenir sans soufflures et tels que les consommateurs les exigent.

M. Thiébaut fabrique, par moulage, des clous en cuivre avec rainures pour l'usage de la chaudronnerie, et des clous de navire à tige dégorgée, ce qui leur donne plus de légèreté et les empêche de tourner dans le bois ; ces clous remplacent avec avantage les clous forgés.

Les objets d'arts coulés chez M. Thiébaut sont exécutés avec une rare perfection ; nous y avons vu, entre autres, le buste de Napoléon, de Chaudet, pesant 10 kil., qui semble plutôt avoir été ciselé que fondu.

Le jury décerne la médaille d'or à M. Thiébaut comme une récompense des mieux méritées.

MÉDAILLE D'ARGENT.

M. MESMIN aîné, à Givet (Ardennes).

L'usine de Givet renferme une fonderie pour cuivre rouge, cuivre jaune, tombac et zinc.

Six fourneaux à creusets dans lesquels on prépare le laiton ;

Deux batteries à six martinets ;

Deux laminoirs ;

Une tréfilerie ;

Une forge à trois feux.

Elle emploie 5,800 quint. mét. de cuivre et de zinc, et consomme 5,000 quint. mét. de houille par mois, et elle occupe cent dix ouvriers.

Tous les produits qui sortent de cette usine sont estimés, et nulle part on ne réduit des feuilles de cuivre et de laiton à une plus faible épaisseur.

On y confectionne aussi une très-grande quantité de chaudronnerie martelée qui est excellente.

M. Mesmin avait obtenu une médaille d'argent en 1834, le jury lui en décerne une nouvelle.

RAPPEL DE MÉDAILLE DE BRONZE.

MM. Réveilhac et fils, rue de la Roquette, 2.

La fabrique de MM. Réveilhac est située à Corbeil; elle produit des feuilles et des barres de cuivre rouge qui sont préparées avec soin et qu'on livre au commerce à des prix très-modérés.

MM. Réveilhac ont présenté, à l'exposition, une feuille de cuivre,

Longue de 7ᵐ,33,
Large de 1ᵐ,35,
Épaisse de 1 millimètre,
Et pesant 97 kil.

Le jury leur rappelle la médaille de bronze qu'ils ont déjà obtenue.

___

MENTION HONORABLE.

MM. Estivant frères, à Givet (Ardennes).

MM. Estivant fabriquent une grande quantité de fils et de planches de laiton et de tombac qu'ils livrent au commerce à des prix modérés.

Le jury leur accorde une mention honorable.

___

§ 3. CHAUDRONNERIE ET CUIVRERIE.

La chaudronnerie et la cuivrerie se sont singulièrement perfectionnées depuis 1834, par suite de l'emploi hardi que

l'on a fait des procédés d'estampage et de repoussement.
Aujourd'hui on est aussi familiarisé avec le balancier dans
les grands ateliers, qu'on l'est avec l'étau dans la boutique
des artisans. La grandeur et la perfection des pièces que
l'on fabrique par l'estampage est réellement surprenante;
et par le repoussage, l'ouvrier habile pétrit, pour ainsi dire,
le métal comme le potier pétrit la terre sur le tour.

RAPPEL DE MÉDAILLE D'ARGENT.

M. PARQUIN, rue Popincourt, 74.

M. Parquin a exposé des fontaines, des bouilloires à thé,
des réchauds, cafetières, chandeliers en cuivre et en laiton,
et de la chaudronnerie de toute espèce; il fabrique aussi
des plaqués d'or et d'argent.

Ses ateliers sont considérables et parfaitement dirigés;
le jury lui rappelle la médaille d'argent qu'il a obtenue
en 1834.

MÉDAILLE D'ARGENT.

M. DIDA, vieille rue du Temple, 123.

M. Dida a exposé des ustensiles de cuivre, des garnitures d'ameublement, des casques et des objets variés pour
équipements militaires, de l'orfévrerie en plaqué pour l'u-
sage et l'amusement des enfants, qu'il fabrique avec les
rognures des grandes pièces; des vis cylindriques en fer et
en cuivre qu'il façonne avec une machine de son invention, etc.

L'établissement de M. Dida mérite d'être cité comme un modèle de bonne disposition. Ne pouvant disposer que d'un espace très-resserré, M. Dida a distribué tous ses ateliers dans quatre galeries à jour demi-circulaires, placées en étages, et qui sont éclairées par une toiture vitrée; les grosses machines occupent le rez-de-chaussée, et la mise en couleur s'opère dans l'étage supérieur, en sorte que les vapeurs acides se dirigent par-dessus les toits et ne peuvent ni causer de dommages, ni même être incommodes. Le logement de M. Dida occupe le centre des galeries demi-circulaires, et le maître peut ainsi inspecter à tout instant l'ensemble de ses travaux, presque sans se déranger.

Les ateliers de M. Dida sont pourvus de machines variées, aussi bien exécutées que bien conçues; on y remarque entre autres, 1° un balancier d'une énorme dimension, et probablement le plus puissant que l'on ait encore établi; on s'en sert pour fabriquer par estampage les gamelles et les bidons en tôle à l'usage des soldats; 2° une cisaille à l'aide de laquelle on découpe la tôle en flans circulaires de tel diamètre que l'on veut, avec une grande promptitude et une parfaite régularité; 3° une machine à faire les vis, etc.

M. Dida fabrique beaucoup d'objets pour le service de l'armée. Le ministre de la guerre a été tellement satisfait de la fourniture de 30,000 ustensiles de campagne qu'il a déjà faite, qu'il vient de lui faire une commande deux fois aussi considérable.

Il y a déjà longtemps que M. Dida est entré dans la carrière de l'industrie. Quand il a commencé, il n'avait absolument aucune fortune; il s'est élevé peu à peu, grâce à son intelligence et à son activité. Il n'a jamais appliqué un procédé de fabrication qu'il ne l'ait perfectionné, et il s'occupe sans cesse à améliorer tout ce qu'il fabrique. Il a éprouvé plusieurs vicissitudes de fortune, mais il les a supportées avec résignation et courage ; il a trouvé moyen de satisfaire scrupuleusement à tous ses engagements, et sa conduite a toujours été des plus honorables. Le jury lui décerne une médaille d'argent.

RAPPEL DE MÉDAILLE DE BRONZE.

M. GIRARD-BOBILIER et cⁱᵉ, aux Gras (Doubs).

La compagnie Girard-Bobilier a exposé une tuyère en cuivre.

Le jury lui rappelle la médaille de bronze qu'elle a obtenue en 1834.

MÉDAILLES DE BRONZE.

M. LACARRIÈRE, rue Sainte-Élisabeth, 3.

M. Lacarrière a exposé des devantures de boutique et divers objets de fantaisie en cuivre tiré sur bois. Sa fabrication est excellente. Il avait été mentionné honorablement en 1834 ; cette fois, le jury lui décerne une médaille de bronze.

M. POMPON, rue du Temple, 105.

M. Pompon a exposé des bronzes étirés pour ornements

de boutiques et pour ameublement. Sa fabrication est excellente.

Le jury lui décerne une médaille de bronze.

CITATIONS FAVORABLES.

M. Jacquot (Xavier), à Derrière-le-Mont, commune de Mont-le-Bon (Doubs).

M. Jacquot fabrique des tuyères en cuivre de Russie dont le poids total s'élève annuellement de 9 à 10,000 kil., et qu'il vend au prix de 3 fr. 50 c. à 4 fr. 50 c. le kil. Il n'occupe que trois ouvriers. Le jury lui accorde une citation favorable.

M. Camus, rue des Filles-du-Calvaire, 6.

M. Camus a exposé divers objets dans lesquels le fer se trouve soudé avec la fonte et avec le cuivre; comme il n'en est encore qu'aux essais, le jury se borne à le citer favorablement.

---

§ 4. ZINC ET OUVRAGES DE ZINC.

Zinc.

La consommation du zinc augmente dans une progression très-rapide; il en est entré en France 58,400 quint. en 1834, et 116,100 quint. en 1838; on n'en extrait nulle part dans le royaume. On l'emploie en nature ou allié avec le cuivre; depuis peu on s'en sert aussi pour préserver le fer de la rouille en vertu de l'action électrique qu'il exerce sur ce métal : il est probable que ce dernier usage en absorbera bientôt une grande quantité. Les usines dans lesquelles on travaille le zinc sont celles de Tirreville, du Houx, près Cherbourg ; de Romilly ; de Saint-Denis, près Paris, appartenant à M. David; de Vienne (Isère), appartenant à M. Frèrejean ; du faubourg Saint-Antoine, appartenant à M. Hamard; de Givet, appartenant à M. Mesmin; et du faubourg du Temple, appartenant à la compagnie Sorel.

La plupart de ces établissements figurant déjà à l'occasion d'objets plus importants pour eux que l'emploi du zinc, nous ne citerons ici que les deux suivants :

MÉDAILLE D'OR.

M. SOREL, rue des Trois-Bornes, 11.

M. Sorel a exposé :

1º Du fer galvanisé sous toutes sortes de formes ;

2º De la peinture galvanique ;

3º Du fer cuivré par cémentation ;

4º Du cuivre rouge rendu inoxydable;

5º Un nouvel alliage qu'il appelle *fonte inoxydable* ou *laiton blanc ;*

6º Un appareil à l'aide duquel on peut obtenir une température constante pendant un temps indéterminé ;

7º Sous le nom de *siphon thermostatique* un autre appareil propre à servir à échauffer des liquides ;

8º Enfin un appareil de sûreté destiné à empêcher les explosions des machines à vapeur.

Les inventions très-variées de M. Sorel ont presque toutes un grand intérêt, et méritent d'autant plus d'être remarquées qu'elles ne sont pas dues au hasard, mais que ce sont des déductions réfléchies des vues les mieux établies ou les plus nouvelles de la physique et de la chimie.

1° La plus importante de ces inventions est sans contredit celle du *fer galvanisé* : on appelle ainsi du fer que l'on a enduit d'une légère couche de zinc en le plongeant dans un bain de ce métal. L'expérience a montré que par là le fer se trouve garanti de l'action oxydante de l'air et de l'humidité, non-seulement dans les parties où il est recouvert par le zinc, mais même dans les parties qui restent nues, lorsque celles-ci ne sont pas trop étendues, par exemple, dans la tranche des feuilles de tôle qui ont été zinguées, pourvu que l'épaisseur de ces feuilles ne dépasse pas quelques millimètres. Il suffit d'indiquer une telle propriété pour que l'on en apprécie toute la valeur.

On sait aujourd'hui qu'en mettant en contact l'un de l'autre, dans des circonstances convenables, deux métaux différents, le plus oxydable défend l'autre contre l'action des corps oxygénants, tels que l'air, l'eau et les dissolutions salines. C'est à Humphry Davy que l'on doit la découverte de ce principe, si fécond en conséquences utiles ; mais l'application en est difficile dans la pratique, et Davy lui-même n'a pas obtenu un plein succès dans les essais en grand qu'il a faits pour garantir de la rouille le doublage en cuivre des vaisseaux par le moyen d'armatures en fer convenablement disposées. Ce savant avait aussi indiqué l'emploi du zinc pour conserver le fer et l'acier, et il avait même démontré l'efficacité de ce moyen en faisant voir que les instruments les mieux polis restent absolument intacts lorsqu'on les tient enfermés dans des gaînes doublées de feuilles de zinc ; mais il avait borné là ses essais.

C'est le principe de Davy que M. Sorel a cherché à appliquer en grand pour la préservation du fer, et M. Sorel nous paraît avoir complètement atteint son but. Son pro-

cédé consiste à enduire le fer de zinc en le plongeant dans
un bain de ce métal en fusion, tout comme on l'enduit
d'étain pour fabriquer ce que l'on appelle le *fer-blanc;* mais
tandis que dans le fer étamé le fer est rendu plus oxydable
par le contact de l'étain que lorsqu'il est entièrement nu,
de telle sorte que, quand l'étamage n'a pas été exécuté avec
le plus grand soin, les parties qui sont à découvert s'éraill-
lent et se détruisent avec une grande rapidité ; dans le fer
zingué, au contraire, le fer est protégé par le zinc, non-
seulement partout où ce métal le recouvre, mais même
dans les parties qui, par suite de l'imperfection de l'opération, ont pu rester à nu ; c'est cette précieuse propriété
qui le caractérise.

A la vérité, au bout d'un certain temps, le zinc qui recouvre le fer s'oxyde à la surface par le contact de l'air
humide ; mais cette oxydation fait peu de progrès, elle
s'arrête lorsqu'elle a pénétré jusqu'à une certaine épaisseur
peu considérable, et la légère croûte d'oxyde qui s'est formée alors, acquérant une grande dureté et adhérant fortement au métal, sert au contraire de préservatif à celui-ci.
Ce fait est maintenant bien constaté.

C'est au commencement de l'année 1837 que M. Sorel
a livré ses premiers produits au public. Depuis cette époque
ils ont été soumis à un grand nombre d'épreuves, tant dans
les laboratoires que dans les ateliers, par des savants et
par des industriels, et toutes les épreuves leur ont été favorables ; il ne peut plus rester actuellement le moindre doute
sur leur bonne qualité, seulement on ne peut pas savoir
encore jusqu'à quel terme pourra se prolonger leur durée.
Cette question est du genre de celles qui ne peuvent être
résolues que par le temps.

Les propriétés du fer galvanisé étant bien reconnues, il

s'agissait de le préparer en grand par des procédés manufacturiers ; mais il y avait pour cela à vaincre beaucoup de
difficultés, résultant principalement de l'action corrosive
que le zinc exerce sur les vases métalliques, et de la tendance qu'il a à former un alliage pâteux avec le fer. A force
de persévérance, M. Sorel est parvenu à surmonter toutes
ces difficultés par des moyens simples et ingénieux. Depuis
plus d'un an, la fabrication marche avec facilité ; elle prend,
chaque jour, plus d'activité, et dès à présent l'on peut dire
que M. Sorel a enrichi l'industrie d'un art tout nouveau
qui sera d'une grande utilité.

On peut galvaniser ou zinguer tous les objets en fer
quels qu'ils soient, après qu'on leur a donné les formes
voulues. On galvanise, par exemple, des clous, des chaînes,
des toiles et treillis, des objets de sellerie et de carrosserie,
des outils de jardinage, etc. ; mais il est probable que c'est
à l'état de tôle que le fer galvanisé sera le plus employé.
Déjà l'on fait un grand usage de cette tôle pour couvrir les
toits, pour confectionner les tuyaux de poêle et de cheminée qui doivent être placés à l'extérieur, les gouttières,
les tuyaux destinés à conduire l'eau soit à la surface, soit
même sous terre ; les tuyaux à vapeur, etc. ; on s'en sert
aussi avec un très-grand succès pour faire les formes à
sucre. La tôle galvanisée n'est pas plus chère, à poids égal,
que la tôle nue : elle a à peu près le même prix que le zinc
laminé ; mais, outre qu'elle est beaucoup plus tenace et plus
flexible, elle a encore l'avantage de ne pas se fondre et de
ne pas s'enflammer dans les incendies comme celui-ci.

2° Au lieu d'appliquer le zinc à l'état de fusion sur le fer,
M. Sorel a encore imaginé de le réduire en poudre par un
moyen très-simple et peu dispendieux, et d'en faire une
sorte de peinture métallique qui, employée avec de l'huile

ou du goudron, préserve également bien de la rouille les objets qu'elle recouvre. Il peut livrer cette peinture au commerce à très-bas prix, parce qu'il la prépare avec les résidus impurs du zingage par fusion.

L'établissement dans lequel on fabrique le fer zingué et la peinture galvanique est déjà important, et il prend, chaque jour, une telle extension, que l'on se trouve actuellement dans la nécessité d'y ajouter beaucoup de constructions nouvelles. La vente du dernier mois a dépassé 28,000 fr., en sorte que dès à présent on est assuré que la valeur annuelle des produits manufacturiers sera de plus de 300,000 fr. L'usine occupe déjà aujourd'hui plus de cent ouvriers.

3° Quoique le cuivre et le fer ne s'allient pas ensemble, ils peuvent contracter de l'adhérence lorsqu'on les met en contact l'un de l'autre dans des circonstances convenables et en les échauffant suffisamment. Cependant il est difficile de recouvrir de cuivre une pièce de fer de telle sorte que l'enduit métallique soit très-mince, uniformément réparti, et qu'il adhère solidement à la pièce qu'il recouvre. On ne réussirait pas, par exemple, en plongeant du fer dans du cuivre fondu : c'est ce résultat que M. Sorel a obtenu ; après de longs tâtonnements, il est parvenu à découvrir plusieurs moyens que l'on pourra employer en manufacture, si cela peut devenir utile à l'industrie. M. Sorel applique également bien sur le fer le cuivre rouge ou le laiton, en sorte qu'il peut obtenir à volonté toutes les nuances du rouge et du jaune.

4° On sait avec quelle rapidité le cuivre rouge est attaqué au contact de l'air par les dissolutions salines. L'eau de mer, par exemple, corrode avec une grande rapidité les feuilles de doublage des vaisseaux et les convertit en une rouille verte que l'on nomme vert-de-gris, et qui est une combinaison d'oxyde et de chlorure de cuivre. Davy avait annoncé qu'il était convaincu que l'on pourrait garantir le cuivre de cette action destructive en l'amenant à l'état de neutralité chimique par le contact d'un autre métal; mais il n'avait pas réussi à résoudre ce problème. M. Sorel paraît avoir été plus heureux, si l'on en juge par les échantillons qu'il a présentés à l'exposition; ces échantillons consistent en morceaux de cuivre rouge dont la surface a été convertie en cuivre jaune par un procédé simple que M. Sorel a imaginé, et qui, par là, sont devenus tout à fait inaltérables par les dissolutions de sel marin. On conçoit toute l'importance de cette découverte, mais elle a encore besoin d'être soumise à l'épreuve d'une expérience en grand. A cet égard, M. Sorel a fait tout ce qu'il pouvait faire en réclamant lui-même cette épreuve : elle aura lieu très-incessamment avec tout le développement convenable, M. le ministre de la marine ayant commandé à M. Sorel un nombre de feuilles de cuivre préparées par son procédé, suffisant pour doubler un navire de l'État dans le port de Brest.

5° La *fonte inoxydable* ou *laiton blanc* est un alliage de fonte de fer, de zinc et de cuivre, qui jouit de propriétés remarquables. Cet alliage est aussi dur que le cuivre et le fer; il est plus tenace que la fonte douce, on peut le tourner, le limer et le tarauder comme ces métaux; il n'adhère pas aux moules métalliques dans lesquels on le coule, et il se conserve au milieu de l'air humide sans se rouiller aucunement et sans perdre le moins du monde son éclat métallique. Un tel alliage pourra être d'une grande utilité pour la confection des machines, et comme, d'ailleurs, il prend très-facilement toutes les couleurs de bronze que l'on veut lui donner, soit en le recouvrant de précipitations métalliques, soit en mettant à nu le cuivre qu'il contient, il sera éminemment propre à être employé pour couler les statues, vases et autres objets d'arts qui seront destinés à décorer les monuments publics exposés en plein air; il aura, d'ailleurs, sur le bronze l'avantage de coûter moins cher : son prix ne dépassera pas 80 cent. le kilogr.

6° Le régulateur du feu est un appareil ingénieusement conçu et disposé de telle sorte que telle température que l'on veut, inférieure à la température de l'eau bouillante, s'y maintient pendant un temps indéfini, en ne variant pas de plus de 1/10 de degré, sans qu'il soit nécessaire de le surveiller autrement que pour y ajouter du combustible de temps à autre et à de longs intervalles. Cet appareil, qui est fort précieux pour les savants, et dont l'illustre Dulong a fait usage dans ses recherches sur la caloricité des vapeurs, pourra être fort utile pour chauffer les serres et les étuves. M. Sorel s'en est déjà servi avec succès pour monter un établissement d'incubation artificielle; et il annonce qu'en l'appliquant aux préparations culinaires on peut, en ne dépensant que pour 5 c. 1/2 de charbon, apprêter un dîner pour huit personnes.

7° Le *siphon thermostatique* sert à échauffer les liquides par voie de circulation, sans qu'on soit obligé de placer le foyer ni sous le vase, ni dans le vase qui contient le liquide. C'est un appareil simple et portatif fort commode pour chauffer les bains à domicile, et qui sera utilement employé aussi dans beaucoup de manufactures.

8° La commission des machines a dû juger l'appareil inventé par M. Sorel pour empêcher les explosions des machines à vapeur, et elle en a rendu un compte très-favorable.

Le jury décerne une médaille d'or d'ensemble à M. Sorel pour la fabrication du fer galvanisé et pour ses autres inventions.

MÉDAILLE D'ARGENT.

La société des mines et fonderies de la Vieille - Montagne, à Paris, rue Richer, 12.

Les usines qui appartiennent à cette compagnie sont situées l'une au Houx, auprès de Valognes (Manche), et l'autre à Brayla-sur-l'Esot (Seine-et-Oise.) La première possède deux laminoirs et occupe 50 à 60 ouvriers, et la seconde a quatre laminoirs et occupe 130 ouvriers; elles produisent ensemble 50 à 60 mille quint. de zinc laminé, que l'on vend au prix de 66 fr. le quintal.

Le jury rappelle à la compagnie de la Vieille-Montagne la médaille d'argent qu'elle a obtenue en 1827.

Différents ustensiles en zinc, tels que baignoires, vases, baquets, etc., ont été présentés à l'exposition par un grand nombre de fabricants; le jury se bornera à insérer ici la liste suivante :

M. LARABARE, directeur de la compagnie de la Vieille-Montagne.

M. PLACE, rue du Temple, 76.

M. VERREAUX, rue Jean-Robert, 26.

M. Buhart, aux Batignolles.

MM. Petit et Mabire, rue des Gravilliers, 18.

M. Collin, chemin de ronde entre la barrière Montmartre et la barrière Blanche.

M. Chaumont, rue du Faubourg-Saint-Denis, 14.

M. Wiklund, rue Saint-Honoré, 99.

M. Lamy, boulevard Beaumarchais, 63.

M. Carpentier, rue de Cléry, 83.

---

§ 5. LAITON ET OUVRAGES EN LAITON, ÉPINGLES.

La fabrication des épingles est une industrie très-importante; on peut évaluer à 6,000 quint. le fil de laiton qu'elle emploie. Jusqu'à présent elle est restée entre les mains des habitants de la campagne des environs de l'Aigle et de Rugles, aux confins des départements de l'Eure et de l'Orne. La fabrication par des moyens mécaniques n'a encore qu'une faible importance en France.

L'ouvrier qui fabrique les épingles ne gagne que 1 fr. 25 c. par jour, et il est obligé, pour obtenir ce faible salaire, de travailler pendant 15 à 18 heures avec un soin minutieux, parce que la concurrence le met dans la nécessité de donner à sa marchandise toute la perfection possible, et de faire en sorte, particulièrement, que les épingles piquent bien et que leur tête soit frappée avec solidité.

MÉDAILLE D'ARGENT.

M. Fouquet jeune, de Rugles (Eure).

M. Fouquet jeune est un de nos plus grands fabricants d'épingles; il s'occupe aussi de tréfilerie. Il a obtenu une nouvelle médaille d'argent pour l'ensemble de ses produits. (Voyez *Tréfilerie*.)

MÉDAILLE DE BRONZE.

M. Jecker, rue Fontaine-au-Roi, 39.

M. Jecker fabrique des épingles à tête coulée, par les procédés mécaniques que MM. Jecker frères ont introduits à Aix-la-Chapelle il y a déjà longtemps.

Ses produits ont été jugés de très-bonne qualité; le jury lui décerne une médaille de bronze.

CITATION FAVORABLE.

M. Dufour, à Bourth (Eure).

Ses épingles sont bonnes; le jury lui accorde une citation favorable.

---

§ 6. NICKEL, ÉTAIN, BRONZE.

Étain.

La France ne possède pas de mines d'étain; elle en cousomme annuellement 15 à 19,000 quint. qu'elle reçoit de l'étranger.

MÉDAILLES D'ARGENT.

M. PÉCHINEY, quai de Valmy, 45.

M. Péchiney fabrique une quantité considérable des alliages de cuivre, de zinc et de nickel que l'on nomme maillechort, argentau, etc., et dont on fait maintenant un très-grand usage pour la sellerie, la coutellerie, etc. ; il satisfait à tous les besoins du commerce, et il a à peu près mis fin aux importations qui nous venaient de l'Allemagne.

Il n'avait obtenu qu'une mention honorable en 1834 ; mais comme il a perfectionné ses produits depuis cette époque, principalement en donnant à ses alliages assez de malléabilité pour qu'on puisse les laminer et même les étirer, le jury lui décerne une médaille d'argent.

M. BUDY, quai de la Grève, 58.

L'étain pur ne s'applique que difficilement sur la fonte de fer, et il n'y adhère pas assez fortement pour qu'il puisse en résulter un enduit qui ait quelque durée. M. Budy a découvert un alliage qui non-seulement contracte une très-forte adhérence avec la fonte simplement passée au grès, et sans qu'il soit nécessaire qu'elle ait été tournée, mais qui jouit encore de la propriété d'être moins fusible, plus dur et sensiblement plus blanc que l'étain pur. On s'est assuré, d'ailleurs, que cet alliage ne renferme aucune substance qui puisse être nuisible à la santé.

La fonte étamée sera d'une grande utilité dans beaucoup de circonstances, et deviendra probablement d'un usage général dans les ménages de la classe peu aisée, pour qui elle remplacera la poterie de fonte nue, qui a l'inconvénient de communiquer un mauvais goût aux aliments, et qu'il est, d'ailleurs, si difficile de tenir dans un bon état de propreté.

Mais, en outre, l'alliage de M. Budy, à raison de sa dureté et de sa blancheur, sera préféré à l'étain pur pour les étamages ordinaires sur cuivre, parce que ces étamages seront plus beaux et beaucoup plus durables que les étamages ordinaires, sans qu'ils coûtent sensiblement plus cher.

M. Budy a donc rendu un service réel à l'industrie par son invention, et on doit lui en savoir d'autant plus de gré qu'il n'y est parvenu qu'à force d'essais et de tâtonnements, et en compromettant, pour arriver au succès, le peu de fonds dont il pouvait disposer.

Le jury lui décerne une médaille d'argent.

MÉDAILLES DE BRONZE.

M. Clancau, rue du Faubourg-Saint-Antoine, 123.

M. Clancau prépare les feuilles d'étain destinées à l'étamage des glaces avec une perfection telle, que la manufacture de Saint-Gobain a renoncé à fabriquer elle-même celles dont elle a besoin, et que les Anglais trouvent de l'avantage à les prendre en France, malgré les droits de douane qu'ils ont à supporter à l'entrée dans leur pays.

M. Clancau a présenté à l'exposition des feuilles qui ont jusqu'à 4^m,36 de longueur sur 2^m,96 de largeur, et qui sont absolument exemptes de ces défauts qui produisent des taches sur les glaces quand le mercure pénètre dans l'étain.

Pour réduire ces feuilles à l'état de minceur nécessaire, il faut en battre 1,000 à 1,500 à la fois : on peut juger par là de la difficulté que présente l'opération quand ces feuilles ont des dimensions de plusieurs mètres.

Le jury décerne une nouvelle médaille de bronze à M. Clancau.

M. PIEREN, rue Quincampoix, 17.

M. Pieren expose de la poterie d'étain, et particulièrement des théières qui imitent parfaitement les théières anglaises.

L'alliage qu'il emploie est dur et malléable, et susceptible d'être repoussé.

Le jury lui décerne une médaille de bronze.

MENTION HONORABLE.

M. ROUSSEVILLE, rue Saint-Denis, passage du Renard.

M. Rousseville a exposé de la poterie d'étain et des couverts en alliage bien fabriqués. Ses ateliers sont tenus avec beaucoup d'ordre, et ses fourneaux sont disposés de manière à éloigner toute cause d'insalubrité.

Le jury lui accorde une mention honorable.

Il a été présenté à l'exposition de la poterie d'étain très-variée et de bonne qualité par

M. BROUILLET, rue Aubry-le-Boucher, 28;

M. MOUSSIER, rue des Fossés-Montmartre, 27;

M. LECOUVEY, rue Grenétat, 41;

M. CORLIEU, rue du Marché-Neuf, 24;

M. LESGENT-ORIAC, rue Bourg-l'Abbé, 22;

M. OUVRIER, porte Saint-Antoine, 5;

M. LELIEUR, rue Saint-Merry, 11.

RAPPEL DE MÉDAILLE DE BRONZE.

M. HILDEBRAND, rue Saint-Martin, 202.

Cloches, grelots, timbales d'une excellente exécution.
Le jury lui rappelle la médaille de bronze qu'il a obtenue en 1834.

CITATION FAVORABLE.

M. GALLOIS, rue Saint-Martin, 249.

Cloches d'église, sonnettes et fontainerie. Le jury lui accorde une citation favorable.

---

§ 7. PLATINE, OR.

M. Favrel, rue du Caire, 27,

Est cité à la section de chimie comme ayant obtenu une nouvelle médaille d'argent.

RAPPEL DE MENTION HONORABLE.

M. Noel, rue Bourg-l'Abbé, 5o.

Poudre d'or. Le jury lui rappelle la mention honorable qu'il a obtenue en 1834

MENTIONS HONORABLES.

M. Montrelay, boulevard Montmartre, 64.

M. Montrelay a exposé différents objets en platine bien fabriqués ; il a succédé à M. Bréant, et il suit tous ses errements.

Le jury lui accorde une mention honorable.

M. Husbroq, rue des Vertus, 2.

Paillons ou feuilles d'argent et poudre à dorer.
Le jury lui accorde une mention honorable.

---

§ 8. FER-BLANC, TRÉFILERIE ET CLOUTERIE.

Fer-blanc.

La fabrication du fer-blanc ne laisse plus rien à désirer

en France et peut entrer en concurrence avec la fabrication anglaise.

RAPPELS DE MÉDAILLES D'OR.

M. le baron FALATIEU, à Bains (Vosges).

Il sort de l'usine de M. Falatieu 13,000 caisses de fer-blanc de chacune 150 feuilles, dont la valeur est de plus de 500,000 fr.

Les produits de cet établissement, l'un des plus importants et des mieux dirigés du royaume, se distinguent toujours par leur excellente exécution.

Le jury rappelle à M. Falatieu la médaille d'or qui lui a déjà été décernée, en étendant cette récompense à l'ensemble de sa fabrication.

M. DE BRUYER, à la Chaudeau (Haute-Saône.)

M. de Bruyer occupe un des premiers rangs dans la fabrication du fer-blanc; il en produit 12,000 caisses par année.

Le jury lui rappelle la médaille d'or qu'il a obtenue en 1827 et en 1834.

La compagnie d'Imphy (Nièvre).
(Voyez *Cuivre* et *Chaudronnerie.*)

MM. JAPY frères, à Beaucourt (Haut-Rhin).

MM. Japy jouissent à juste titre de la plus haute considération dans le monde industriel. Leur établissement se fait remarquer par son importance ainsi que par la variété et la perfection des objets que l'on y fabrique. Indépendamment de l'usine principale de Beaucourt, cet établissement se compose d'un grand nombre de petites usines qui sont disséminées dans un rayon de huit kilomètres, et, en outre, beaucoup de travaux se font à la pièce chez les paysans ; il occupe 3,000 ouvriers de tout âge, qui gagnent depuis 25 c. jusqu'à 5 fr. par jour.

Dans les douze derniers mois, MM. Japy ont livré au commerce :

5,000 quint. mét. de fer battu, étamé ou débité en objets de serrurerie et de quincaillerie ;

764,500 paquets de vis à bois, pitons et gonds, dont la vingtième partie passe à l'étranger ;

40,000 mouvements de pendules et de lampes ;

216,000 mouvements de montres, dont les neuf dixièmes sont exportés.

Dans le même espace de temps ils ont employé :

6,255 quint. mét. de fer,
552   de fonte,
528   de cuivre rouge et de laiton,
123   d'acier,
100   d'étain,
16   de plomb ;

Et ils ont consommé :

2,600 stères de bois,
10,000 hect. de houille,
222 quint mét. d'huile et de suif.

On a remarqué cette année, parmi les objets qu'ils ont envoyés à l'exposition, des casseroles profondes et à rebord droit qui ont été fabriquées au balancier, ce qui ne se pratique que depuis très-peu de temps.

MM. Japy ont obtenu la médaille d'or en 1819 ; elle leur a été rappelée par les jurys de 1823, 1827 et 1834.

Le jury de 1839 s'empresse de la leur rappeler également.

Ouvrages de ferblanterie.

M. Jossy, rue du Vert-Bois, 331.

M. Picard, rue Frépillon, 22.

Tréfilerie.

L'art de la tréfilerie a maintenant atteint la perfection dans presque toutes ses parties ; la France n'a rien à envier à l'étranger dans ce genre, si ce n'est en ce qui concerne la préparation du fil d'acier fondu que l'on destine à la fabrication des aiguilles ; il faut espérer que l'industrie portera son attention sur cet objet. Dans les essais qui ont été faits en France sur les fils de fer des différents pays propres à être employés pour la construction des ponts suspendus, les fils français ont été trouvés préférables à tous les autres, et remarquables par leur ténacité.

Les métaux étirés en fils de diverses grosseurs sont employés à une multitude d'usages ; on en fait des vis à bois, des clous qui sont préférables à ceux qui sont forgés ou découpés à la mécanique, des cardes, des rots, des toiles qui peuvent être aussi fines que les tissus organiques, etc.

RAPPEL DE MÉDAILLE D'OR.

M. le baron Falatieu, à Bains (Vosges).

M. Falatieu avait établi une tréfilerie dans sa fabrique

de fer-blanc dès 1789. Ses fils de fer sont excellents, et il les prépare avec le fer qu'il obtient lui-même dans ses forges. (Voyez *Fer-blanc.*)

MÉDAILLES D'ARGENT.

MM. Witz-Steffan-Oswald frères et c^{ie}, à Niederbrunn (Haut-Rhin).

MM. Witz-Steffan-Oswald ont exposé des gavettes et bobines, des traits d'argent faux doré, des fils de laiton pour toiles métalliques, du cuivre rouge à émailler, et du clinquant-laiton.

Leur établissement produit annuellement :

1,500 ^{quint. mét.} de cuivre affiné,
2,000   de laiton,
  100   de traits d'or et d'argent,
   50   de traits jaunes,
  100   d'anneaux en laiton ;

Et il occupe 220 ouvriers, sans compter les femmes et les enfants, dont le salaire varie de 1 franc 25 cent. à 3 fr.

Les principales industries qui y trouvent les objets dont elles ont besoin sont la chaudronnerie, l'horlogerie, la quincaillerie, le placage, la passementerie, les fabriques de toiles métalliques, de peignes à tisser, de cordes à musique, d'ornements d'église, etc.

C'est dans cet établissement qu'a été pratiquée pour la première fois en France la fabrication des traits jaunes cémentés : ils y sont faits avec une rare perfection ; mais il faut dire qu'on les obtient actuellement à Lyon à meilleur marché.

MM. Witz-Steffan-Oswald et compagnie n'ont pas paru à l'exposition de 1834 ; ils ont obtenu une médaille d'argent en 1827 : le jury leur en décerne une nouvelle.

MM. Migeon et fils, à Grandvillars (Haut-Rhin).

Les usines de Grandvillars et de Morvillars, qui appartiennent à MM. Migeon et fils, se composent de deux feux d'affinerie, d'un martinet, d'un laminoir et d'une tréfilerie, et produisent annuellement 3,000 quint. mét. de fil de première qualité, dont ces messieurs emploient les 4/5 dans leur belle fabrique de vis à bois. (Voyez *Vis à bois*.)

M. Fouquet jeune, à Rugles (Eure).

M. Fouquet jeune a succédé à MM. Fouquet frères, et il a étendu sa fabrication ; il produit annuellement 2,000 q. de fil de cuivre et de laiton, dont il débite lui-même la plus grande partie en épingles ; il a contribué à faire baisser les prix par la concurrence qu'il a fait naître.

M. Fouquet fabrique, en outre, divers objets de quincaillerie.

Ses prédécesseurs avaient obtenu une médaille d'argent pour la tréfilerie, en 1827. Le jury lui décerne une nouvelle médaille d'argent pour l'ensemble de sa fabrication.

M. Colliau et cie, à Toutevoye, commune de Gouvieux (Oise).

L'usine de M. Colliau et compagnie produit annuellement, d'après leur déclaration :

600 quint. mét. de fil de fer à cardes,
350 de fil de fer à carcasse,
200 de gros fil de fer,
650 de clous d'épingle ;

Et elle occupe 150 ouvriers, qui gagnent, terme moyen, 2 fr. 50 c. par jour. Les machines sont mues par un cours d'eau de la force de 20 chevaux.

M. Colliau et compagnie ont obtenu, en 1827, une médaille d'argent qui leur a été rappelée en 1834 ; le jury leur en décerne une nouvelle à raison des perfectionnements qu'ils ont apportés dans leur fabrication.

M. MUEL-DOUBLAT, à Abainville (Meuse).

M. Muel-Doublat a une tréfilerie qui se compose de plus de vingt gros métiers. (Voyez *Fer*.)

MM. BOIGUES frères, HOCHET et le comte JAUBERT, à Fourchambault (Nièvre).

Fer cylindrique de 2 1/4 lignes de diamètre, propre à la préparation des fils qui servent à faire les cardes. (V. *Fer*.)

RAPPELS DE MÉDAILLES D'ARGENT.

M. MIGNARD-BILLINGE, boulevard de la Chopinette, 26.

M. Mignard est connu depuis longtemps par la belle qualité de tout ce qui sort de son établissement, il fabrique lui-même ses filières pour filer l'acier ; il fait aussi des tubes pour les presses hydrauliques, et il est sans concurrents pour la fourniture des aciers qui servent à faire les pivots et les pignons d'horlogerie.

Le jury lui rappelle la médaille d'argent qu'il a déjà plusieurs fois obtenue.

M. Hue, à l'Aigle (Orne).

M. Hue a perfectionné la fabrication de ses filières; on les emploie dans la plupart des tréfileries de fil de fer à carde et de fil de laiton pour épingles.

Le jury lui rappelle la médaille d'argent qu'il a obtenue dès 1827.

RAPPELS DE MÉDAILLES DE BRONZE.

M. Gourju, à Riers (Isère).

Filière à l'usage des grosses tréfileries, qui a paru bien exécutée. (Voyez *Acier*.)

Tubes en laiton, étirés.

M. Grondard, rue Jean-Robert, 17.

M. Grondard est le premier qui ait établi cette industrie en France; et, quoique le brevet d'invention qu'il avait obtenu à ce sujet soit expiré, il conserve la prépondérance dans le commerce.

Le jury lui rappelle la médaille de bronze qu'il a obtenue en 1834.

MÉDAILLES DE BRONZE.

MM. Vande et Jeanray, rue des Guillemittes, 2.

MM. Vande et Jeanray se montrent toujours très-habiles dans la fabrication des mesures linéaires en cuivre et des divers autres instruments de précision qu'ils livrent au commerce.

Le jury leur décerne une médaille de bronze.

M. Roger, place du Panthéon.

M. Roger étire et profile au banc le cuivre et l'acier fondu avec une grande perfection et sous toutes les formes que l'on désire; il fait lui-même ses filières.

Le jury lui décerne une médaille de bronze.

MENTIONS HONORABLES.

MM. Denille et Lagarde, rue Mauconseil, 15.

Fils de fer à cardes et à carcasse, et fils plus gros, bien fabriqués.

Le jury accorde une mention honorable à MM. Denille et Lagarde.

M. Lequart, rue du Faubourg-Saint-Antoine, 58.

Boutons et bonnes moulures en cuivre.
Le jury lui accorde une mention honorable.

CITATIONS FAVORABLES.

M. Becquet, rue du Petit-Thouars, 23.

Il exécute très-bien l'étirage du cuivre sur fer et sur bois.
Le jury lui accorde une citation favorable.

M. Goutheron, rue de l'Est, 5.

Moulures en tôle pour châssis vitrés.
Le jury lui accorde une citation favorable.

M. Gascoin, rue Chabrol, 5.

Moulures en fer et fer creux.

Le jury lui accorde une citation favorable.

Clouterie.

La moitié des clous que l'on consomme en France s'y fait par le forgeage, et l'autre moitié avec du fer d'abord étiré en fil.

Deux fabriques seulement, une dans les Ardennes et l'autre dans le Jura, continuent à découper le fer forgé à la méthode anglaise.

Sur la moitié des clous faits avec du fer tréfilé, à peine s'il s'en prépare le sixième à l'aide des procédés mécaniques, quoiqu'il ait été présenté de si beaux modèles de machines à l'exposition pour cet usage.

Il a été présenté des clous par

M. Fouquet jeune, à Rugles (Eure);

M. Achille Marquiset, à Éloyes (Vosges);

M. Stolz, rue Coquenard, 2;

M. Muel-Doublat, à Abainville (Meuse);

MM. Pradier, Gilet et Migemont, à Clermont (Puy-de-Dôme);

M. Larauza, rue de Trévise, 9;

M. Rouy, rue du Faubourg-du-Temple, 95.

---

§ 9. VIS A BOIS, VIS CYLINDRIQUES.

MÉDAILLES D'ARGENT.

MM. Japy frères, à Beaucourt (Haut-Rhin).

MM. Japy ont fabriqué, pendant les douze derniers mois, 7,641,500 grosses de vis, gonds, pitons et outils de toute espèce. (Voy. *Fer*, etc.)

MM. Migeon et fils, à Grandvillars (Haut-Rhin).

MM. Migeon et fils ont établi, depuis quelques années, une fort belle fabrique de vis à bois à Grandvillars. Cette fabrique occupe cinq cents ouvriers qui gagnent, terme moyen, 1 fr. par jour.

MM. Migeon et fils ont introduit, dans les procédés, plusieurs perfectionnements qui leur ont permis de réduire les prix de vente. Leurs produits se placent principalement en Italie, en Suisse et en Belgique.

Le jury décerne la médaille d'argent à MM. Migeon et fils.

RAPPEL DE MÉDAILLE DE BRONZE.

M. Mugnier (Étienne), à Vassy (Haute-Marne).

Clous et boulons à l'usage de l'artillerie et de la marine.

Le jury lui rappelle la médaille de bronze qu'il a obtenue en 1834.

MÉDAILLE DE BRONZE.

M. Prud'homme, au port de Bercy, 48.

M. Prud'homme fabrique toutes les variétés de boulons que la construction des machines exige ; il emploie quatre-vingts ouvriers et il consomme annuellement 1,000 à 1,200 quint. mét. de fer ; il s'attache constamment à perfectionner ses procédés.

Le jury lui décerne une médaille de bronze.

MENTION HONORABLE.

M. Tussand, rue Neuve-de-Lappe, 2.

Grosses vis très-bien fabriquées.
Le jury accorde une mention honorable à M. Tussand.

CITATIONS FAVORABLES.

M. Dugenne fils, à Saint-Étienne, fabricant de vis à bois.

M. Pourchasse, passage Sainte-Avoie, 8, fabricant de vis cylindriques.

---

§ 10. TOILES MÉTALLIQUES.

Pendant longtemps la fabrication des toiles métalliques est restée dans un tel état d'infériorité en France, que nous étions réduits à les tirer d'Angleterre et d'Allemagne pour l'usage de nos papeteries, à qui elles sont indispensables; mais, grâce à l'habileté et à la persévérance de M. Roswag, de Schelestadt, et de MM. Delage frères, d'Angoulême, la France est actuellement affranchie de ce tribut, et trouve en grande partie chez elle-même les genres de toile qui sont nécessaires à ses besoins.

RAPPEL DE MÉDAILLE D'OR.

M. Roswag, à Schelestadt (Bas-Rhin).

M. Roswag peut être considéré comme le créateur de l'industrie des toiles métalliques en France; il en fabrique de toutes les espèces, et il apporte journellement de nouveaux perfectionnements à sa fabrication. En 1834, ses toiles les plus fines portaient 36,100 mailles au pouce carré: cette année, il en a exposé qui portent 44,900 mailles.

M. Roswag a obtenu, en 1819, une médaille d'or qui lui a été rappelée en 1823, 1827 et 1834; le jury de 1839 s'empresse de la lui rappeler également.

RAPPELS DE MÉDAILLES D'ARGENT.

MM. Gaillard frères, rue Saint-Denis, 228.

MM. Gaillard fabriquent de fort bonnes toiles métalliques pour les blutoirs et les tamis.

Le jury leur rappelle la médaille d'argent qu'ils ont déjà obtenue.

Madame veuve SAINT-PAUL et fils, boulevard des Filles-du-Calvaire, 11.

Toiles et gazes métalliques, tamis et cribles.

Le jury leur rappelle la médaille d'argent qui leur a été décernée en 1823 et qui leur a été rappelée en 1827 et 1834.

MÉDAILLE D'ARGENT.

MM. DELAGE frères, à la Couronne, près Angoulême.

MM. Delage frères fabriquent des toiles métalliques qui sont employées dans beaucoup de papeteries, entre autres dans celles du département de la Charente ; ces toiles rivalisent avec les toiles anglaises pour la qualité, et elles ne sont pas aussi chères.

MM. Delage frères n'ont obtenu qu'une citation favorable en 1834 ; mais depuis cette époque ils ont considérablement agrandi leurs ateliers, et ils ont beaucoup amélioré leurs procédés. Le jury leur décerne une médaille d'argent.

MÉDAILLE DE BRONZE.

M. MUHLBERGER, à Vissembourg (Bas-Rhin).

M. Muhlberger fabrique des feuilles métalliques en cuivre, zinc et fer-blanc, perforées de trous régulièrement espacés, et qui, dans bien des cas, peuvent remplacer les toiles métalliques avec avantage, par exemple, pour faire des stores, des garde-feu, des passoires, etc. Les trous sont percés au moyen de procédés mécaniques que M. Muhlberger a imaginés, et on peut en porter le nombre jusqu'à 1,089 au pouce carré.

Le jury décerne une médaille de bronze à M. Muhlberger.

MENTIONS HONORABLES.

M. CHRISTOFLE, rue Montmartre, 76.

M. Christofle est bijoutier, mais il fait aussi des toiles métalliques en métaux précieux. Ces toiles sont employées pour ornements d'église et pour ameublements.

Le jury accorde une mention honorable à M. Christofle pour cette fabrication.

M. SARRADE, rue Montmartre, 93.

Toiles métalliques très-bonnes pour tamis et blutoirs.
Le jury accorde une mention honorable à M. Sarrade.

M. DURIEUX, rue des Moulins, 16.

M. Durieux fabrique des tissus métalliques filigranés pour l'usage des papeteries. Ces tissus sont très-bien préparés, mais ils ne peuvent pas servir pour faire les papiers sans fin, et il est à craindre aussi qu'ils ne perdent leur gaufrage par l'usage.

Le jury accorde une mention honorable à M. Durieux.

CITATIONS FAVORABLES.

M. Montagnac-Fabreguettes, rue de Paradis-Poissonnière, 47.

M. Montagnac a présenté des toiles métalliques à l'exposition. Sa fabrication est toute nouvelle.

Le jury lui accorde une citation favorable.

M. Fasbender, rue Saint-Denis, 368.

Tissus en fer pour garde-feu et garde-manger.

Le jury lui accorde une citation favorable.

M Tangre, rue Saint-Maur, 47.

Toiles métalliques.

Le jury lui accorde une citation favorable.

---

§ 11. AIGUILLES, ALÊNES.

MÉDAILLE D'OR.

M. Cadou-Taillefer, à l'Aigle (Orne).

Pendant longtemps la fabrication des aiguilles a été un art tout à fait négligé en France. L'Allemagne et l'Angleterre fournissaient à tous nos besoins et nous enlevaient, chaque année, des sommes considérables pour cet objet. Dès le commencement de la révolution, le gouvernement chercha à changer cet état de choses. Le Directoire exécutif établit à Paris une fabrique d'aiguilles aux frais de l'État; mais cette fabrique ne subsista que très-peu de temps et ne produisit aucun résultat utile. Sous la restauration, une nouvelle tentative fut faite avec le concours de plusieurs hommes éminents, entre autres de M. le comte Delaborde et de M. le duc Decazes ; mais, bien que protégée de toute l'autorité du gouvernement, elle n'eut guère plus de succès.

Il y a environ quarante ans, M. Boucher père essaya d'enlever aux Anglais le secret de leurs procédés ; il s'exposa pour cela à de grands dangers, et il faillit y perdre la vie, mais il ne put accomplir son dessein. C'est ce dessein que vient de réaliser M. Cadou-Taillefer, petit-fils de M. Boucher par alliance. Pour y parvenir il lui a fallu surmonter des obstacles de tous genres qui l'ont obligé à faire de grands sacrifices d'argent, et qui ont exigé de sa part autant de courage que de persévérance. Il a enfin réussi à se procurer toutes les machines nécessaires et à recruter un nombre suffisant d'ouvriers expérimentés pour les mettre en œuvre. Il est alors venu avec sa précieuse cargaison s'établir à l'Aigle, ville devenue dès longtemps le centre d'une industrie active, principalement en ce qui concerne le travail en tous genres des métaux tréfilés. Il ne pouvait pas mieux placer sa nouvelle usine ; elle fera école au milieu d'habitants intelligents ; l'on peut espérer que M. Cadou trouvera bientôt assez d'imitateurs pour que nous puissions nous passer tout à fait de l'étranger.

La fabrique de M. Cadou-Taillefer est en pleine activité depuis plusieurs années et fonctionne de la manière la plus satisfaisante ; les aiguilles qui en sortent sont plus belles que celles de l'Allemagne, et elles soutiennent très-bien la comparaison avec les meilleures aiguilles anglaises. Pour naturaliser tout à fait cette fabrication, il ne reste plus qu'à surmonter le mauvais vouloir des marchands en gros, qui gagnent davantage dans le commerce des aiguilles étrangères, et à vaincre les préventions et l'esprit de routine des consommateurs : c'est ce que le temps seul pourra faire.

L'industrie française ne pouvant pas fournir à M. Cadou le fil d'acier dont il avait besoin pour fabriquer les aiguilles, il s'est vu dans la nécessité de le préparer lui-même ; maintenant il en produit plus qu'il n'en consomme, et il peut en livrer une assez grande quantité au commerce. Son fil est aussi bon que celui que l'on fabrique dans les petits ateliers de Paris, et il se vend beaucoup moins cher. Il en fait qui peut être employé pour cordes de pianos.

M. Cadou a encore présenté à l'exposition des hameçons en acier pour la pêche fluviatile et pour la pêche maritime, qui sont de très-bonne qualité et qui peuvent être vendus à des prix modérés. Bientôt, sans doute, on les emploiera partout pour la grande pêche, à l'instar des Anglais et des Américains, et ils remplaceront les hameçons en fer que l'on fabrique actuellement dans nos ports de mer.

Le jury, voulant récompenser le grand service que M. Cadou-Taillefer a rendu à l'industrie française, lui décerne une médaille d'or.

MÉDAILLE D'ARGENT.

M. VANTILLARD (Victor), à Mérouvel, près l'Aigle.

Quoiqu'ayant débuté comme simple ouvrier, M. Vantillard est parvenu, grâce à son intelligence et à sa persistance dans le travail, à relever et à mettre sur un bon pied de roulement une fabrique que plusieurs compagnies avaient successivement abandonnée. Il occupe actuellement 70 ouvriers.

Il fabrique des aiguilles à coudre de très-bonne qualité, des broches à tricoter de toutes dimensions et des aiguilles à cardes. Il n'emploie, le plus ordinairement, que du fil de fer, mais il lui donne de la dureté par une cémentation parfaite, après l'avoir étiré et préparé lui-même.

Le jury lui décerne une médaille d'argent.

RAPPEL DE MÉDAILLE DE BRONZE.

MM. PELTIER et cie, à Amboise (Indre-et-Loire).

MM. Peltier et compagnie occupent 18 ouvriers dans leur fabrique, hommes et femmes.

Le jury leur rappelle la médaille de bronze qui leur a été décernée en 1834.

MÉDAILLE DE BRONZE.

M. MIGUEL, à Amboise (Indre-et-Loire).

La fabrique d'aiguilles de M. Miguel n'existe que depuis 1829, mais elle a déjà acquis une certaine importance. Elle occupe 33 ouvriers, et M. Miguel y a établi une machine à vapeur de la force de 4 chevaux pour faire mouvoir les principaux artifices, et pour étirer le fil de fer et le fil d'acier dont l'établissement a besoin. Outre les aiguilles à coudre, on y fait des broches à tricoter. L'ordre, l'économie et l'activité qui règnent dans cette fabrique sont pour elle un gage assuré de succès.

Le jury décerne une médaille de bronze à M. Miguel.

Alènes.

On consomme en France pour environ 60,000 fr. d'a-
lènes annuellement. On les tire, pour la plus grande partie,
du pays de Berg. On en importe aussi un certain nombre
d'Angleterre, qui sont faites en acier fondu.

RAPPEL DE MÉDAILLE D'ARGENT.

MM. BOILVIN-MARIE et neveu, à Balonviller (Meurthe).

Ces messieurs ont présenté à l'exposition des alènes bien
faites. Le jury leur rappelle la médaille d'argent qu'ils ont
obtenue aux expositions précédentes.

RAPPEL DE MÉDAILLE DE BRONZE.

M. THIRION, à Norroy (Meurthe).

Alènes de différentes sortes.
Le jury lui rappelle la médaille de bronze qu'il a obtenue
aux expositions précédentes.

SECTION III.

COUTELLERIE, TAILLANDERIE, QUINCAILLERIE.

M. Amédée Durand, rapporteur.

———

§ 1ᵉʳ. COUTELLERIE.

Considérations générales.

La coutellerie compte beaucoup moins d'exposants en 1839 qu'elle n'en avait produit en 1834. Dans ce petit nombre, les couteliers de Paris se trouvent en grande majorité, et les fabrications importantes des départements n'ont été que faiblement représentées. Ce fait est regrettable et a besoin d'être expliqué.

La coutellerie se divise en différents genres, qu'on peut distinguer par la nature des consommateurs auxquels ils s'adressent.

Le luxe et la grande aisance sont, en général, l'objet de la fabrication parisienne. Les grandes fabrications départementales, en tête desquelles figurent celles de la Haute-Marne et le Puy-de-Dôme, s'adressent aux consommateurs les plus nombreux, et forment un second genre. La plus modeste, jadis la plus utile et aujourd'hui la moins florissante des fabrications, est celle qui a pour produit le couteau pliant, sans ressort, qui a rendu célèbre le nom d'Eustache.

De ces trois genres de coutellerie, le premier, en grande partie, s'adresse directement aux consommateurs, sans l'intermédiaire du commerce; il a donc le plus grand intérêt à se mettre en évidence. Aussi la coutellerie de Paris s'était-elle présentée nombreuse devant le jury d'admission.

La coutellerie moyenne, qui se fabrique dans les départements, ne peut arriver à l'immense quantité de ses consommateurs que par le concours du commerce, qui, dès lors, dispose d'elle et n'a aucun intérêt dans sa présence à l'exposition.

La même observation s'applique à la coutellerie commune; mais, alors, elle ajoute un nouvel intérêt à l'envoi qu'ont fait deux fabricants de Saint-Étienne, de leurs modestes couteaux sans ressorts, qu'ils donnent pour moins de quatre centimes. On a pu voir, par cet exposé, que la coutellerie de luxe a seule un grand intérêt à venir s'offrir aux regards du public; aussi est-ce presque uniquement d'elle que nous pourrons nous occuper sans avoir à y signaler d'autre amélioration que celle relative aux prix qui se sont abaissés depuis la dernière exposition. Avant d'entrer dans l'appréciation des produits de chacun des exposants, il n'est pas hors de propos de remarquer que la coutellerie, considérée comme industrie, représentée par celui qui l'exerce, est devenue presque insaisissable. A une époque reculée, la difficulté des communications forçait chaque localité à se suffire à elle-même ; peu de villages manquaient alors d'un coutelier plus ou moins habile, qui faisait par lui-même toutes les parties de ses produits. A mesure que le commerce devint plus habile à transporter la marchandise, la fabrication se concentra, et le travail, au contraire, se divisa ; peu à peu la haute direction de la coutellerie passa forcément à celui qui en payait l'exécution. Dès lors on put être coutelier sans savoir faire un couteau, et le meilleur moyen de l'avoir au meilleur marché possible fut que personne ne fut mis en état de le faire entièrement. Cette dernière observation s'applique à la fabrication de Thiers (Puy-de-Dôme), comme on le verra ci-après.

Les grands centres de fabrication qui se formèrent sur les débris des petites industries locales furent Thiers d'abord, et ensuite Châtellerault, puis Nogent-le-Roi. Cette grande fabrication est partagée entre deux systèmes, et nous ne parlerons que de Thiers et de Nogent, qui les représentent complétement : le premier, Thiers, qui occupe de douze à quinze mille ouvriers, et fournit environ pour 5 millions de produits, admet la division du travail dans sa plus grande extension; chaque ouvrier fait sa pièce, et ne fait qu'elle pendant toute sa vie, ce qui devrait le conduire à lui donner le plus haut degré de perfection; mais cet ouvrier n'obéissant pas à une direction unique, travaillant par petit nombre de journées, pour des maîtres différents, guidés chacun par des considérations commerciales particulières, se fait nécessairement des habitudes de travail qui concilient les intérêts divers qu'il est obligé de contenter. Le progrès ne s'obtient donc que difficilement dans cette localité, parce qu'il faut que tout le monde y concourt. Cependant le progrès y est sensible et doit être signalé.

A Thiers, les ouvriers ne travaillent qu'à façon; les matières premières pour lames, ressorts, ou manches, sont fournies par les maîtres qui réunissent et font monter toutes les pièces détachées, comme on le fait dans l'armurerie de guerre. Il résulte de cet arrangement un avantage dans la conformité des dimensions des produits qui permet de les classer plus facilement dans le commerce. Les entrepreneurs qui donnent l'ouvrage à faire et le reçoivent fini se chargent ordinairement de le monter, et sont étrangers à toute autre opération de la coutellerie; ils portent le titre de maîtres couteliers.

A ce fait général il y a d'honorables exceptions.

Plusieurs des maîtres couteliers actuels ont commencé par être des ouvriers très-habiles, et c'est avec une grande satisfaction que le jury a vu leur empressement à envoyer à l'exposition les produits dont ils ont dirigé la confection. Un exemple d'un travail nouveau a été donné à Thiers par un praticien éclairé qui y a transporté et y dirige personnellement l'atelier qui alimente sa maison de commerce de Paris ; c'est M. Sabatier dont il est question, et dont le jury aura à s'occuper à l'occasion de la coutellerie parisienne.

Le second système de travail usité dans la coutellerie, celui qui existe particulièrement à Nogent-le-Roi, consiste en ce que chaque ouvrier est l'entrepreneur général de son produit, qu'il le fait entièrement par lui-même et dans l'intérieur de sa famille, avec des matériaux qu'il a achetés. Les ouvriers de cette localité et des lieux circonvoisins forment une population de 3 à 4,000 personnes, et fournissent approximativement pour 1,800,000 fr. de produits. Là chaque ouvrier dirigeant par lui-même son travail, et étant maître, par la bonne façon et la bonne forme qu'il donne à son produit, d'en augmenter le prix, se trouve naturellement porté vers la perfection ; aussi la coutellerie de Nogent a-t-elle pris le premier rang en France, et s'est-elle élevée au point de pouvoir entrer en concurrence avec la coutellerie étrangère, sur laquelle

de grands avantages lui sont assurés par l'infériorité de ses prix. A Nogent, celui qui porte le titre
de maître coutelier est le commerçant qui réunit les
produits de cette multitude d'ouvriers travaillant au
sein de leurs familles, dans tous les villages environnants. Cela explique suffisamment l'absence, à
l'exposition, des produits de cette fabrication importante, avec attribution à ses véritables auteurs.

Cela explique aussi la facilité avec laquelle plusieurs exposants de Paris ont compris, dans leur
exposition, des objets tels que ciseaux, rasoirs et
lames de couteaux qui avaient été achetés à Nogent,
et qu'ils ont mis le jury dans le cas de douter de
leur capacité réelle comme couteliers.

Le reproche qu'on fait, dans le commerce, à la
coutellerie de Nogent, d'ailleurs si recommandable
par sa bonne qualité, et généralement par son bon
aspect, c'est de n'avoir pas d'uniformité de calibre
ni de prix.

On conçoit que le haut commerce trouve là une
grande complication dans le travail de sa correspon-
dance : ces inconvénients cesseraient si de grands
ateliers se formaient, et si des patrons uniformes
s'établissaient. Bien d'autres avantages se rencon-
treraient dans cette voie, la seule où la fabrication
puisse prendre une marche régulière et assurée,
marche dont le résultat serait infailliblement l'ouverture de grands débouchés extérieurs. Mais, quand

en compare l'existence de l'ouvrier de Nogent, travaillant, indépendant au milieu de sa famille, à celle de l'ouvrier des grands ateliers de fabrique, on peut hésiter dans ses vœux pour la prospérité de l'industrie coutelière, s'il faut l'acheter par de tels sacrifices.

La valeur de l'exportation en coutellerie est difficile à déterminer, parce qu'elle se confond souvent dans les relevés de douanes avec beaucoup d'autres articles de quincaillerie.

Une circonstance, légère en apparence, est à signaler, parce qu'elle a une influence incontestable sur la vente de notre coutellerie sur tous les marchés, où cette vente a lieu en grande quantité et directement aux consommateurs; elle consiste dans l'usage de vendre cette coutellerie sans être affilée, ce qui la met nécessairement dans l'impossibilité de servir telle qu'elle est livrée. On peut attribuer cet usage à l'exigence du marchand coutelier qui, vendant toujours la coutellerie comme étant son ouvrage, se fait réserver cette dernière opération pour l'exécuter devant l'acquéreur, dont il gagne ainsi plus facilement la confiance.

Malheureusement des exemples nombreux de ce genre de combinaisons se trouvent parmi les exposants dont le jury a eu à s'occuper. La facilité de se procurer des pièces de coutellerie toutes confectionnées a fait négliger la fabrication, qui, d'ail-

leurs, s'exécute à meilleur marché dans les départements qu'à Paris.

Les produits étrangers ont figuré en proportions
variables parmi les séries d'objets exposés ; peu en
ont été entièrement exemptes, quelques-unes s'en
composaient entièrement.

Cet état de choses excite les plus vives réclamations de la part des couteliers qui possèdent la connaissance de leur art, et de qui seulement peuvent
dépendre ses progrès. Là se trouvent la rivalité de
la fabrication et du commerce dans leur état de pureté, puis leur combinaison à tous les degrés. Sur
ce dernier point, la tâche du jury a rencontré des
difficultés ; il lui a fallu discerner, parmi les exposants, ceux qui appartenaient uniquement au commerce de ceux qui étaient plus ou moins fabricants,
et de ceux surtout qui possédaient une grande habileté dans leur art.

Telles sont les données d'après lesquelles il a
formé son jugement sur le mérite des exposants qui
vont être énumérés.

RAPPELS DE MÉDAILLES D'ARGENT.

M. Bostmambrun (Philippe), oncle et neveu, à Saint-Rémy (Puy-de-Dôme).

Une vieille réputation dignement soutenue, des efforts constants pour l'amélioration de ses produits dans une localité où les exemples de ce genre ont un degré de valeur particulier, tels sont les titres qui valent à la maison Bostmambrun (Philippe) oncle et neveu, le rappel de la médaille d'argent plus dignement méritée à chaque exposition.

MM. Sirhenry et cie, à Neuilly-sur-Seine, avenue de Madrid.

N'ont exposé que très-peu de produits, tels que rasoirs et lancettes. Ces produits, qui appartiennent à leur ancienne fabrication de coutellerie, se soutiennent à la hauteur de ceux qui, en 1834, leur valurent la médaille d'argent. Le jury leur accorde le rappel de cette médaille.

Quant aux autres produits présentés par MM. Sirhenry et compagnie, et qui appartiennent généralement à la taillanderie, comme ils ne sont pas encore entrés dans le commerce et que dès lors une expérience suffisamment prolongée n'a pu en faire constater les propriétés, le jury n'a pas été à même de se former, à leur égard, une opinion suffisamment fondée.

M. Gillet fils, à Paris, rue de Charenton, 41 et 43. Rasoirs fins et acier français.

A exposé une série d'échantillons de ses produits en rasoirs, qui sont en tout dignes de succéder à ceux qui avaient valu à son père la médaille d'argent. La fabrique à la tête de laquelle se trouve aujourd'hui M. Gillet fils compte près de soixante ans d'existence; c'est un établissement dont la marche est formée, où les bonnes traditions sont exactement maintenues. Le jury, tenant compte de ces circonstances, rappelle, en faveur de M. Gillet fils, la médaille d'argent accordée à son père en 1827.

M. PRADIER, à Poissy (Seine-et-Oise). Rasoirs.

Les rasoirs, seul produit de coutellerie qu'ait exposé M. Pradier, sont la suite de la fabrication qu'il avait développée avant l'exposition de 1823, où une médaille d'argent lui fut accordée. Cette récompense, constamment rappelée depuis cette époque, l'est encore par le jury en 1339.

MÉDAILLE D'ARGENT.

M. SABATIER, à Paris, rue Saint-Honoré, 84. Coutellerie.

La réputation de M. Sabatier, comme coutelier praticien, est en première ligne dans Paris depuis longues années. Les produits qu'il expose représentent une fabrication qui a lieu en grande partie à Thiers sous sa direction personnelle, et à Paris sous celle de son fils.

Le jury décerne à ce fabricant distingué une médaille d'argent, ayant particulièrement en vue de récompenser le bon exemple qu'il a donné dans son atelier de Thiers ainsi que le mérite des produits qu'il fait débiter dans son magasin de Paris.

RAPPELS DE MÉDAILLES DE BRONZE.

MM. THOURON et cⁱᵉ, à Paris, rue de Richelieu, 113. Coutellerie, orfévrerie.

MM. Thouron et compagnie ont fourni à l'exposition des produits qui sont au niveau de la réputation qu'il se sont acquise ; leur coutellerie de table est bien faite, et la modicité des prix est remarquable dans des articles qui se recommandent également par leur bon goût.

Ces considérations décident le jury à déclarer que MM. Thouron et compagnie se sont rendus de plus en plus dignes de la médaille de bronze qui leur fut accordée en 1827.

M. MAYET-VALLON, à Paris, passage Vérot-Dodat. Coutellerie.

M. Mayet-Vallon, qui obtint une médaille de bronze en 1834, a exposé de la coutellerie d'une bonne exécution qui lui vaut le rappel de cette distinction.

MÉDAILLES DE BRONZE NOUVELLES.

M. LAPORTE, à Paris, rue des-Filles-Saint-Thomas, 20.

M. Laporte figure à l'exposition d'une manière digne de sa vieille réputation de praticien. La coutellerie qu'il a présentée s'adresse particulièrement à la grande aisance et au luxe ; elle est de celles qui vont soutenir, chez l'étranger, l'ascendant que s'est conquis le goût qui dirige la fabrique de Paris.

Le jury se plaît à décerner à M. Laporte une nouvelle médaille de bronze.

M. FRESTEL à Saint-Lô (Manche). Diverses pièces de coutellerie, rasoirs, couteaux garnis, serpettes, jardinières, ciseaux.

Les articles de coutellerie envoyés par M. Frestel sont peu nombreux, mais ils sont exécutés avec soin et étude; le jury s'empresse de lui décerner une nouvelle médaille de bronze.

MÉDAILLE DE BRONZE.

M. VAUTHIER, à Paris, rue Dauphine, 40. Coutellerie en tout genre.

M. Vauthier est un des habiles couteliers de Paris qui se livrent à des combinaisons nouvelles et entreprennent de résoudre les difficultés qui leur sont proposées. C'est ainsi qu'il a exécuté un couteau qu'une seule main suffit à ouvrir et à fermer avec la plus grande facilité. Ses autres produits en coutellerie ployante, de fantaisie et de grand luxe, sont de ceux qui ont été le plus remarqués à l'exposition. Le jury lui décerne une médaille de bronze.

RAPPELS DE MENTIONS HONORABLES.

M. Delporte, à Paris, rue de Marivaux, 4.
Coutellerie, rasoirs, acier français, fondu
et autres.

M. Delporte est un praticien expérimenté qui a exposé de
la belle coutellerie. Le jury se plait à déclarer qu'il est plus
digne que jamais d'être mentionné honorablement, comme
il le fut en 1834.

M. TIXIER-GOYON, à Thiers (Puy-de-Dôme).
Articles de coutellerie.

La mention honorable accordée en 1834 en faveur de
ce fabricant lui est encore due à l'exposition de 1839.

M. NAVARRON-JURY aîné, à Château-Gail-
lard, près Thiers (Puy-de-Dôme). Rasoirs,
manches découpés.

Ce fabricant est un de ceux qui viennent représenter
dignement aux expositions des produits de l'industrie
l'importante coutellerie du Puy-de-Dôme. Le jury se plait
à lui accorder de nouveau une mention honorable.

MM. PICHON et cie, à Saint-Etienne (Loire).
Tranchets fabriqués avec l'acier de la
Loire.

Les tranchets de ces fabricants, dignes, en 1834, d'être
mentionnés honorablement, ont acquis de nouveaux
droits aux récompenses du jury, qui leur accorde une nouvelle mention honorable.

M. RENAUDIER, à Saint-Etienne (Loire).
Couteaux.

Ses couteaux pliants sans ressorts se font remarquer par leur extrême bon marché auquel se joint une bonne confection qui mérite à M. Renaudier le rappel de la mention obtenue en 1834.

MENTIONS HONORABLES.

M. LANNE, à Paris, rue du Temple, 42.
Rasoirs et cuirs.

M. Lanne se livre exclusivement à la fabrication des rasoirs et s'est acquis une très-bonne réputation dans cette partie importante de la coutellerie.

Les produits qu'il a exposés sont d'une exécution très-recommandable, et le jury lui décerne une mention honorable.

M. FOUBERT, à Paris, passage Choiseul, 35.
Coutellerie soignée et de luxe.

M. Foubert, déjà cité en 1834, a exposé des articles de coutellerie de table d'une bonne exécution et d'un luxe élégant.

Le jury décerne une mention honorable à cet habile fabricant dont la réputation comme praticien est solidement établie.

M. CHEMELAT, à Paris, rue de la Vieille-Bouclerie, 5.

M. Chemelat se livre exclusivement à la fabrication

des rasoirs en acier fondu français. Les échantillons qu'il expose de ses produits sont bien confectionnés, et l'ensemble de sa fabrication jouit d'une bonne réputation.

Le jury lui accorde une mention honorable.

M. Dordet, à Paris, rue des Fossés-Montmartre, 9.

A exposé de la coutellerie de table d'une très-bonne exécution et dans laquelle le luxe n'a pas exclu le bon goût.

On a remarqué, au nombre de ses produits, un tire-bouchon robinet pour le vin de Champagne, bien habilement construit en même temps que bien combiné.

Le jury accorde à M. Dordet une mention honorable.

M. Benoit jeune, à Rodez (Aveyron).

La coutellerie qu'a envoyée ce fabricant se fait remarquer par une bonne exécution. Sa scie à manche et son couteau pliant présentent toutes les conditions d'un service facile et d'une longue résistance.

Le jury lui décerne une mention honorable.

M. Prodon-Pouzet, à Thiers (Puy-de-Dôme),

A exposé des couteaux pliants, dans lesquels un bon marché très-remarquable se joint à une fort bonne exécution. Ses couteaux dits *catalans* ont particulièrement attiré l'attention du jury, qui se plaît à lui accorder une mention honorable.

CITATIONS FAVORABLES.

MM. Détermoy et Lamouroux, à Saint-Etienne (Loire). Couteaux dits *eustaches*.

Les produits de ces fabricants sont, malgré l'étonnante réduction de leurs prix, moins de 4 cent. la pièce, d'une assez bonne qualité pour pouvoir rendre des services.

Le jury se plaît à accorder à MM. Détermoy et Lamouroux une citation favorable.

M. Morize, à Paris, rue Saint-Antoine, 13. Coutellerie.

M. Morize, déjà cité en 1834, présente une série de produits variés, mais où domine le couteau de table. La bonne exécution de ces objets le présente comme toujours digne de la distinction qu'il reçut à la dernière exposition.

Le jury lui décerne une citation favorable.

M. Parfu, à Paris, rue Duphot, 4. Rasoirs à l'épreuve de l'hygromètre et du thermomètre.

A exposé des rasoirs d'une bonne exécution pour lesquels le jury lui accorde une citation favorable.

M. Manoeuvrier aîné, à Limoges (Haute-Vienne).

Ce fabricant a exposé des serpettes et scies à manches pliantes; ces manches, en fonte de fer, sont d'une grande solidité, mais un peu lourds. L'ensemble de ces produits est d'une bonne exécution, qui mérite d'être citée favorablement.

M. Renard, à Paris, rue Neuve-des-Petits-Champs, 19. Coutellerie.

Ce fabricant se livre particulièrement à la coutellerie de table et à la fabrication des rasoirs. Des ciseaux auxquels était adapté un peigne se faisaient remarquer parmi ses produits, qui méritent d'être cités favorablement.

M. Baudy, à Paris, rue du Faubourg-Saint-Martin, 102. Serpette-sécateur.

A exposé une serpette-sécateur qu'il destine particulièrement à la taille de la vigne. La branche mobile de la seconde lame, qui constitue le sécateur, rentre dans le manche de la serpette et y reste fixe par l'emploi d'une virole placée avec intelligence.

Le jury décide qu'une citation favorable est accordée à M. Baudy pour sa serpette-sécateur.

Madame Degrand, née Gurgey, à Paris, boulevard du Temple, 38. Coutellerie, sabres en damas.

Madame Degrand a exposé plusieurs lames de sabre en acier damassé résultant d'un procédé qu'elle tient secret. Cette fabrication n'ayant encore reçu aucun développement industriel qui puisse mettre le jury à même d'apprécier ses avantages sous le rapport économique, la présentation de Mme Degrand mérite simplement d'être citée au rapport.

M. Navarron-Dumas, à Obset, près Thiers (Puy-de-Dôme). Articles de coutellerie.

L'intéressante fabrication de coutellerie du Puy-de-Dôme

compte, au nombre de ses soutiens les plus distingués, M. Navarron-Dumas, dont les produits méritent d'être cités favorablement au rapport.

M. Navarron (Etienne), à Obset, près Thiers (Puy-de-Dôme). Rasoirs et manches découpés.

Les rasoirs forment une branche importante de la fabrication du Puy-de-Dôme. Le jury, appréciant les travaux de M. Navarron dans cette partie, décide qu'il est digne d'une citation favorable.

M. Dumonthier (Joseph-Célestin), à Houdan (Seine-et-Oise).

Les produits de ce fabricant consistent principalement en grands ciseaux de tailleurs dont les anneaux sont recouverts en maillechort; il a exposé, en outre, un couteau dit *verrou de sûreté*. Ce dernier article renferme une propriété d'invention sur laquelle le jury n'a pas à prononcer; mais, renfermant son appréciation dans le mérite de l'invention, il juge M. Dumonthier digne de la citation favorable.

---

§ 2. TAILLANDERIE.

RAPPEL DE MÉDAILLE DE BRONZE.

M. Arnheiter, rue Childebert, 13, à Paris.

Cette fabrique d'instruments d'agriculture et de jardinage, établie sur une base modeste, a réalisé tout ce qu'on doit attendre de succès d'une entreprise dirigée par un praticien habile, intelligent et consciencieux. Les instruments que confectionne M. Arnheiter se recommandent généralement par une exécution franche, et dans beaucoup on rencontre de l'invention ; ils justifient pleinement la confiance que leur ont accordée les consommateurs.

Ses cisailles à chariot pour tondre les gazons, son enfumeur pour la destruction des insectes, et sa pompe à brouette pour l'arrosement des serres et jardins, ont été l'objet d'une attention particulière, et ont paru, au jury, étendre d'une manière très-heureuse la collection, déjà si nombreuse, de ses instruments d'horticulture. C'est ainsi que M. Arnheiter s'est rendu de plus en plus digne de la médaille de bronze qui récompensa ses travaux en 1834.

MÉDAILLES DE BRONZE NOUVELLES.

MM. DELARUE et GAUTIER, rue du Monceau-Saint-Gervais, 6,

Ont exposé des échantillons de l'immense série d'outils de toute espèce qui sont l'objet de leur fabrication et de leur commerce. Le jury a regretté, tout en rendant justice au mérite de cette maison, qu'elle ne se fût pas astreinte à n'exposer que les instruments qu'elle fabrique dans ses ateliers, et sur le perfectionnement desquels elle peut avoir une action directe. Sa vieille réputation est dignement soutenue par les produits qui émanent incontestablement d'elle, et le jury se plaît à le manifester en lui accordant une nouvelle médaille de bronze.

M. Blanchard, à Paris, rue des Gravilliers, 37. Outils de sellerie.

Les outils qu'a exposés M. Blanchard se sont fait remarquer par une bonne construction ; ils renferment plusieurs combinaisons heureuses qui portent à différents
degrés le caractère de l'invention, et ont rendu de véritables services à la sellerie. L'emploi de ces outils perfectionnés a procuré l'économie du temps, la précision dans
le travail, et a diminué le nombre des sujétions qui préoc-
cupent l'ouvrier et préjudicient toujours à la perfection
des produits.

Le jury accorde une médaille de bronze à M. Blanchard,
déjà honoré de cette récompense en 1827, et d'un rappel
en 1834.

MENTIONS HONORABLES.

Madame veuve Batelot jeune, à Blamont
(Meurthe). Articles de grosse taillanderie.

Les articles de taillanderie exposés par madame Batelot
sont cotés à des prix extrêmement bas ; leur exécution est
bonne. Ils comprennent les outils destinés au travail du
bois et à celui du bâtiment.

Le jury accorde la mention honorable à madame veuve
Batelot.

M. Bresquignan, à Paris, rue des Gravilliers, 29. Outils pour sellier, bourrelier
et carrossier.

Les outils pour sellerie de M. Bresquignan sont les produits d'un établissement qui compte à peine deux années d'existence.

M. Bresquignan, originairement coutelier, semble avoir appliqué convenablement à sa nouvelle fabrication les habitudes de soins et de fini d'exécution qui appartiennent à la coutellerie. L'établissement de cet industriel se forme sous d'heureux auspices. Le jury lui accorde une mention honorable.

M. Derosselle, à Paris, rue Planche-Mibray, 1. Outils à l'usage des bouchers et des corroyeurs.

Les outils de grosse taillanderie exposés par M. Derossel sont d'une fort bonne exécution; ses soufflets de bouchers sont bien nervés; ses couteaux, ses couperets et autres instruments tranchants sont de bonne qualité, ainsi que ses scies, dont les montures sont dans des proportions bien entendues. Il a exposé, en outre, un vieux cuir de soufflet auquel il a rendu, par un procédé particulier, l'aspect et la souplesse d'un cuir neuf.

Le jury décide que les produits de M. Derosselle seront l'objet d'une mention honorable.

M. Jouannaud, à Paris, rue de Charonne, 14. Outils de taillanderie, cuisine, jardinage, et pour divers états.

Les objets de taillanderie exposés par M. Jouannaud sont de nature tellement variée qu'ils embrassent tout ce qui appartient à cette industrie depuis les instruments culinaires jusqu'à ceux qui servent au travail du bois, de la forge, du jardinage, des terrassements, des constructions, etc. L'intelligence et l'activité de M. Jouannaud le mettent à même de soutenir, malgré le salaire élevé des ouvriers, la concurrence avec les grands établissements des départements.

La présence, à Paris, d'ateliers comme celui de M. Jouannaud, est utile, par la facilité avec laquelle on s'y procure, à volonté, les outils de disposition particulière dont les besoins sont si multipliés dans un grand centre de travail.

CITATIONS FAVORABLES.

M. CHEVALIER, à Paris, rue Neuve-Ménilmontant, 9. Petite et grosse taillanderie.

Les produits de taillanderie exposés par M. Chevalier sont d'une bonne confection ; sa hache de sapeur, et l'ornement en fer forgé et ciselé par lequel il l'a terminée, manifestent les soins et les recherches qu'il apporte dans les travaux de son utile industrie.

Ses produits, qui embrassent toute la taillanderie, ont paru au jury dignes d'être cités favorablement.

M. MOZART, à Paris, rue de la Croix, 16. Taillanderie.

Les produits de taillanderie exposés par M. Mozart sont particulièrement destinés à la boucherie ; il y a joint des ciseaux pour cartonniers, dont l'exécution est également bonne.

Le jury lui accorde une citation favorable.

MM. Guny frères, à Paris, rue de Montreuil, 59. Taillanderie à l'usage des bouchers et des charcutiers.

Leurs produits sont d'une bonne exécution. Les développements qu'ils ont donnés à leur établissement prouvent en faveur de leur qualité. Le jury accorde à **MM.** Guny frères une citation favorable.

M. GIRARDIN, à Paris, rue des Barres-Saint-Gervais, 3. Taillanderie.

A exposé peu d'objets, mais d'une bonne exécution. Son étau à queue est d'un bon travail. Deux pièces de forge, présentant des difficultés, recommandent **M.** Girardin, auquel le jury accorde une citation favorable.

---

§ 3. QUINCAILLERIE. — ARTICLES DIVERS.

Les progrès de la quincaillerie, dans l'immense et importante partie qui se rapporte à la taillanderie, se développent chaque jour, s'appliquant tantôt à un article, tantôt à un autre, sans laisser d'autre fait saisissable qu'une amélioration générale dans laquelle presque toutes les industries puisent des ressources pour le développement de leurs propres progrès. Parmi les améliorations les plus sensibles qu'a éprouvées la quincaillerie-taillanderie, il faut citer tous les outils à bois, et particulièrement les fers à rabots, qui, lorsqu'ils seront plus uniformes de qualité, n'auront plus de concurrence à redouter. Les scies droites et circulaires ont été également l'objet de grands perfectionnements, les premières surtout, depuis que le laminage a pu satisfaire à la condition si nécessaire de la diminution d'épaisseur depuis la denture jusqu'au dos de la lame. Des progrès notables ont été obtenus et se préparent encore dans cette importante branche de l'industrie nationale.

RAPPELS DE MÉDAILLES D'OR.

MM. JAPY frères, à Beaucourt (Haut-Rhin). Quincaillerie, serrurerie, articles en fer battu, mouvements de grosse et petite horlogerie.

Leur quincaillerie, destinée aux usages domestiques, est d'une exécution tellement soignée, qu'elle suffirait seule pour les placer au premier rang dans cette industrie. On a remarqué surtout, avec un vif intérêt, leurs casseroles en fer embouti, tournées, à rebords très-élevés, et dont l'épaisseur va en décroissant depuis le fond jusqu'au bord supérieur. Elles présentaient dans leur confection de grandes difficultés qui ont été habilement surmontées par ces fabricants. Beaucoup d'autres produits, qui par leur nature devaient être classés dans d'autres commissions que celle des métaux, ont mérité les éloges du jury, qui s'empresse de reconnaître que la maison Japy, dont la prospérité est le soutien de 3,000 ouvriers, est de plus en plus digne de sa haute réputation et de la médaille d'or qui, depuis 1819, lui a été constamment rappelée.

MM. COULAUX aîné et cie, à Molsheim (Bas-Rhin).

La maison Coulaux et compagnie soutient sa vieille et

puissante renommée par des progrès incessants. Sa fabrication de lames de scies, justement renommée, détruit de jour en jour les préjugés qui nous rendaient tributaires des étrangers. Les outils qu'elle a exposés comprennent presque tous les genres, et dans beaucoup on remarque de ces améliorations de détail qui contribuent puissamment à déterminer les préférences des consommateurs.

D'autres produits du même exposant, tels que les faux, ont été l'objet de justes éloges dans ce rapport. Le jury se plaît à déclarer que MM. Coulaux et compagnie se sont rendus plus dignes encore de la médaille d'or qu'ils obtinrent en 1823, et qui leur fut constamment rappelée depuis cette époque.

MÉDAILLE D'ARGENT NOUVELLE.

MM. Peugeot frères, à Hérimoncourt (Doubs),

Ont exposé des produits de leur fabrication de quincaillerie et taillanderie qui se soutiennent à la hauteur où les avait trouvés le jury de 1823, qui leur accorda la médaille d'argent.

Ce qui distingue l'exposition de MM. Peugeot frères, et fixe l'attention particulière du jury, ce sont leurs lames de scies à bois, qu'ils viennent de perfectionner. Ces lames de scies, dont le dos est plus mince que la denture, sont obtenues au moyen du laminage, procédé qui présentait de grandes difficultés et qui assure l'épaisseur régulière et convenable pour que la scie n'éprouve qu'une résistance uniforme pendant son passage dans le bois ; il a de grands avantages sur le procédé employé précédemment, et qui consistait dans l'émoulage ; celui-ci, toujours irrégulier dans son action et ses résultats, occasionnait une dépense de force motrice importante, une consommation de meules et une perte de matières qui n'étaient rachetées par aucun avantage.

Le jury accorde à MM. Peugeot frères une nouvelle médaille d'argent.

MÉDAILLE D'ARGENT.

MM. Goldemberg et cie, à Zornhoff (Bas-Rhin).

La fabrique de MM. Goldemberg et compagnie s'est placée, en peu d'années, sur la première ligne des fabriques de son genre. Sa fabrication de scies et de fers à rabots mérite particulièrement d'être citée.

La bonne qualité de tous les produits qu'elle livre au commerce contribue puissamment à nous affranchir des importations allemandes, et lui a valu la confiance des consommateurs d'outils.

Elle est appelée à rendre les plus grands services à notre industrie, qui touche au moment de ne plus devoir qu'aux produits nationaux ses moyens d'exécution.

Le jury accorde à MM. Goldemberg et compagnie la médaille d'argent.

RAPPEL DE MÉDAILLE DE BRONZE.

M. JANNIN-BEATRIX, à Saint-Germain (Ain). Écrous à chapeau pour essieux de voitures, fabriqués à la mécanique.

M. Jannin-Beatrix a présenté des écrous pour essieux de voiture fabriqués à la mécanique au moyen de la forge. Les trous en sont cylindriques et perpendiculaires au plan d'assiette de l'écrou. Les arêtes des parties rectangulaires ou hexagonales sont suffisamment vives pour bien retenir la clef destinée à serrer ces écrous.

La médaille de bronze, décernée en 1834 à ce fabricant, lui est rappelée au profit de ses produits actuels.

MÉDAILLE DE BRONZE NOUVELLE.

M. MONGIN, fabricant de scies, à Paris, rue des Juifs, 11.

La fabrication de scies de M. Mongin prouve, par son développement progressif, combien elle a de succès auprès des consommateurs. Une machine à vapeur, montée depuis peu de temps, vient de donner une nouvelle impulsion à cet intéressant établissement, dont les produits commencent à s'exporter.

L'exposition de M. Mongin a offert de très-beaux échantillons, particulièrement pour les grandes scies de scieurs de long. On a surtout remarqué un ressort d'une dimension extraordinaire : 20 mètres de long sur 0ᵐ,14 de large, et du poids de 27 kil.

Le jury accorde à M. Mongin une nouvelle médaille de bronze.

MÉDAILLES DE BRONZE.

MM. Bʀɪᴄᴀʀᴅ et Gᴀᴜᴛʜɪᴇʀ, à Paris, rue Pavée - Saint - Sauveur, 3. Quincaillerie pour bâtiments.

Les articles exposés par cette maison sont recommandables par leur bonne confection. Sa serrurerie de bâtiment, ses grosses vis filetées, et surtout ses cylindres cannelés, d'une pureté remarquable, ne laissaient rien à désirer.

Le développement commercial et la bonne réputation de cette maison industrielle sont la juste récompense d'entreprises formées avec intelligence et soutenues par un mérite incontesté.

Le jury accorde la médaille de bronze à MM. Bricard et Gauthier.

M. Lᴇᴍᴇʀᴄɪᴇʀ, à Paris, faubourg du Temple, 27. Objets de sellerie en fonte.

Dans ces derniers temps , la fonte, traitée par suite des indications fournies par Réaumur, a beaucoup occupé les esprits. Des exemples, produits en Angleterre et en Belgique sur une grande échelle, ont donné confiance dans ce genre d'entreprise. Des établissements se sont formés ; mais, ce qui importait le plus au public industriel, c'était d'avoir un atelier dont la marche fût assurée et où on pût s'adresser avec confiance pour avoir avec certitude la fonte de fer malléable : tels sont les avantages que réalise M. Lemercier. Les articles de sellerie, tels que mors, étriers, boucles, etc., sont les objets qu'il confectionne et débite, depuis dix-huit mois, en quantité considérable. Celles de ces pièces qui ont été présentées au jury sont d'une malléabilité parfaite ; elles se ploient et se redressent en tous sens ; elles se rivent comme le fer le plus doux. Après une cémentation, elles prennent une grande dureté et reçoivent un beau poli. Ces fontes sur modèles étrangers se vendent de 1 fr. 25 c. à 1 fr. 75 c. le kil., suivant la nature des pièces.

L'existence d'un établissement qui a acquis une marche assurée et donne des produits de ce genre d'une qualité constante, a paru aux yeux du jury être d'un grand intérêt pour l'industrie ; il se félicite d'avoir à accorder à M. Lemercier la médaille de bronze comme témoignage du haut prix qu'il attache à la mise en pratique du procédé qui est la base de son établissement de fonderie.

M. Cellier-Rigaux, à Raucourt (Ardennes),

A exposé un assortiment de boucles et de dés à coudre d'une bonne exécution, qu'il livre à des prix extrêmement modérés. C'est à cette condition que cet industriel doit de pouvoir entretenir un nombre d'ouvriers qui s'élève à 150, et dont il a assuré l'existence en ajoutant à sa fabrication primitive celle des capucines, des grenadières, des porte-vis, des battants et des ressorts de fusils.

Le jury accorde une médaille de bronze à ce fabricant, déjà honoré en 1834 de la mention honorable.

MENTIONS HONORABLES.

MM. BARRÉ et c^{ie}, à Clichy. Fonte malléable.

Parmi les produits métallurgiques qui ont figuré à l'exposition, la fonte de fer de MM. Barré et compagnie a été l'un des plus remarqués.

Une malléabilité égale à celle du fer doux est son caractère dominant ; elle se plie en tous sens, s'étend parfaitement à froid sous le marteau.

A chaud, elle se forge aussi facilement que le meilleur fer, et refroidie elle conserve sa malléabilité.

Sa ténacité est suffisante pour qu'elle soit employée à la place du fer dans un grand nombre de cas, comme montures de scies, clefs de serrures, vis et balanciers de découpoirs, etc.

On peut aussi la souder avec elle-même comme le meilleur fer.

Ces qualités rendent cette fonte propre à une multitude d'emplois ; aussi le nombre et la variété des objets exposés par MM. Barré et compagnie étaient très-grands, et tous ces objets étaient d'une très-bonne qualité.

Le jury a éprouvé de vifs regrets en voyant que la remarquable exposition de MM. Barré et compagnie n'était pas, pour le présent du moins, un gage assuré pour le public industriel de la possession de tous les avantages qu'offrirait leur importante fabrication.

L'état actuel de cette entreprise, qui, après des jours prospères, s'est trouvée frappée d'une inaction presque complète, ne permet que de mentionner de la manière la plus honorable un procédé auquel est réservée une grande importance industrielle , et par suite un rang élevé dans nos expositions.

MM. Bouthey, Valengin et Rith , à Morteau (Doubs).

On ne saurait donner trop d'éloges à la fabrication que dirigent MM. Bouthey, Valengin et Rith , et qui a pour objet de rendre à l'amour du travail et à l'utilité publique une nouvelle génération d'horlogers destinés à remplacer ceux qu'avait ruinés la concurrence suisse. Les produits résultant de cette fabrication méritent des éloges, et le jury est heureux d'accorder à MM. Bouthey , Valengin et Rith la mention honorable.

M. Robert-Thomas , à Givonne (Ardennes). Casseroles, fléaux et pelles.

M. Robert-Thomas entretient 60 ouvriers, qui confectionnent d'une part une très-grande quantité de fléaux de balances communes, et de l'autre des pelles et des poêles à frire en fer noir. Ce dernier produit a l'avantage d'offrir une surface lisse qui le rend infiniment plus propre aux usages culinaires que les poêles ordinaires dont le fond est gratté.

Cette industrie, qui vient d'être importée d'Allemagne, rencontrera des applications très-utiles, et le jury mentionne honorablement M. Robert-Thomas pour ce service, qui intéresse notre indépendance commerciale.

MM. Moser et Marti. Un seul mouvement de montre.

Ces fabricants n'ont exposé qu'un seul mouvement d'horlogerie d'une petite dimension , mais aussi du prix modique de 11 francs. Sa bonne confection, et la certitude qu'a acquise le jury de l'étendue de cette fabrication, qui occupe de 150 à 160 ouvriers, méritent à MM. Moser et Marti la mention honorable.

M. ARMAND-CLERC, à Paris, rue Buisson-Saint-Louis, 76. Outils d'horlogerie. (Cit. en 1834.)

A exposé des guillochages et des affiloirs de couteaux : le tout mérite une mention honorable.

M. QUELET (Pierre), à Montécheroux (Doubs),

A exposé des outils d'horlogerie d'une bonne exécution. Le jury lui accorde la mention honorable.

M. GLORIOD (François-Joseph), à Les Gras (Doubs). Tour à buriner pour l'horlogerie.

Citation en 1834.

Les outils de ce fabricant ont été vus avec satisfaction; son tour à burin fixe a été particulièrement remarqué.

Le jury lui accorde la mention honorable.

M. GARNACHE, à Les Gras. Outils et machines pour l'horlogerie.

Citation favorable en 1834.

M. Garnache a exposé des produits de quincaillerie fine qui consistent particulièrement en outils d'horlogerie d'une bonne exécution, et qui répondent à la réputation dont jouit cette maison.

Le jury accorde à M. Garnache la mention honorable.

M. Garnache (Lucien), à Les Gras (Doubs). Outils d'horlogerie.

Citation en 1834.

M. Garnache Lucien a exposé des outils d'horlogerie très-soignés, tels que tours à pivot, burins fixes universels.

Le jury lui accorde une mention honorable.

M. Jolly (Eugène). Petits ouvrages.

Porte-plume en cuivre sans soudure, dus au procédé de l'emboutissage et exécutés avec une grande perfection. L'extrême bon marché de ces produits a résolu un problème qui eût paru insoluble il y a peu d'années : celui de construire en métal une hampe qui fût plus régulière, plus légère et moins chère que celle qu'on ferait avec le bois le plus commun. De tels produits méritent d'être mentionnés de la manière la plus honorable.

M. Blaise, à Signy-le-Petit (Ardennes). Casseroles en fonte tournée.

Les casseroles en fonte de fer tournée et polie qu'a exposées M. Blaise sont fort remarquables par leur bonne exécution et leur légèreté ; de tels produits donnent une haute idée de l'outillage de ses ateliers ; des fers à repasser creux et dans lesquels s'introduit, pour les chauffer, une petite masse en métal retirée d'un foyer sont également dignes d'être cités avec éloge pour leur confection.

Le jury accorde à M. Blaise la mention honorable.

MM. Lacompard, Laurent et cie, à Plancher-les-Mines (Haute-Saône).

Médaille de bronze en 1827.

MM. Lacompard, Laurent et compagnie ont exposé des produits de leur fabrique qui consistent en serrurerie bien confectionnée.

Le jury accorde à ces fabricants la mention honorable.

M. Lejeune, à Paris, rue de Charenton, 83. Quincaillerie.

Les charnières exposées par ce fabricant appartiennent à la quincaillerie courante, et sont d'une bonne exécution. Ses moulins à café ordinaires conservent une ancienne disposition incommode, et d'après laquelle la vis qui rapproche la noix est placée dans l'intérieur du coffre ; d'autres moulins, ayant la même destination, sont disposés d'une manière heureuse. Dans ces moulins l'axe de la noix est horizontal. Le grain renfermé dans une trémie métallique, ayant la forme d'une coupe, est introduit par le périmètre des organes molaires. Tantôt un chevalet en fonte, bien disposé, tantôt un socle soutiennent cet appareil dont l'aspect appartient à la bonne mécanique.

Le jury accorde à M. Lejeune la mention honorable.

M. Naudin, à Paris, rue du Cherche-Midi. Ouvrage de forge très-remarquable à mentionner pour l'édification publique.

Après avoir exercé avec distinction la profession de carrossier, M. Naudin a voulu consacrer ses loisirs à une œuvre qui attestât à la fois et son talent et les ressources qu'offrent les fers français traités à la forge par une main habile. Il a exécuté, d'une manière fort remarquable, deux crochets de timon de voiture, auxquels il a donné toutes les complications que comporte le plus grand luxe de forme. Ces deux pièces, finies à la lime, sont entièrement en fer sans aucune soudure, en métal étranger. Il a également exposé une hallebarde très-ouvragée et qui, restée brute de forge, est un témoin irrécusable de la grande habileté de M. Naudin.

Le jury se plaît à lui décerner une mention honorable.

CITATIONS FAVORABLES.

MM. BOURLIER père et fils, à Montécheroux (Doubs).

La marche progressive de cette fabrique d'outils d'horlogerie, qui emploie cent vingt-cinq ouvriers, et exporte de ses produits pour près de 50,000 fr., alors qu'elle en écoule pour une valeur presque égale à l'intérieur de la France, mérite d'être citée de la manière la plus favorable.

M. VOINET, à Les Gras (Doubs).

Les produits de M. Voinet sont de ceux qui, par leur bonne exécution, soutiennent la concurrence avec les produits de même nature qui s'exécutent en Suisse.

Le jury accorde à ce fabricant une citation favorable.

M. BARON (Joseph), à Les Gras (Doubs).

Les produits de M. Baron, en pièces détachées d'horlogerie, ont été remarqués à l'exposition par leur bonne exécution.

Le jury applaudit aux efforts de cet industriel, et lui accorde une citation favorable.

M. Séraut (Louis-Ambroise), à Lac ou Villers (Doubs).

Équarrissoirs d'une perfection remarquable qui s'exportent pour une grande partie.

Le jury lui accorde une citation favorable.

MM. Garnache-Barthod frères, Clément et Juvénal, à Les Gras (Doubs). Outils d'horlogerie.

Citation en 1834.

Les outils d'horlogerie de ces fabricants sont d'une bonne exécution, et sont au nombre de nos produits qui soutiennent avec avantage la lutte ouverte avec la fabrication suisse.

Le jury leur accorde une citation favorable.

M. Pichot, à Poitiers (Vienne).

Dessins exécutés sur ivoire, et imitant la marqueterie.

Le jury accorde à M. Pichat une citation favorable.

M. Cosnuau, à Paris, rue Saint-Denis, 302. Mécaniques, tournebroches, etc.

M. Cosnuau a exposé différents appareils culinaires du ressort de la serrurerie; il y a joint des tournebroches à ressorts d'une bonne exécution, et emploie une chaîne à godet dont l'effet est de remonter constamment le jus, qui procure dès lors un arrosement non interrompu sur la viande soumise à la cuisson.

Le jury accorde à M. Cosnuau une citation favorable.

SECTION IV.

MM. Dufaud et Payen, rapporteurs.

CHAUFFAGE DES FOURNEAUX ET MONTAGE DES USINES (1).

M. Aubertot, maître de forges à Vierzon (Cher), eut l'heureuse idée, il y a environ 30 ans, d'employer la flamme perdue qui sort des hauts fourneaux et des foyers d'affinerie à un grand nombre d'usages, et notamment pour les fours à chaux. Plusieurs des premières applications, faites par M. Aubertot lui-même de ce principe fécond, ont été décrites et figurées, en 1814, dans le Journal des mines. Néanmoins, l'ingénieux système, qui s'est propagé assez rapidement en Allemagne, n'a fait, pendant longtemps, et malgré son utilité bien démontrée, que peu de progrès en France.

---

(1) Voyez le complément des considérations générales relatives au chauffage, dans la section spéciale de la cinquième commission, deuxième volume.

Si l'on considère, cependant, d'une part, que le haut prix du combustible, dans les forges françaises, est l'obstacle le plus grave qu'elles aient à surmonter pour approcher des conditions dans lesquelles se trouve la production de fer en Angleterre ; d'autre part, que les moteurs hydrauliques dont nos usines disposent sont souvent insuffisants, et réclament alors l'emploi, autrefois auxiliaire, de machines à vapeur, on concevra toute l'importance des procédés qui font le premier objet de la présente section.

Mais cette importance peut être appréciée encore d'une manière directe, par les résultats des expériences faites, en 1838, à l'usine de Niederbronn (Bas-Rhin), par MM. de Dietrich et Robin, expériences qui prouvent que la flamme du gueulard d'un haut fourneau semblable à celui de Niederbronn peut produire assez de vapeur pour alimenter une machine de la force de vingt-six chevaux.

Le jury a donc dû porter, avec un vif intérêt, son attention sur la propagation rapide que l'emploi de la flamme des hauts fourneaux et des feux d'affinerie a enfin reçue depuis quelques années, et sur les ingénieurs et les industriels qui ont le plus contribué à cette propagation.

MÉDAILLES D'ARGENT.

MM. Thomas, Laurens et Dufournel, anciens élèves de l'École centrale, actuellement ingénieurs civils.

En 1834, MM. Dufournel, Thomas et Laurens ont pris un brevet d'invention pour les dispositions qu'ils avaient concertées entre eux, relativement à l'emploi de la flamme perdue des hauts fourneaux, feux d'affinerie, etc.

Ces dispositions sont, en resumé, définies de la manière suivante, dans leur brevet :

« Nous prenons la flamme à sa sortie du gueulard, et nous la faisons brûler dans les fours de nos chaudières ; pour cela, nous la faisons rouler sur elle-même, changer de forme ; en même temps nous lui injectons un courant d'air neuf avec lequel elle se mélange ; enfin nous lui faisons lécher des surfaces de briques très-étendues et très-échauffées. Toute la chaleur produite par la combustion de ces gaz, et celle qu'ils possèdent déjà, nous l'employons soit tout entière à former une grande quantité de vapeur, soit en partie à produire de la vapeur, et le surplus à d'autres usages, tels que le chauffage du vent pour marcher à l'air chaud. Pour obtenir un semblable résultat, nous ne changeons rien à la manière habituelle de charger le haut fourneau en charbon, castine et minerai. L'ouverture de la charge reste la même, aussi grande qu'il est nécessaire pour charger le charbon à la russe. Cette ouverture peut ne pas être fermée pendant que nos appareils fonctionnent. Il n'y aura d'ouvert, dans la cheminée qui s'élève sur le gueulard, que cette baie pour le chargement : le reste du pourtour sera fermé. »

Ils ont appliqué leurs procédés avec un succès remarquable, d'abord à l'usine d'Echallonges (Haute-Saône), puis à vingt-six autres hauts fourneaux dans seize usines à fer de onze départements différents, en employant surtout la flamme au chauffage de chaudières de machines à vapeur qui font mouvoir les souffleries des fourneaux, ainsi que les marteaux, laminoirs, fenderies, etc., des usines.

La force obtenue ainsi dans les dix-sept usines, sans consommation de combustible spécial, correspond à une production de fonte de 30,000 quintaux métriques par mois.

Les mêmes ingénieurs ont établi récemment, dans une usine destinée à la fabrication des tubes de fer étirés et soudés, à Epinay près Saint-Denis, un système de fours à réchauffer remarquable en ce que la houille arrive convertie en coke, au point de la chauffe où le feu, activé par le vent des soufflets, porte le fer au blanc soudant, par le contact simultané du combustible et de la flamme. La chaleur perdue de ces fours est portée vers les bouilleurs d'une machine à vapeur de vingt chevaux, qui suffit à la soufflerie et à la machinerie de l'usine.

MM. Thomas et Laurens ont établi, en entier, six grandes fabriques de sucre indigène situées à Salsogne (Aisne), à l'Ile-Savary (Indre), Grotzingue (duché de Bade), Essek (Hongrie), Ennery (Moselle) et Lisle-sous-Tronchoy (Yonne). La consommation totale de ces établissements s'élève à 16 millions de kilos de betteraves. Dans plusieurs autres fabriques, ils ont monté des appareils de chauffage; les heureuses dispositions qu'ils ont prises (pour les sections de passage et l'expulsion totale de l'air de l'eau d'alimentation) leur ont permis d'augmenter considérablement la quantité de vapeur produite par les chaudières et tubes, pour une surface chauffante égale; la consommation de la houille s'est trouvée réduite à 32 hectolitres combles pour 20,000 kil. de racines, en y comprenant la vapeur, pour développer la force mécanique et le chauffage des purgeries, par la chaleur excédante des fumées.

Dans la belle raffinerie de Honfleur, ils ont utilisé l'eau sortant, à 54 ou 60°, d'un appareil évaporatoire à vide, pour chauffer les greniers, ce qui n'avait point encore été fait; tout le surplus du chauffage de l'air y fut opéré par un grand calorifère à vapeur également de leur construction.

On doit encore à ces ingénieurs d'avoir surmonté habilement toutes les difficultés dans les plans ou constructions des distributions d'eau de Seine aux communes de Charenton, Saint-Mandé, Vincennes, Charonne, Belleville et la Villette.

Pour l'ensemble de ces travaux, et les notables services qu'ils ont rendus à l'industrie manufacturière, le jury décerne à MM. Dufournel, Thomas et Laurens la médaille d'argent.

M. Eugène FLACHAT, ingénieur civil.

M. Flachat s'est occupé, avec beaucoup de succès, d'appliquer diverses dispositions ingénieuses pour employer la chaleur perdue des hauts fourneaux et des fours à réverbère au chauffage des chaudières de machines à vapeur, motrices des souffleries, des laminoirs, marteaux, etc.

Les procédés adoptés par M. Flachat ont été mis en usage, d'abord pour la flamme des fours à puddler, dans les usines de Fourchambaut et d'Imphy (Nièvre), et de Châtillou-sur-Seine (Côte-d'Or), puis aux usines d'Abainville (Meuse) construites par lui, et dont il a exposé les plans ; la flamme des hauts fourneaux et des fours y fut appliquée au chauffage d'une machine à vapeur de cent chevaux qui sert de principal moteur aux souffleries, aux forges, laminoirs, tréfileries, tôleries, etc.; enfin aux usines de Sionne (Meuse), Montataire (Oise) et Tronçais (Cher).

M. Flachat a construit aussi les grandes usines de Tusey, qui présentent un exemple remarquable d'un haut fourneau cylindrique très-solide, malgré le contraste de la légèreté de sa construction avec celle des tours massives des fourneaux du pays. Il a encore construit ou amélioré un grand nombre d'autres usines à fer et de bocards dans les départements de la Meuse, des Ardennes, de la Haute-Marne et du Cher. On lui doit l'extension des machines à comprimer le fer, dites *squeezer*, et des régulateurs de vannes pour les souffleries. Il a exécuté, à Marseille, à Orléans, à Calais, de grandes usines à *gaz-light*. Ses études des projets de *docks*, au Havre et à Marseille, méritent d'être signalés, ainsi que sa coopération aux entreprises de chemins de fer actuellement en exécution, ensemble de travaux nombreux, obtenus à l'aide des concours de jeunes ingénieurs sortant de l'école centrale des arts et manufactures, et que M. Flachat s'attache tous les ans.

Pour ces importants travaux et leurs utiles résultats, le jury décerne la médaille d'argent à M. Eugène Flachat.

MÉDAILLE DE BRONZE.

M. Gronnier, propriétaire, à Paris.

Il a exposé le modèle d'un four et serpentin métallique à chauffer l'air de la soufflerie d'un haut fourneau à l'aide d'une partie de la flamme perdue du gueulard. Ce qui distingue surtout la disposition adoptée par l'auteur, c'est que le tuyau, contourné en serpentin, est enveloppé, au sortir du four, *par une cheminée descendante dans laquelle passent, autour de lui, les gaz qui ont commencé à l'échauffer;* une cheminée d'appel établit le courant, qui continue d'une manière spontanée, en sorte que l'air chaud ne peut perdre sensiblement de chaleur. Il en résulte des conditions très-favorables pour réaliser les avantages du système de l'air chaud, et la possibilité d'appliquer à un grand nombre d'usages utiles l'excédant des gaz du gueulard.

Quelques avantages particuliers sont dus à cette disposition : ainsi l'appareil n'a que 26 mètres de développement au lieu de 60 et plus qu'ont d'autres constructions; la température, se conservant mieux, doit être moins élevée dans le four, et la fonte des tuyaux n'est pas chauffée au point de s'altérer; la libre dilatation de tout le système évite les ruptures, un registre et plusieurs ouvreaux règlent la quantité de gaz et leur inflammation par des injections d'air dirigées, à volonté, sur l'un des points convenables.

M. Gronnier a donné un bon exemple, en garantissant les résultats, de son procédé de la manière la plus complète : car non-seulement il fait tout construire à ses frais, mais encore il s'engage à indemniser les maîtres de forge, si des pertes étaient occasionnées par des mises-hors ou interruptions de son fait.

L'appareil de M. Gronnier a été déjà adopté avec succès dans plusieurs usines, et il se propage de plus en plus.

Le jury, pour récompenser M. Gronnier du service qu'il a rendu à l'industrie métallurgique, lui accorde une médaille de bronze.

SECTION V.

MARBRES, BITUMES, STUCS, PIERRE DE LIAIS, PIERRES LITHOGRAPHIQUES, CIMENT ROMAIN, INDUSTRIE MÉCANIQUE DES MARBRES, PIERRES MEULIÈRES, ARDOISES, GRANITS, PORPHYRES, ETC.

M. le vicomte Héricart de Thury, rapporteur.

———

Considérations générales.

La France possède de nombreuses carrières de marbre pour la statuaire, comme pour la marbrerie monumentale et d'ornement. Nous avons des marbres de toute espèce, de toutes qualités, de toutes couleurs. Nos carrières ont été exploitées par les Romains pour leurs temples et leurs palais. Nous en trouvons des témoignages authentiques dans les ruines de leurs monuments, à Nîmes, à Aix, à Arles, à Orange, à Vienne, à Lyon, etc. On peut y faire une riche et nombreuse collection des marbres qui les décoraient; ce sont tous marbres français, et les fragments des statues qu'on y recueille sont tous également de blanc statuaire de France, des Alpes ou des Pyrénées.

Charlemagne, François Ier, Henri IV, Louis XIV ont fait remettre en exploitation une partie des carrières exploitées par les Romains. L'ancien gouvernement, dans l'intérêt de nos monuments publics et de nos carrières de marbre, avait fait des commandes considérables à divers exploitants. Plusieurs nouvelles carrières ont été ouvertes et exploitées avec succès ; ce sont leurs marbres qui ont été employés à la bourse, à la chambre des députés, à l'hôtel des finances, à la Madeleine, à l'hôtel du quai d'Orsay, etc., etc.

Pourquoi ne pouvons-nous en dire autant de nos carrières de marbre statuaire ? Les Romains les ont exploitées ; nous retrouvons partout des traces de leurs ateliers. Aujourd'hui, on prétend ces marbres inférieurs à ceux d'Italie : ont-ils donc perdu de leur qualité ?

Nos blancs statuaires sont aussi beaux par leur qualité, le grain, la blancheur que les marbres d'Italie, quand ils sont choisis avec soin. En vain l'on demanderait à la plupart des praticiens à quels titres ou par quels caractères ils les distinguent : aucun n'en sait et n'en connaît la différence. L'habitude, la pratique, l'ignorance, ou des motifs particuliers, disons-le, ont motivé la préférence, et il a été convenu de dire que les marbres de France étaient inférieurs à ceux d'Italie ; c'est ainsi que la belle griotte rouge sanguine de Caunes n'a trouvé à se répandre que sous le nom de griotte d'Italie, où on ne la connaît point ; c'est ainsi que le cipolin de Sicile se trouve dans les hautes Alpes ; c'est encore ainsi que notre rouge, notre portor et notre beau noir jaspé ont passé pour des marbres antiques de carrières épuisées, quand les marbres existent abondamment dans les Alpes et les Pyrénées.

Enfin nos marbres blancs statuaires sont aujourd'hui connus. Leurs gisements ont été constatés dans les Alpes et les Pyrénées par Saussure, Dolomieu, Palassou, Ramond, Cordier, Élie de Beaumont, Dufresnoy, Jaubert de Passa, etc., etc., comme leur qualité a été reconnue et attestée par nos premiers statuaires, Bozio, Gayrard, David, Foyatier, Lemaire, Espercieux, Étex, Maindron, etc.; mais, bien plus, elle l'est d'une manière incontestable par la belle conservation des statues et des bustes antiques de nos marbres restés enfouis pendant plus de quinze à seize siècles; ils sont sains, intacts, et de la plus belle conservation : ainsi la belle statue de la Vénus d'Arles, retirée du Rhône, sans aucune altération, après plus de seize cents ans de submersion dans les eaux de ce fleuve; ainsi le Faune de Vienne; ainsi.... Nous pourrions citer plus de cinquante exemples semblables. Cette belle conservation, hâtons-nous de le dire, est due à la contexture cristalline, plus dense, plus compacte et plus intime de nos marbres, d'où résulte une plus grande dureté qui en fait la qualité et la supériorité, mais qui exige de la part des praticiens, il est vrai, plus de temps ou de travail, et, par suite, leur fait demander pour leur ouvrage un prix plus élevé, motif pour lequel la plupart des statuaires donnent la préférence aux marbres d'Italie, plus faciles à travailler, parce qu'ils sont plus tendres, et souvent tellement tendres, qu'on ne peut les travailler qu'à force de les gommer, outre l'inconvénient qu'ils ont d'être souvent siliceux et parsemés de nœuds de quartz.

On a manifesté la crainte que nos carrières de blanc statuaire ne pussent fournir aux besoins de nos ateliers et de nos monuments publics; ces craintes ne sont nullement fondées. Nos géologues ont reconnu le prolongement de la grande bande de blanc statuaire et du blanc clair dans toute la longueur de la chaîne des Pyrénées : on peut les attaquer dans plus de cinquante endroits; il ne faudrait que des encouragements, il ne faudrait que quelques ponts sur les torrents, et remettre les chemins en bon état de viabilité. Lorsqu'il le voudra, le gouvernement ne fera pas moins que ne firent à cet égard Henri IV, Louis XIV, et Napoléon, qui, lors de la naissance du roi de Rome, ordonna que l'on bâtit un palais, où il ne serait employé, en matériaux, meubles et ornements, que des matériaux, des bois et des marbres de France.

§ 1ᵉʳ. MARBRES.

RAPPEL DE MÉDAILLE D'OR.

La compagnie pour l'exploitation des marbres des Pyrénées, M. LESUEUR, rue Bergère, 16.

La compagnie Lesueur exploite, suivant les états qu'elle a fournis et qui résultent d'actes authentiques de concession, trente et une carrières de marbre dans les Basses-Pyrénées, les Hautes-Pyrénées et la Haute-Garonne, savoir :

1° A Louvie-Soubiron (Basses-Pyrénées), trois carrières dont le blanc statuaire dit le *marbre à la Vierge*, à cause de sa blancheur, le bleu clair et le bleu turquin. ... 3 c.

2° A Beyrède-Sérancolin (Hautes-Pyrénées). sept carrières donnant les différentes variétés de beyrède ou sérancolin. ... 7

3° A Saint-Bertrand-de-Comminges (Hautes-Pyrénées), deux carrières de noir antique et le portor de Sarlat. ... 2

4° A Sost (Hautes-Pyrénées), dix carrières donnant le blanc statuaire, le gris perlé d'hérechède, le rosé vif, le rosé pâle, la griotte brune, la griotte œil-de-perdrix, le vert moulin, le vert sanguin, et le beau vert, rouge, gris, brun, rubané. ... 10

5° A Signac (Haute-Garonne), trois carrières de rouge antique, vert moulin et griotte œil-de-perdrix. ... 3

6° A Cierp (Haute-Garonne), trois carrières de vert moulin, de griotte, de gris perlé. ... 3

7° A Saint-Béat (Haute-Garonne), deux carrières

de blanc statuaire, de l'alouette et de jaspin sanguin. 2

Et 8° A Hertz (Haute-Garonne), une de jaune faux-sienne. 1

Total. 31 c.

La carrière de Louvie est une de nos plus importantes carrières de blanc statuaire; elle a été visitée par MM. Charpentier, Palassou, Ramond, Cordier, Dufresnoy, Élie de Beaumont, Lefebvre, de Gisors, etc., qui en ont constaté le gisement et les qualités. Il y a longtemps que cette carrière est connue, elle a été exploitée à une époque reculée; il en existe plusieurs statues et monuments dans le pays. Elle produit des blocs de toutes dimensions, ainsi qu'on a pu en juger par les grands blocs envoyés à Paris et qui ont servi 1° à M. Gueyrard, pour ses statues colossales de l'ordre public et de la liberté à la chambre des députés; 2° à M. David, pour son jeune tambour Barra, les bustes d'Arago, de Desaix......; 3° à M. Étex, pour son groupe colossal de Caïn, son saint Augustin, sa sainte Geneviève et un grand nombre de bustes d'une très-grande beauté; 4° à M. Espercieux, pour sa charmante baigneuse; 5° à M. Foyatier, pour son Cincinnatus, etc.

Le jury estime que la compagnie des marbres des Pyrénées, qui avait obtenu la médaille d'or en 1827, est de plus en plus digne de cette honorable distinction et lui en accorde le rappel.

MÉDAILLE D'OR.

M. Aimé GÉRUZET, à Bagnères-de-Bigorre (Hautes-Pyrénées).

M. Géruzet, exploitant de riches et nombreuses carrières

de marbre dans les Pyrénées, a présenté, avec une belle cheminée de marbre d'Italie dont les moulures sont faites à la mécanique, un bel et nombreux assortiment de ses marbres en tables de toutes dimensions, un piédestal de marbre Campan, et une colonne de marbre Campan de 3^m,93 de fût sur 0^m,55. Cette colonne, suivant le certificat qui a été dressé par le maire de Bagnères-de-Bigorre, signé par dix-huit habitants et le sous-préfet, a été faite sur le tour en soixante-quinze heures; elle est taxée à 400 fr., prise sur place. M. Géruzet a établi, pour travailler le marbre, une vaste usine sur l'Adour, composée 1° de cent quarante à cent soixante lames de scie en mouvement jour et nuit; 2° de dix scies à débiter les blocs en tranches, 3° sept tours à marbre; 4° une scie circulaire à débiter des pierres dures; 5° un châssis à moulures droites; 6° quatre machines à couper, creuser et faire des moulures aux tables rondes; et 7° une mécanique à faire douze rosaces en même temps.

M. Géruzet a obtenu, en 1834, la médaille d'argent, la seule qui ait été donnée à la dernière exposition; depuis, il a obtenu, de Sa Majesté, la décoration de la Légion d'honneur. Le jury estime qu'il se montre de plus en plus digne des hautes faveurs et distinctions qui lui ont été accordées, qu'il y a lieu de lui accorder une médaille d'or.

MÉDAILLES D'ARGENT.

La Société anonyme des Vosges, à Epinal, M. ADAM, à Épinal.

La Société anonyme des Vosges, qui a ouvert ses exploitations en 1829, a envoyé, à l'exposition, un riche assortiment de ses marbres, dans lequel on a particulièrement distingué :

1° Deux belles colonnes de 4 mètres de hauteur, de la grande brèche Napoléon blanche, grise-violette, à grands effets; beau marbre monumental très-fin, susceptible du plus beau poli ;

2° Une table de serpentine brune et verte sanguine à grands effets, de la carrière Goujar;

3° Une table de beau marbre gris, blanc, verdâtre, de Fromont ;

4° Une table en marbre de Donon, marbre superfin, à grands effets, pour les monuments publics;

5° Le marbre de Russ, marbre très-fin;

Et 6° une table de blanc cristallin pailleté, pentélicoïde, des calcaires infiltrés à travers les porphyres et granits.

La compagnie des Vosges a établi une grande usine dans laquelle les marbres sont sciés, débités et travaillés à la mécanique.

Le jury décerne une médaille d'argent à la compagnie anonyme des Vosges.

Société Julien BERTRAND, de Ventavon, et Eugène GAYMARD, de Grenoble (Isère).

Marbre blanc statuaire du Val-Senestre, au Val-Jouffroy, canton de la Mure, arrondissement de Grenoble.

Le marbre blanc cristallin ou pailleté pentélicoïde que la société Julien Bertrand et compagnie fait exploiter a une grande analogie avec le marbre pentélique; il est dur, blanc, neigeux, un peu veiné, et d'un bon emploi pour la statuaire.

Le buste de Vaucanson, fait avec ce marbre par M. Victor Sapey, de Grenoble, sous le nom duquel il est exposé, est un bon essai de ce marbre, et prouve tout le parti qu'on pourra en tirer lorsque la carrière sera attaquée à vif. Cinq blocs de ce beau marbre ont été envoyés à Paris par la compagnie pour les faire essayer par nos premiers statuaires ; ils ont été remis à MM. Bosio, David, Pradier, Durest et Maindron, qui en font chacun une statue, et sont très-satisfaits de la qualité de ce marbre.

Le jury, en considérant l'importance de l'exploitation des carrières de marbre blanc statuaire de France, décerne une médaille d'argent à la société Julien Bertrand de Ventavon et Eugène Gaymard, pour son marbre statuaire du Val-Jouffroy.

————

MÉDAILLES DE BRONZE.

M. GRIMES, à Montpellier (Hérault).

Marbres des carrières	*de Faugères,*	*Aude.*
	de Caunes,	
Marbre lumachelle,	*de Lavalette-Montpellier.*	
Albâtre calcaire {	*de Cette,*	*Cévennes.*
	de Lavalette,	

Les exploitations de M. Grimes de Caunes sont très-anciennes : elles ont fourni une immense quantité de marbres de la plus grande beauté, pour la haute marbrerie et les monuments publics ; ces marbres sont très-fins, très-variés et très-estimés. Ces carrières peuvent fournir des tables, des blocs et des colonnes des plus grandes dimensions, notamment les carrières de rouge incarnat et cervelas de Caunes. M. Grimes a établi, à Caunes, une scierie de quatre châssis de chacun vingt-quatre lames, et à Montpellier, sur la rivière du Lez, une autre scierie de soixante lames.

Le jury accorde une médaille de bronze à M. Grimes.

M. Fraisse aîné, à Perpignan (Pyrénées-Orientales).

Les marbres exposés par M. Fraisse proviennent de Baixas et d'Estagel, sur le bord oriental des Corbières, à deux lieues de Perpignan ; ces marbres ont été signalés par M. Jaubert de Passa, à l'époque de l'exposition de 1823.

Les carrières mises en exploitation par M. Fraisse sont remarquables par la richesse, la variété des marbres et les circonstances géologiques qu'elles présentent.

Au fond des carrières sont d'abord les marbres blancs statuaires à grands éléments cristallins semblables aux marbres pentéliques, et au-dessus les blancs saccharoïdes, qui sont successivement recouverts par des marbres bleus, clairs, veinés, jaunes, gris, bruns, noirs, enfin des brèches de toutes couleurs.

La beauté des marbres de Baixas et d'Estagel a déterminé M. Fraisse à établir, près du puits foré artésien qui lui a valu la médaille d'or des Sociétés royales d'agriculture et d'encouragement, une grande scierie à eau dans laquelle ces marbres sont débités et travaillés à la mécanique.

Suivant nos premiers statuaires, les marbres blancs cristallins et saccharoïdes de Baixas et d'Estagel sont d'une grande beauté, d'une excellente qualité, et propres à la statuaire.

Le jury décerne à M. Fraisse aîné une médaille de bronze.

Observations sur les échantillons de marbres, serre-papiers, socles et vases,

de M. Fraisse, de Perpignan.

Tous les échantillons présentés par M. Fraisse sont en marbre du département. C'est sous le calcaire grossier de Baixas, sur le bord oriental du massif des Corbières, à deux lieues de Perpignan, dans une vallée abordable par les charrettes, que M. Fraisse a trouvé un immense dépôt de marbre dont les strates, presque verticales, offrent une facile exploitation et une riche variété de couleurs. La carrière, ouverte sur deux points distants de 100 mètres, donne, à l'un de ces points, une brèche blanche et jaune, et à l'autre le bleu uni. En cherchant à découvrir les dépôts compris entre ces deux limites, on trouve fréquemment des strates dont la puissance excède souvent un mètre, et toutes présentent une modification dans les nuances et les qualités des deux strates voisines. Chaque jour amène des découvertes, et, lorsque la carrière sera, dans toute son étendue, livrée aux ouvriers, elle offrira une riche collection de marbres et de brèches. L'exploitation est faite avec soin et méthode. L'emploi de la poudre y est sévèrement proscrit. La position presque verticale des couches ou strates permet des exploitations isolées pour chacune de ces couches.

M. Fraisse a établi une scierie sur un petit cours d'eau voisin des ateliers où les produits de cette scierie et de la carrière sont ouvrés, dans l'intérieur de la ville de Perpignan. La scierie, garnie de quinze à vingt lames, travaille, nuit et jour, depuis l'année 1837. L'atelier de Perpignan livre au commerce des brèches semblables aux échantillons présentés, avec une réduction de 25 pour 100 sur les prix courants des marbres jusqu'ici livrés à la consommation dans le département des Pyrénées-Orientales.

Les prix de vente sont

20 fr., 25 fr. et 30 fr. pour les chambranles simples ;

10 à 12 fr. pour les dessus de secrétaire et commode ;

1 fr. 25 les dalles ou carreaux, blancs, bleus, ou veinés, pour le pavage des appartements.

Les marches d'escalier, les appuis des fenêtres se livrent aux mêmes prix que ceux de la pierre de saillie ordinaire (molasse de Montpellier).

La scierie de M. Fraisse est située sur le domaine où fut foré le premier puits artésien pour lequel il obtint la grande médaille d'or de la société d'encouragement, le second prix de la société royale d'agriculture de la Seine et le premier prix de la société royale de Perpignan.

La carrière de Baixas offre des blocs tracés dans le roc vif et levés ordinairement à

6 mètres de longueur,
3 id. de largeur,
1 id. d'épaisseur.

Ces blocs sont ensuite débités à la trace ou à la scie, selon les besoins de l'industrie.

Les trois établissements que M. Fraisse a créés lui ont coûté de grands sacrifices et une persévérance éclairée.

Leurs résultats sont :

1° De livrer au commerce une grande variété de marbres à des prix réduits sous toutes les formes désirables ;

2° d'être situés dans une contrée jusqu'ici privée de ces produits réclamés par le luxe et l'aisance ; d'être à deux lieues de Port-Vendre, c'est-à-dire que ces marbres peuvent, par la Méditerranée, par le canal du Languedoc et par le Rhône et ses affluents, être dirigés, à peu de frais, sur tous les lieux de consommation.

M. Cafler, aux Thermes, barrière de l'Arc-de-l'Étoile, près Paris.

M. Cafler a présenté, à l'exposition, des marbres nouveaux et encore inconnus, qui proviennent de ses propriétés dans la chaîne du Jura. Ces marbres sont très-fins, durs, susceptibles du plus vif poli et remarquables par les accidents qu'ils montrent dans leurs veines rubanées. Les carrières de M. Cafler donnent trois espèces distinctes, savoir : 1° un jaune pourpré violet et rosé très-fin et bien supérieur aux plus belles qualités de la Sainte-Beaume; 2° un marbre jaune bistré zonaire ou rubané, dit le *Florentin français*, marbre d'une rare beauté, et que M. Cafler réserve, à raison de la qualité, pour en faire des vases, des patères, des socles, des serre-papiers, et, en général, des pièces de cabinet ou de collection ;

Et 3° le ventre-de-biche rubané et accidenté.

Les cheminées faites par M. Patou, marbrier à Paris, avec les marbres de M. Cafler sont admirablement travaillées.

Les nombreuses demandes qui ont été faites de ces marbres prouvent le succès qu'ils obtiendront. Le jury estime que M. Cafler mérite une médaille de bronze.

M. DE LINAS, à Fontainebleau (Seine-et-Marne).

Marbres de la carrière de Sainte-Marguerite, à Noisy, près Montereau.

M. de Linas a ouvert à Sainte-Marguerite une vaste carrière d'un marbre jaune ou jaunâtre veiné, susceptible d'un très-beau poli, et pouvant donner des colonnes de 4, 5 et 6 mètres de fût d'une seule pièce. Ce marbre peut être employé avec le plus grand succès dans la marbrerie de luxe et d'ornement, pour des cheminées, chambranles, vases, patères, etc.

M. de Linas a établi, sur la rivière d'Orvanne, à Moret, près Fontainebleau, une grande usine où 150 scies débitent les blocs de marbre qui sont ensuite travaillés à la mécanique.

Le jury décerne à M. de Linas une médaille de bronze.

M. HENRY fils aîné, à Laval-Mayenne.

M. Henry de Laval a ouvert de vastes et immenses carrières de marbre, dans lesquelles il a découvert, au-dessous des marbres noirs, de belles variétés de marbres gris veinés, gris fleuri, et de rouges à veines blanches et vertes, pour lesquels il a construit sur la Mayenne une grande usine, dans laquelle ces marbres sont débités par dix chariots qui mettent deux cent trente lames en mouvement. Ces carrières peuvent fournir des blocs des plus grandes dimensions.

Le jury accorde à M. Henry une médaille de bronze.

MM. GUIFFROY, JANET et c^{ie},

Ont présenté une belle collection des marbres des carrières de Treuzy, canton de Nemours (Seine-et-Marne), parfaitement travaillés, avec goût et élégance.

Dans le nombre des pièces présentées, le jury a distingué un obélisque qui, de sa base à son sommet, présente les différents degrés du travail du marbre depuis son épannelage jusqu'à son dernier poli, et prouve, de la part de MM. Guiffroy, Janet et c^{ie}, une connaissance approfondie de l'art du marbrier.

Le jury est d'avis de leur décerner une médaille de bronze.

MM. Virebent-Monevaux (Auguste) et c^{ie}, à Toulouse (Haute-Garonne).

MM. Virebent-Monevaux et c^{ie} ont mis en exploitation les stalactites et stalagmites d'une ancienne caverne qui a dû exister à Montbrun, et qui paraît s'être affaissée dans la grande dislocation que les montagnes voisines ont éprouvée.

L'albâtre de ces stalactites est d'une grande beauté. MM. Virebent et c^{ie} l'ont employé avec le plus grand succès pour en faire des tables, des consoles, des cheminées, des vases, etc.

Le jury estime que MM. Virebent-Monevaux et c^{ie} méritent une médaille de bronze.

MM. Laudeau frères, à Sablé (Sarthe),

Exploitent une carrière de marbre noir au Port-Étroit, rive droite de la Sarthe, commune de Suigné, près Sablé.

Ce marbre est d'un beau noir, compacte, solide, docile au ciseau, susceptible d'un vif poli, et propre aux diverses branches d'industrie de la marbrerie ; on peut en extraire des blocs des plus grandes dimensions.

MM. Laudeau ont établi, à peu de distance de leur carrière, deux grandes usines pour scier et travailler leurs marbres par de nouveaux procédés mécaniques de leur invention.

Indépendamment des marbres du Port-Étroit, MM. Laudeau frères exploitent encore avec le plus grand succès les marbres gris et rouge de Laval, ceux des Pyrénées et des diverses autres parties de la France.

Le jury décerne à MM. Laudeau frères une médaille de bronze.

MENTIONS HONORABLES.

M. Houssin, à Villefranche (Aveyron).

Échantillons de marbres provenant des carrières récemment découvertes dans les arrondissements de Rodez, Espalion et Villefranche.

M. Houssin a fait établir une scierie à cent lames, et ouvrir quatre carrières, malgré le peu de ressources qu'il avait à sa disposition; il se propose d'ouvrir incessamment de nouvelles carrières.

Le jury lui accorde une mention honorable.

M. Marmier, rue Sainte-Anne, 55, marbre de Créchy.

Les marbres de Créchy (Allier) proviennent d'une découverte faite par M. Marmier. Ces marbres sont des espèces d'alabastrites calcaires jaunes, grises, vertes et noirâtres, d'un bel effet, et susceptibles d'un vif poli.

Le jury juge M. Marmier digne d'une mention honorable.

M. MILLER-THIRY, à Nancy (Meurthe).

M. Miller-Thiry a présenté un bel assortiment de marbres des carrières des Vosges, savoir : les brèches grises, vertes et granitoïdes de Schirmeck, pour lesquelles il a établi un service mécanique de 36 lames.

Le jury lui décerne une mention honorable.

M. DE PERROCHEL, à Saint-Aubin-de-Loquenay (Sarthe).

M. de Perrochel exploite, dans la commune de Saint-Aubin-de-Loquenay, une carrière de marbre dont il a fait faire une table et une cheminée par M. Crépon, marbrier au Mans, pour démontrer, dans l'intérêt de la localité, le parti qu'il serait possible de tirer de la grande quantité de marbre qui s'y trouve.

Le jury lui accorde une mention honorable.

———

CITATIONS FAVORABLES.

M. GUION-DES-MOULINS, à Coutances (Manche). Marbres des carrières de Regnéville, de Montmartre-sur-Mer, de Montchaton et de Mesnil-Aubert.

Tous les marbres dont le sieur Guion présente des échantillons sont travaillés dans son atelier, où il occupe annuellement sept ouvriers. Leur salaire varie de 1 fr. 50 à 2 fr. Les produits consistent en tables, cheminées, autels, monuments funéraires, etc.; ils sont expédiés notamment dans les départements de la Manche et du Calvados.

Le jury lui décerne une citation favorable.

M. Philippot jeune, à Perpignan (Pyrénées-Orientales).

M. Philippot a exposé cinq échantillons de marbre des carrières de Baixas.

Le jury lui accorde une citation.

M. Breton, rue Saint-Sébastien, 5o.

M. Breton exploite à Saint-Aubin, département de Seine-et-Marne, une carrière de pierre dure susceptible de poli, qu'il emploie avec succès dans la marbrerie pour en faire des cheminées, des vases, des tables, etc.

Le jury lui accorde une citation favorable.

---

§ 2. DES BITUMES.

Nos mines de bitumes, qui ont exercé, l'an dernier, une si grande et si puissante influence dans la crise que notre industrie minérale a éprouvée, sont à peu près revenues aujourd'hui au point où elles étaient avant cette crise. Elles y ont seulement gagné une plus grande activité dans l'exploitation, une plus grande extension dans les débouchés et la consommation. Aux précédentes expositions, trois mines avaient envoyé leurs produits. Celles de Lobsann et de Seyssel se représentent encore à la tête de cette industrie, qui restera belle, bonne et avantageuse, lorsque les travaux seront faits avec des préparations et combinaisons de bitumes, asphaltes et goudrons minéraux, et non avec des goudrons végétaux, des bitumes factices et artificiels, dont le jury ne saurait approuver l'emploi dans les travaux publics.

MÉDAILLES DE BRONZE.

MM. Dournay et c^ie. Goudron minéral, roche asphaltique, mastic bitumineux asphaltique pour dallages et couvertures.

La mine de la compagnie Dournay est à Lobsaun, arrondissement de Weissembourg (Bas-Rhin) ; elle emploie 350 ouvriers. L'exploitation se fait par puits et galeries au moyen de machines d'extraction. Le calcaire asphaltique en grande masse riche, puissante et de bonne qualité, sert de toit ou de recouvrement à la mine de molasse bitumineuse ou de goudron minéral pisasphaltique plus ou moins riche, et souvent à peine ou légèrement sableux. L'entreprise de la compagnie Dournay est aujourd'hui montée sur les plus grands développements pour la fabrication du mastic bitumineux asphaltique, qui est devenue une branche d'exportation des plus importantes en Allemagne, Bavière, Hollande, Belgique, Angleterre, etc. La compagnie Dournay a continué ses travaux d'application avec le plus grand succès à Strasbourg, Metz, Nancy, Valenciennes, etc., etc. Le génie militaire rend les meilleurs témoignages des travaux faits par la compagnie Dournay, qui a présenté, à l'exposition, de belles mosaïques pour dallages de trottoirs, terrasses, cours, etc., d'une excellente fabrication. On lui doit également la fabrication des caisses, cuves et conduites bitumées imperméables, et les papiers préparés pour les couvertures et l'emballage, papiers bitumés, aussi souples que les papiers ordinaires, mais imperméables.

Le jury juge que la compagnie Dournay est de plus en

plus digne de la médaille de bronze qui lui fut décernée en 1823, et lui accorde une nouvelle médaille de bronze.

MM. COIGNET et cⁱᵉ, de Seyssel, rue Haute-ville, 25, successeurs du comte de Sassenay.

L'exploitation des bitumes de la compagnie Coignet se fait à Pyrimont, canton de Seyssel (Ain) ; elle remonte à une époque déjà ancienne. Le comte de Sassenay avait commencé à donner à leur exploitation une grande exten-sion ; mais c'est particulièrement à M. Coignet qu'est dû l'immense développement qu'a reçu, depuis quelques an-nées, l'industrie des bitumes. Suivant les livres et déclara-tions de cette compagnie au jury d'admission, il aurait été vendu, du 1ᵉʳ janvier 1839 jusqu'au 1ᵉʳ mai, en quatre mois seulement, trois millions de kil. d'asphalte de Seyssel en France, et dix millions à l'étranger. On emploie une roue hydraulique pour confectionner le mastic. L'asphalte se vend de 5 à 7 fr. le quintal métrique, et le mastic 11 fr.

C'est la compagnie de Seyssel qui a fait la majeure partie des grands travaux de trottoirs et de dallage de la ville de Paris, dont on doit, entre autres, citer ceux de la place Louis XV. Cette compagnie fait également les mosaïques et mastics pour couvertures de terrasses.

M. de Sassenay avait obtenu une médaille de bronze ; le jury pense ne pouvoir moins faire pour la compagnie Coignet, et donne à l'exploitation des bitumes de Seyssel une nouvelle médaille de bronze.

MENTIONS HONORABLES.

Goudron minéral.

MM. Debray et c^{ie}, faubourg Saint-Denis, 93.

Cette compagnie exploite les mines de Bastennes, près Dax (Landes).

Elle emploie 400 ouvriers, aux prix de 1 fr. à 1 fr. 50 c. par jour.

Les principales villes de l'Europe en font usage.

Les 100 kil. reviennent à 48 fr. à Bayonne, et à 55 fr. à Paris.

Le jury accorde une mention honorable à la compagnie Debray.

Schiste bitumineux, bitume liquide, matière grasse provenant des schistes, huile pour l'éclairage, bougie bitumineuse, goudron minéral.

M. Selligue, à Saint-Léger (Saône-et-Loire).

Personne ne peut douter des produits obtenus par M. Selligue de la distillation des schistes bitumineux de Saint-Léger; mais son exploitation ne fait que de commencer. Le jury croit devoir se borner, cette année, à une mention honorable, en constatant tout ce que M. Selligue a fait pour la nouvelle branche d'industrie qu'il a créée.

Préparations bitumineuses.

M. Camus, à Paris, rue de la Grande-Truanderie, 36.

Feutres bituminés pour couvertures de bâtiments et édifices. Le jury lui décerne une mention honorable.

Tuyaux et fontaines en bitume.

M. Chameroy, boulevard Saint-Martin, 136.

Fait usage d'un manége.

Il emploie 50 ouvriers, qui gagnent moyennement 3 fr.

Matières premières : Bitumes, brais, asphaltes, tôles puddlées, étain, plomb, zinc.

Il expose deux fontaines en tôle et bitume.

Le jury lui accorde une mention honorable.

Bitume végéto-minéral pour dallage et objets d'ameublement.

MM. Roux et c^{ie}, rue Louis-le-Grand, 31, fabrique rue Popincourt, 75, aujourd'hui compagnie Jagou.

La compagnie Jagou emploie 55 ouvriers, et le bitume ou calcaires asphaltiques de Lobsann et Seyssel.

La quotité des salaires monte, chaque jour, à 200 fr.

Le prix est de 4 fr. 30 c. à 12 fr. 75 c. par mètre carré pour 6 lignes d'épaisseur. Cette différence de prix provient de la complication du dessin et du fini dans le travail.

L'établissement, quoique nouveau, a fourni en sept mois 300,000 kil. de produits.

La France est jusqu'à présent le seul lieu de consommation. C'est à Paris que l'on en a fait les principales applications. Le jury estime MM. Roux, Jagou et compagnie dignes de la mention honorable.

CITATION FAVORABLE.

Fragment de grès très-friable de Fontainebleau, préparé d'après le procédé du doc-
teur Badon.

Le jury lui accorde une citation.

---

§ 3. STUCS, MARBRES ARTIFICIELS, MARBRES
SQUIRROÏDES ET MARBRES DIVERS.

MENTIONS HONORABLES.

Mme veuve BEX, rue de la Chaussée-d'Au-
tin, 3.

Le jury décerne à madame veuve Bex une mention
honorable.

Peinture sur pierre.

M. CICERI, rue du Faubourg-Poisson-
nière, 23.

Le jury décerne à M. Ciceri une mention honorable.

CITATION.

Marbres artificiels.

MM. REGARDIN et c^{ie}, rue de Lille, 3.

Marbres artificiels très-bien imités pour carrelage et
pour revêtement. "

Le jury leur accorde une citation favorable.

§ 4. PIERRE DE LIAIS.

MENTION HONORABLE.

M. POMMATEAU, sculpteur, rue de la Fidélité, 19.

Pierre de liais des carrières des environs de Paris, sculpture d'ornements et fontaine en pierre de liais peinte et dorée, du genre de la renaissance.

Le jury estime que M. Pommateau mérite une mention honorable.

---

§ 5. PIERRES LITHOGRAPHIQUES.

En 1816, la Société d'encouragement, reconnaissant que l'emploi des pierres lithographiques augmentait, chaque jour, dans une proportion indéfinie, proposa un prix pour celui qui découvrirait en France le gisement de la pierre la plus convenable aux travaux de la lithographie. De nombreuses recherches furent la suite de ce concours, et en 1817, M. le comte de Lasteyrie fit un rapport concluant à accorder une médaille d'encouragement que la société décerna effectivement pour la découverte de pierres lithographiques de bonne qualité.

En 1821, le prix proposé en 1817 fut accordé pour la découverte, à Belley (Ain), de pierres lithographiques dont la qualité fut jugée excellente.

Cependant, en 1833, la société, ayant reconnu que l'exploitation des pierres lithographiques n'avait pas acquis le développement convenable, proposa un nouveau prix, et, trois années après, plusieurs concurrents se présentèrent, l'un pour les pierres de Châteauroux, d'autres pour celles de Tanlay (Yonne), enfin les derniers pour la découverte de celles du département de l'Ain.

En 1837, la société accorda le prix aux pierres de Châteauroux, qui furent reconnues de bonne qualité, dont le débit avait été considérable, et dont le prix de vente était de 30 pour 0⁄0 au-dessous de celui des pierres de Bavière, auxquelles, suivant le rapport, elles sont supérieures et préférables.

MÉDAILLE D'ARGENT.

MM. DUPONT (Auguste et Paul).

Le rapport fait à la Société d'encouragement, le 17 janvier 1838, sur le concours relatif à la découverte et à l'exploitation des carrières de pierres lithographiques de France, a décidé la question de la nature et de la qualité de celles de Châteauroux, comparées à celles de Munich. Déjà, depuis plusieurs années, M. le comte de Lasteyrie avait essayé ces pierres, et il s'en servait avec le plus grand succès.

La médaille de bronze que MM. Dupont obtinrent du jury central de l'exposition de 1834 les détermina à tenter, dans les carrières de Châteauroux, de nouvelles recherches pour tâcher d'y découvrir des bancs de pierres plus purs que celles qu'ils avaient présentées à cette exposition. Leurs exploitations, ouvertes sur le plateau de Châteauroux, sont dans la partie inférieure de l'étage moyen du calcaire de formation oölitique en couches parfaitement horizontales, séparées par des lits de marnes argilo-calcaires, dans une disposition remarquable par sa régularité. Les bancs de pierres lithographiques sont placés entre le *great-oolit* et le *coral-rag* des Anglais, et paraissent correspondre à leur *Oxford-clay*.

MM. Dupont ayant acheté les carrières de la maison Cluis, qui exploitait des pierres callographiques pour l'écriture, y firent des recherches en profondeur, et ils découvrirent des bancs d'une pâte fine, compacte, serrée, homogène, d'un jaune clair, d'une pureté extrême, sans aucune tache ni nuance quelconque. Ce sont les pierres extraites de ce banc qui ont été présentées à la Société d'encouragement pour son grand concours. Après les avoir examinées relativement à leurs caractères minéralogiques et chimiques, et les avoir fait éprouver par divers lithographes comparativement avec des pierres de Munich et des pierres des départements de l'Yonne et de l'Ain, sur le rapport de sa commission, la Société d'encouragement décerna à MM. Dupont, dans sa séance générale de 1836, son grand prix et une médaille d'or.

Ce sont ces pierres que MM. Dupont présentent aujourd'hui au jury central. Il est difficile de voir une plus belle qualité, une plus belle pâte, un grain plus uni, plus fin, plus égal, enfin tous les caractères des premières qualités de pierres lithographiques, tant pour l'écriture, qualité spéciale des pierres de Châteauroux, que pour tous les genres de dessins les plus minutieux.

MM. Dupont ont établi, sur un cours d'eau peu distant

de leur carrière, une usine de la force de 150 chevaux, consistant en une scierie mécanique de 80 lames et deux dressoirs-polissoirs de la force de 30 chevaux, pour débiter leurs bancs de pierre.

Le jury décerne à MM. Dupont une médaille d'argent.

MÉDAILLE DE BRONZE.

MM. Houel et c^{ie}, rue du Cherche-Midi, 65, et cité Bergère, 1.

MM. Houel et compagnie ont découvert à Joux-la-Ville, près Avallon, département de l'Yonne, une carrière de pierres lithographiques qui présentent tous les caractères des meilleures pierres des carrières de Munich, pour l'égalité du grain, la finesse de la pâte, sa dureté, sa couleur, etc. Ces pierres, qui sont d'une finesse extrême, ont, en outre, l'avantage de pouvoir fournir des dalles dans les plus grandes dimensions.

Les carrières de Joux-la-Ville sont en pleine exploitation. MM. Houel et compagnie ont fait établir une scierie mécanique qui les mettra à même de faire préparer autant de pierres que l'exigeront les besoins de la lithographie.

MM. Houel et compagnie ont fixé leur tarif à 25 pour 100 au-dessous de celui des pierres de Munich.

Le jury estime que MM. Houel et compagnie ont mérité la médaille de bronze.

CITATION FAVORABLE.

M. Bernard, à Villebois (Ain).

Le département de l'Ain possède plusieurs carrières de pierres lithographiques. En 1834, M. Chevron de Nantua, et M. Bernard de Marchand, furent cités pour les pierres qu'ils avaient exposées. M. Bernard présente aujourd'hui des pierres d'une nouvelle carrière, d'un grain fin, égal, d'une pâte uniforme, et qui paraissent de bonne qualité.

Le jury lui accorde une citation favorable pour sa découverte.

---

§ 6. CIMENT ROMAIN ET PIERRES ARTIFICIELLES.

MENTION HONORABLE.

MM. de Villeneuve et Tochi, à Marseille (Bouches-du-Rhône).

MM. de Villeneuve et Tochi ont présenté une tête moulée en ciment hydraulique de Roquefort.

Ce ciment, qui est de couleur de la pierre et peut ainsi servir au moulage des objets d'art ou à leur restauration, a le grand avantage de résister à l'action de l'eau de la mer et aux lessives alcalines.

MM. de Villeneuve et Tochi livrent leur ciment de 20 à 30 pour 100 au-dessous du prix de celui de Pouilly, dans le midi de la France.

Le jury les juge dignes d'une mention honorable.

CITATION FAVORABLE.

M. G. Callaud-Bellisle, de Magnac-sur-Touvre (Charente).

M. Callaud-Bellisle a découvert à la Chapelle, arrondissement de Confolens, une carrière de chaux hydraulique, ciment romain, qu'il a employée avec succès dans la papeterie de Memmont.

Ce ciment réunit, en effet, toutes les conditions des meilleures chaux hydrauliques. M. Callaud-Bellisle mérite une citation favorable.

———

§ 7. DU TRAVAIL MÉCANIQUE DES MARBRES.

L'industrie du travail mécanique, ou la mise en œuvre des marbres par des procédés mécaniques pour la sculpture et la marbrerie d'ornement, n'est pas ancienne, et cependant elle est déjà arrivée à un point de supériorité vraiment remarquable, surtout pour les progrès que cette industrie a faits depuis la dernière exposition. Déjà plusieurs grandes usines marbrières se sont emparées de ces procédés et les emploient avec avantage.

Le jury a distingué, à l'exposition, des marbres travaillés mécaniquement, d'une parfaite exécution et d'une grande beauté.

———

MÉDAILLE D'ARGENT.

M. Moreau (Félix), rue Notre-Dame-des-Champs, 46.

M. Moreau exécute la marbrerie et les sculptures par procédés mécaniques prompts, simples, très-exacts et certains, au moyen desquels il peut donner les bas-reliefs, médaillons, arabesques et ornements avec une réduction des deux tiers sur les prix ordinaires.

Le jury estime que M. Moreau mérite une médaille d'argent d'ensemble.

MÉDAILLE DE BRONZE.

M. Bourguignon, boulevard Beaumarchais, 24.

M. Bourguignon, qui avait obtenu en 1834 une médaille de bronze pour les procédés mécaniques au moyen desquels il exécutait les moulures de marbres, a apporté de nouveaux perfectionnements dans ses procédés, et parvient aujourd'hui à faire des panneaux, des chambranles et des cheminées de toutes dimensions, avec une admirable perfection.

Le jury le juge de plus en plus digne de la médaille qui lui avait été décernée, et lui accorde une nouvelle médaille de bronze.

CITATION FAVORABLE.

M. JEUNESSE, rue de Choiseul, 5. Mosaïques de marbres, albâtres, malachites, porphyres, à l'imitation de Florence. Tables, guéridons.

Le jury lui accorde une citation.

---

§ 8. PIERRE DE MEULIÈRE ET MEULES DE MOULINS.

MÉDAILLES DE BRONZE.

MM. GUEUVIN-BOUCHON et cⁱᵉ, à la Ferté-sous-Jouarre (Seine-et-Marne).

MM. Gueuvin-Bouchon et compagnie ont donné, depuis quelques années, une grande impulsion à l'exploitation des pierres meulières, qui est devenue une des principales industries du département de Seine-et-Marne. L'exploitation s'étend sur près de 500 hectares; elle occupe de quatre à cinq cents ouvriers, qui produisent annuellement de 6 à 700 meules et 80 à 90,000 ou 100,000 carreaux de diverses qualités et dimensions. Le dressage des meules se fait aujourd'hui à la mécanique; on ignore l'origine de cette fabrication, qui remonte à une époque très-reculée, et qui a été créée par la famille Gueuvin, à laquelle elle doit sa brillante impulsion.

Le jury estime que MM. Gueuvin-Bouchon et compagnie méritent la médaille de bronze.

Meules de moulin et appareils de meunerie.

M. Victor Houyau, meunier, à Augos.

M. Houyau a établi, à Lésigny-la-Haie-des-Cartes, près Châtellerault-sur-Vienne, une grande exploitation de pierres de meulière pour la fabrication des meules de moulin. Ses meules ont le plus grand succès et sont très-recherchées dans tous les départements de l'Est.

M. Houyau, qui est meunier et un praticien très-éclairé, est auteur d'une armature en fonte et fer pour équilibrer les meules et assurer le maintien et la conservation de la régularité de leur mouvement.

Le jury décerne à M. Houyau une médaille de bronze pour l'ensemble de ses travaux sur l'exploitation des pierres de meulière et le nouveau mécanisme de meulerie de son invention.

M. Gilquin fils, à la Ferté-sous-Jouarre (Seine-et-Marne).

L'exploitation de M. Gilquin ne date que de quinze ans au plus, et elle est aujourd'hui d'une très-grande importance. On doit à M. Gilquin une grande partie des nombreuses améliorations introduites, depuis quelques années, dans l'exploitation des pierres meulières. Il fabrique annuellement plus de quatre cents meules de moulin et vingt-cinq mille carreaux. Il emploie plus de cent cinquante ouvriers. Il fait usage de mécanique et se sert particulièrement de la machine de M. Houyau pour le *dressage-plan* de ses meules et d'une nouvelle machine pour laquelle il est breveté et qui sert à la fabrication et au rayonnage des meules.

Le jury estime que M. Gilquin mérite une médaille de bronze.

MENTION HONORABLE.

MM. BLOUET et c^{ie}, à la Ferté-sous-Jouarre (Seine-et-Marne).

MM. Blouet et compagnie ont exposé des meules de quartz molaire des carrières de la Ferté-sous-Jouarre de très-bonne qualité ; ils font également les meules françaises et anglaises.

Le jury n'entend point se prononcer sur le mérite des rayons molaires de fer que MM. Blouet et compagnie disent avoir la propriété de faire écouler plus rapidement la farine sans l'échauffer : il accorde à MM. Blouet et compagnie une mention honorable pour la bonne qualité de leurs meules.

§ 9. ARDOISES ET ARDOISES FACTICES.

Ardoises.

MÉDAILLES DE BRONZE.

La compagnie des ardoisières de Rimogne et de Saint-Louis-sur-Meuse, à Rimogne (Ardennes).

Les ardoisières de Rimogne sont exploitées au moyen d'une machine à vapeur et de trois machines hydrauliques représentant une force de quarante chevaux ; elles occupent plus de trois cents ouvriers, divisés par brigades suivant le genre du travail ; elles fournissent les départements des Ardennes, du Nord, du Pas-de-Calais, de l'Aisne, de l'Oise, de la Seine, etc. Le produit est de 27 millions d'ardoises annuellement. Les ardoisières de Rimogne doivent à M. Moreau une mécanique très-simple et très-ingénieuse, au moyen de laquelle on obtient des ardoises bien supérieures, pour leur régularité, à celles qui sont faites à la main; cette régularité leur fait aujourd'hui donner la préférence sur toutes celles des autres exploitations du pays ou des environs.

Le jury décerne une médaille de bronze à la compagnie des ardoisières de Rimogne.

MM. Digeon et cie, à Javron (Mayenne).

MM. Digeon et compagnie exploitent, à Chattemoue, près Javron, une carrière d'ardoises qui occupe près de trois cents ouvriers et qui produit environ 10 millions d'ardoises de première qualité, de diverses dimensions, pour tous les départements voisins, à des prix très-modérés.

Le schiste ardoisé de Chattemoue se délite avec autant de facilité que de régularité, de manière qu'on peut obtenir des ardoises des plus grandes dimensions pour tables, tableaux, dallages, monuments et tables de billard.

Prises à la carrière de Chattemoue, les tables de billard de 2 mètres sur 4 mètres valent 150 fr., et 260 fr. rendues à Paris, et les tableaux de 9 à 12 fr. le mètre superficiel suivant la qualité.

Le jury décerne une médaille de bronze à MM. Digeon et compagnie, pour leurs ardoises qui ont été jugées de première qualité.

§ 10. GRANITS, PORPHYRES, JASPES, AGATES, CORNALINES.

MÉDAILLE DE BRONZE.

Brunissoirs et molettes.

M. HUTIN, rue Saint-Honoré, 94.

L'Allemagne a longtemps conservé le privilége de fournir aux autres pays les pierres à brunir, les brunissoirs, lissoirs et molettes d'agates à l'usage des doreurs, relieurs, papetiers, etc., et les ouvriers étaient obligés de prendre les pierres à lisser et les brunissoirs tels qu'on les expédiait, sans pouvoir demander ni choisir les formes qui convenaient plus particulièrement à leur genre de travail. Introduire cette fabrication en France était rendre un service essentiel aux différentes industries dont les brunissoirs, lissoirs et molettes sont les éléments indispensables : M. Hutin a donc d'autant plus de mérite à cet égard, qu'il s'est attaché à n'employer, dans sa fabrication, que des matières françaises, les silex pyromaques de la craie avec lesquels il fait aujourd'hui, suivant les demandes des artistes et ouvriers, telles ou telles espèces de brunissoirs ou de lissoirs et dans les proportions ou dans les formes que demande chaque genre de profession.

D'après le succès que M. Hutin a obtenu dans sa fabrication, la Société d'encouragement lui a décerné une médaille d'argent. Depuis, M. Hutin s'est livré au travail des agates, jaspes, silex, jades, hématites, bois [agatisés;

on peut en juger par la belle série d'échantillons (1) qu'il a exposés dans sa montre, contenant, en outre :

1º Des brunissoirs à l'usage des doreurs en silex ;

2º Des lissoirs, dits pierres à brunir, et des dents à l'usage des doreurs sur porcelaine ;

3º Des dents et doubles dents de silex pour les relieurs ;

4º Des lissoirs et molettes en silex, dans les plus grandes dimensions qu'on ait jamais pu obtenir, pour les papiers peints et les cartes à jouer ;

5º Des brunissoirs et lissoirs en hématite pour les doreurs sur porcelaine, les orfévres, les bijoutiers, etc. ;

6º Des brunissoirs pour les potiers d'étain, etc.

Le jury estime que les services rendus à l'industrie des doreurs par M. Hutin méritent une médaille de bronze.

MENTION HONORABLE.

M. CELIS, faubourg du Temple, 60.

M. Celis s'est livré, comme M. Hutin, au travail des jaspes, agates, calcédoines, silex et hématites, pour faire des brunissoirs, lissoirs, les dents et autres outils des doreurs sur porcelaines, des orfévres, bijoutiers, etc., etc.

M. Celis a contribué à nous affranchir du tribut que

---

(1) Dans le nombre des échantillons exposés par M. Hutin, on a remarqué, généralement, une grande table de jaspe rouge rubané et accidenté avec partie de brèche agatisée quartzeuze, améthystée, coupée par une faille qui a reflété la couche d'agate. Cette belle table, de 0,75 centimètres de largeur sur 1 mètre de longueur, provient des granits et trapps du Kniebrecher, près de Bergheim, arrondissement de Colmar, département du Haut-Rhin.

nous payions à l'Allemagne pour les importations de ces divers instruments. Ses brunissoirs sont très-estimés et recherchés. Le jury lui décerne une mention honorable.

CITATION FAVORABLE.

M. DAUREY, de Sainte-Foix.

Deux vases de granit gris-blanc du Gast (Calvados) d'un mètre de hauteur, forme Médicis.

M. Daurey mérite d'être cité honorablement.

NON-EXPOSANTS OMIS A LA FIN DE LA PREMIÈRE COMMISSION.

M. ROUSSY, de Lyon.

M. Roussy, depuis près de vingt ans chef d'atelier, a trouvé le moyen, en 1827, de tisser un brocart 4/4 qui parut à l'exposition de cette époque et qui fit honneur à la fabrique de Lyon.

En 1830, le régulateur de son invention, qui porte son nom, *régulateur Roussy*, fut mis à la disposition du public. Cette machine n'a jamais occasionné un mauvais coup de navette ni fait perdre une minute à l'ouvrier ; un grand nombre de métiers à Lyon en sont pourvus.

Il a ajouté au régulateur une roue-colimaçon qui mesure l'étoffe que l'ouvrier tisse. Il est aussi l'inventeur d'une bascule à poids fixe et à échappement, et d'une nouvelle roue de diversion qui lui a mérité les éloges de la chambre de commerce de Lyon.

M. Roussy est un des membres les plus distingués du conseil des Prud'hommes.

Le jury, en considération des grands et utiles perfectionnements qu'il a apportés dans les procédés de la fabrication des étoffes de soie, lui décerne une médaille d'argent.

M. Duchamp, de Lyon.

Le jury départemental du Rhône signale M. Duchamp comme un ouvrier doué d'un esprit inventif, qui a constamment travaillé avec succès à l'amélioration des procédés de fabrication.

Le jury lui décerne une mention honorable.

M. Buffard, de Lyon.

Le jury départemental du Rhône signale cet intelligent ouvrier comme ayant apporté de très-grands perfectionnements aux opérations les plus importantes de la fabrication des soieries.

Le jury lui décerne une mention honorable.

TABLE DES MATIÈRES.

—

PREMIÈRE COMMISSION.

TISSUS.

PREMIÈRE PARTIE.

LAINES ET LAINAGES.

FIN DE LA TABLE DU PREMIER VOLUME

ERRATA.

Pag.	Lignes.	Au lieu de :	Lisez :

47, 9, consommation en laine de
28,000,000 kilogr...... 2,800,000 kilogr.

52, 22, l'aune de 20 centimètres.... 120 centimètres.

54, 19, seize cents métiers........ seize mille métiers.

106, 23, pour l'Est.............. pour l'été.

137, , dimension de 180 à 195 cen- une dimension carrée de 180
timètres carrés......... à 195 centimètres.

139, 11, 195 centimètres carrés..... un carré de 195 centimètres.

142, 1, châle de 135 centimètres... un châle carré de 135 centim.

179, 26, le lissage des satins....... tissage des satins.

181, 24, des manteaux d'organsin... matteaux d'organsin.

186, 18, MM. Jan frères.......... Jau (François).

Id., 20, MM. Rassié et Donadille... Bastié.

187, 9, M. le maire Amelot....... le marquis Amelot de Chaillon.

199, 6, consommation de Paris.... du Pérou.

Id., 31, 1837................. 1827.

236, 12, 35 cent. la broche........ 35 fr. la broche.

292, dernière ligne, Mull-Jenny..... Mulquinerie.

511, MM. Grimes et Fraise sont portés, par erreur, à la médaille de
bronze ; ces messieurs ont reçu chacun, du jury, une médaille
d'argent.

www.ingramcontent.com/pod-product-compliance
Lightning Source LLC
Chambersburg PA
CBHW031722210326
41599CB00018B/2481